"十四五"普通高等教育本科部委级规划教材

安徽省高等学校省级规划教材

新编食品微生物学

Xinbian Shipin Weishengwuxue

许晖　王娣　曹珂珂◎主编

中国纺织出版社有限公司

内 容 提 要

食品微生物是与食品有关的微生物的总称，包括生产型食品微生物（如醋酸杆菌、酵母菌等）、使食物变质的微生物（如霉菌、细菌等）和食源性病原微生物（如大肠杆菌、肉毒杆菌等）。本书阐述了食品微生物学的发展和研究任务、食品中常见的微生物、微生物与食品腐败变质、食品中的微生物污染及其控制、微生物污染与食物中毒、微生物与食品保藏、食品工业中微生物的利用和食品卫生与食品卫生微生物学的内容，适合食品专业的学生以及相关领域的科研人员阅读。

图书在版编目（CIP）数据

新编食品微生物学／许晖，王娣，曹珂珂主编. --
北京：中国纺织出版社有限公司，2021.10（2022.9重印）
"十四五"普通高等教育本科部委级规划教材
ISBN 978-7-5180-8725-9

Ⅰ. ①新… Ⅱ. ①许… ②王… ③曹… Ⅲ. ①食品微生物—微生物学—高等学校—教材 Ⅳ. ①TS201.3

中国版本图书馆 CIP 数据核字（2021）第 144733 号

责任编辑：郑丹妮 国 帅 责任校对：江思飞
责任印制：王艳丽

中国纺织出版社有限公司出版发行
地址：北京市朝阳区百子湾东里 A407 号楼 邮政编码：100124
销售电话：010— 67004422 传真：010— 87155801
http://www. c-textilep. com
中国纺织出版社天猫旗舰店
官方微博 http://weibo. com/2119887771
北京虎彩文化传播有限公司印刷 各地新华书店经销
2021 年 10 月第 1 版 2022 年 9 月第 2 次印刷
开本：787×1092 1/16 印张：18.25
字数：360 千字 定价：49.80 元

《新编食品微生物学》编委会成员

主　编　许　晖　王　娣　曹珂珂

副主编　张　斌　马　龙　吕超田　李　亮

参　编（按姓氏笔画排序）

马　龙　蚌埠学院

王晓云　蚌埠学院

王　娣　蚌埠学院

吕超田　蚌埠学院

朱双杰　滁州学院

许　晖　蚌埠学院

杜传来　安徽科技学院

李先保　安徽科技学院

李作美　蚌埠学院

李　妍　蚌埠学院

李　亮　蚌埠学院

张　斌　蚌埠学院

柴新义　滁州学院

钱时权　淮阴师范学院

曹珂珂　蚌埠学院

前　言

食品微生物学是基础微生物学一个非常重要的分支,属于应用微生物学的范畴。它主要研究与食品生产、食品安全有关的微生物的特性,研究如何更好地利用有益微生物为人类生产各种各样的食品、改善食品的质量,以及如何防止有害微生物引起的食品腐败变质、食物中毒,并不断开发新的食品微生物资源。《新编食品微生物学》结合现代微生物学和食品科学发展趋势,对食品微生物学的内容进行系统介绍,并突出食品微生物学的实践应用。本教材共分8章,主要包括绪论、食品中常见的微生物、微生物与食品腐败变质、食品中的微生物污染及其控制、微生物污染与食物中毒、微生物与食品保藏、食品工业中微生物的利用、食品卫生与食品卫生微生物学。《新编食品微生物学》在食品中的微生物污染及其控制、微生物污染与食物中毒、微生物与食品保藏、食品工业中微生物的利用等章节补充更新研究成果,使教材内容更加先进。本教材由蚌埠学院许晖、王娣、曹珂珂担任主编,蚌埠学院张斌、马龙、吕超田、李亮担任副主编,安徽科技学院李先保、杜传来,蚌埠学院王晓云、李作美、李妍,淮阴师范学院钱时权,滁州学院朱双杰、柴新义参与编写、整理工作。

本教材既可作为高等院校食品、生物、农林、水产等相关专业的教材,也可供食品加工、食品发酵、食品保藏、食品卫生、食品检验、食品安全等领域的相关科研与技术人员参考。

在编写过程中,由于本教材涉及的内容广、知识面宽,限于编者水平有限和经验不足,本教材的内容、观点或其他方面难免有不当、疏漏甚至错误之处,敬请专家和广大读者批评指正,以便今后进一步修正提高。

目　录

第一章 绪论

本章导读：

· 掌握微生物的基本概念以及微生物在生物分类学中的地位。

· 理解并掌握微生物的生物学特点和作用。

· 了解微生物学的主要分支学科和发展史。

· 明确食品微生物学的研究对象和任务。

1.1 微生物及其生物学特点

1.1.1 微生物及其生物分类地位

1.微生物的概念及其类群

微生物（microbe，microorganism）是一群个体微小、结构简单，肉眼不能直接看见，须借助显微镜放大若干倍才能观察到的存在于自然界的微小生物的统称。此微小生物类群非常庞大、繁多，包括小到没有细胞结构的病毒（Virus）、单细胞原核生物的细菌（Bacteria）、放线菌（Actinomyces）、蓝细菌（Cyanobacteria）、支原体（Mycoplasma）、立克次氏体（Rickettsia）和衣原体（Chlamydia）与属于真菌的酵母菌（Yeast）、霉菌（Molde）及原生动物（Protozoa）。这些微小生物虽然种类不同、形态和大小各异，但它们生物学特性非常类似，因此人们给予这些微小生物一个共同的名称——微生物。

2.微生物的生物学分类地位

18世纪中叶，人们把所有的生物分成动物界（Animalia）和植物界（Plantae）。后来发现的微小生物部分类型类似动物，部分类型类似植物，还有部分既具有动物的特征又具有植物的特征，因而归于动物或植物都是不妥的。1866年，德国学者 E. H. Haeckel 提出了区别动物界和植物界的第三界——原生生物界（Protistae），它包括藻类（Algar）、原生动物（Protozoa）、真菌（Fungi）和细菌（Bacteria）。

20世纪50年代，由于电子显微镜的应用和细胞超微结构研究的进展，发现细菌和真菌的结构并不完全相同，因此提出了原核生物和真核生物的概念。

1957年，美国学者 H. F. Copeland 提出了四界分类系统：原核生物界（Procaryotae）（细菌、蓝细菌等）、原生生物界（Protista）（原生动物、真菌、黏菌和藻类等）、动物界（Animalia）和植物界（Plantkingdom）。

1969年，美国学者 R. H. Whittaker 提出了五界系统：动物界、植物界、原核生物界、原生生物界和真菌界（Fungi kingdom）。随着对病毒深入研究，我国微生物学家王大眆于

1977 年提出把病毒单独列为一界,即病毒界(Vira)。因此在五界分类系统的基础上形成了六界分类系统。

1977 年,美国科学家 Carl Woese 和 George Fox 以 16S rRNA 序列比较为依据,提出了独立于真细菌和真核生物之外的生命的第三种形式——古生菌(Archaebacteria),古生菌在进化谱系上更接近真核生物,在细胞构造上与细菌较为接近,同属原核生物。Woese 认为古生菌和真核生物以及真细菌(Eubacteria)是从一个具有原始遗传机制的共同祖先分别进化而来,因此将三者各划为一类,作为比界高的分类系统,称作"域"(Domain),目前这三域分别命名为细菌域(Bacteria)、古生菌域(Archaea)和真核生物域(Eukarya),并构建了三界(域)生物的系统树。

1.1.2　微生物的生物学特点

微生物个体微小、结构简单,它们除具有和其他生物一样的新陈代谢、遗传和繁殖等基本的生命特征外,还具有一些其他生物没有的独特特点。正因为微生物具有这些特点,才引起人们的高度重视。

1.体积微小、比表面积大

微生物的大小一般用微米(μm)或纳米(nm)表示,必须借助显微镜才能观察到其形态。例如杆菌的宽度为 0.5 μm,假若 80 个杆菌"肩并肩"地排列成横队,也只有一根头发丝的宽度,杆菌的长度约 2 μm,故 1500 个杆菌头尾连接起来仅有一颗芝麻长。微生物细胞的质量也非常轻,据估计每个细胞的质量有 $10^{-10} \sim 10^{-12}$ mg,即 $10^9 \sim 10^{10}$ 个细胞的总质量才有 1 mg。虽然微生物细胞非常小,但比表面积却很大,因此,微生物与外界物质交换的能力非常强大。

2.种类繁多、分布广泛

微生物的种类极其繁多,迄今为止,人们所知道的微生物约有 10 万种,并且每年都报道大量新的微生物菌种。据估计目前已知的微生物菌种只占地球上实际存在的微生物总数的 20%,微生物很可能是地球上物种最多的一类。微生物资源极其丰富,但在人类生产和生活中仅开发利用了已发现微生物种数的 1%。

微生物在地球上几乎无处不有,无孔不入。85 km 的高空、11 km 深的海底、2000 m 深的地层、近 100℃(甚至 300℃)的温泉、零下 250℃的环境下,均有微生物存在。至于人们正常生产、生活的地方,微生物更是不计其数,就连人体的皮肤、口腔甚至肠胃道,也存在许多微生物。因此,人类生活在微生物的汪洋大海之中。

微生物聚集最多的地方是土壤,土壤是各种微生物生长繁殖的大本营,任意取一把土或一粒土,就是一个微生物世界,不论数量或种类均很多。在肥沃的土壤中,每克土含有 20 亿个微生物,即使是贫瘠的土壤,每克土中也含有 3 亿~5 亿个微生物。空气中悬浮着无数细小的尘埃和水滴,它们也是微生物在空气中的藏身之地。一般来说,陆地上空比海洋上空的微生物多,城市上空比农村上空的微生物多,杂乱肮脏地方的空气中比整洁卫生地方的空气中的微生物多,人烟稠密、家畜家禽聚居地方的空气中的微生物最多。

各种水域中也有无数的微生物。居民区附近的河水和浅井水容易受到各种污染,水中的微生物就比较多。大湖和海水中的微生物较少。从人和动植物的表皮到人和动物的内脏,也都生活着大量的微生物。如大肠杆菌在大肠中清理消化不完的食物残渣,所以在正常情况下,还是人肠道缺少不了的帮手。把手放到显微镜下观察,一双普通的手上带有4万~40万个细菌,即使是一双刚刚用清水洗过的手也有近300个细菌。

3.生长旺盛、繁殖快

生长旺盛和繁殖快是微生物最重要的特点之一,也是微生物与其他生物完全不同的特征之一。由于微生物的个体很小,其表面积和体积比值很大。因此,它们能够在有机体与外界环境之间迅速交换营养物质和代谢产物。微生物的代谢强度比高等生物的代谢强度大几千倍至几万倍,其生长繁殖的速度是高等生物无法与之相比的,例如大肠杆菌($Escherichia\ coli$)在适宜的条件下,其代时为20 min,即一个细胞每20 min可繁殖1代。假设每个繁殖的细胞后代都具有相同的繁殖能力,一个细胞经过24 h繁殖后,其细胞数理论上应该为2^{72},即大约有$4.7×10^{22}$个细菌。按每10^{10}个细菌的质量为1 mg计算,则上述大肠杆菌的质量超过4722 t,这是绝对不可想象的!

实际上这样的繁殖速度客观上是不存在的,只在细菌的对数生长期才有几何扩增的繁殖速度。主要原因是随着细菌数量的增加,营养物质的消耗,代谢废物的积累,生长繁殖速度受到限制。微生物如此高速繁殖的能力为利用微生物和科学研究提供了有利条件。例如酿酒酵母($Saccharomyces\ cerevisiae$)用于发面时,每2 h分裂1次,用于发酵工业的单罐发酵时,几乎每12 h就可以得到发酵产物1次,每年可获得发酵产物数百次。通常酵母菌合成蛋白质的速度是动物、植物合成蛋白质速度的$10^{2}\sim10^{4}$倍。

4.适应性强、代谢途径多、易变异

微生物对外界环境的适应能力特别强,这是高等生物无法比拟的。主要原因有两个方面:一是微生物具有一些特殊的结构,例如荚膜、芽孢、孢子等;二是一些极端微生物具有特殊的蛋白质、酶和其他物质,使其能更好地适应恶劣环境。

微生物的代谢途径也是微生物适应强的一个重要原因,这使微生物在许多其他生物不能生存的环境中继续生存。例如一些微生物能够利用其他生物不能利用的物质(如纤维素、有机农药等)进行生长繁殖,还有一些化能自养微生物,如硝化细菌($Nitrifying\ bacteria$)利用NH_3和NO_2^-;硫杆菌属($Thiobacillus$)利用硫化物、硫、硫代硫酸盐等;氧化亚铁硫杆菌($Thiobacillus\ ferrooxidans$)利用$Fe^{2+}$;氢细菌($hydrogen\ bacterium$)利用$H_2$等获得能量而生长繁殖。

由于微生物比表面积较大,与外界环境的接触面大,因而受环境的影响也大。一旦环境条件发生变化,不适于微生物的生长时,大多数微生物细胞死亡,但是也有少数细胞因发生变异存活下来。人们经常利用微生物的这一特点,根据工作需要,用人工诱变的方法,给予不适宜微生物正常生长的环境条件,促使微生物细胞发生变异,从变异的菌株中筛选优良菌种。

1.2　微生物学及其分支学科

1.2.1　微生物学及其研究对象

微生物研究作为一门科学——微生物学(microbiology)，比动物学、植物学要晚得多，至今不过100多年的历史。

概括地讲，微生物学是研究微生物及其生命活动规律的学科。主要研究微生物在一定条件下的形态结构、生理生化、遗传变异以及微生物的进化、分类、生态等规律，及其在工业、农业、医学、环境保护等方面的应用。人们研究微生物的主要目的在于充分利用有益微生物、控制有害微生物，使微生物能更好地为人类服务。

1.2.2　微生物学的分支学科

微生物学自建立以来，随着对微生物研究与应用领域不断拓宽和深入，已形成了包括很多分支学科的研究领域，并且还在不断地形成新的学科和研究领域。

(1)根据基础理论研究内容不同，形成的分支学科有：微生物生理学、微生物遗传学、微生物生态学、分子微生物学、细胞微生物学和微生物基因组学等。

(2)根据微生物种类不同，形成的分支学科有：细菌学，真菌学，病毒学、藻类学、菌物学和原生动物学等。

(3)根据微生物与疾病的关系，形成的学科有：免疫学、医学微生物学和流行病学等。

(4)根据微生物的生态环境不同，形成的学科有：土壤微生物学、海洋生物学、环境微生物学、水微生物学和宇宙微生物学等。

(5)根据技术和工艺的不同，形成的学科有：分析微生物学、微生物技术学、发酵微生物学和遗传工程学等。

(6)根据微生物应用领域不同，形成的学科有：工业微生物学、农业微生物学、医学微生物学、药学微生物学、兽医微生物学、食品微生物学和预防微生物学等。

(7)根据微生物学与其他学科的交叉、融合，形成的学科有：化学微生物学、微生物生物工程学、微生物化学分类学、微生物数值分类学、微生物地球化学和微生物信息学等。

1.3　微生物学的发展

1.3.1　微生物的发现

在人们真正看到微生物之前，已经在不知不觉中应用它们了。我国劳动人民很早就认识到微生物的存在和作用，在生产实践中积累了很多利用有益微生物和防治有害微生物的经验,也是最早应用微生物的少数国家之一。考古研究表明,我国在 8000 年前就出现了曲蘖酿酒,4000 年前我国酿酒已十分普遍,埃及人掌握了面包制作和果酒酿造技术。2500 年前发明了酿酱、醋,采用曲治疗消化道疾病。我国北魏时期农学家贾思勰的《齐民要术》详细记载了谷物制曲、酿酒、制酱和酿醋等工艺。我国古代劳动人民为了防止食品变质,发明了盐腌、糖渍、烟熏、风干、自然发酵等方法抑制食品的腐败变质。

世界上真正看见并描述微生物的第一人是荷兰人列文虎克(A. V. Leeuwenhock,1632—1723)。他的最大贡献是 1676 年用自制的单式显微镜首次观察到了细菌的个体,初步揭开了微生物世界的奥秘。列文虎克观察了污水、牙垢、腐败有机物等样本,发现了这些微小生物,并将观察到的杆状、球状、螺旋状的细菌图形描绘出来,为人类认识并研究微生物提供了科学依据,是人类史上最伟大的发明之一。

1.3.2 微生物学发展的奠基人

列文虎克发现微生物以后的 200 年间,由于研究微生物的科学技术发展较落后以及社会生产力较低,人们对微生物的认识仍然停留在形态描述和分类阶段。直到 19 世纪中期,以法国人巴斯德(L. Pasteur,1822—1895)和德国人科赫(R. Koch,1843—1910)为代表的科学家开始研究微生物的生理学。

巴斯德的主要贡献有以下几个方面:第一,彻底否定了自然发生说。1861 年,巴斯德通过曲颈瓶实验,证明了食品腐败变质的原因是食品受到微生物的污染,导致微生物大量生长繁殖引起的,从根本上推翻了长期以来大家公认的自然发生说。第二,证明发酵是微生物作用的结果。通过对酒曲的研究分离到许多引起发酵的微生物,并证明酒精发酵是由酵母菌引起的,乳酸发酵、醋酸发酵和丁酸发酵是由不同的细菌引起的,从而把对微生物的研究由形态转向了生理生化研究水平,为微生物学的形成和发展奠定了基础。第三,提出了食品灭菌的方法——巴斯德消毒法(60~65℃短时间加热处理,杀死有害微生物的一种消毒方法)。该方法为食品和饮料的消毒奠定了基础,目前还广泛应用于蛋白质饮料、奶制品、酱油和食醋的消毒。第四,预防接种。1877 年,巴斯德研究了禽霍乱,发现病原菌经过减毒处理可以产生免疫,从而预防禽霍乱。随后又研究了炭疽病和狂犬病,首次研制成狂犬疫苗用于防治狂犬病,为人类防止传染病做出了杰出贡献。

科赫主要从事病原微生物的研究,为疾病的病原学说建立了牢固的基础。他的主要贡献有以下几个方面:第一,建立了微生物的纯培养技术。建立了微生物分离、培养、接种等一系列实验技术方法,发明了琼脂固体培养基、微生物鞭毛染色等染色方法。分离出炭疽杆菌、结核杆菌、链球菌和霍乱弧菌的纯培养物,并对这些病原菌进行了研究。第二,提出了著名的科赫法则(Koch's postulates)。科赫法则包括:在每一病例中都出现相同的微生物,且在健康者体内不存在;要从寄主分离出这样的微生物并在培养基中得到纯培养;用这种微生物的纯培养接种健康而敏感的寄主,同样的疾病会重复发生;从试验发病的寄主中能再度分离培养出这种微生物来。如果进行了上述 4 个步骤,并得到确实的证明,就可以确认该生物即为该病害的病原物。

巴斯德和科赫的杰出工作使微生物学作为一门独立的学科开始形成,并出现以他们为代表而建立的各分支学科。因此,巴斯德和科赫是微生物学的奠基人。

与此同时,其他一些学者也对微生物的发展做出了重要贡献。1865 年,英国外科医生李斯特(J. Lister)提出了外科手术无菌操作方法,创立了外科消毒术。1888 年,荷兰学者贝叶林克(M. Beijerinck)分离了根瘤菌,1895 年分离自养的硫酸盐还原菌,为土壤微生物学的发展奠定了基础。1892 年俄国学者伊万诺夫斯基(D. Iwanowski)首次从烟草花叶病植株中分离了烟草花叶病毒(TMV)并进行了回接实验,奠定了病毒学研究基础。

1.4 食品微生物的发展

1.4.1 食物的来源

人类早期的历史,是一部以开发食物资源为主要内容的历史。

古人类生活的时代在 100 多万年至 1 万年前(旧石器时代),为了维持自己的生存,人类的腹中之物最初是庞大的犀牛、凶猛的剑齿虎、残暴的鬣狗,其他温顺柔弱的禽兽,还有江河湖沼的游鱼虾蚌,更是人类的食物来源。除动物外,古人类更可靠的食物来源是植物,如各种各样的果实、野蔬、甚至植物茎秆花叶,选择适合自己胃口的东西。经过多少世代的尝试,最终筛选出一批可食用的植物及其果实。

在距今 1 万至 8000 年前的新石器时代早期,出现了一些原始的农耕部落,但仍然是以粟类或水稻作为获得食物来源的主要生产手段。随着原始农业的发生和发展,人类获取食物的方式有了根本改变,饮食生活有了全新的内容。同时家畜饲养业产生了,中国传统家畜的"六畜",即马、牛、羊、鸡、犬、豕,在新石器时代均已驯育成功,我们当今享用的肉食品种的格局,早在史前时代便已经形成。

到了先秦两汉时期,食物原料更是丰富多样,五彩缤纷。首先粮食作物已作为日常食源,除了此前已得到广泛种植的黍、稷、粟外,麦、粱、稻、菽、菰已在人们日常食物中占有较大比重。在最早的农书《夏小正》中,已记载种植有麦、黍(黄米)、菽(大豆)糜。

其次是蔬菜和水果的丰富。《诗经》中记载的有陆生蔬菜、水生蔬菜和调味蔬菜,此外还有各种野生菌类、木耳、石耳等。《山海经》记各种各样的水果,现在一些常见的水果,此时已初具种类。

最后是动物性食物在饮食中的地位日渐重要,这些食物主要靠畜牧和狩猎获得。在甲骨文记载中就有马厩,而商代对畜养的马、牛、犬等分类很细,并有役使、祭祀和食用的各种区别,说明早在 3000 多年前家畜家禽就已定向驯养了。《周礼》记载中原贵族驯养食用的禽畜有野猪、野兔、麋鹿、麝及雁、宴鸟鹑、野鹅等。到了汉代,汉族地区大量出现畜养牛羊数目达一二百头的农家。

关于人类是如何开始吃熟食的问题,《淮南子·本经训》等文献中记载:燧人氏"钻燧取火,教人熟食"。在那个茹毛饮血的年代,原始人并没有开始普遍用火,并且很难接触到火,原始人首先利用的是火所具有的那些最显而易见的功能,如照明和取暖。由于原始人部落中的燧人氏发明了"钻燧取火",在有了可靠火源的基础上,使原始人得以有更多的机会接触到火,从而逐步加深对火的认识。通过对火的利用,原始人有可能是首先发现了用火可以烤化冰冻的肉类食品,在多次用火烤化冰冻肉类食品的过程中,原始人中的燧人氏发明了用火烤制肉类食品的方法。

1.4.2 食品微生物的历史

目前,食品中存在微生物及其作用的准确时间很难被确认,在人们真正看到微生物之前,已经在不知不觉中应用它们。我国是最早应用微生物的少数国家之一。同时,在食物起源以后,就伴随着食品腐败变质和食物中毒的问题,随着制作食物的出现,由于食物不适合的保存方法引起食物迅速腐败所造成的传染病也随之出现了。

据考证,我国在8000年前就出现了曲蘖酿酒,公元前7000年古巴比伦时代就已经酿造啤酒了,公元前3000年至1200年,犹太人采用死海中得到的盐保存各种食物,我国饮食中就有了腌鱼,罗马人食用腌肉,公元前1500年,我国劳动人民就已经开始制作发酵香肠。

在公元1000年以前,人们没有意识到食物中毒和食品腐败变质是由食品中存在的微生物引起的。公元943年法国由于麦角中毒(由一种生长在黑麦和其他谷物中的麦角菌引起)造成40000多人死亡,但是当时人们并不知道中毒是由一种真菌引起的。13世纪虽然人们认识到肉品的质量特性,但是还没有意识到肉品的质量与微生物之间的直接关系,主要原因是这个时期发生在列文虎克观察到微小生物之前,人们没有微生物的概念。

1658年,德国传教士基歇尔(A. Kircher,1602—1680)研究腐败的肉和牛奶时,发现了被他称为"虫"的物体,第一次提出了食品腐败与微生物的关系,但他的观察结果没有被社会接受。1765年,意大利生理学家斯帕拉捷(L. Spallanzani,1729—1799)通过上百次对比实验,发现将浸液放在密封的长颈瓶中煮1 h,就不会再有微生物发生。他指出浸液中的微生物是由于消毒不彻底或来自空气的污染造成的。斯帕拉捷用科学实验批驳微生物自然发生说,并且实验构思相当巧妙,但是由于历史条件,他没能彻底驳倒微生物的自然发生说,也没有回答生命最初的起源问题。斯帕拉捷于1765年发表了《用显微镜进行观察的实验》论文,总结了他关于自然发生问题的研究。1837年,德国生理学家施旺(T. Schwann,1810—1882)将经过加热的空气通入热浸液中发现浸液仍然保持无菌状态,并且提出了发酵和腐败是由微生物引起的。虽然基歇尔和斯帕拉捷都提出了通过加热可以保存食品的观点,但是他们没有进行相关的应用研究。

1809年,世界贸易兴旺发达,长时间生活在船上的海员,因吃不上新鲜的蔬菜、水果等食品而患病,有的还患了严重威胁生命的坏血症。法国拿破仑政府用12000法郎的巨额奖金,征求一种长期贮存食品的方法。1809年,法国糖果制造商阿培尔(N. Appert,1750—

1841）使用玻璃瓶成功保存了食品，其方法是将食品处理好，再装入广口瓶内，全部置于沸水锅中，加热 30~60min 后，趁热用软木塞塞紧，再用线加固或用蜡封死。采用这种办法，就能较长时间保藏食品而不腐烂变质，这就是现代罐头的雏形。这一发明于 1810 年公诸于世，并获得了专利。阿培尔揭开了科技史上食品保鲜新的一页，因此被世人誉为"罐头之父"。但是阿培尔没有意识到这项发明的深远意义，也不知道其中的原因。

法国微生物学家、化学家巴斯德（L. Pasteur，1822—1895）是第一个意识并发现食品中微生物的存在及其作用的人。1857 年提出牛奶变酸是由微生物造成的，1860 年首先采用加热的方法杀灭了葡萄酒和啤酒中的微生物，此过程是目前仍在使用的巴氏灭菌法（Pasteurization）。

1.4.3 食品微生物发展的重大事件

有关食品保存、食品腐败、食品中毒和食品立法等食品微生物发展的重大事件列举如下。

1.有关食品保存的重大事件

1782 年——瑞典化学家开始使用罐贮的醋。

1810 年——Nicolas Appert 的罐藏食品技术获得法国专利。

1813 年——Donkin Hall 和 Gamble 对罐藏食品采用后续工艺保温技术；认为可使用 SO_2 作为肉的防腐剂。

1825 年——Kensett 和 Daggett 的马口铁罐藏食品技术获得美国专利。

1835 年——Newton 的浓缩乳技术获得英国专利。

1837 年——Winslow 首先将玉米制成罐头。

1839 年——美国广泛食用罐头；Fastier 使用盐水浴提高水的沸点。

1840 年——首次将鱼和水果制成罐头。

1841 年——Goldner 和 Wertheimer 基于 Fastier 方法的盐水浴获得英国专利。

1842 年——Bebjmin 使用冰和盐水侵入法冷冻食品技术获得英国专利。

1843 年——I. Winslow 首次使用蒸汽杀菌。

1853 年——R. Chevallier-Appert 食品高压灭菌技术获得专利。

1854 年——Pasteur 研究葡萄酒的难题，1867—1868 年采用加热去除不良微生物的方法进入工业化实践。

1855 年——英国的 Grimwade 首次生产乳粉。

1856 年——美国的 Gail Borden 制造不加糖炼乳技术获得专利。

1865 年——美国出现了商业规模的冷冻鱼。

1874 年——首次广泛使用冰在海上运输肉类；使用蒸汽压力锅。

1878 年——首次成功从澳大利亚通过船向英国运输冷冻肉。

1880 年——德国开始采用巴斯德杀菌对乳类进行灭菌。

1882 年——Krukowisch 首次提出臭氧对腐败细菌具有毁灭性作用。

1886 年——美国的 A. F. Spawn 采用机械化干燥水果和蔬菜。

1890 年——美国对牛乳采用工业化巴斯德杀菌工艺;水果贮藏的机械化冷藏在芝加哥出现。

1895 年——Russell 首次对罐藏食品进行细菌学研究。

1907 年——E. Metchnikoff 及合作者分离并命名酸奶细菌保加利亚乳酸杆菌;B. T. P. Barker 提出苹果酒生产中醋酸菌的作用。

1908 年——美国官方批准苯甲酸钠作为某些食品的防腐剂。

1916 年——德国的 R. Plank、E. Ehrenbaun 和 K. Reuter 实现了食品的速冻。

1917 年——美国的 Clarence Birdseye 开始从事冷冻食品的零售业务;Franks 采用 CO_2 保存水果和蔬菜技术获得专利。

1920 年——Bigelow 和 Esty 发表了关于芽孢在 100℃ 耐热性系统研究。Bigelow、Bohart、Richoardson 和 Ball 提出计算热处理的一般方法,1923 年 C. O. Ball 简化了这个方法。

1922 年——Esty 和 Meyer 提出肉毒梭状芽孢杆菌的芽孢在磷酸缓冲液中的 Z 值为 18F。

1928 年——在欧洲首次采用气调方法贮藏苹果。

1929 年——使用高能辐射食品技术获得法国专利;Birdseye 的冷冻食品出现在零售市场。

1943 年——美国的 B. E. Proctor 首次采用离子辐射保存汉堡肉。

1950 年——D 值概念开始使用。

1954 年——乳酸链球菌肽在乳酪加工中控制梭状芽孢杆菌腐败的技术在英国获专利。

1955 年——山梨酸被批准作为食品添加剂。

1967 年——美国完成第一台工业化辐射食品设备的设计。

1988 年——美国将乳酸链球菌肽列为"一般公认安全"(GRAS)。

1990 年——美国对海鲜食品强调实施 HACCP 体系;第一个超高压果酱食品在日本问世。

1999 年——美国超高压技术在肉制品商业化的应用。

2.有关食品腐败的重大事件

1659 年——Kircher 证实牛乳中含有细菌。

1680 年——Leeuwenhock 首先发现了酵母细胞。

1780 年——Scheele 发现酸奶中乳酸是主要的酸。

1836 年——Latour 和 Berzelius 发现了酵母的存在。

1839 年——Kircher 研究发黏的甜菜汁,发现可在蔗糖液中生长并使其发黏的微生物。

1857 年——Pasteur 证明牛乳的发酸是由于微生物生长的结果。

1867 年——Martin 发展了奶酪变酸与酒精、乳酸和丁酸发酵类似的理论。

1873 年——Gayon 首次发表关于鸡蛋由微生物引起变质的研究;Lister 第一个通过纯培养分离出乳酸乳球菌。

1876 年——Tyndall 发现腐败物质中的细菌总是可以从空气、物质或容器中检测到。

1878 年——Cienkowski 首次对糖的黏液进行微生物学研究,并从中分离出肠膜明串珠菌。

1887 年——Foster 首先提出纯培养的细菌可以在 0℃ 条件下生长。

1888 年——Miquel 首先研究了嗜热细菌。

1895 年——Von Genus 首先对牛乳中的细菌进行了计数;Prescott 和 Underwood 首次跟踪研究不良热处理罐藏玉米的腐败。

1902 年——Schmidt-Nielsen 使用"嗜冷菌"概念描述 0℃ 条件下生长的微生物。

1912 年——Richter 使用"嗜高渗微生物"概念描述高渗透压环境中的酵母。

1915 年——B. W. Hammer 首次从凝固的牛乳中分离出凝结芽孢杆菌。

1917 年——P. J. Donk 首次从奶油状的玉米中分离出嗜热脂肪芽孢杆菌。

1933 年——Oliver 和 Smith 观察纯黄丝衣霉的腐败。

1964 年——Maunder 第一次研究纯黄丝衣霉。

3.有关食品中毒的重大事件

1820 年——Kerner 描述了"香肠中毒"(可能是肉毒中毒)及其致死率。

1857 年——Taylor 指控牛乳是伤寒热传播的媒介。

1870 年——Francesco Selmi 发展了尸毒理论,指出食入某些食品所导致的疾病。

1888 年——Gaertner 首先从导致 57 人食物中毒的肉食中分离出肠炎沙门氏菌。

1894 年——Denys 首次将葡萄球菌与食物中毒联系。

1986 年——Van Remenegem 首先发现了肉毒梭状芽孢杆菌。

1904 年——Landman 分离并鉴定出 A 型肉毒梭状芽孢杆菌。

1906 年——确认了蜡样芽孢杆菌食物中毒,首例裂头绦虫病被确认。

1926 年——Linden,Turner 和 Thom 提出了首例链球菌引起的食物中毒。

1937 年——Bier 和 Hazen 鉴定出 E 型肉毒梭状芽孢杆菌。

1938 年——找到变质的牛乳是弯曲菌肠炎爆发的原因。

1939 年——Schleifstein 和 Coleman 确认了小肠结肠炎耶尔氏菌引起的胃肠炎。

1945 年——Mcclung 首次证实产气荚膜梭菌食物中毒的病原机理。

1951 年——Fujino 提出副溶血性弧菌是引起食物中毒的原因。

1955 年——Thompson 指出婴儿霍乱和大肠杆菌胃肠炎之间的相似性。

1960 年——Moller 和 scheible 鉴定出 F 型肉毒梭菌;首次报告黄曲霉产生黄曲霉毒素。

1965 年——确认了由食物传播的贾第虫病(giardiasis)。

1969 年——Duncan 和 Strong 确定产气荚膜梭状芽孢杆菌的肠毒素；Gimenez 和 Ciccarelli 首次分离到 G 型肉毒梭状芽孢杆菌。

1971 年——美国马里兰洲首次爆发食品介导的副溶血弧菌性胃肠炎；第一次爆发食物传播的大肠杆菌性胃肠炎。

1975 年——L. R. Koupal 和 R. H. Deible 证实沙门氏菌肠毒素。

1976 年——美国纽约首次爆发食物传播小肠结炎耶尔森氏菌引起的胃肠炎；美国加利福尼亚发生婴儿肉毒素中毒。

1978 年——澳大利亚首次出现 Norwalk 病毒引起食物传播的胃肠炎。

1979 年——美国佛罗里达州发生非 01 霍乱弧菌引起的食物传播的胃肠炎。

1981 年——美国爆发了食物传播的李斯特病。

1982 年——美国首次爆发食物介导的出血性结肠炎。

1983 年——Ruiz-Palacios 等描述了空肠弯曲杆菌肠毒素。

1985 年——英国发现第一例疯牛病。

4.有关食品立法的重大事件

1890 年——美国通过了第一部关于肉品检验的国家法会,但只要求检验出口的肉制品。

1906 年——美国国会通过了美国食品和药物条例。

1910 年——纽约市健康委员会签署了要求对牛奶进行巴氏消毒的法令。

1939 年——美国新的食品药物和化妆品条例成为法规。

1957 年——美国执行强制性家禽及其制品法规。

1958 年——美国通过了食品药物和化妆品有关添加剂的条例。

1967 年——美国国会通过安全肉条例,并于 12 月 5 日成为法规。

20 世纪 60 年代——我国制定了食品卫生微生物检验方法。

20 世纪 70 年代——我国出版了《食品卫生检验方法——微生物学部分》。

1984 年——中华人民共和国国家标准 GB 4789. 1 ~ 4789. 28—1984《食品检验方法——微生物学部分》中华人民共和国食品卫生法(试行)。

1987 年——我国卫生部颁布了《食品新资源卫生管理办法》。

1994 年——国家卫生部批准了中华人民共和国国家标准 GB 14881—1994《食品企业通用卫生规范》。并以通用卫生规范为准则,先后制定了罐头、酒类、面粉、肉类等 15 个专业规范。

1994 年——中华人民共和国国家标准 GB 14880—1994《食品营养强化剂使用卫生标准》。

1995 年——由全国人民代表大会常务委员会通过的《中华人民共和国食品卫生法》。

1996 年——中华人民共和国国家标准 GB 2760—1996《食品添加剂使用卫生标准》,含标准附录 A、B、C、D,即食品用香料名单、营养强化剂新增品种、胶姆中胶基物质及其配料名单、食品工业用加工助剂推荐名单。

1996年——我国卫生部颁发《保健食品管理办法》并相应成立了全国保健食品审评委员会。

1997年——我国卫生部文件关于批准《食品添加剂使用卫生标准》(1997年增补品种)的通知。

1.5　食品微生物学的研究内容和任务

1.5.1　食品微生物学的研究内容

食品微生物学(Food Microbiology)是专门研究微生物与食品之间的相互关系的一门学科,是微生物学的一个重要分支,属于应用微生物学的范畴。它是一门综合性的学科,融合了普通微生物学、工业微生物学、医学微生物学、农业微生物学和食品有关的部分,同时又渗透了生物化学、机械学和化学工程等有关内容。尽管人类对食品微生物研究的历史较长,但作为微生物学的一门独立的分支学科,其仍属于一门新兴的学科。

食品微生物学主要研究与食品生产、食品安全相关微生物的特性,研究如何利用有益微生物为人类生产各种各样健康、营养丰富的食品,以及提高食品的品质、改善食品的质量,防止有害微生物引起的食品腐败变质、食品中毒,避免在食品制造、流通和保藏中有害微生物的污染,检测食品中微生物的方法,制定食品中微生物指标,为判断食品的安全性提供科学的依据。

1.5.2　食品微生物学的任务

微生物在自然界分布十分广泛,大多数食品和食品原料上都存在微生物,而且不同的食品或原料在不同的条件下,其微生物的种类、数量和作用也不相同。食品微生物学研究内容包括与食品有关的微生物的特征、微生物与食品的相互关系及其生态条件等。一般来说,微生物既可在食品制造中起有益作用,又可通过食品给人类带来危害。

1.有益微生物在食品制造中应用

在远古时代,人们就已经使用微生物酿酒、制酱、制醋、制作面包等,但当时人们并不知道这是微生物作用的结果。随着微生物学的发展,人们逐渐认识到微生物与食品的关系,进一步阐明了微生物对食品的作用种类及其机理,扩大了有益微生物在食品制造中的应用范围。目前,与食品制造相关的微生物主要以细菌、酵母菌和霉菌类群中部分菌种为主。例如酒精、柠檬酸、白酒、味精、酸奶、酱油、食醋、泡菜等都是利用微生物发酵作用产生的代谢产物;腐乳、香肠、纳豆等是利用微生物水解蛋白质的特性改善食品的营养和风味;大型真菌、酵母单细胞蛋白等是直接利用微生物的菌体;还可以利用微生物生产具有功能性质的多糖、食品添加剂等。随着人们对食品微生物学研究的深入,微生物在食品工业中的应用范围在不断扩宽。

2.有害微生物对食品的危害与防止

微生物给人们带来益处的同时,还会带来各种各样的危害。引起食品腐败变质的微生物主要是细菌、霉菌和酵母菌。由微生物引起的食品腐败变质,不仅使食品的营养价值降低或完全丧失,还会造成巨大的经济损失,甚至还会引起食物中毒,严重时导致人畜死亡。据统计每年约有20%的水果和蔬菜因微生物引起变质而浪费,粮食的霉变损失平均为年总产量的2%以上。由于食品的种类较多,各种食品腐败变质的现象和机理也不完全相同,因此,食品微生物学要根据不同食品的特点,研究微生物引起食品腐败变质的各种现象以及与食品内在特性、食品生产、保存条件、食品中微生物类群等方面的联系,从而揭示和阐明食品腐败变质的机理。

本章小结

本章内容主要介绍了微生物的基本概念以及微生物在生物分类学中的地位;阐述了微生物的生物学特点及作用;介绍了微生物学的主要分支学科和发展史阶段;并对食品微生物学的研究对象和任务进行了阐述。

思考题

(1)什么是微生物? 其分类地位如何?

(2)微生物的一般特性是什么?

(3)微生物学的发展史分为哪几个阶段?

(4)微生物研究的对象分哪几类? 微生物学的发展史上有哪几个代表人物?

(5)我国微生物工业涉及哪几个方面? 发展状况如何?

(6)食品微生物学的任务是什么?

主要参考书目

[1]沈萍.微生物学[M].北京:高等教育出版社,2000.

[2]周德庆.微生物学教程(第二版)[M].北京:高等教育出版社,2002.

[3]何国庆,贾英民.食品微生物学[M].北京:中国农业大学出版社,2003.

[4]徐岩(译).现代食品微生物学[M].北京:中国轻工业出版社,2001.

[5]董明盛,贾英民.食品微生物学[M].北京:中国轻工业出版社,2006.

第二章　食品中常见的微生物

本章导读：

·了解食品中微生物的分类方法。

·掌握食品中常见细菌、酵母菌和霉菌的生物学特性（包括形态结构特征、培养特征和生理生化特点）。

2.1　食品中微生物的分类

食品微生物无特殊的分类系统，常将与食品密切相关的微生物分为细菌、酵母菌、霉菌等。在发酵工业中微生物可通过产生各种代谢产物为人类造福，例如黑曲霉发酵生产柠檬酸，细菌发酵生产谷氨酸，酵母发酵生产酒精等。在食品的加工过程中有的微生物通过自身改变赋予食品独特的风味，有的微生物则具有益生保健作用。例如用于发酵乳制品的乳酸杆菌、乳酸链球菌等，用于酱油生产的曲霉，用于食醋生产的醋酸杆菌等。

随着食品微生物研究的不断深入和发展，微生物在食品工业中的应用途径和范围在不断发展与扩大。由于微生物种类繁多，很多微生物的亲缘关系（根据生物的外部性状、内部结构、生活特性等加以确定）尚未清楚，所以尚不能完全按照亲缘关系进行分类。

细菌一般有3种不同分类系统：即克拉西里尼科夫氏、伯杰氏和普雷沃氏分类系统。他们的通用分类单位命名法则和高等动植物一样，依次分为界、门、纲、目、科、属、种。种是分类的最基本单位。从某地区或某实验室分离到的菌种，则被称为菌株或品系。

在细菌的分类上，由于采用了分子遗传学或与传统方法相结合的方法，细菌产生了许多新的分类群。有 DNA 同源性和 DNA 中（G+C）的摩尔分数；23S、16S rRNA 和 5S rRNA 序列的类似性；寡核苷酸种类；全可溶性蛋白或一系列形态与生化特征的数值分类法；细胞壁分析法；血清反应法；细胞脂肪酸组成等方法，这些方法在 20 世纪 80 年代进行了广泛的应用。例如 DNA 分析法，是采用 DNA 中（G+C）的摩尔分数及 16S rRNA 和 5S rRNA 序列的测定相结合的方法来对细菌进行分类。16S rRNA 分析法可以将革兰氏阳性菌分为 2 个门：一组是（G+C）的摩尔分数大于 55%，常见的有链球菌属、丙酸杆菌属、微球菌属、双歧杆菌属、棒杆菌属、短杆菌属等；另一组是小于 50%，常见的有梭菌属、芽孢杆菌属、葡萄球菌属、乳酸杆菌属、明串珠菌属、李斯特菌等。即使对细菌属还没有一个满意的系统分类的定义，应用核酸技术，结合其他方法，最终可以形成一个细菌的亲缘分类体系，同时现有分类群也会不断改进。

酵母菌为真菌的一部分，采用荷兰人洛德于 1952 年发表的酵母分类系统分类。霉菌也是真菌的一部分，不同的真菌分类学者采用不同的分类系统，但在"纲"这一级分类意见都一致。

食品中重要的微生物种类很多,其中有的是食品有益微生物,有的是食品有害微生物,会造成食品腐败或引起胃肠炎等疾病。食品中一些重要的微生物如下:

细菌:醋酸杆菌属(*Acetobacter*)、无色杆菌属(*Achrombacter*)、不动杆菌属(*Acinetobacter*)、气单胞菌属(*Aeromonas*)、产碱菌属(*Alcaligenes*)、芽孢杆菌属(*Bacillaceae*)、双歧杆菌属(*Bifidobacterium*)、索丝菌属(*Brochothrix*)、弯曲杆菌属(*Campylobacter*)、肉食杆菌属(*Carnobacterium*)、柠檬酸杆菌属(*Citrobacter*)、棒杆菌属(*Corynebacterium*)、梭状芽孢杆菌(*Clostridium*)、肠杆菌属(*Enterobacter*)、肠球菌属(*Enterococcus*)、欧文氏菌属(*Erwinia*)、埃希氏杆菌属(*Escherichia*)、黄杆菌属(*Flavobacterium*)、葡糖杆菌属(*Gluconobacter*)、哈夫尼菌属(*Hafnia*)、盐杆菌属(*Halobacterium*)、克雷伯氏菌属(*Klebsiella*)、考克氏菌属(*Kocuria*)、乳球菌属(*Lactococcus*)、乳杆菌属(*Lactobacillus*)、明串珠菌属(*Leuconostoc*)、李斯特菌属(*Listeria*)、微球菌属(*Micrococcaceae*)、莫拉氏菌属(*Moraxella*)、类芽孢杆菌属(*Paenibacillus*)、泛菌属(*Pantoea*)、片球菌属(*Pediococcus*)、变形杆菌属(*Proteus*)、丙酸杆菌属(*Propionibacterium*)、假单胞菌属(*Pseudomonas*)、嗜冷杆菌属(*Psychrobacter*)、沙门氏菌属(*Salmonella*)、沙雷氏菌属(*Serratia*)、希瓦氏菌属(*Shewanella*)、志贺氏菌属(*Shigella*)、葡萄球菌属(*Staphylococcus*)、链球菌属(*Streptococcus*)、漫游球菌属(*Vagococcus*)、弧菌属(*Vibrio*)、魏斯氏菌属(*Weissella*)、耶尔森氏菌属(*Yersiniavan*)等。

霉菌:交链孢霉属(*Alternaria*)、曲霉属(*Aspergillus*)、葡萄孢霉属(*Botrytis*)、丝衣霉属(*Byssochlamys*)、芽枝霉属(*Cladosporium*)、复端孢霉属(*Cephalothecium*)、刺盘孢属(*Colletotrichum*)、镰刀菌属(*Fusarium*)、地霉属(*Geotrichum*)、毛霉属(*Mucor*)、青霉属(*Penicillium*)、根霉属(*Rhizopus*)、分枝孢子菌属(*Sporotrichum*)、枝霉属(*Thamidium*)、木霉属(*Trichoderma*)等。

酵母菌:酒香酵母属(*Brettanomyces*)、假丝酵母属(*Candida*)、隐球酵母属(*Cryptococcus*)、球拟酵母属(*Torulopsis*)、德巴利酵母属(*Debaryomyces*)、汉逊酵母属(*Hansenula*)、有孢汉逊酵母属(*Hanseniaspora*)、克鲁维酵母属(*Kluyveromyces*)、毕赤酵母属(*Pichia*)、红酵母属(*Rhodotorula*)、酵母菌属(*Saccharomyces*)、裂殖酵母属(*Schizosaccharomyces*)、丝孢酵母属(*Trichosporon*)、接合酵母属(*Zygosacchromyces*)。

2.2　食品中常见的细菌

在自然界中,细菌分布最广、数量最多。凡在温暖、潮湿和富含有机物质的地方,都存在着大量的细菌,常会散发出特殊的臭味或酸败味。长有细菌的物体表面较黏滑,在固体食物表面会长出水珠状、鼻涕状、浆糊状、颜色多样的细菌菌落或菌苔;长有大量细菌的液体,会呈现混浊、沉淀,并伴有大量气泡冒出。

在日常生活、生产实践和科学研究中,人们经常利用细菌制造一些食品或药品。工业上各种氨基酸、核苷酸、酶制剂、乙醇、丙酮、丁醇、有机酸、抗生素等产品的发酵生产;农业上如杀虫菌剂、细菌肥料的生产、沼气发酵和饲料青贮等方面的应用;医药上各种菌苗、类毒素、代血浆和医用酶类的生产等,这些都体现了细菌的有益方面。反之,不少腐败菌常引起食物和工农业产品腐败变质,甚至给人类带来危害。

细菌是污染食品和引起食品腐败变质的主要微生物类群,因此多数食品卫生的微生物学标准都是针对细菌制定的。食品中细菌来自内源和外源的污染,而食品中存活的细菌只是自然界细菌中的一部分,这部分在食品中常见的细菌,在食品卫生学上被称为食品细菌。食品细菌包括有益菌、腐败菌和病原菌,有些腐败菌还是引起食物中毒的原因。它们既是评价食品卫生质量的重要指标,也是食品腐败变质的原因。

2.2.1 革兰氏阳性细菌

1.乳杆菌属(*Lactobacillus*)

革兰氏阳性,细胞呈多样性杆状,常有棒形、球杆状,有的呈长短不等的丝状,不分枝,一般单个存在或短链排列。某些菌株革兰氏染色或美兰染色显示两极体,内部有颗粒物或呈现纹状。通常不运动,具有周生鞭毛的菌株能够运动,无芽孢,无细胞色素,大多数不产生色素。乳杆菌属是化能异氧型,营养要求严格,在生长繁殖过程需要多种氨基酸、维生素、肽和核酸衍生物。pH 6.0 以上时可还原硝酸盐,不液化明胶,不分解酪素,联苯胺反应阴性,不产生吲哚和 H_2S,大多数菌株可产生少量的可溶性氮。耐氧或微好氧,接触酶反应阴性,厌氧条件下生长良好。在 2~53℃均可生长,最适生长温度为 30~40℃。耐酸性强,最适生长 pH 5.5~6.2,在 pH 小于 5.0 的环境中也能生长,不耐热,巴氏杀菌能将该菌杀死。极少有致病性菌株。DNA 中的(G+C)含量为 34.7%~53.4%。模式种为德氏乳杆菌(*Lactobacillus delbrueckii*)。

根据发酵类型,将乳杆菌属分为 2 种类群。

同型乳酸发酵:能发酵葡萄糖产生 85% 以上的乳酸,且不发酵戊糖和葡萄糖酸盐的类群,如德氏乳杆菌(*Lactobacillus delbrueckii*)、赖氏乳杆菌(*Lactobacillus leichmannii*)、詹氏乳杆菌(*Lactobacillus jensenii*)、乳酸乳杆菌(*Lactobacillus lactis*)、德氏乳杆菌保加利亚亚种(*Lactobacillus delbrueckii* subsp. *bulgaricus*)、嗜酸乳杆菌(*Lactobacillus acidophilus*)、瑞士乳杆菌(*Lactobacillus helveticus*)、唾液乳杆菌(*Lactobacillus salivarius*)、干酪乳杆菌(*Lactobacillus casei*)、木糖乳杆菌(*Lactobacillus xylosue*)、植物乳杆菌(*Lactobacillus plantarum*)、弯曲乳杆菌(*Lactobacillus curvatus*)、棒状乳杆菌(*Lactobacillus coryniformis*)和同型腐酒乳杆菌(*Lactobacillus homohiochii*)等。

异型乳酸发酵:能发酵葡萄糖产生等摩尔的乳酸、CO_2、乙酸和乙醇的类群,如发酵乳杆菌(*Lactobacillus fermentum*)、纤维二糖乳杆菌(*Lactobacillus cellobiosas*)、短乳杆菌(*Lactobacillus brevis*)、布氏乳杆菌(*Lactobacillus buchneri*)、绿色乳杆菌(*Lactobacillus viridescens*)、嗜粪乳杆菌(*Lactobacillus coprophilus*)、希氏乳杆菌(*Lactobacillus hilgardii*)、发状乳杆菌(*Lactobacillus trichodes*)、食果糖乳杆菌(*Lactobacillus fructivorans*)、懒惰乳杆菌(*Lactobacillus desidiosus*)和异型腐酒乳杆菌(*Lactobacillus heterohiochii*)等。

本属菌在自然界分布广泛,主要存在于牛乳、肉、鱼、果蔬制品及动植物发酵产品中,通常为食品有益菌,常用作乳酸、干酪、酸乳等乳制品生产的发酵剂。

德氏乳杆菌保加利亚亚种(*Lactobacillus delbrueckii* subsp. *bulgaricus*),旧称保加利亚乳杆菌。细胞形态为长杆状,两端钝圆。固体培养基生长的菌落呈棉花状,易与其他乳杆菌区别。能利用葡萄糖、果糖、乳糖等糖类进行同型乳酸发酵产生 D(-)-乳酸,不能利用蔗糖。该菌是乳杆菌属中产酸能力最强的菌种,产酸能力与菌体的形态有关,菌形越大,产酸越多,最高产酸量可达 2%。如果菌形为颗粒或细长链状,产酸能力较弱,最高产酸量为1.3%~2%。该菌分解蛋白质能力较弱,发酵乳中可产生香味物质。最适生长温度为37~45℃,15℃以下不能生长。该菌常作为发酵酸奶的生产菌。

嗜酸乳杆菌(*Lactobacillus acidophilus*)细胞形态呈细长杆状,单生或短链。能利用葡萄糖、果糖、乳糖和蔗糖等糖类进行同型乳酸发酵产生 DL-乳酸,该菌生长繁殖需要生长因子(如维生素),分解蛋白质能力弱。最适生长温度为 37℃,15℃以下不能生长,耐热性差。最适生长 pH 5.5~6.0,耐酸性强,能在其他乳酸菌不能生长的酸性环境中生长繁殖。嗜酸乳杆菌是能够在人体肠道内定植的少数有益微生物菌群之一,其代谢产物有机酸和抗菌物质,如乳酸菌素(lactocidin)、嗜酸杆菌素(acidophilin)和嗜酸乳菌素(acidolin)可抑制病原菌和腐败菌的生长。另外,该菌在改善乳糖不耐症,治疗便秘、痢疾、结肠炎、激活免疫系统、抗肿瘤、降低胆固醇等方面具有一定的功效。

2.链球菌属(*Streptococcus*)

革兰氏阳性,细胞呈球形或卵圆形,直径小于 1 μm,生长在液体培养基中成对或成链排列。接触酶反应阴性,无芽孢,一般不运动,不产生色素,某些菌种能形成芽孢。化能异养型,营养要求复杂,某些菌种需要一定种类的维生素、氨基酸、嘌呤、嘧啶和脂肪酸等。属于同型乳酸发酵,发酵葡萄糖产生 L(+)-乳酸,但不产生气体,通常溶血。生长温度范围25~45℃,最适生长温度为37℃,最适生长 pH 7.4~7.6,兼性厌氧,厌氧培养生长良好。DNA 中(G+C)含量为 33%~42%。模式种为酿脓链球菌(*Streptococcus pyogenes*)。

链球菌属主要包括酿脓链球菌(*Streptococcus pyogenes*)、类马链球菌(*Streptococcus equisimilis*)、兽瘟链球菌(*Streptococcus zooepidemicus*)、马链球菌(*Streptococcus equi*)、停乳链球菌(*Streptococcus dysgalactiae*)、血链球菌(*Streptococcus sanguis*)、肺炎链球菌(*Streptococcus pneumoniae*)、咽峡炎链球菌(*Streptococcus anginosus*)、无乳链球菌(*Streptococcus agalactiae*)、少酸链球菌(*Streptococcus acidominimus*)、唾液链球菌(*Streptococcus salivarius*)、缓症链球菌(*Streptococcus mitis*)、牛链球菌(*Streptococcus bovis*)、马肠链球菌(*Streptococcus equinus*)、嗜热链球菌(*Streptococcus thermophilus*)、粪链球菌(*Streptococcus faecalis*)、屎链球菌(*Streptococcus faecium*)、鸟链球菌(*Streptococcus avium*)、乳房链球菌(*Streptococcus uberis*)等。

多数菌种为共栖菌或寄生菌,常见于人和动物的口腔、上呼吸道、肠道等处,大多数是有益菌。但有些是人畜致病菌,如引起奶牛乳房炎的无乳链球菌(*Streptococcus agalactiae*)和人类咽喉炎的溶血性链球菌(*Streptococcus haemolytlcus*)。少数菌种是引起食品腐败变质的细菌,如粪链球菌(*Streptococcus faecalis*)和液化链球菌(*Streptococcus liquefaciens*)。有些则是发酵乳制品生产中常用的菌种,如丁二酮乳酸链球菌(*Streptococcus diacetilactis*)、乳酪链球菌(*Streptococcus creamoris*)、嗜热链球菌(*Streptococcus thermophilus*)和嗜热乳链球菌(*Streptococcus thermophilus*)等。

嗜热链球菌(*Streptococcus thermophilus*)细胞呈圆形或卵圆形,成对长链状排列。某些菌株若不经过中间牛乳培养,不能在固体培养基上形成菌落。能利用葡萄糖、果糖、乳糖和蔗糖,属于同型乳酸发酵,产生 L(+)-乳酸。在石蕊牛乳中不还原石蕊,能使牛乳凝固。分解蛋白质能力较弱,在发酵乳中能产生双乙酰香味物质。该菌主要特征是能在高温条件下产酸,最适生长温度 40~45℃,温度低于 20℃不能产酸。耐热性强,在 65~68℃也能生长。常作为发酵酸乳、干酪的生产菌。

3.乳球菌属(*Lactococcus*)

革兰氏阳性,细胞呈球形或卵圆形,大小为(0.5~1.2)μm×(0.5~1.5)μm,在液体培养基中成对或成短链排列,不产生芽孢,不运动,无荚膜,兼性厌氧。属于化能异养型,同型乳酸发酵,发酵葡萄糖产生 L(+)-乳酸,不产生气体。接触酶反应阴性。营养要求复杂,在合成培养基上生长,需要多种 B 族维生素和氨基酸。最适生长温度 30℃,可以在 10℃生长,45℃不能生长。主要存在于乳制品和植物产品中。模式种为乳酸乳球菌(*Lactococcus lactis*)。

乳酸乳球菌(*Lactococcus lactis*)旧称乳酸链球菌(*Streptococcus lactis*)。细胞呈双球、短链或长链状。在石蕊牛乳中能使牛乳凝固。属于同型乳酸发酵,产酸能力弱,最大乳酸生物量为 0.9%~1.0%。能在 4%NaCl 肉汤培养基和 0.3%亚甲基蓝牛乳中生长,能水解精氨酸产生 NH_3,温度适应范围广泛,10~40℃均能产酸,最适生长温度 30℃,45℃不能生长。对热抵抗力较弱,在 60℃加热 30min 全部死亡。常作为干酪、酸制奶油和乳酒发酵剂菌种。

乳酸乳球菌乳脂亚种(*Lactococcus lactis* subsp. *cremoris*)旧称乳脂链球菌(*Streptococcus cremoris*)。细胞比乳酸乳球菌稍大,呈长链状。属于同型乳酸发酵,产酸和耐酸能力均较弱,产酸温度较低,通常在 18~20℃,37℃以上不能生长、也不能产生酸。由于耐酸能力差,保藏该菌种非常困难,一般要求每周转接菌种 1 次,或在培养基中添加 1%~3%的 $CaCO_3$保藏。不能在 4%NaCl 肉汤培养基和 0.3%亚甲基蓝牛乳中生长,不能水解精氨酸。该菌常作为干酪、酸制奶油发酵剂菌种。

4.片球菌属(*Pediococcus*)

革兰氏阳性,细胞呈球形、成对或四联状排列。无芽孢,不运动,固体培养时菌落大小可变,通常直径为 1.0~2.5 mm,无细胞色素。属于化能异养型,生长繁殖时需要复合生长因子,如维生素 B_3、维生素 B_5、维生素 H 和氨基酸,不需要维生素 B_1、对氨基苯甲酸和维生

素 B_{12}。能利用葡萄糖进行同型乳酸发酵产生 DL(-)-乳酸或 L(-)-乳酸。通常不酸化或凝固牛乳,不分解蛋白质,不还原硝酸盐,不水解马尿酸钠,不产生吲哚。兼性厌氧,接触酶反应阴性。生长温度范围 25 ~ 40℃,最适生长温度 30℃。模式种为有害片球菌(*Pediococcus damnosus*)。该属菌主要存在于发酵的植物性原料或腌制蔬菜中,常用于泡菜、香肠等发酵,也常引起啤酒等酒精饮料的变质。

该属现包括 7 个种,分别是耐酸兼性厌氧的戊糖片球菌(*Pediococcus pentosaceus*)、乳酸片球菌(*Pediococcus acidilactici*)、有害片球菌(*Pediococcus damnosus*)、小片球菌(*Pediococcus parvulus*)和意外片球菌(*Pediococcus inopinatus*),不耐酸的兼性厌氧的糊精片球菌(*Pediococcus dextrinicus*)以及不耐酸的微好氧的马尿片球菌(*Pediococcus urinaeequi*)。

戊糖片球菌(*Pediococcus pentosaceus*)细胞呈球状,直径为 0.8~1.0 μm。最适生长温度 35℃,最高生长温度为 42~45℃。对啤酒花防腐剂敏感。该菌常分布于麦芽汁、发酵植物材料,如泡菜、腌菜、青贮饲料等中。

乳酸片球菌(*Pediococcus acidilactici*)细胞呈球状,直径为 0.6~1.0 μm。最适生长温度 40℃,最高生长温度为 50℃。在不加啤酒花的麦芽汁中可以生长,但是在啤酒花麦芽汁或啤酒中不能生长。该菌常见于酸泡菜、发酵的麦芽汁中。

有害片球菌(*Pediococcus damnosus*)旧称啤酒片球菌(*Pediococcus cerevisiae*)。细胞呈球形,直径为 0.6~1.0 μm,呈四联状排列。该菌能发酵麦芽糖产酸不产气,不发酵乳糖。最适生长温度 25℃,在 35℃不能生长,在 60℃加热 10 min 可杀死。在 pH 3.5~6.2 范围能生长,最适 pH 5.5。由于该菌能产生丁二酮,通常分布于腐败的啤酒和酵母中,腐败啤酒中特殊的气味与该成分有关。

5.明串珠菌属(*Leuconostoc*)

革兰氏阳性,细胞呈球形或豆状、成对或成链排列。不运动,无芽孢。在固体培养基中菌落一般小于 1.0 mm,光滑、圆形、灰白色,在液体培养基中常呈现浑浊均匀,但某些长链状菌株可形成沉淀。属于化能异养型,生长繁殖时需要复合生长因子,如维生素 B_3、维生素 B_1、维生素 H 和氨基酸,不需要维生素 B_5 及其衍生物。该菌能利用葡萄糖进行异型乳酸发酵产生 D(-)-乳酸、乙酸或醋酸、CO_2,能使苹果酸转化为 L 型乳酸。通常不酸化和凝固牛乳,不水解精氨酸,不水解蛋白质,不还原硝酸盐,不溶血,不产生吲哚。兼性厌氧,接触酶反应阴性。该菌生长温度范围 5~30℃,最适生长温度为 25℃。DNA 中(G+C)含量为 38%~42%。模式种为肠膜明串珠菌(*Leuconostoc mesenteroides*)。

明串珠菌属可分为两群,第一群包括 5 种,它们可能关系密切,彼此难以区分,主要包括肠膜明串珠菌(*Leuconostoc mesenteroides*)、葡聚糖明串珠菌(*Leuconostoc dextranicum*)、类膜明串珠菌(*Leuconostoc paramesenteroides*)、乳明串珠菌(*Leuconostoc lactis*)和乳脂明串珠菌(*Leuconostoccremoris*)。第二群在葡萄酒中发现的,仅包括酒明串珠菌(*Leuconostoc oenos*)。

该属菌多数为有益菌,常存在于水果、蔬菜、乳及乳制品中,能在含高浓度糖的食品中生长。某些菌株可作为制造乳制品的发酵菌剂。

肠膜明串珠菌肠膜亚种(*Leuconostoc mesenteroides* subsp. *mesenteroides*)旧称肠膜明串珠菌(*Leuconostoc mesenteroides*),是明串珠菌属的典型代表。细胞呈球形或豆形、成对或短链排列。在固体培养基中菌落一般小于1.0 mm,在液体培养基中常呈现浑浊均匀。最适生长温度为25℃,pH为3.0~6.5,具有一定的渗透压,能在含4%~6%NaCl的培养基中生长繁殖。能利用葡萄糖进行异型乳酸发酵,在高浓度的蔗糖溶液中可以合成大量的荚膜(葡聚糖),形成特征性黏液。该菌是泡菜发酵重要的发酵剂,而且已被用于生产右旋糖苷,作为代血浆的主要成分。但是,该菌常因污染食品而造成麻烦,如牛乳变黏,制糖工业中由于增加糖液的黏度,影响过滤,延长生产周期,降低产量等。

6.双歧杆菌属(*Bifidobacterium*)

因其菌体尖端呈分枝状(如Y型或V型)而得名。细胞呈多样形态,短杆状呈规则形,纤细杆状呈带有尖细末端的球形、长而稍弯曲状、分枝或分叉形、棍棒状或匙形。排列方式有单个、链状、Y型、V型、L型和栅栏状,凝聚呈星状等。革兰氏阳性,菌体染色不均匀,无芽孢、无鞭毛,不运动。

该属菌为化能异养型,对营养要求苛刻,生长繁殖需要特殊的生长因子,称为双歧因子,即能促进双歧杆菌生长,不被人体吸收利用的天然或人工合成的物质。能利用葡萄糖、果糖、乳糖和半乳糖,通过果糖-6-磷酸支路产生乳酸和乙酸(摩尔比2∶3)以及少量的甲酸和琥珀酸。分解蛋白质能力较弱,能利用铵盐为氮源,不还原硝酸盐,不水解精氨酸,不液化明胶,不产生吲哚,联苯胺反应阴性。专性严格厌氧,接触酶反应阴性,不同菌株或菌种对氧的敏感性存在差异,经多次传代培养后,菌株的耐氧性增强。生长温度范围为25~45℃,最适生长温度为37℃。生长的pH为4.5~8.5,最适生长起始pH 6.5~7.0,不耐酸,在pH小于5.5的酸性环境中菌体不利于存活。

目前已知的双歧杆菌有28种,人体肠道中有8种,其中两歧双歧杆菌(*Bifidobacterium bifidum*)、婴儿双歧杆菌(*Bifidobacterium infantis*)、青春双歧杆菌(*Bifidobacterium adolescentis*)、长双歧杆菌(*Bifidobacterium longum*)和短双歧杆菌(*Bifidobacterium breve*)是肠道中最常见的双歧杆菌。

双歧杆菌是人体肠道内有益菌群,可定殖在宿主的肠黏膜上形成生物学屏障,具有拮抗致病菌、改善微生态平衡、合成多种维生素、提供营养、抗肿瘤、降低内毒素、提供免疫力、保护造血器官、降低胆固醇水平等重要生理功能,具有促进人体健康的作用。

7.丙酸杆菌属(*Propionibacterium*)

革兰氏阳性,不形成芽孢,不运动的杆菌。通常是多形态的,类似白喉菌或棒状的,一端圆钝,而另一端渐细或变尖,并且着色不深。有些培养物的细胞可能是球形的、延长的、叉形的或甚至是分枝的。细胞通常排列成单个、成对或"V"和"Y"字形状,短链或丛生成"汉字"状排列。化能异养型,代谢碳水化合物、蛋白胨、丙酮酸盐或乳酸盐,发酵产物主要是丙酸和醋酸的混合物,并常含有少量的异戊酸、甲酸、琥珀酸或乳酸和CO_2。所有的种都从葡萄糖产酸。

该属菌为兼性厌氧菌,有不同程度的耐氧性,大多数菌株可在稍缺氧的空气中生长,在血琼脂上的菌落通常凸起,半透明,有光泽,呈乳到带红色。最适生长温度30~37℃,最适pH 7.0。大多数菌株在含有20%胆汁或6.5%NaCl的葡萄糖培养液中生长。DNA的(G+C)含量范围为59%~66%。模式种为费氏丙酸杆菌(*Propionibacterium freudennreichii*)。

丙酸杆菌属主要包括费氏丙酸杆菌(*Propionibacterium freudennreichii*)、特氏丙酸杆菌(*Propionibacterium thoenii*)、丙酸丙酸杆菌(*Propionibacterium acidipropionici*)、詹氏丙酸杆菌(*Propionibacterium jensenii*)、贪婪丙酸杆菌(*Propionibacterium avidum*)、痤疮丙酸杆菌(*Propionibacterium acnes*)、嗜淋巴丙酸杆菌(*Propionibacterium lymphophilum*)、颗粒丙酸杆菌(*Propionibacterium granulosum*)等。

该属菌主要存在于乳酪、乳制品、人的皮肤或人与动物的肠道中。某些菌株参与乳酪成熟,使乳酪产生特殊香味和气孔。有些种是致病性的,易与棒状杆菌及梭菌某些种混淆。

8.微球菌属(*Micrococcus*)

革兰氏阳性,细胞呈球形,直径为0.5~3.5 μm,单生、双生和特征性的向几个平面分裂而形成不规则的堆团、四联或立方堆。通常不运动。好氧,最适生长温度为25~30℃。在含有5%NaCl中能生长,在基础培养基上生长良好,可产生黄色和红色色素。

化能异养菌,代谢为严格的呼吸型。通常可利用的含碳化合物有丙酸盐、乙酸盐、乳酸盐、琥珀酸盐、谷氨酸盐和碳水化合物。葡萄糖氧化主要生成乙酸盐或完全氧化成CO_2和水。不产生吲哚,接触酶反应阳性。该属菌对营养要求不一致,某些菌株能以磷酸铵为唯一氮源或以谷氨酸作碳源、氮源和能源,以硫胺素或维生素作为生长因子。DNA的(G+C)含量范围为66%~75%。模式种为藤黄微球菌(*Micrococcus luteus*)。

该属含有藤黄微球菌(*Micrococcus luteus*)、玫瑰色微球菌(*Micrococcus roseus*)和变异微球菌(*Micrococcus varians*)等种。该属菌广泛存在于人和动物的皮肤上,也广泛分布于土壤、水、植物和食品上,是重要的食品腐败性细菌。在新鲜食品、加工食品和腐败的食品中,该菌的检出率都很高。可引起肉类、鱼类、水产品、大豆制品等食品的腐败。有些菌可在低温下生长,故可引起冷藏食品的腐败变质。

9.葡萄球菌属(*Staphylococcus*)

革兰氏阳性,细胞呈球状,直径0.5~1.5 μm。单个、成对排列及具特征性的多于一个平面分裂,形成不规则的堆团,不运动。

化能异养菌,呼吸代谢和发酵代谢,产生接触酶。特别是在有空气存在时,多数碳水化合物能被利用并产生酸。在厌氧情况下葡萄糖发酵的主要产物是乳酸,有空气时主要产物为乙酸和少量的CO_2,产生胞外酶和毒素。可水解多种蛋白质和含脂肪的底物,可能分解马尿酸盐和精氨酸,不形成吲哚。好氧生长时要求氨基酸类和维生素类,厌氧生长时要求尿嘧啶和可发酵的碳源。

该菌属兼性厌氧,在好氧条件下生长更快,最适生长温度35~40℃,生长温度范围6.5~46℃,最适pH为7.0~7.5,pH范围4.2~9.3。大多数菌株在15%NaCl或40%的胆汁中可以生长。对溶葡萄球菌素内肽酶的溶解敏感,抗溶菌酶溶解。通常对抗菌素敏感,例如乳胺和大环内酯抗菌素、四环素、新生素和氯霉素,但抗多黏菌素和多烯类;对抗细菌物敏感;通常对热敏感。DNA 的(G+C)含量为 30% ~ 40%。模式种为金黄色葡萄球菌(*Staphyloccocus aureus*)。

该属含有金黄色葡萄球菌(*Staphyloccocus aureus*)、表皮葡萄球菌(*Staphylococcus epidermidis*)和腐生葡萄球菌(*Staphyloccocus saprophyticus*)等种,广泛的分布于自然界中,如空气、饲料、饮水、地面及物体表面、人及畜禽的皮肤、黏膜、肠道、呼吸道及乳腺中也有寄生。其中与食品关系最为密切的是金黄色葡萄球菌(*Staphyloccocus aureus*),可通过各种途径污染食品,产生肠毒素引起食物中毒,侵入人体可引起局部或全身感染,如常引起各种化脓性疾患,败血症和脓毒败血症。

2.2.2 革兰氏阴性细菌

1.醋杆菌属(*Acetobacter*)

革兰氏阴性,细胞呈椭圆到杆状,直或稍弯曲,大小为(0.6~0.8)μm×(1.0~3.0)μm,细胞单生、成对或成链状排列。某些种通常出现各种退化型,如球状、伸长的、膨胀状、棍棒状、弯曲的、分枝状或丝状体等。以周生鞭毛运动或不运动,不形成芽孢。在琼脂平板上培养时菌落易发生变异,从正圆形、隆起、表面湿润、大小一致的光滑型菌落可变异成不正圆、扁平、表面粗糙、颗粒装的粗糙型菌落,一般不产生色素。最适生长温度为 25~30℃,最适 pH 5.4~6.3,不耐热,液体培养时能形成菌膜。

化能异养型,能利用葡萄糖、果糖、蔗糖、麦芽糖、酒精作为碳源,可利用蛋白质水解物、尿素、硫酸铵作为氮源,生长繁殖时需要 P、K 和 Mg 等无机元素。严格好氧,接触酶反应阳性,具有醇脱氢酶、醛脱氢酶等氧化酶类,除能把酒精氧化成醋酸外,还能氧化其他醇类和糖类生成相应的酸和酮,具有一定产酯的能力。某些菌株耐酒精和醋酸能力强,不耐 NaCl。DNA 中的(G+C)含量为 55%~64%。模式种为醋化醋杆菌(*Acetobacter aceti*)。

醋杆菌属主要包括醋化醋杆菌(*Acetobacter aceti*)、木醋杆菌(*Acetobacter xylinum*)、恶臭醋杆菌(*Acetobacter rancens*)、巴氏醋杆菌(*Acetobacter pasteurianus*)和过氧化醋杆菌(*Acetobacter peroxydas*)等。该属菌主要分布在花、果实、葡萄酒、啤酒、苹果汁、醋和果园土等环境中,是食醋、葡萄糖酸和维生素 C 的重要工业生产菌。但某些菌株常危害水果、蔬菜,可引起菠萝的粉红病和苹果、梨的腐烂,若污染酒类和果汁,导致酒和果汁变酸。

醋化醋杆菌,旧称纹膜醋酸杆菌(*Acetobacter aceti*),在液体培养基生长时液面能形成乳白色、皱褶状的黏性菌膜,摇动时液体变混。能产生葡萄糖酸,最高产醋酸量 8.75%,生长温度 4~42℃,最适生长温度 30℃,能耐 14%~15%的酒精,能使葡萄酒和果汁变酸,是酿制食用醋的主要菌种。

奥尔兰醋酸杆菌(*Acetobacter orleanense*)是醋化醋杆菌的亚种,也是法国奥尔兰地区用葡萄酒生产食醋的菌种。生长温度范围 7~39℃,最适生长温度 30℃。能产生葡萄糖酸,产酸能力较弱,最高产醋酸量为 2.9%,耐酸能力强,能产生少量的酯。

许氏醋杆菌(*Acetobacter schutzenbachii*)是法国著名的速酿食醋菌种,也是目前酿醋工业重要的菌种之一。最适生长温度 25~27.5℃,最高生长温度 37℃。产酸能力强,最高产醋酸量达 11.5%。对醋酸没有进一步的氧化作用,耐酸能力较弱。

As1.41 醋酸杆菌(*Acetobacter pasteurianus* AS1.41)属于恶臭醋酸杆菌(*Acetobacter rancens*)的混浊变种,是我国酿醋工业常用菌种之一。细胞呈杆状,成链排列。最适生长温度 28~30℃,最适生长 pH 3.5~6.5,耐酒精浓度 8%。在固体培养时菌落隆起、表面光滑、灰白色;在液体培养时液面形成菌膜并沿容器上升,液体不混浊。产醋酸量 6%~8%,产葡萄糖酸能力弱,可将醋酸进一步氧化为 CO_2 和 H_2O。

沪酿 1.01 醋酸杆菌(*Acetobacter pasteurianus* HN 1.01)属于巴氏醋酸杆菌(*Acetobacter pasteurianus*)的巴氏亚种,从丹东速酿醋中分离得到的,也是目前我国酿醋工业常用菌种之一。细胞呈杆状,成链排列。在液体培养时液面形成淡青色薄层菌膜。氧化酒精生成醋酸的转化率达 93%~95%。

2.无色杆菌属(*Achromobacter*)

革兰氏阴性,细胞呈杆状,能运动,常分布于水和土壤中,多数能分解糖和其他物质,产酸不产气,是肉类产品的腐败菌,能使禽、肉和海产品变质发黏。

3.气单胞菌属(*Aeromonas*)

革兰氏阴性,细胞呈杆状至近球状,两端钝圆,大小为(0.1~1.0) μm×(1.0~4.0) μm。以单个、成对或短链状存在。通常以单端生鞭毛运动,在固体培养基上的幼龄菌可以形成周生鞭毛。需氧或兼性厌氧。最适生长温度 30℃,但在 0~45℃皆可生长。营养要求不高,在普通培养基上 35℃经 24~48 h 形成 1~3 mm 大小,微白色半透明的菌落;在血琼脂上形成灰白、光滑、湿润、凸起直径约 2 mm 的菌落,多数菌株有 β 溶血环,3~5 天后菌落呈暗绿色;在肠道选择培养基上,大多数菌株形成乳糖不发酵菌落;在 TCBS 琼脂上生长不良;液体培养基中呈均匀混浊。发酵糖类产酸产气或不产气,氧化酶阳性一些菌株可产生褐色水溶性色素。DNA 中(G+C)含量为 57%~63%。模式种为嗜水气单胞菌(*Aeromonas hydrophila*)。

气单胞菌属主要包括嗜水气单胞菌(*Aeromonas hydrophila*)、斑点气单胞菌(*Aeromonas punctata*)、杀鲑气单胞菌(*Aeromonas salmonicida*)等。

该属菌广泛存在于淡水、海水、土壤、鱼类和脊椎动物肠道中,可引起鱼类、蛙类和禽类疾病,还可引起海产食品的腐败变质及食用者的肠胃炎。人类接触后可引起感染,是人类急性腹泻的重要病原菌。特别是 5 岁以下的儿童易发生气单胞菌性腹泻,大多数病例属于这一年龄段。除了胃肠炎,气单胞菌还与伤口感染、骨髓炎、腹膜炎、败血症、呼吸道感染等有关。

4.产碱菌属(*Alcaligenes*)

革兰氏阴性,细胞呈杆状、球杆状或球状,大小为(0.5~1.2) μm×(0.5~2.6) μm,通常单个出现,周生鞭毛,以 1~8 根(偶尔可达 12 根),可运动。专性好氧,具严格代谢呼吸型,以氧作为电子最终受体,有些菌株在存在硝酸盐或亚硝酸盐时进行厌氧呼吸。适宜生长温度为 20~37℃,最适 pH 7.0。能产生灰黄色、棕黄色或黄色色素。氧化酶、接触酶阳性。不产生吲哚。化能异养型,能利用不同的有机酸和氨基酸为碳源,并能从几种有机酸盐和酰胺产碱。通常不利用糖类,有些菌株可利用 D-葡萄糖、D-木糖作为碳源产酸。DNA 中的(G+C)含量为 57.9%~70%。模式种为粪产碱菌(*Alcaligenes faecalis*)。

产碱菌属主要包括粪产碱菌(*Alcaligenes faecalis*)、海水产碱菌(*Alcaligenes aquamarinus*)、真养产碱菌(*Alcaligenes eutrophus*)和争论产碱菌(*Alcaligenes paradoxus*)等。该属菌在自然界分布极广,主要存在于原料乳、土壤、水、饲料、人及动物肠道内等,是引起乳品和其他动物性食品产生黏性变质的主要菌,但不分解酪蛋白。

粪产碱菌(*Alcaligenes faecalis*)是一种广泛存在于泥土和水中的革兰氏染色阴性细菌,呈球状、杆状或杆球状,可寄生在动物的肠腔中,可抑制金黄色葡萄球菌、绿脓杆菌、变形杆菌等微生物的生长,一般对人体无害,可机会致病,引起肠炎、尿路感染,大多不严重。对头孢西丁、头孢拉定、头孢噻肟、氨苄西林、阿莫西林敏感,对庆大霉素不敏感。另外,此菌应用于废水处理中的活性污泥法。

5.弯曲杆菌属(*Campylobacter*)

革兰氏阴性,细胞菌体细长,无芽孢,螺旋形的弯曲杆菌,大小为 $(0.2~0.8)$ μm×$(0.5~5.0)$ μm。每个菌体可以有一圈或多圈螺旋,且长达 8.0 μm。当两个细胞形成短链时,可以表现为 S 形和海鸥翼状。老培养物的细胞可形成球状或类球状体。运动具有特征性的螺旋状运动方式。鞭毛为单极生,附着在细胞的一端或两端。鞭毛长度可达菌体的 2~3 倍。

化能异养菌,既不发酵也不氧化碳水化合物,生长不需要血清,可从氨基酸或三羧酸循环的中间代谢物中获得能量,不能从碳水化合物中获取能量。不水解明胶和尿素。甲基红和 VP 试验呈阴性。无脂肪酶活性,氧化酶阳性。不产生色素。

微好氧到厌氧,有些种是微好氧型,需要氧气的浓度在 3%~15%,其他的种类是厌氧的,或者在微好氧或厌氧的条件下都能生长,也有少数的菌株能在好氧条件下极弱地生长。DNA 的(G+C)含量为 30%~35%。模式种为胎儿弯曲杆菌(*Campylobacter fetus*)。

弯曲杆菌属包括胎儿弯曲杆菌(*Campylobacter fetus*)、空肠弯曲杆菌(*Campylobacter jejuni*)、结肠弯曲杆菌(*Campylobacter colic*)、幽门弯曲杆菌(*Campylobacter pybridis*)、唾液弯曲杆菌(*Campylobacter sputorum*)及海鸥弯曲杆菌(*Campylobacter laridis*)6 个种及若干亚种。

弯曲杆菌广泛分布于世界各地。对人类致病的绝大多数是空肠弯曲杆菌及胎儿弯曲杆菌胎儿亚种,其次是结肠弯曲杆菌。空肠弯曲杆菌是引起人类腹泻最常见的病原菌之一。食入含有该菌的食物后,可发生食物中毒,引起细菌性肠炎,症状为下痢、腹痛、发热、恶心、呕吐等。

6.柠檬酸细菌属(*Citrobacter*)

革兰氏阴性,细胞呈杆状,大小为 1.0 μm×$(2.0~6.0)$ μm,单个或成对排列,周生鞭毛,能运动,无荚膜,兼性厌氧,在普通肉胨琼脂上的菌落一般直径 2~4 mm,光滑、低凸、湿润、半透明或不透明,灰色,表面有光泽,边缘整齐,偶尔可见黏液或粗糙型。氧化酶阴性。接触酶反应阳性。

化能异养型,能利用柠檬酸盐作为唯一碳源,硝酸盐还原到亚硝酸盐,没有赖氨酸脱羧酶,不产生苯丙氨酸脱氨酶、明胶酶、脂肪酶和 DNA 酶,不分解藻朊酸盐和果胶酸盐,发酵葡萄糖产酸产气,发酵乳糖迟缓或不发酵。甲基红试验阳性,VP 试验阳性。DNA 中(G+C)含量为 50%~52%。模式种为费氏柠檬酸细菌(*Citrobter freumdii*)。

柠檬酸细菌属主要包括费氏柠檬酸细菌(*Citrobter freumdii*)和中间柠檬酸细菌(*Citrobter intermedius*)。广泛分布与自然界,多见于人和动物的粪便,或许是正常肠道栖居菌,时常作为条件致病菌分离自临床样品,也见于土壤、水、污水和食物中。可引起食品腐败变质。该属中有部分低温性菌株可在 4℃增殖,引起冷藏食品的腐败变质。

7.肠杆菌属(*Enterobacter*)

革兰氏阴性,细胞呈直杆状,大小为(0.6~1.0)μm×(1.2~3.0)μm,周生鞭毛(通常 4~6 根),能运动,容易在普通培养基上生长,在血平板上培养时菌落呈灰白色。兼性厌氧,发酵葡萄糖,产酸产气。在 44.5℃时不能由葡萄糖产气。大多数菌株 VP 试验阳性,MR 试验阴性。一般可利用柠檬酸盐和醋酸盐作为唯一的碳源。不从硫代硫酸盐产生 H_2S。多数菌株可将明胶缓慢液化,不产生脱氧核糖核酸酶。最适生长温度为 30℃,多数临床菌株在 37℃生长,有些环境菌株 37℃时生化反应不稳定。DNA 中(G+C)含量为 52%~59%。模式种为阴沟肠杆菌(*Enterobacter cloacea*)。

肠杆菌属主要包括阴沟肠杆菌(*Enterobacter cloacea*)和产气肠杆菌(*Enterobacter aerogenes*)。

阴沟肠杆菌(*Enterobacter cloacea*)广泛存在于自然界中,在人和动物的粪便水、泥土、植物中均可检出,是肠道正常菌种之一,但可作为条件致病菌。随着头孢菌素的广泛使用,该菌已成为医院感染越来越重要的病原菌。

产气肠杆菌(*Enterobacter aerogenes*)主要生存于人类和动物的肠道,为人体内的正常菌相,只有在人体虚弱的特殊情况下才偶尔引起疾病。也生存于水、土壤及腐败物中,或独自生存。该属菌污染食品后可引起食品的腐败变质。此外,有部分低温性菌株可引起冷藏食品的腐败。

8.欧文氏菌属(*Erwinia*)

革兰氏阴性,细胞呈直杆状,大小为(0.5~1.0)μm×(1.0~3.0)μm,单生、成对、有时呈短链存在。以周生鞭毛运动。兼性厌氧,但有些菌种厌氧生长微弱。最适生长温度 27~30℃。氧化酶阴性,接触酶阳性,从果糖、半乳糖、D-葡萄糖、β-甲基葡萄糖苷和蔗糖产酸。可利用丙二酸盐、延胡索酸盐、葡萄糖酸盐、苹果酸盐作为唯一的碳源和能源,但不能利用苯甲酸盐、草酸盐或丙酸盐。DNA 中(G+C)含量为 50%~58%。模式种为解淀粉欧文氏菌(*Erwinia amylovora*)。

欧文氏菌属主要包括解淀粉欧文氏菌（*Erwinia amylovora*）、柳欧文氏菌（*Erwinia salicia*）、嗜气管欧文氏菌（*Erwinia tracheiphila*）、流黑欧文氏菌（*Erwinia nigrifluens*）、栎欧文氏菌（*Erwinia quercina*）、生红欧文氏菌（*Erwinia rubrifaciens*）、草生欧文氏菌（*Erwinia herbicola*）、斯氏欧文氏菌（*Erwinia stewartii*）、噬夏孢欧文氏菌（*Erwinia uredovora*）、胡萝卜软腐欧文氏菌（*Erwinia carotovora*）、菊欧文氏菌（*Erwinia chrysanthemi*）、杓兰欧文氏菌（*Erwinia cypripedii*）、大黄欧文氏菌（*Erwinia rhapontici*）等。

该属菌既有寄居在人和动物肠道内的细菌，也有植物的病原菌和腐生菌。例如，解淀粉欧文氏菌（*Erwinia amylovora*）可使植物发生癌瘤和枯萎；胡萝卜软腐欧文氏菌（*Erwinia carotovora*）具有果胶酶，可引起植物软腐病。具有果胶酶的欧文氏菌可与假单胞菌、芽孢杆菌等其他腐败细菌一起附着在果蔬上，在运输过程中或在市场上引起腐败，是所谓市场病的原因菌之一。

9.埃希氏菌属（*Escherichia*）

俗称大肠杆菌属，革兰氏阴性，细胞呈直杆状，两端钝圆，大小为（1.1~1.5）μm×（2.0~6.0）μm，多数单独存在或成双存在，以周生鞭毛运动或不运动，部分菌株有荚膜或微荚膜，不能形成芽孢。需氧或兼性厌氧，最适生长温度为37℃，最适pH 7.2~7.4。在液体培养基中，浑浊生长，形成菌膜，管底有黏性沉淀；在肉汤固体平板上可形成凸起、光滑、湿润、乳白色和边缘整齐的菌落；在伊红美兰平板上，因发酵乳糖形成具有金属光泽的黑色菌落。该菌能发酵葡萄糖、乳糖、麦芽糖、甘露醇等多种糖类，并且产酸产气。DNA中（G+C）含量为50%~51%。模式种为大肠埃希氏菌（*Escherichia Coli*）。

埃希氏菌属主要包括大肠埃希氏菌（*Escherichia Coli*），俗称大肠杆菌。主要存在于人和动物的肠道中，随粪便排出分布于自然界中，是肠道正常菌群，一般不致病。但有5种大肠杆菌是致病性的：肠产毒性大肠埃希氏菌（*Enterotoxigenic E. coli*，ETEC）、肠侵袭性大肠埃希氏菌（*Enteroinvasive E. Coli*，EIEC）、肠致病性大肠埃希氏菌（*Enteropathogenic E. coli*，EPEC）、肠出血性大肠埃希氏菌（*Enterohemorrhage E. Coli*，EHEC）和肠道黏附性大肠埃希氏菌（*Enteroadherent E. Coli*，EAEC）。

通过对食品中大肠菌群数的检验可间接表明食品被污染的状况，大肠杆菌广泛存在于水、污水、土壤、谷类、乳制品等，常作为卫生指标微生物。

10.黄杆菌属（*Flavobacterium*）

革兰氏阴性，细胞呈球杆状至细长杆状，两端钝圆，大小为0.5 μm×（1.0~3.0）μm，周生鞭毛，能运动或不运动，无芽孢，兼性厌氧。在固体培养基上生长，产生典型的色素（黄色或橙色），但有些菌株不产色素。菌落呈典型的半透明状，偶尔是不透明的，圆形（直径1~2 nm），隆起或微隆起，光滑且有光泽，全缘。在特殊的温度下能产生黄、橙、红色和茶色等脂溶性色素，色素的颜色随培养基和温度而变化，在15~20℃时颜色特别显著，但产生大量色素需要经常光照。当培养温度低于30℃为宜，高温能抑制生长；少数能在39℃生长。化能异养型，呼吸代谢，发酵能较弱，一般在含低浓度蛋白胨培养基中由碳水化合物产酸不产气,氧化酶和接触酶阳性。DNA 的(G+C)含量为 31%~45%。模式种为水生黄杆菌(*Flavobacterium aquatile*)。

黄杆菌属包括水生黄杆菌(*Flavobacterium aquatile*)、短黄杆菌(*Flavobacterium breve*)、脑膜炎脓毒性黄杆菌(*Flavobacterium meringosepticum*)、锈色黄杆菌(*Flavobacterium ferrugineum*)、嗜盐黄杆菌(*Flavobacteriumhalmsphilum*)、湿润黄杆菌(*Flavobacterium uliginosum*)、荚膜黄杆菌(*Flavobacterium capsulatum*)、浅藤黄黄杆菌(*Flavobacterium lutescens*)、里加黄杆菌(*Flavobacterium rigense*)、吲哚黄杆菌(*Flavobacterium indoltheticum*)、泰伦黄杆菌(*Flavobacterium tirrenicum*)和贪食黄杆菌(*Flavobacterium devorans*)等。

该属菌广泛分布于土壤、淡水和海水中,常存在于新收获的稻谷和其他粮食上、蔬菜、乳制品中。某些菌株能产生对热稳定的胞外酶,分解蛋白质能力强,通常引起乳、禽类、鱼类和蛋类的腐败变质。某些菌株能在 4℃ 低温下生长,可使乳及乳制品变黏和产酸,是重要的冷藏食品变质菌。

11.葡糖杆菌属(*Gluconobacter*)

革兰氏阴性,细胞呈椭圆到杆状,大小为(0.6~0.8) μm×(1.5~2.0) μm,单个、成对或成链排列。在老培养物中呈现复杂的形状。以 3~8 根极生鞭毛运动,或不运动,不形成芽孢。

有机化能异养菌,呼吸代谢,从不发酵,氧是末端的电子受体。在中性和酸性(pH 4.5)时能氧化乙醇生产乙酸,不能氧化乙酸盐或乳酸盐到 CO_2,通常能将糖类氧化成酮和酸。多数菌株能产生 2-和 5-酮基葡萄糖酸,水溶性棕褐色素和 γ-吡喃酮。接触酶通常强阳性。

专性好氧菌。最适生长温度为 25~30℃,多数菌株在 37℃ 以上不能生长。最适 pH 为 5.5~6.0,在 pH 4.0~4.5 时生长并产生醋酸,在弱碱性培养基中生长缓慢。DNA 的(G+C)含量为 60%~64%。模式种为氧化葡糖杆菌(*Gluconobacter oxydans*)。

葡糖杆菌属主要包括氧化葡糖杆菌(*Gluconobacter oxydans*),又包括氧化葡糖杆菌氧化亚种(*Gluconobacter oxydans* subsp. *oxydans*)、氧化葡糖杆菌工业亚种(*Gluconobacter oxydans* subsp. *industrius*)、氧化葡糖杆菌亚氧化亚种(*Gluconobacter oxydans* subsp. *suboxydans*)和氧化葡糖杆菌产黑亚种(*Gluconobacter oxydans* subsp. *melanogenes*)等。

该属菌广泛分布于花、园土、啤酒酵母、果实、蜜蜂、葡萄酒、苹果酒、啤酒、酒醋和软饮料等,可导致含酒精饮料变酸。有的菌株可能引起菠萝病害和苹果及梨的腐烂。

12.哈夫尼菌属(*Hafnia*)

革兰氏阴性,细胞呈直杆状,直径约 1.0 μm,长 2.5~5.0 μm,以周生鞭毛运动,无荚膜。在一般培养基上容易生长。在营养琼脂上的菌落直径一般是 2~4 mm,形态呈光滑、潮湿、半透明、灰色、表面光泽、边缘整齐。兼性厌氧,有呼吸和发酵两种类型的代谢,氧化酶阴性,接触酶阳性,化能异养型。大部分菌株利用柠檬酸盐和醋酸盐作为唯一碳源。能还原硝酸盐为亚硝酸盐,在 Kligle 铁琼脂的高层中不产生 H_2S。不产生明胶酶、脂肪酶和

DNA 酶。不利用藻朊酸盐,不分解果胶酸盐。不产生苯丙氨酸脱氨酶。赖氨酸和鸟氨酸脱羧酶试验阳性,但精氨酸双水解酶试验阴性。发酵葡萄糖产酸产气。不从 D-山梨醇、棉子糖、蜜二糖、D-阿东醇和间肌醇产酸。MR 试验 35℃ 阳性,22℃ 则是阴性。通常在 22~28℃ 由葡萄糖产生乙酰甲基甲醇,但在 35℃ 时不产生。DNA 中(G+C)含量为 52%~57%。模式种为蜂房哈夫尼菌(*Hafnia alvei*)。

该属菌广泛分布于污水、土壤、乳制品、人和动物粪便中,是蜜蜂等昆虫的病原菌。该属中有低温性菌株可在 4℃ 左右增殖,使食品特别是包装食品在低温贮藏时腐败变质。

13.盐杆菌属(*Halobacterium*)

革兰氏阴性,细胞呈杆状,大小为(0.6~1.0) μm×(1.0~6.0) μm,单个或多形态(特别是在贫瘠的培养基中)。极生丛毛运动或不运动。

化能异养菌,呼吸代谢,从不发酵。在高浓度(12%以上)的 NaCl 溶液中才能生长,且保持杆状。若 NaCl 浓度不足则呈多形态,生长时从氨基酸中获取能量,几乎不利用碳水化合物,在含糖的培养基中不产生酸,不水解淀粉,蛋白质水解能力强。菌体内含类胡萝卜素,其主要色素为菌红素,使菌落呈淡紫色到鲜红色或朱红色,菌落小于 2 mm,圆形,凸起,完整,半透明。氧化酶和接触酶阳性,通常不液化明胶,可从蛋白胨和硫酸盐中产生 H_2S,通常从半胱氨酸中产生 H_2S。在 25% 和 30% 的 NaCl 培养基中产生吲哚。

专性好氧,在 30~50℃ 生长良好,最适生长温度 40℃,pH 生长范围 5.5~8.0,最适 pH 生长范围 7.2~7.4。绝大多数菌株对多黏菌素敏感,对金霉素、氯霉素、青霉素和土霉素不敏感。DNA 中(G+C)的为 66%~68% 或 57%~60%。模式种为盐制品盐杆菌(*Halobacterium salinarium*),是饱和或近饱和的 NaCl 环境中的极端嗜盐菌。

盐杆菌属主要包括盐制品盐杆菌(*Halobacterium salinarium*)和盐生盐杆菌(*Halobacterium halobium*)。

盐杆菌属对高渗具有很强的耐受力,主要生活在有足够浓度的 NaCl 和其他需要的离子的地方,例如盐田、死海和一些其他的盐湖以及高浓度盐腌的蛋白质制品。在高盐中正常生长,在低盐环境中菌可由杆状变为球状,该菌属可在咸肉和盐渍食品中生长,使食品变质。

14.克雷伯氏菌属(*Klebsiella*)

革兰氏阴性,细胞呈直杆状,大小为(0.3~1.5) μm×(0.6~6.0) μm,单个、成对或短链状排列,有荚膜,不运动。生长在肉汁培养基上产生黏韧度不等的稍呈圆形有闪光的菌落,这些与菌株和培养基成分有关,不需要特殊的生长因子。兼性厌氧,呼吸和发酵两种类型的代谢,氧化酶阴性。大多数菌株能利用柠檬酸盐和葡萄糖作为唯一碳源,发酵葡萄糖产酸产气,但也有不产气的菌株。大多数菌株产生 2,3-丁二醇作为葡萄糖发酵的主要末端产物,VP 试验通常阳性;与混合酸发酵比较起来形成较少的乳酸、乙酸和甲酸,而形成较多的乙醇。发酵肌醇,水解尿素,不产生鸟氨酸脱羧酶或 H_2S 是更进一步的鉴别性状。DNA 中(G+C)含量为 52%~56%。模式种为肺炎克雷伯氏菌(*Klebsiella pneumoniae*)。

克雷伯氏菌属主要包括肺炎克雷伯氏菌（*Klebsiella pneumoniae*）、鼻炎克雷伯氏菌（*Klebsiella ozaenae*）和鼻硬结克雷伯氏菌（*Klebsiella rhinoscleromatis*）。

该属菌广泛分布于水、土壤、人和动物的消化道及呼吸道、粮食和冷藏食品上。可引起食品变质、人的上呼吸道感染、肺炎、败血症等。

15. 变形杆菌属（*Proteus*）

革兰氏阴性，细胞呈杆状，两端钝圆，大小为（0.4~0.6）μm×（1.0~3.0）μm，具有明显的多形性，有时呈球形、杆形、长而弯曲或长丝形，无芽孢，无荚膜，有周身鞭毛，运动活泼，需氧或兼性厌氧，营养要求不高，在固体培养基上呈扩张性生长，形成以菌种部位为中心的厚薄交替、同心圆形的层层波状菌苔，称为迁徙生长现象，但有时产生不规则形状的细胞。最适生长温度37℃。

分解各种糖类的能力较弱，可以分解蔗糖产酸产气，分解蛋白质能力很强，是好氧型腐败菌的代表。能引起肉类、蛋类的腐败并产生腐败的臭味，脲酶阳性。在引起动物性食品腐败时，能产生氨且pH剧烈升高，具有氨基酸脱羧酶，使氨基酸变成胺，因而可引起食物中毒。DNA中（G+C）含量为38%~42%。模式种为普通变形菌（*Proteus vulgaris*）。

变形杆菌属现有5个种：普通变形菌（*Proteus vulgaris*）、奇异变形菌（*Proteus mirabilis*）、摩氏变形菌（*Proteus morganii*）、雷氏变形菌（*Proteus rettgeri*）和无恒变形菌（*Proteus inconstans*）。该属菌是肠道正常菌群，在一定条件下能引起各种感染，也是医源性感染的重要条件致病菌。

本属菌在自然界分布极广，鱼、蟹、水产加工品中很多，可在人畜的肠道、腐物上寄生。是肉类和蛋类食品的重要腐败菌，且可以引起食物中毒。

16. 假单胞菌属（*Pseudomonans*）

革兰氏阴性，细胞呈直或稍弯曲杆状，大小为（0.5~1.0）μm×（1.5~4.0）μm，无芽孢、端生单毛或从毛，能运动，需氧。最适生长的水分活度为0.97~0.98，耐干燥性不强，大多数菌种最适生长温度为30℃，在42℃以上时生长缓慢或不生长；耐盐性较弱；最适pH为7.0~8.5，在pH 5.0~5.2的酸性环境中也能生长。DNA的（G+C）含量为58%~70%。

本属菌为化能异养型，有的兼性化能自养型，可以利用H_2或CO_2作为能源。氧化糖类和芳香族化合物的能力很强，只进行呼吸代谢，从不发酵。具有分解蛋白质和脂肪的能力，其中有些分解能力很强，部分菌株能产生黄绿色或蓝绿色的水溶性荧光色素。DNA中（G+C）含量为58%~70%。模式种为铜绿假单胞菌（*Pseudomonas aeruginosa*）。

假单胞菌属主要包括铜绿假单胞菌（*Pseudomonas aeruginosa*）、恶臭假单胞菌（*Pseudomonas putida*）、荧光假单胞菌（*Pseudomonas fluoresceus*）、绿针假单胞菌（*Pseudomonas choloeaphtis*）、致金假单胞菌（*Pseudomonas aureofaciens*）、丁香假单胞菌（*Pseudomonas syringae*）、菊苣假单胞菌（*Pseudomonas cichorii*）、施氏假单胞菌（*Pseudomonas stutzeri*）、门多萨假单胞菌（*Pseudomonas mendocina*）、产碱假单胞菌（*Pseudomonas alcaligenes*）、类产碱假单胞菌（*Pseudomonas pseudo alcaligenes*）、类鼻疽假单胞菌（*Pseudomonas pseudomallei*）、鼻疽假

单胞菌(*Pseudomonas mallei*)、麝香石竹假单胞菌(*Pseudomonas caryophylli*)、洋葱假单胞菌(*Pseudomonas cepacia*)、划界假单胞菌(*Pseudomonas marginata*)、勒氏假单胞菌(*Pseudomonas lemoignei*)、睾丸酮假单胞菌(*Pesudomonas testosteroni*)、食醋假单胞菌(*Pseudomonas acidovorans*)、德氏假单胞菌(*Pseudomonas delafieldii*)、青枯假单胞菌(*Pseudomanas solanacearum*)、敏捷假单胞菌(*Pseudomonas facilis*)、嗜糖假单胞菌(*Pseudomonas sacharophila*)、吕氏假单胞菌(*Pesudomonas ruhlandil*)、黄假单胞菌(*Pesudomonas flava*)、帕氏假单胞菌(*Pseudomonas palleronii*)、嗜麦芽假单胞菌(*Pseudomonas maltophilia*)、泡囊假单胞菌(*Pseudomanas vesicularis*)和缺陷假单胞菌(*Pseudomonas diminuta*)等。

该属菌在自然界分布极广,常见于水、土壤和各种动植物体中,能利用碳水化合物作为能源,只能利用少数几种糖,能利用简单的含氮化合物。一般被认为是食品的腐败菌。多数菌株具有强力分解脂肪和蛋白质的能力,一旦污染食品后可在食品表面迅速生长,一般产生水溶性荧光色素、氧化产物和黏液,从而影响食品的风味、气味,引起食品的腐败变质。另外,有些菌种能在5℃低温下良好生长,可引起冷藏食品的腐败变质,如冷冻肉类和熟肉制品的腐败变质是由于污染了该类菌。

与食品腐败有关的菌种有荧光假单胞菌(*Pseudomonas fluoresceus*)、草莓假单胞菌(*Pseudomonasfragi*)、类蓝假单胞菌(*Pseudomonassyncyanea*)、类黄假单胞菌(*Pseudomonassynxantha*)、腐臭假单胞菌(*Pseudomonastaetrolens*)、腐败假单胞菌(*Pseudomonasputrefaciens*)、生孔假单胞菌(*Pseudomonaslacunogenes*)、粘假单胞菌(*Pseudomonasmyxogenes*)等。例如荧光假单胞菌(*Pseudomonas fluoresceus*)在4℃能生长繁殖,可以产生荧光色素和黏液,分解蛋白质和脂肪的能力强,常常引起冷藏肉类、乳及乳制品变质。生黑色腐败假单胞菌(*Pseudomonasnigrifaciens*)能引起动物性食品腐败变质,并在其上产生黑色素;菠萝软腐病假单胞菌(*Pseudomonasananas*)可使菠萝果实腐烂,被侵害的组织变黑并枯萎。假单胞菌属中的有些种对人或动物有致病性,如铜绿假单胞菌(*Pseudomonas aeruginosa*)。

17.沙门氏菌属(*Salmonella*)

革兰氏阴性,细胞呈杆状,两端钝圆,偶有短丝状,大小为(0.6~1.0) μm×(1.0~3.0) μm,无芽孢,无荚膜,除少数种外,有周生鞭毛,能运动,有菌毛,需氧或兼性厌氧菌。在液体培养基中呈均匀浑浊生长,在麦康凯琼脂上经37℃、24 h培养可以形成直径2~4 cm的半透明菌落。最适生长温度为35~37℃,最适pH 6.5~7.5,能耐14%~24%的NaCl,最适水分活度为0.94~0.97。

能分解葡萄糖、甘露醇、麦芽糖等,多数能产气,不分解乳糖、蔗糖、侧金盏花醇和水杨苷;不产生吲哚,不产生乙酰甲基甲醇。不凝固牛乳,不液化明胶,不分解尿素;能产生H_2S,还原硝酸盐为亚硝酸盐,在KCN培养基上不生长。对热抵抗力不强,在60℃加热15 min可被杀死。在水中存活2~3周,在5%的石炭酸中5 min死亡。DNA中(G+C)含量为 50%~53%。模式种为猪霍乱沙门氏菌(*Salmonella choleraesuis*)。

沙门氏菌属包括 4 个亚属,主要包括猪霍乱沙门氏菌(*Salmonella choleraesuis*)、希氏沙门氏菌(*Salmonella hirschfeldii*)、伤寒沙门氏菌(*Salmonella typhi*)、甲型副伤寒沙门氏菌(*salmonella paratyphi*-A)、朔氏沙门氏菌(*Salmonella schottmuelleri*)、鼠伤寒沙门氏菌(*Salmonella typhimurium*)、肠炎沙门氏菌(*Salmonella enteritidis*)、鸡沙门氏菌(*Salmonella gallinarum*)、萨拉姆沙门氏菌(*Salmonella salamae*)、亚利桑那沙门氏菌(*Salmonella arizonae*)、豪顿沙门氏菌(*Salmonella houtenae*)等。

到现在已发现沙门氏菌有 2324 种血清型,我国已有 200 多种血清型,是人畜重要的肠道病原菌,可引起肠道传染病或食物中毒,其中曾引起食物中毒的有鼠伤寒沙门氏菌(*Salmonella typhimurium*)、猪霍乱沙门氏菌(*Salmonella choleraesuis*)、汤卜逊沙门氏菌(*Salmonalla thompson*)、肠炎沙门氏菌(*Salmonella enteritidis*)、纽波特沙门氏菌(*Salmonellanewport*)、德尔卑沙门氏菌(*Salmonella derby*)、山夫顿堡沙门氏菌(*Salmonella senftenberg*)、阿伯丁沙门氏菌(*Salmonella aberdeen*)、甲型副伤寒沙门氏菌(*salmonella paratyphi*-A)、乙型副伤寒沙门氏菌(*salmonella paratyphi*-B)、丙型副伤寒沙门氏菌(*salmonella paratyphi*-C)、鸭沙门氏菌(*Salmonella anatis*)、病牛沙门氏菌、马流产沙门氏菌(*Salmonella abortus equi*)等。引起食物中毒次数最多的有鼠伤寒沙门氏菌(*Salmonella typhimurium*)、猪霍乱沙门氏菌(*Salmonella choleraesuis*)、肠炎沙门氏菌(*Salmonella enteritidis*)。

该属菌广泛分布在土壤、水、污水、动物体表、加工设备、饲料和食品等中,是人类重要的肠道致病菌,常污染鱼类、肉类、禽类、蛋类和乳类等,特别是肉类,能引起肠道传染病和食物中毒。因此,沙门氏菌是食品卫生检验中一个重要的卫生指标菌,

18.沙雷氏菌属(*Sarratia*)

革兰氏阴性,细胞呈直杆状,两端钝圆,大小为(0.5~0.8)μm×(0.9~2.0)μm,通常周生鞭毛运动。菌落大多数不透明,略有光泽、白色、粉色或红色,许多菌株可产生红色色素。几乎所有的菌株能在 10~36℃、pH 5~9、含有 4% 的 NaCl 时生长。接触酶反应强阳性,兼性厌氧,发酵 D-葡萄糖和其他糖类产酸,有的产气。发酵并利用麦芽糖、甘露醇和海藻糖作为唯一碳源。利用 D-丙氨酸、L-丙氨酸、4-氨基丁酸盐、癸酸盐、柠檬酸盐、L-海藻糖、D-葡葡糖胺、犬尿喹啉酸盐、L-脯氨酸、腐胺和酪氨酸作为唯一的碳源。卫矛醇和塔格糖既不发酵也不能被利用,不利用丁酸盐和 5-氨基戊酸盐作为唯一碳源。胞外酶可以水解 DNA、脂肪(甘油三丁酸、玉米油)和蛋白质(明胶、酪素)不水解淀粉、聚半乳糖醛酸或果胶。不产生苯丙氨酸或色氨酸脱氨酶、硫代硫酸盐还原酶和脲酶。大多数菌株水解 O-亚硝基苯-β-D-半乳糖吡喃糖苷(ONPG)。一般不要求生长因子。模式种为粘质沙雷氏菌(*Serratia marcescens*)。

沙雷氏菌属主要包括粘质沙雷氏菌(*Serratia marcescens*)。该菌属一般存在于土壤、水、植物、动物以及人类的肠道和呼吸道中,是腐败作用较强的腐败细菌,也是人类的条件致病菌。对食品中的蛋白质具有较强的分解能力,并产生大量挥发性氨态氮等腐败性产

物,使食品产生很强的腐败性气味。

19.志贺氏菌属(*Shigella*)

革兰氏阴性,细胞呈短杆状,大小为(0.5~1.0)μm×(2.0~4.0)μm,不产生荚膜、无鞭毛、有菌毛,不运动。菌落呈现无色半透明、圆形、边缘整齐,福氏志贺氏菌常形成光滑型菌落,但宋内氏志贺氏菌常形成粗糙型菌落。兼性厌氧菌,通常在肠道鉴别培养基上不发酵乳糖,形成无色透明或半透明的较小菌落。最适生长温度为37℃左右,最适pH为7.2~7.4。志贺氏菌利用各种糖类的能力较差,一般不产生气体,氧化酶反应阴性,耐盐力5%~6%。模式种为痢疾志贺氏菌(*Shigella dysenteriae*)。

志贺氏菌属主要包括痢疾志贺氏菌(*Shigella dysenteriae*)、福氏志贺氏菌(*Shigella flexneri*)、鲍氏志贺氏菌(*Shigella boydii*)和宋内氏志贺氏菌(*Shigella sonnei*)4群,共44种血清型。我国主要以福氏志贺氏菌、宋内氏志贺氏菌引起的食物中毒最为常见,而痢疾志贺氏菌是导致癫痫细菌性痢疾的病原菌。

该属菌是引起人类细菌性痢疾的病原菌,常污染食品、牛乳和水等,可导致痢疾爆发流行。该属细菌抵抗力较其他肠道菌弱,在食品中存活时间较短,但仍是食品卫生指标中的重要微生物之一。

20.弧菌属(*Vibrio*)

革兰氏阴性,细胞呈弯曲或直杆状,因弯曲如弧而得名,大小为(0.5~0.8)μm×(1.0~3.0)μm,分散排列,偶尔互相连接成S状或螺旋状。以单端生鞭毛运动,或有些种在细胞一端丛生两根或多根鞭毛,很少不运动。无荚膜。有机化能营养菌,既是呼吸型又是发酵型代谢。碳水化合物类的代谢发酵有混杂的产物而无CO_2或H_2。氧化酶阳性。无色素或黄色。一般能生长在具有简单碳源的无机铵培养基中,可氧化谷氨酸盐和琥珀酸盐,但利用底物的范围相当窄。通常由硝酸盐形成亚硝酸盐。由葡萄糖产酸而不产气。脲酶阴性。

兼性厌氧菌,最适生长温度范围在18~37℃,pH范围在6.0~9.0。最适NaCl通常为3.0%,有些菌株在缺少NaCl情况下不生长。DNA中(G+C)含量为40%~50%。模式种为霍乱弧菌(*Vibriocholerae*)。

弧菌属主要包括霍乱弧菌(*Vibriocholerae*)、副溶血弧菌(*Vibrio parahemolyticus*)、鳝弧菌(*Vibrio anguillarum*)、费氏弧菌(*Vibrio fischeri*)和肋生弧菌(*Vibrio costicola*)等。

该属菌广泛分布于淡水和海水,以及人和动物的消化道中,有些种对人和其他脊椎动物(鱼)致病。在海洋沿岸、浅海海水中、海鱼体表和肠道、浮游生物等中,均有较高的检出率。其中以霍乱弧菌和副溶血弧菌最为重要,分别引起霍乱和食物中毒。进食副溶血弧菌污染的海产品可导致急性胃肠炎和食物中毒。副溶血弧菌的肠道外感染多见于伤口。凡在流行季节有腹泻症状并有食用海产品史或与海水、海洋动物接触后发生伤口感染的患者均应高度怀疑弧菌属细菌的感染。

21.黄单胞菌属(*Xanthomonas*)

革兰氏阴性,细胞呈直杆状,大小为(0.2~0.8)μm×(0.6~2.0)μm,通常为0.4~

1.0 μm。以一根端生鞭毛运动。在培养基上可产生一种非水溶性的黄色色素(一种类胡萝卜素),其化学成分为溴芳基多烯,使菌落呈黄色。有机化能异养菌,呼吸代谢,从不发酵,分子氧作为电子受体。接触酶阳性。在弱缓冲的培养基上可从许多碳水化合物中产少量的酸,但不从鼠李糖、葛根粉、卫矛醇、阿东醇、肌醇产酸,可以利用乙酸盐、苹果酸盐、丙酸盐和琥珀酸盐,但通常不利用贝佳斯盐、草酸盐和酒石酸盐。专性好氧。最适生长温度25~27℃,5℃时不能生长,大多数在7℃能生长,但某些菌株在9℃以下不能生长,30℃可以生长,但超过40℃不能生长。DNA中的(G+C)含量为63.5%~69.2%。模式种为野油菜黄单胞菌(*Xanthomonas campestris*)。

黄单胞菌属主要包括野油菜黄单胞菌(*Xanthomonas campestris*)、草莓黄单胞菌(*Xanthomonas fragariae*)、白条黄单胞菌(*Xanthomonas albilineans*)、地毯草黄单胞菌(*Xanthomonas axonoppdis*)和葡萄黄单胞菌(*Xanthomonas ampelina*)等,其中野油菜黄单胞菌包括140个致病变种。

所有的黄单胞菌都是植物病原菌,可引起植物病害。水稻黄单胞菌引起水稻白叶枯病。而导致甘蓝黑腐病的野油菜黄单胞菌,可作为菌种生产荚膜多糖,即黄原胶,它在纺织、造纸、搪瓷、采油、食品等工业上都有广泛的用途。

22.耶尔森氏菌属(*Yersinia*)

革兰氏阴性,细胞呈卵形或杆状,大小为(0.5~1.0)μm×(1.0~2.0)μm,生长温度低于37℃时以周生鞭毛运动,37℃时不运动,没有荚膜。在普通营养培养基上生长,在营养琼脂上培养24 h后,菌落呈半透明或不透明,直径为0.1~1.0 mm。最适生长温度28~29℃,表现特征常与温度有关,一般在25~29℃培养时比在37~39℃能表现出更多的特征。兼性厌氧,既具有呼吸型代谢又具有发酵型代谢。氧化酶阴性,接触酶阳性。通常不发酵乳糖,发酵果糖、葡萄糖、甘油、麦芽糖、甘露醇、甘露糖和海藻糖,不产气或产少量的气。不能利用柠檬酸盐作为唯一碳源,不能利用丙二酸盐。不水解明胶,除一个变种外都还原硝酸盐。DNA中(G+C)含量为45.8%~46.8%。模式种为鼠疫耶尔森氏菌(*Yersinia pestis*)。

耶尔森氏菌属主要包括鼠疫耶尔森氏菌(*Yersinia pestis*)、假结核耶尔森氏菌(*Yersinia pseudotuberculosis*)和小肠结肠炎耶尔森氏菌(*Yersinia enterocolitica*)等。广泛分布于自然界,污染食品后可引起以肠胃炎为主的食物中毒。与食品关系最密切的是小肠结肠炎耶尔森氏菌(*Yersinia enterocolitica*)。

2.2.3　产芽孢细菌

1.芽孢杆菌属(*Bacillus*)

革兰氏阳性,菌体杆状,直或接近直,大小为(0.3~2.2)μm×(1.2~7.0)μm,通常成对或链状排列,具有圆端或方端。多数运动,鞭毛典型侧生,形成抗热内生孢子,在一个孢子囊细胞中孢子不多于1个。有机化能营养,能利用各种底物进行严格的呼吸代谢,严格的发酵代谢或呼吸和发酵二者兼有的代谢。在呼吸代谢中,最终的电子受体是分子氧,在某些种中可以用硝酸盐代替氧。大多数种产接触酶。严格好氧或兼性厌氧。DNA 的（G+ C）含量为 32%~62%。模式种为枯草芽孢杆菌（*Bacillus subtilis*）。

芽孢杆菌属的种可分为两大群。第一群包括 22 种,普遍认为它们是可区分的群体。主要包括枯草芽孢杆菌（*Bacillus subtilis*）、短小芽孢杆菌（*Bacillus pumilus*）、地衣芽孢杆菌（*Baclicus lincheniformis*）、蜡状芽孢杆菌（*Bacillus cereus*）、炭疽芽孢杆菌（*Bacillus anthraci*）、苏云金芽孢杆菌（*Bacillus thuringiensis*）、巨大芽孢杆菌（*Bacillus megaterium*）、多粘芽孢杆菌（*Bacillus polymyxa*）、浸麻芽孢杆菌（*Bacillus macerans*）、环状芽孢杆菌（*Bacillus circulans*）、嗜热脂肪芽孢杆菌（*Bacillus stearothermophilus*）、凝结芽孢杆菌（*Bacillus coagulans*）、蜂房芽孢杆菌（*Bacillus alvei*）、坚硬芽孢杆菌（*Bacillus firmus*）、侧孢芽孢杆菌（*Bacillus laterosporus*）、短芽孢杆菌（*Bacillus brevis*）、球形芽孢杆菌（*Bacillus sphaericus*）、巴氏芽孢杆菌（*Bacillus pasteurii*）、苛求芽孢杆菌（*Bacillus fastidious*）、幼虫芽孢杆菌（*Bacillus larvae*）、乳状芽孢杆菌（*Bacillus popilliae*）和缓慢芽孢杆菌（*Bacillus lentus*）等。第二群包括 26 种,但迄今还未获得广泛承认。

该属菌广泛存在于土壤、水、植物表面及其他环境中,通常在粮食、食品中最多。本属菌大多数是食品常见的腐败菌,某些菌种污染食品后导致食品腐败变质,并引起食物中毒,如蜡状芽孢杆菌（*Bacillus cereus*）、枯草芽孢杆菌（*Bacillus subtilis*）、凝结芽孢杆菌（*Bacillus coagulans*）和嗜热脂肪芽孢杆菌（*Bacillus stearothermophilus*）。但本属菌具有较强的产生蛋白酶的能力,可作为生产蛋白酶的工业菌种。另外,炭疽芽孢杆菌是毒性较强的病原菌,能引起人畜患炭疽病。

2.梭菌属（*Clostridium*）

革兰氏阳性,细胞呈杆状,大小为（0.3~2.0）μm×（1.5~2.0）μm,常成对或短链状排列,两端钝圆或渐尖。一般以周生鞭毛运动,很少不运动。形成卵圆形或球形孢子,一般孢子使杆状菌体膨大。有机化能营养,进行发酵代谢,能分解葡萄糖等多种糖类,某些能分解蛋白质。发酵糖类产生各种有机酸,如乙酸、丁酸及少量的乙醇和丙醇,产生 O_2 和 H_2。严格厌氧或微需氧,接触酶反应阴性。DNA 中（G+C）含量为 23%~43%。模式种为丁酸梭菌（*Clostridium butyricum*）。

梭菌属依据孢子位置和明胶液化的情况分成 4 群。

第一群孢子次端生且不水解明胶,主要包括丁酸梭菌（*Clostridium butyricum*）、拜氏梭菌（*Clostridium beijerinckii*）、乳清酸梭菌（*Clostridium oroticum*）、直肠梭菌（*Clostridium rectus*）、类产气荚膜梭菌（*Clostridium paraperfringens*）、红色梭菌（*Clostridium rubrum*）、谲诈梭菌（*Clostridium fallax*）、巴氏梭菌（*Clostridium pasteurianum*）、斯氏梭菌（*Clostridium sticklandii*）、酪丁酸梭菌（*Clostridium tyrobutyricum*）和丙酸梭菌（*Clostridium propionicum*）等。

第二群孢子次端生且水解明胶,主要包括戈氏梭菌（*Clostridium ghoni*）、双酶梭菌（*Clostridium bifermentans*）、索氏梭菌（*Clostridium sordellii*）、象牙海岸梭菌（*Clostridium lituseburense*）、泥渣梭菌（*Clostridium limosum*）、近端梭菌（*Clostridium subterminale*）、芒氏梭

菌(*Clostridium mangenotii*)、生孢梭菌(*Clostridium sporogenes*)、肉毒梭菌(*Clostridium botulinum*)、创伤梭菌(*Clostridium plagarum*)、丙酮丁酸梭菌(*Clostridium acetobutylicum*)、溶组织梭菌(*Clostridium histolyticum*)、金黄丁酸梭菌(*Clostridium aurantibutyricum*)、诺氏梭菌(*Clostridium novyi*)、产气荚膜梭菌(*Clostridiumperfringens*)、溶血梭菌(*Clostridium hemolyticum*)、费新尼亚梭菌(*Clostridium felsineum*)、肖氏梭菌(*Clostridium chauvoei*)、败毒梭菌(*Clostridium septicum*)、艰难梭菌(*Clostridium difficile*)等。

第三群孢子端生且不水解明胶,主要包括楔形梭菌(*Clostridium sphenoides*)、吲哚梭菌(*Clostridium indolis*)、粪味梭菌(*Clostridium scatologenes*)、坏名梭菌(*Clostridium malenominatum*)、第三梭菌(*Clostridium tertium*)、煎盘梭菌(*Clostridium sartagoformum*)、产纤维二糖梭菌(*Clostridium cellobioparum*)、热解糖梭菌(*Clostridium thermosaccharolyticum*)、类破伤风梭菌(*Clostridium pseudotetanicum*)、肉梭菌(*Clostridium carnis*)、类腐败梭菌(*Clostridium paraputrificum*)、氨基戊酸梭菌(*Clostridium aminovalericum*)、乙二醇梭菌(*Clostridium glycolicum*)、球孢梭菌(*Clostridium sporosphaeroides*)、匙形梭菌(*Clostridium cochlearium*)、多枝梭菌(*Clostridium ramosum*)、无害梭菌(*Clostridium innocuum*)、巴氏梭菌(*Clostridium barkeri*)和多年生梭菌(*Clostridium perenne*)等。

第四群孢子端生且水解明胶,主要包括尸毒梭菌(*Clostridium cadaveris*)、缓腐梭菌(*Clostridium lentoputrescens*)、腐败梭菌(*Clostridium putrificum*)、海梭菌(*Clostridium oceanicum*)、破伤风梭菌(*Clostridium tetani*)和腐化梭菌(*Clostridium putrefaciens*)等。

本菌属细菌在自然界分布广泛,常存在于土壤、人和动物肠道以及腐败物中。多为腐物寄生菌,少数为致病菌,能分泌外毒素和侵袭性酶类,引起人和动物致病。临床上有致病性的梭状芽孢杆菌主要是某些厌氧芽孢杆菌(anaerobic sporeforming bacilli),如破伤风梭菌(*Clostridium tetani*)、产气荚膜梭菌(*Clostridium perfringens*)和艰难梭菌(*Clostridium difficile*)等,分别引起破伤风、气性坏疽和伪膜性结肠炎等人类疾病。该属菌污染发酵的豆类、麦制品、牛肉、羊肉等肉类食品,还可以污染鱼类、奶制品、水果罐头等。其中肉毒梭菌(*Clostridium botulinum*)具有极大的毒性,能产生较强的毒素,是肉类罐头中最重要的病原菌。热解糖梭菌(*Clostridium thermosaccharolyticum*)是分解糖类的专性嗜热菌,常引起蔬菜、水果和罐头等产气性变质,是食品加工中最难杀灭的污染菌之一。腐败梭菌(*Clostridium putrificum*)能引起蛋白质类食品发生腐败变质。

2.3　食品中常见的酵母菌

酵母菌在自然界中普遍存在,主要分布于含糖质较多的偏酸性环境中,如水果、蔬菜、花蜜和植物叶子上,以及果园土壤中,种类繁多,目前已知有几百种。它是人类生产和生活中应用较早和较为重要的一类微生物,主要用于面包发酵、制造酒精和酿酒。酵母菌含有大量的蛋白质和丰富的维生素,可供食用、药用或作为饲料。但是有些酵母菌能使果汁、果酱、蜂蜜、酒类、肉类等食品变质。现将其中与食品有关的重要酵母菌简述如下。

1.酵母属(*Saccharomyces*)

属于子囊菌亚门、半子囊菌纲、酵母目、酵母科。酵母属的菌种具有典型的酵母菌的形态和构造。细胞呈圆形、椭圆形或柱形,是单细胞生物。无性繁殖为多边出芽。某些种可形成假菌丝,但无真菌丝。菌落乳白色、有光泽、较平坦、边缘整齐。在液体培养时通常不形成菌醭。营养细胞多为双倍体,也有多倍体。有性生殖时产生子囊孢子。双倍体营养细胞可直接发育成子囊。子囊内产生1~4个光滑的球形子囊孢子。子囊成熟时不破裂。子囊孢子发芽后立即或稍过一段时间发生接合。兼性厌氧。可发酵一种至几种糖类。厌氧条件下糖类发酵产生乙醇和 CO_2。不同化乳糖和高级烃类,不同化硝酸盐。

酵母属主要包括酿酒酵母(*Saccharomyces cerevisiae*)、葡萄酒酵母(*Saccharomyces ellipsoideus*)、卡尔斯伯酵母(*Saccharomgces carlsbergensis*)、白色酵母(*Saccharomyces albicans*)、尖顶酵母(*Saccharomyces apiculatus*)、二孢酵母(*Saccharomyces bisporus*)、脆壁酵母(*Saccharomyces fragilis*)、乳内酵母(*Saccharomyces galactioolus*)、明胶酵母(*Saccharomyces glutinis*)、戈氏酵母(*Saccharomyces guttulatus*)、汉生氏酵母(*Saccharomyces hansenil*)、乳酸酵母(*Saccharomyces lactis*)、娄哥酵母(*Saccharomyces logos*)、肠系膜酵母(*Saccharomyces mesentericus*)、摩那酵母(*Saccharomyces monaceusis*)、黏膜酵母(*Saccharomyces mycoderma*)、巴氏酵母(*Saccharomyces pastorianus*)、梨形酵母(*Saccharomyces piriformis*)、鲁氏酵母(*Saccharomyces rouxii*)、清酒酵母(*Saccharomyces sake*)、葡萄汁酵母(*Saccharomyces uvarum*)、魏氏酵母(*Saccharomyces willianus*)、清酒蛋白酵母(*Saccharomyces yeddo*)等。

本属模式种为酿酒酵母(*Saccharomyces cerevisiae*)。本属菌种在酿酒、制药、生产单细胞蛋白和遗传工程中有着重要应用。酿酒酵母(*Saccharomyces cerevisiae*)属于典型的上层酵母,又称为爱丁堡酵母,广泛应用于啤酒、白酒酿造和面包制作。葡萄酒酵母(*Saccharomyces ellipsoideus*)属于酿酒酵母的椭圆变种,简称椭圆酵母,常用于葡萄酒和果酒的酿造。卡尔斯伯酵母(*Saccharomgces Carlsbergensis*)属于典型的底层酵母,又称嘉士伯酵母,常用于啤酒酿造、药物提取以及维生素测定的菌种。

2.假丝酵母属(*Candida*)

属于半知菌亚门、芽孢纲、隐球酵母目、隐球酵母科。细胞为圆形、卵形或长形,无性繁殖为多边芽殖,形成假菌丝,有的菌有真菌丝,也可形成厚垣孢子,不产生色素,此属中有许多种具有酒精发酵的能力。有的菌种能利用农副产品或碳氢化合物生产蛋白质,可用于食用或饲料。

假丝酵母主要包括白假丝酵母(*Candida albicans*)、博伊丁假丝酵母(*Candida boidinii*)、链状假丝酵母(*Candida catenulata*)、西弗假丝酵母(*Candida ciferrii*)、软假丝酵母(*Candida colliculosa*)、弯假丝酵母(*Candida curvata*)、克鲁斯假丝酵母(*Candida drusei*)、杜氏假丝酵母(*Candida dubliniensis*)、无名假丝酵母(*Candida famata*)、光滑假丝酵母(*Candida glabrata*)、球形假丝酵母(*Candida globosa*)、高里假丝酵母(*Candida guilliermondii*)、霍氏假丝酵母(*Candida holmii*)、平常假丝酵母(*Candida inconspicua*)、中间假丝酵母(*Candida intermedia*)、乳酒假丝酵母(*Candida kefyr*)、克柔假丝酵母(*Candida krusei*)、郎比可假丝酵母(*Candida lambica*)、解脂假丝酵母(*Candida lipolytica*)、葡萄牙假丝酵母(*Candida lusitaniae*)、木兰假丝酵母(*Candida magnoliae*)、口津假丝酵母(*Candida melibiosica*)、璞膜假丝酵母(*Candida membranaefaciens*)、挪威假丝酵母(*Candida norvegensis*)、近平滑假丝酵母(*Candida parapsilosis*)、菌膜假丝酵母(*Candida pelliculosa*)、铁红假丝酵母(*Candida pulcherrima*)、皱褶假丝酵母(*Candida rugosa*)、清酒假丝酵母(*Candida sake*)、森林假丝酵母(*Candida silvicola*)、圆球形假丝酵母(*Candida sphaerica*)、热带假丝酵母(*Candida tropicalis*)、产朊假丝酵母(*Candida utilis*)、粗状假丝酵母(*Candida valida*)、涎沫假丝酵母(*Candida zeylanoides*)等。

该属酵母广泛分布在土壤、空气、水、植物、污水、加工设备和各种食品中,假丝酵母属可引起新鲜水果、蔬菜、乳制品、鲜肉、腌制肉、家禽、人造奶油和酒精饮料的变质。

热带假丝酵母(*Candida tropicalis*)是最常见的假丝酵母。能发酵葡萄糖、麦芽糖、半乳糖和蔗糖等,不发酵乳糖、棉子糖、蜜二糖,能同化葡萄糖、麦芽糖、半乳糖和蔗糖,不分解脂肪,不能同化硝酸盐。热带假丝酵母氧化烃类的能力强,在230~290℃石油馏分的培养基中,经22 h后可得到相当于烃类重量92%的菌体,是生产石油蛋白质的重要菌种。用农副产品和工业废弃物也可培养热带假丝酵母,如用生产味精的废液培养热带假丝酵母作饲料,既扩大了饲料来源,又减少了工业废水对环境的污染。

产朊假丝酵母(*Candida utilis*)又称产朊圆酵母或食用圆酵母,是主要的食用酵母和饲料酵母。能发酵葡萄糖、蔗糖和棉子糖,不发酵半乳糖、麦芽糖和乳糖,能利用硝酸盐和五碳糖。在发酵工业中,常采用富含半纤维素的纸浆废液、稻草、稻壳、玉米芯、木屑、啤酒废渣等水解液和糖蜜为主要原料,培养产朊假丝酵母,生产食用或饲用单细胞蛋白和维生素 B。

浮膜假丝酵母(*Candida mycoderma*)能在啤酒、葡萄酒、腌渍黄瓜等引起不良的变化。铁红假丝酵母(*Candida pulcherrima*)能合成大量脂肪。白假丝酵母(*Candida albicans*)是人类肠胃中常见的组成菌落之一,也是皮肤及泌尿生殖系统中的其中一种共生菌种。属于条件致病菌,当正常菌群失调或抵抗力降低时,白假丝酵母则可侵犯人体许多部位,如皮肤、黏膜、肺、肠、肾和脑,引起皮肤黏膜感染(常见鹅口疮、外阴炎及阴道炎)、内脏感染和中枢神经系统感染等,黏膜感染以鹅口疮最多。

解脂假丝酵母(*Candida lipolytica*)主要用于石油发酵,可用廉价的石油为原料生产酵母蛋白,同时可使石油脱蜡,降低石油分馏的凝固点。此外,还可生产柠檬酸、维生素、谷氨酸和脂肪酸等。

3.红酵母属(*Rhodotorula*)

属于半知菌亚门、芽孢纲、隐球酵母目、隐球酵母科。细胞呈圆形、卵形或长形,营养繁殖为多端芽殖,多数种类没有假菌丝,不产生子囊孢子,产生明显的红色或黄色色素,很多种因产生荚膜而形成黏质样菌落。某些种的少数菌株可形成厚垣孢子样的细胞,或形成不同长度的假菌丝或真菌丝。不能发酵糖类,无酒精发酵能力。在碳酸钙琼脂培养基上产酸,多数不液化明胶。有些菌中含有较好脂肪酶,可由菌体提取大量脂肪。有些菌对烃类有弱氧化作用,并能合成 β-胡萝卜素。如粘红酵母粘红变种能氧化烷烃生产脂肪,含量可达干生物量的 50%~60%。在一定条件下还能产生 α-丙氨酸和谷氨酸,产甲硫氨酸的能力也很强,可达干生物量的 1%。

红酵母属主要包括粘红酵母(*Rhodotorula glutinis*)、瘦弱红酵母(*Rhodotorula gracilis*)、胶红酵母(*Rhodotorula mucilaginosa*)、玫瑰红酵母(*Rhodotorula rose*)在空气中经常见到,经常污染食品,在肉和酸泡菜中能形成红斑导致食品着色,也存在于家禽、鱼虾、鲜牛肉中。该属也有几种为人类及其他动物的致病菌。

4.克鲁维酵母属(*Kluyveromyces*)

属于子囊菌亚门、半子囊菌纲、酵母目、酵母科。细胞为圆形、卵圆形或圆柱形,菌落为灰白色、黄灰色、有时为淡红色。无性繁殖为多边芽殖,有性繁殖形成子囊内含有几个至上百个子囊孢子。

克鲁维酵母属主要包括马克斯克鲁维酵母(*Kluyveromyces marxianus*)、乳酸克鲁维酵母(*Kluyveromyces lactis*)、中国克鲁维酵母(*Kluyveromyces sinensis*)、脆壁克鲁维酵母(*Kluyeveromyces fragilis*)。克鲁维酵母可引起多种水果、蜜饯、葡萄汁、乳与乳制品等食品变质。

5.德巴利酵母属(*Debaryomyces*)

属于子囊菌亚门、半子囊菌纲、酵母目、酵母科。细胞圆形或卵圆形,假菌丝极简单或不形成,在液体培养基中沉淀成块后又形成浮膜。无性繁殖为多边芽殖,有性繁殖形成的子囊,子囊内有 1~2 个子囊孢子,孢子球形或拟球形。

德巴利酵母属主要包括汉逊德巴利酵母(*Debaryomyces hansenii*)、卡氏德巴利酵母(*Debaryomyces castellii*)、多形德巴利酵母(*Debaryomyces polymorphus*)、易变德巴利酵母(*Debaryomyces fluxorum*)等。

汉逊氏德巴利酵母(*Debaryomyces hansenii*)耐受高盐,易在盐渍食品上形成菌膜,常引起盐渍氏食品、咸肉、香肠、酸奶酪和浓缩橙汁等食品腐败。

6.球拟酵母属(*Torulopsis*)

属于半知菌亚门、芽孢纲、隐球酵母目、隐球酵母科。细胞呈球形、卵形或略长形,无假菌丝。通常以多边芽殖进行无性繁殖,无子囊和子囊孢子,无内生孢子或节孢子,不产生色素,可形成胞外多糖。在麦芽汁斜面上菌落为乳白色,表面皱褶,无光泽,边缘整齐或不整齐,在液体培养基中有沉渣及酵母环出现,有时亦能产生菌醭。

球拟酵母有些能产生不同比例的甘油、赤鲜醇、D-阿拉伯糖醇、甘露醇等;在适宜条件下,能将 40%葡萄糖转化成多元醇;还有的能产生有机酸、油脂等;有的能利用烃类生产蛋白质。球拟酵母酒精发酵能力较弱,能产生乙酸乙酯(因菌种而异),增加白酒和酱油的风味。

球拟酵母属主要包括白色球拟酵母（*Torulopsis candida*）、埃切球拟酵母（*Torulopsis etchellsii*）、嗜盐球拟酵母（*Torulopsis halophilus*）、木兰球拟酵母（*Torulopsis magnoliae*）、圆球拟酵母（*Torulopsis spherica*）、易变球拟酵母（*Torulopsis versatilis*）、食用球拟酵母（*Torulopsis utilis*）、蜜蜂生球拟酵母（*Torulopsis apicola*）等。

该属菌能耐高渗透压，可在高浓度的基质上生长，如杆状球拟酵母（*Torulopsis bacillaris*）和星形球拟酵母（*Torulopsis stellata*）能在含糖55%的蜂蜜或蜜饯等食品中生存。易变球拟酵母（*Torulopsis versatilis*）能使酱油具有特殊的香味。枣椰球拟酵母（*Torulopsis dattila*）能以糖蜜为原料发酵生产酒精。光滑球拟酵母（*Torulopsis glabrata*）是工业发酵生产丙酮酸最具竞争力的菌株，能在浓缩的橘汁中生存。炼乳球拟酵母（*Torulopsis lactiscondensi*）能使炼乳变质，能在含盐15%~20%的基质中生长。木兰球拟酵母（*Torulopsis magnoliae*）能在花蜜内生长。此外，有些菌株蛋白质含量高，可作为饲料酵母，有些菌株可进行石油发酵，但有些菌株是致病的，可以侵入人体的肠道。

7.裂殖酵母属（*Schizosaccharomyces*）

属于子囊菌亚门、半子囊菌纲、酵母目、酵母科。细胞为椭圆形或圆柱形，无性繁殖为分裂繁殖，有时形成假菌丝。有性繁殖是营养细胞（单倍体）结合形成子囊，子囊内有1~4个或8个子囊孢子。子囊孢子是球形或卵圆形，具有酒精发酵的能力，不同化硝酸盐。

裂殖酵母属主要包括八孢裂殖酵母（*Schizosaccharomyces octosporus*）、栗酒裂殖酵母（*Schizosaccharomyces pombe*）、日本裂殖酵母（*Schizosaccharomyces japonicus*）等。

八孢裂殖酵母是这一属的重要菌种。无性繁殖为裂殖，麦芽汁，25℃，培养3天，液面无菌醭，液清，菌体沉于管底。在麦芽汁琼脂培养基上菌落为乳白色，无光泽，曾经从蜂蜜、粗制蔗糖和水果上分离到。

8.汉逊酵母属（*Hansenula*）

属于子囊菌亚门、半子囊菌纲、酵母目、酵母科。细胞呈圆形、椭圆形、卵形或腊肠形。营养繁殖为多端芽殖。有假菌丝，有的有真菌丝。子囊形状与营养细胞形状相同，子囊孢子呈帽形、土星形、圆形、半圆形，表面光滑。子囊成熟后破裂释放出子囊孢子。汉逊酵母属的各个种可以是单倍体或二倍体或两种类型都有；同宗配合或异宗配合。形成或不形成菌醭。可产生乙酸乙酯。不合成淀粉。同化硝酸钾。能利用葡萄糖产生磷酸甘露聚糖而应用于纺织和食品工业。该属有降解核酸的能力，并能微弱利用十六烷烃。

汉逊酵母属主要包括异常汉逊酵母（*Hansenula anomala*）、多形汉逊酵母（*Hansenula polymorpha*）、土星汉逊酵母（*Hansenula saturnus*）、阿拉伯糖醇汉逊酵母（*Hansenula arabitolgenes*）、施氏汉逊酵母（*Hansenula schnegg*）、亚膜汉逊酵母（*Hansenulasubpelliculosa*）等。汉逊酵母属也常是酒类饮料的污染菌，它们在饮料表面生长成干而皱的菌醭。由于大部分的种能利用乙醇作为碳源，因此是乙醇发酵工业中的有害菌。

9.毕赤酵母属（*Pichia*）

属于子囊菌亚门、半子囊菌纲、酵母目、酵母科。细胞为椭圆形、长椭圆形或腊肠形，单个或成短链。可能会形成假菌丝,多以多侧枝芽殖方式繁殖,异形接合形成子囊孢子。子囊孢子椭圆形、帽子形或火星形。在麦芽汁琼脂上菌落为乳白色,无光泽,边缘有细缺口。在麦芽汁中培养,培养液表面有白而皱的粗糙的菌璞,底内有菌体沉淀。

毕赤酵母分解糖的能力弱,不产生酒精,不同化硝酸盐,对正癸烷、十六烷氧化能力较强。部分菌种能产生麦角固醇、苹果酸、磷酸和甘露聚糖等。能耐高浓度酒精并能氧化酒精,常在酒的表面形成一层白色干燥的菌醭,通常是酒类的污染菌,也在酱油的表面形成白色干燥的菌醭。

毕赤酵母属主要包括异常毕赤酵母(*Pichia anomala*)、卡氏毕赤酵母(*Pichia carsonii*)、埃切毕赤酵母(*Pichia etchellsii*)、粉状毕赤酵母(*Pichia farinosa*)、奥默毕赤酵母(*Pichia ohmeri*)、斯巴达克毕赤酵母(*Pichia spartinae*)、膜醭毕赤酵母(*Pichia membranaefaciens*)、巴斯德毕赤酵母(*Pichia pastoris*)、发酵毕赤酵母(*Pichia fermentans*)、季也蒙毕赤酵母(*Pichia guilliermondii*)等。

10.丝孢酵母属(*Trichosporon*)

细胞呈菌丝状为假菌丝,能形成出芽孢子、节孢子。出芽孢子连接呈短链状或呈花轮状,有些能产酸厚垣孢子。对糖的发酵能力较弱。在液体培养基上生长时能产生浮膜。细胞内含有较多的脂肪。例如茁芽丝孢酵母(*Trichosporon pullulans*)常发现在酿造食品及冷藏肉中。

2.4 食品中常见的霉菌

霉菌(*mould*)是丝状真菌(*filamentous fungi*)的通俗名称,意即"发霉的真菌",通常指那些菌丝体比较发达而又不产生大型子实体的真菌。它们往往在潮湿的气候下大量生长繁殖,长出肉眼可见的丝状、绒状或蛛网状的菌丝体,有较强的陆生性,在自然条件下,常引起食物、工农业产品的霉变和植物的真菌病害。霉菌主要是通过子囊孢子、接合孢子和分生孢子进行繁殖。霉菌菌丝通常有两种,一种是以在培养基内吸收营养为主的菌丝,称为营养(基内)菌丝;另一种是长在空气中的菌丝,称为气生菌丝,部分气生菌丝后来分化为孕育菌丝。在分类上霉菌则分属于藻状菌纲、子囊菌纲和半知菌类。

霉菌的菌落比细菌和酵母菌大,常呈绒毛状、絮状和蜘蛛网状等。有些霉菌,如毛霉、根霉,菌丝生长很快,在固体培养基上呈扩散性的蔓延,使菌落无规则或没有固定大小。但大多数霉菌菌落是有局限性的。霉菌菌落最初往往是浅色或白色,当孢子产生后,菌落便相应地呈黄、绿、青、黑、橙等各色。有的霉菌由于能产生色素,使菌落背面也带有颜色,或进一步扩散到培养基中,使培养基变色。

霉菌在自然界广泛分布,种类繁多,与人类的关系极为密切。在食品制造中起到非常重要的作用。许多酿造发酵食品和食品原料的制造,如豆腐乳、豆豉、酱、酱油、柠檬酸等都是在霉菌的参与下生产加工出来的。绝大多数霉菌在其生长过程中产生大量的酶,把加工所用原料中的淀粉、糖类等碳水化合物、蛋白质等含氮化合物及其他种类的化合物进行转化,制造出多种多样的食品、调味品及食品添加剂。在生产中利用霉菌作为糖化菌种很多。例如曲霉属中常用的黑曲霉(*Aspergillus niger*),根霉属中常用的日本根霉(*Rhizopus japonicus* AS3.849)、米根霉(*Rhizopus oryzae*),毛霉属中常用的鲁氏毛霉(*Mucor rouxii*)都可以产生糖化酶,使淀粉糖化成糖,便于进一步被酵母或细菌等利用,用于酿酒、酿醋和生产味精等;有些霉菌可以产生蛋白酶,使蛋白质分解成氨基酸,用于生产酱油、豆腐乳等;还有的霉菌可以产生葡萄糖氧化等用来进行食品的保藏和加工。此外,青霉素也是用霉菌来生产的。当然霉菌是一类腐生或寄生的微生物,能引起许多基质,如木材、橡胶和食品等发生"霉变",这也可能是霉菌这一名称的来由;由霉菌引起的动、植物病害也为数不少。

1.毛霉属(*Mucor*)

该属菌的外形呈毛状,菌丝无横隔膜、多核、分枝状,在固体培养基上能广泛蔓延,无假根和匍匐菌丝。在固体培养基上培养时不产生定形菌落,通常为絮状菌落,初为白色或灰白色,后变为灰褐色,菌丛高度可由几毫米至十几厘米,有的具有光泽。当气生菌丝发育到一定阶段,即产生垂直向上的孢囊梗;梗顶端膨大形成孢子囊,内有形状各异的囊轴,但无囊托,孢子囊内产大量球形、椭圆形、壁薄、光滑的孢囊孢子。当孢子囊成熟后,囊壁破裂释放出孢囊孢子;孢囊孢子为球形、椭圆形或其他形状,单细胞、无色,壁薄而光滑,无色或黄色;有性孢子(接合孢子)为球形,黄褐色,有的有突起。

毛霉属主要包括微小毛霉(*Mucor pusillus*)、刺囊毛霉(*Mucor spinosus*)、散布毛霉(*Mucor dispersus*)、闪孢毛霉(*Mucor lamprosporus*)、碎囊毛霉(*Mucor petrinsularis*)、詹氏毛霉(*Mucor jansseni*)、球孢毛霉(*Mucor globosus*)、罗氏毛霉(*Mucor ramosissimus*)、灰赭毛霉(*Mucor griseo-ochraceus*)、总状毛霉(*Mucor racemosus*)、布氏毛霉(*Mucor prainii*)、爪哇毛霉(*Mucor javanicus*)、鲁氏毛霉(*Mucor roxianus*)、卷枝毛霉(*Mucor circinelloides*)、灰蓝毛霉(*Mucor griseo-cyanus*)、不明毛霉(*Mucor ambiguus*)、长孢毛霉(*Mucor sciurinus*)、劳地毛霉(*Mucor lausannensis*)、多籽毛霉(*Mucor parvisporus*)、易脆毛霉(*Mucor fragilis*)、细孢毛霉(*Mucor subtilissimus*)、多变毛霉(*Mucor varians*)、小孢毛霉(*Mucor parvisporus*)、日内瓦毛霉(*Mucor genevensis*)、冻土毛霉(*Mucor hiemalis*)、外来毛霉(*Mucor adventitius*)、皮生毛霉(*Mucor corticolus*)、林木毛霉(*Mucor silvaticus*)、灰紫毛霉(*Mucor griseo-lilacinus*)、丰盛毛霉(*Mucor abundans*)、紧密毛霉(*Mucor strictus*)、梨形毛霉(*Mucor piriformis*)、黄色毛霉(*Mucor flavus*)、矩圆毛霉(*Mucor oblongisporus*)、锈色毛霉(*Mucor rufescens*)、生香毛霉(*Mucor aromaticus*)、粘毛霉(*Mucor mucilagineus*)、变孢毛霉(*Mucor albo-ater*)、高大毛霉(*Mucor mucedo*)、土星状毛霉(*Mucor saturninus*)和浆孢毛霉(*Mucor plasmaticus*)等。

毛霉属菌在自然界分布广泛,如空气、土壤和各种物体上都存在。最适生长温度为25~30℃,不同种类的毛霉对温度适应的差异较大。该属菌孢子萌发的最低水分活度为0.88~0.94,一般在水分活度较高的食品和原料中分离得到。多数毛霉具有分解蛋白质的能力,同时具有较强的糖化能力,因此,在食品工业中主要用于糖化和生产腐乳,也可用于淀粉酶的生产,如雅致放射毛霉用于腐乳的生产可使腐乳产生芳香的物质及蛋白质分解物;鲁氏毛霉用于有机酸和酒精工业原料的糖化和发酵;鲁氏毛霉、总状毛霉等常用于生产淀粉酶。但是,该属菌也容易污染果实、果酱、蔬菜、糕点、乳制品和肉类等食品,在适宜的条件下生长繁殖引起食品的腐败变质。

2.根霉属(*Rhizopus*)

根霉的形态结构与毛霉相似,菌丝为无横隔膜、多核、分枝状,有匍匐菌丝和假根,借此可在基物表面广泛蔓延,不产生定形菌落,菌落呈白色、蓬松,如棉絮状。由假根着生处向上从生直立的 2~4 根孢子囊梗不分枝,孢子囊梗的顶端膨大形成孢子囊,基部有囊托,中间有球形或近球形囊轴。孢子囊内形成大量孢囊孢子,成熟后孢子囊壁消解或破裂,释放球形或卵形等孢囊孢子。有时在匍匐菌丝上产生横隔,随即形成厚垣孢子。有性生殖时由不同性别的菌丝或匍匐菌丝上生出配子囊,配子囊双双异宗配合形成接合孢子。

根霉属主要包括寄生根霉(*Rhizopus parasiticus*)、马根霉(*Rhizopus equinus*)、微根霉(*Rhizopus minimus*)、小孢根霉(*Rhizopus microsporus*)、刺孢根霉(*Rhizopus echinatus*)、分枝根霉(*Rhizopus artocarpi*)、黑根霉(*Rhizopus nigricans*)、点头根霉(*Rhizopus reflexus*)、卷柄根霉(*Rhizopus circinans*)、米根霉(*Rhizopus oryzae*)、小麦曲根霉(*Rhizopus tritici*)、结节根霉(*Rhizopus nodosus*)、溜曲根霉(*Rhizopus tamari*)、隔梗根霉(*Rhizopus septatus*)、少根根霉(*Rhizopus arrhizus*)、杭州根霉(*Rhizopus hangchow*)、白根霉(*Rhizopus albus*)、白曲根霉(*Rhizopus peka*)、少孢根霉(*Rhizopus oligosporus*)、粗糙根霉(*Rhizopus salebrosus*)、别氏根霉(*Rhizopus biourgei*)、上海根霉(*Rhizopus shanghaiensis*)、假华根霉(*Rhizopus pseudochinensis*)、华根霉(*Rhizopus chinensis*)、溶胶根霉(*Rhizopus liquefaciens*)、雪白根霉(*Rhizopus niveus*)和龚氏根霉(*Rhizopus cohnu*)等。

根霉属在自然界广泛分布于酒曲、植物残体、腐败有机物、动物粪便和土壤中,由于能产生大量的淀粉酶,可用作酿酒和制醋的糖化菌,在食品工业中具有重要用途,如米根霉(*Rhizopus oryzae*)可用于制曲、酿酒等,是腐乳发酵的主要菌种。少根根霉(*Rhizopus arrhizus*)等可用于生产乳酸。华根霉(*Rhizopus chinensis*)多出现在我国酒药和药曲中,能耐高温,在45℃也能生长。淀粉液化力强,有溶胶性,能产生酒精、芳香酯类、左旋乳酸及反丁烯二酸,能转化甾族化合物。匍枝根霉(*Rhizopus stolonifer*)是发酵工业上常使用的微生物菌种,主要利用其糖化作用,如生产甜酒酿。另外,该菌常寄生在面包和日常食品上或混杂于培养基中,瓜果、蔬菜等在运输和贮藏中的腐烂及甘薯的软腐都与其有关,菌丝体分泌出果胶酶,分解寄主的细胞壁,感染部位很快会腐烂形成黑斑。某些根霉还能应用于甾体激素、延胡索酸和酶制剂的生产。但是有些根霉常引起粮食、食品(如馒头、面包、米饭、甘薯等)的霉变,或引起水果、蔬菜的腐烂。

3.曲霉属(*Aspergillus*)

本属菌丝常呈黑色、棕色、黄色、绿色、红色等颜色。营养菌丝多匍匐生长于培养基的表层,菌丝有横隔膜,为多细胞菌丝,菌丝体较紧密,无假根,菌落呈圆形且颜色多样。通常以分生孢子方式进行无性繁殖,分生孢子梗从分化为厚壁的菌丝细胞(足细胞)直立长出,不分枝,孢子梗的顶端膨大成球状或棍棒状的顶囊,在顶囊周围有 1~2 层辐射状的小梗,小梗顶端产生成串的球形分生孢子。不同菌种的分生孢子具有不同的颜色,如绿色、黄色、橙色、褐色和黑色等。有性繁殖产生闭囊壳,其中着生圆球状子囊,囊内含有 8 个子囊孢子。子囊孢子大都无色,有的菌种呈红色、褐色、紫色等颜色。

曲霉属主要包括构巢曲霉(*Aspergillus nidrlans*)、变色曲霉(*Aspergillus variecolor*)、四纹曲霉(*Aspergillus quadrilineatus*)、皱瓣曲霉(*Aspergillus rugulosus*)、灰绿曲霉(*Aspergillus glaucus*)、匍匐曲霉(*Aspergillus repens*)、赤曲霉(*Aspergillus raber*)、薛氏曲霉(*Aspergillus chevalieri*)、阿姆斯特丹曲霉(*Aspergillus amstelodami*)、局限曲霉(*Aspergillus restrictus*)、乌头酸曲霉(*Aspergillus itaconicus*)、棒曲霉(*Aspergillus clavatus*)、米曲霉(*Aspergillus oryzae*)、黄曲霉(*Aspergillus flavus*)、疏展曲霉(*Aspergillus effusus*)、溜曲霉(*Aspergillus tamarii*)、烟曲霉(*Aspergillus funigatus*)、红曲霉(*Aspergillus gracilis*)、圆锥曲霉(*Aspergillus conicus*)、青霉状曲霉(*Aspergillus penicilloides*)、焦曲霉(*Aspergillus ustus*)、杂色曲霉(*Aspergillus versicolor*)、萨氏曲霉(*Aspergillus sydowi*)、黄柄曲霉(*Aspergillus flavipes*)、土生曲霉(*Aspergillus terreus*)、肉色曲霉(*Aspergillus carneus*)、白曲霉(*Aspergillus candidus*)、黑曲霉(*Aspergillus niger*)、炭色曲霉(*Aspergillus carbonarius*)、琉球曲霉(*Aspergillus luchuensis*)、洋葱曲霉(*Aspergillus alliaceus*)和赭曲霉(*Aspergillus ochraceus*)。

曲霉属在自然界分布广泛,主要分布在土壤、空气、谷物和各类有机物品中。该属中有些菌种具有分解有机物质的能力,因此,在食品发酵中广泛用于制酱、酿酒以及用于生产葡萄糖氧化酶、糖化酶和蛋白酶等酶制剂。例如米曲霉(*Aspergillus oryzae*)主要存在于粮食、发酵食品、腐败有机物和土壤等,是一类产复合酶的菌株,除产生蛋白酶外,还能产生淀粉酶、糖化酶、纤维素酶、植酸酶等,可以广泛地应用于食品、饲料、酿酒等工业。另外,米曲霉也是我国传统酿造酱类和酱油的生产菌种。同时也会引起粮食等工农业产品霉变。

黑曲霉(*Aspergillus niger*)是接近高温的霉菌,最适生长温度为 35~37℃,最高可达 50℃;孢子萌发的水分活度为 0.80~0.88,是自然界中常见的霉腐菌。黑曲霉是食品工业和发酵工业中重要的菌种,如生产酱、酿酒、醋的主要菌种,生产多种酶制剂(如淀粉酶、酸性蛋白酶、纤维素酶、果胶酶、葡萄糖氧化酶等),生产多种有机酸(如抗坏血酸、柠檬酸、葡糖酸和没食子酸等),也是农业上用作生产糖化饲料的菌种,某些菌株还可将羟基孕甾酮转化为雄烯,可用来测定锰、铜、钼、锌等微量元素和作为霉腐试验菌。但是,黑曲霉还能引起食物、谷物和果蔬的霉腐变质,如干酪成熟中污染黑曲霉后,干酪表面变黑、变质,黑曲霉也会使奶油变色。

黄曲霉(*Aspergillus flavus*)在自然界分布极广,如土壤、有机质、粮食,食品等,某些菌株具有很强的糖化淀粉,分解蛋白质的能力,被广泛用于白酒、酱油和酱的生产。但是黄曲霉中的某些菌株能产生黄曲霉毒素,特别在花生或花生饼粕上易于形成,能引起家畜严重中毒以至死亡。由于黄曲霉毒素具有一定致癌性,因此近年来引起人们极大的注意,各国对它都进行了很多研究。

另外,白曲霉(*Aspergillus candidus*)是粮油食品中常见的霉菌,也是引起低水分粮油食品腐败变质的主要微生物。灰绿曲霉(*Aspergillus glaucus*)是低水分粮食和食品霉变的主要菌种,当粮食水分超过13%时,灰绿曲霉导致种子丧失发芽能力并变色,另外,灰绿曲霉还具有耐低氧的能力,因此它是粮食霉菌的主要研究对象之一。

棒曲霉(*Aspergillus clavatus*)主要存在于土壤、霉果皮、动物粪等,可产生棒曲霉毒素,某些菌株具有分解蛋白质的能力。杂色曲霉(*Aspergillus versicolor*)主要分布在土壤、腐败的植物、粮油种子中,能危害含水量稍高的粮食、饲料或其他农产品,在适宜条件下能产生杂色曲霉毒素,导致人畜中毒,甚至引起肝癌等。构巢曲霉(*Aspergillus nidrlans*)在自然界分布广泛,在粮食和食品中可分离到。它们能在粮食或食品中生长繁殖并产杂色曲霉毒素,导致食物中毒或致癌。

4.青霉属(*Penicillum*)

菌落圆形,扩展生长;表面平坦或有放射状沟纹或有环状轮纹;有的有较深的皱褶,使菌落呈纽扣状;有的表面有各种颜色的渗出液,具有霉味或其他气味;四周常有明显的淡色边缘;菌落正面有青绿色、蓝绿色、黄绿色、灰绿色。菌丝有隔,分气生、基生。大部分青霉菌只有无性世代,产生分生孢子,个别有性世代,产生子囊孢子。进行无性繁殖时,在菌丝上向上长出芽突,单生直立或密集成束,即为分生孢子梗。分生孢子梗向上长到一定程度,顶端分枝,每个分枝的顶端又继续生出一轮次生分枝称梗基;在每个梗基的顶端,产生一轮瓶状小梗;每个小梗的顶端产生成串的分生孢子链。分枝、梗基、小梗构成帚状分枝;帚状分枝与分生孢子链构成帚状穗(青霉穗);分生孢子球形、卵形或椭圆形,光滑或粗糙。

青霉属根据帚状枝轮状分枝的不同,可分为下列4种类型:

单轮青霉组:帚状枝由分生孢子梗上轮生的一层小梗组成。

对称二轮青霉组:帚状枝由在分生孢子梗上紧密轮生的梗基和每个梗基上着生的几个细长尖锐的小梗组成,全部帚状枝对分生孢子梗来说大体是对称的,紧密像漏斗状,分生孢子多为椭圆形。

不对称青霉组:包括一切帚状枝作两次或更多次分枝,对分生孢子梗而言不对称的种;若接近对称,也没有对称二轮组青霉具有紧密的结构及细长而尖锐的小梗。

多轮青霉组:帚状枝极为复杂,作多次分枝,通常是对称的,此组菌种极少。

青霉属的菌落质地通常分为4种类型:

绒状菌落:很少有气生菌丝,分生孢子梗几乎全部由基质菌丝或紧贴基质的一层致密的菌丝层上长出。

絮状菌落:有较多的疏松而纠缠的气生菌丝团,分生孢子梗主要由气生菌丝上分枝而长出,着生点远离基质。

绳状菌落:大部分菌丝纠集成长的绳索状。

束状菌落:分生孢子梗大部分由基质长出,非均匀分布,或多或少成簇,甚至有的分生孢子梗集合成束,菌落呈柱状或粉状。

青霉属主要包括汤姆氏青霉(*Penicillum thomii*)、分枝青霉(*Penicillum ramigena*)、黄绿青霉(*Penicillium citreo - virde*)、瘿青霉(*Penicillum fellutanum*)、纠错青霉(*Penicillium implicatum*)、常现青霉(*Penicillium frequentans*)、小刺青霉(*Penicillium spinulosum*)、暗蓝青霉(*Penicillium lividum*)、局限青霉(*Penicillium resteictum*)、阿氏青霉(*Penicillium adametzi*)、托氏青霉(*Penicillium terlikowski*)、酒色青霉(*Penicillium vinaceum*)、紫红青霉(*Penicillium phoeniceum*)、坚壁青霉(*Penicillium carpenteles*)、雷斯青霉(*Penicillium raistrickii*)、淡紫青霉(*Penicillium lilacinum*)、黑青霉(*Penicillium nigricans*)、微紫青霉(*Penicillium janthinellum*)、简青霉(*Penicillium simplicissimum*)、顶青霉(*Penicillium corylophilum*)、橘青霉(*Penicillum citrinum*)、斯氏青霉(*Penicillium ateckii*)、短密青霉(*Penicillium brevi-compactum*)、匍枝青霉(*Penicillum stoloniferum*)、菌青霉(*Penicillum paxilli*)、娄地青霉(*Penicillium roquefo*)、干酪青霉(*Penicillum casei*)、产黄青霉(*Penicillum chrysogenum*)、特异青霉(*Penicillium notatum*)、草酸青霉(*Penicilliu moxalicum*)、指状青霉(*Penicillium digitatum*)、卡地干酪青霉(*Penicillium candidum*)、白酪青霉(*Penicillium caseicolum*)、羊毛状青霉(*Penicillium lanosum*)、土生青霉(*Penicillium terrestre*)、唐菖蒲青霉(*Penicillium gladioli*)、鲜绿青霉(*Penicillum viridicatum*)、圆弧青霉(*Penicillum cyclopium*)、马氏青霉(*Penicillinto marneffei*)、扩张青霉(*Penicillium expansum*)、壳青霉(*Penicillum crustosum*)、意大利青霉(*Penicillium italicum*)、荨麻青霉(*Penicillium urticae*)、簇状青霉(*Penicillum corymbiferum*)、棒形青霉(*Penicillium claviforme*)、蠕形青霉(*Penicillium vermiculatum*)、邬氏青霉(*Penicillium wortmanmi*)、尖孢青霉(*Penicillium spiculisporum*)、螺旋青霉(*Penicillium helicum*)、金黄青霉(*Penicillium luteum*)、新西兰青霉(*Penicillium novae - zeelandiae*)、杜氏青霉(*Penicillium duclauxi*)、绳状青霉(*Penicillium funiculosum*)、疣孢青霉(*Penicillium verruculosum*)、岛青霉(*Penicillum islandicum*)、变紫青霉(*Penicillium purpurescens*)、红青霉(*Penicillium rubrum*)、变色青霉(*Penicillium variabile*)、皱褶青霉(*Penicillium rugulosum*)、缓生青霉(*Penicillium tardum*)。

青霉属在自然界中广泛分布,通常在较潮湿冷凉的基质上易分离到。大多数常见的有害菌,可破坏皮革、布匹以及引起谷物、水果、食品等变质,不仅导致食品和原材料的霉腐变质,而且有些种可产生毒素,引起人畜中毒。

橘青霉(*Penicillum citrinum*)在自然界分布广泛,是粮食、食品、饲料中常见的霉菌之一。该菌侵染大米后可形成有毒的"黄变米",能产生橘青霉毒素。

圆弧青霉(*Penicillum cyclopium*)在自然界分布较广,常见于粮食、食品或饲料中,代谢产物为圆弧偶氮酸,该毒素属于神经毒素。

鲜绿青霉(*Penicillum viridicatum*)分布较广泛,从土壤、大米、腐败物上常分离到。被污染的大米呈鲜艳黄色,糙米为黄色或黄茶色。属于低温性霉菌,生长最低温度为-3℃,37℃时不易生长繁殖。

皱褶青霉(*Penicillium rugulosum*)常寄生于黑曲霉,引起发酵工业的损害。

有些青霉菌也是重要的工业菌株,在医药、发酵、食品工业上被广泛应用于生产抗生素和多种有机酸,如生产柠檬酸、葡萄糖酸、纤维素酶和常用的抗生素(如青霉素)。如产黄青霉(*Penicillum chrysogenum*)能产生多种酶类及有机酸,在工业生产上用以生产葡萄糖氧化酶或葡萄糖酸,还能产生柠檬酸和抗坏血酸。目前应用非常广泛的青霉素生产菌就来自此菌系。从青霉素发酵下来的菌丝废料含有丰富的蛋白质、矿物质和 B 族维生素,可做家畜家禽的代用饲料。该菌也产生毒素。

5.木霉属(*Trichoderma*)

菌丝透明有隔,分枝丰茂,分生孢子梗有对生或互生分枝,分枝上可再分枝,分枝顶端为小梗,瓶状、束生、对生、互生或单生,由小梗生出分生孢子,多个分生孢子黏聚成球形的孢子头。由于它能产纤维素酶、葡聚糖酶、木聚糖酶、几丁质酶和蛋白酶等酶类化合物,又能合成核黄素、生产抗生素、转化甾族化合物,所以它是重要工业制剂的生产菌;由于它与植物共生时能促进植物的生长发育,且能诱导并诱发植物自身免疫功能,所以它常作为植物病害的生物防治菌。此外,少数菌种能引起蘑菇的病害及果实、薯块、蔬菜的腐烂。

木霉属主要包括绿色木霉(*Trichoderma viride*)、康氏木霉(*Trichoderma koningi*)、拟康氏木霉(*Trichoderma pseudokoningii*)、长枝木霉(*Trichoderma longibrachiatum*)、粘绿木霉(*Trichoderma virens*)、顶孢木霉(*Trichodermafertile*)、钩状木霉(*Trichoderma hamatum*)、深绿木霉(*Trichoderma atroviride*)、哈茨木霉(*Trichoderma harzianum*)、侵占木霉(*Trichoderma aggressivum*)、棘孢木霉(*Trichoderma asperellum*)、黄绿木霉(*Trichoderma aureoviride*)、短密木霉(*Trichoderma brevicompactum*)、蜡素木霉(*Trichoderma cerinum*)、绿孢木霉(*Trichoderma chlorosporum*)、橘绿木霉(*Trichoderma citrinoviride*)、致密木霉(*Trichoderma compactum*)、猬木霉(*Trichoderma erinaceum*)、交织木霉(*Trichoderma intricatum*)、长毛木霉(*Trichoderma longipile*)、微孢木霉(*Trichoderma minutisporum*)、矩孢木霉(*Trichoderma oblongisporum*)、侧耳木霉(*Trichoderma pleuroticola*)、多孢木霉(*Trichoderma polysporum*)、假康宁木霉(*Trichoderma pseudokoningii*)、软毛木霉(*Trichoderma pubescens*)、李氏木霉(*Trichoderma reeseii*)、中国木霉(*Trichoderma sinensis*)、螺旋木霉(*Trichoderma spirale*)、粗壮木霉(*Trichoderma strigosum*)、绒毛木霉(*Trichoderma tomentosum*)、毛簇木霉(*Trichoderma velutinum*)、云南木霉(*Trichoderma yunnanense*)等。

绿色木霉(*Trichoderma viride*)在自然界分布广泛,常腐生于木材、种子及植物残体上。能产生多种具有生物活性的酶系,如纤维素酶、几丁质酶、木聚糖酶等。在植物病理生物防治中具有重要的作用。

6.红曲霉属(*Monascus*)

菌丝有横隔、多核,分枝较多且无规律。在麦芽汁培养基上生长良好,菌落初为白色,老熟后变成淡粉色、紫色或灰黑色,通常能产生红色色素,甚至分泌到培养基中。菌丝体不产生与营养菌丝有区别的分生孢子梗,分生孢子着生在菌丝及其分枝的顶端,单生或呈链状。闭囊壳呈球形且有柄,内生 10 多个子囊,子囊呈球形,含 8 个子囊孢子,成熟后壁解体,孢子留在薄壁的闭囊壳内。

生长温度范围为 26~42℃,最适生长温度为 32~35℃,最适 pH 为 3.5~5.0,能耐 pH 2.5 和 10%的乙醇。能利用多种糖类和酸类作为碳源,能同化硝酸钠、硝酸铵、硫酸铵,其中以有机氮为最好氮源。该属菌能产生淀粉酶、麦芽糖酶、蛋白酶、柠檬酸、乙醇和麦角甾醇等,有些种能产生红曲红色素和红曲黄色素,因此该属菌具有较广的用途。我国常用其生产红曲红色素,可用于各种肉制品、水产品、奶制品等着色剂,在香肠、鸡肉肠等腌制产品中代替亚硝酸钠,另外,红曲红色素还可以抑制大肠杆菌、粪链球菌、枯草芽孢杆菌、金黄色葡萄球菌,抑制率可达 99%左右。此外,还可用于酿造红酒、制醋和生产红腐乳等。重要的红曲霉有紫红曲霉(*Monascus purpureus*)、安卡红曲霉(*Monascus anka*)、巴克红曲霉(*Monascus barkeri*)和烟色黄红曲霉(*Monascus fulginosus*)

7.地霉属(*Geotrichum*)

酵母状霉菌,有时作为酵母细胞。菌丝有横隔、多核,一般有两叉分枝,在麦芽汁培养基中生长良好,在 28~30℃培养 1 天菌落呈毛绒状或粉状,韧或易碎,产生白色璞。菌丝断裂形成孢子,节孢子单个或链状排列,呈长筒形、方形、椭圆形或圆形,末端圆钝。最适生长温度为 33~37℃。利用葡萄糖、甘露糖和果糖能力较弱,能同化甘油、乙醇、山梨醇和甘露醇,能分解果胶、油脂等,不同化硝酸盐。

在自然界分布较广,主要存在于动物粪便、有机肥料、烂菜、蔬菜、青菜、树叶、青贮饲料、泡菜及土壤垃圾中,其中以烂菜上分布最多,肥料和动物粪便次之,同时,该属菌可引起果蔬霉烂。菌体细胞含有丰富的营养价值(如蛋白质、维生素等),可供食用或作为饲料,也可用来提取核酸,合成脂肪。该属中常见的菌种为白地霉(*Geotrichum candidum*)。白地霉的菌体蛋白营养价值高,可供食用及饲料用,也可用于提取核酸。白地霉还能合成脂肪,能利用糖厂、酒厂及其他食品厂的有机废水生产饲料蛋白。

8.交链孢霉属(*Alternaria*)

菌丝有横隔,匍匐生长。菌落呈绒毛状或棉絮状,扩展迅速,呈橄榄绿色,后可变成褐绿色以至黑色。分生孢子梗暗色,单枝,长短不一,由菌丝上长出,大多数不分枝。分生孢子梗顶端生出分生孢子,形态大小不定,基本形态是桑葚形,也有的为椭圆形或卵圆形;有纵横隔膜,呈砌砖状排列,顶端延长成喙状。孢子褐色到暗褐色,常数个连接成链,单生较少。

广泛分布于土壤、有机物、食品和空气中,有些种类是植物病原菌,如稻链孢霉(*Alternaria oryzae*)寄生在水稻上,细交链孢霉(*Alternaria tenuis*)是在土壤、叶子、种子、枯草和类似物上常见的一个种。有些可引起果蔬的变质,有些用于生产蛋白酶或转化甾体化合物,有些能产生交链孢霉毒素,例如交链孢霉酚,交链孢霉甲基醚、交链孢霉烯、细偶氮酸。

9.葡萄孢霉属(*Botrytis*)

菌丝匍匐、蔓延、有横隔、分枝,呈透明或稍有色,菌落呈絮状,灰白色或淡褐色。分生孢子梗自菌丝上直立生出,细长,顶端为单枝或呈树枝状,分枝顶端细胞常膨大或成椭圆形,上有小突起,在小突起上簇生分生孢子,外观如一串葡萄。分生孢子为单细胞,呈球形、卵圆形或圆筒形,无色、淡灰色或暗褐色。通常产生黑色外形不规则的菌核。

本属霉菌广泛分布于土壤、谷物、有机残体和草食性动物的消化道中。在乳、蛋中可见到,并可引起蛋的霉变。在许多植物上寄生时引起"灰霉病",是植物的病原菌,可引起水果、蔬菜腐败,具有很强的纤维素酶。常见的种是葱鳞葡萄孢霉(*Botrytis squamosa*)、葱腐葡萄孢霉(*Botrytis allii*)和灰葡萄孢霉(*Botrytis cinerea*)。

10.镰刀菌属(*Fusarium*)

镰刀菌属又称镰孢霉属。菌丝有横隔,气生菌丝发达,分生孢子梗和分生孢子从气生菌丝生出,或由培养基内的营养菌丝直接生出黏分生孢子团,内有大量分生孢子。分生孢子有大小两种类型,大型分生孢子呈镰刀状且有 3~5 个分隔,孢子呈卵圆形或椭圆形,少数呈球形或柠檬形,为多细胞;小型分生孢子大多数是单细胞,少数有 1~3 个分隔,分生孢子集群时呈黄色、红色或橙红色。有些菌株能产生菌核。

镰刀菌属主要包括厚垣镰刀菌(*Fusarium chlamydosporum*)、三线镰刀菌(*Fusarium tricintum*)、拟分枝镰刀菌(*Fusarium sporotrichioides*)、乳酸镰刀菌(*Fusarium lactis*)、禾谷镰刀菌(*Fusarium graminearum*)、梨孢镰刀菌(*Fusarium poae*)、雪腐镰刀菌(*Fusarium nivale*)、藨草镰刀菌(*Fusarium scirpi*)、茄病镰刀菌(*Fusarium solanif*)、木贼镰刀菌(*Fusarium equiseti*)、串珠镰刀菌(*Fusarium moniliforme*)、尖孢镰刀菌(*Fusarium oxysporum*)和粉红镰刀菌(*Fusarium roseum*)等。

镰刀菌属种类较多,分布极广,大部分是植物的病原菌,能引起小麦、水稻、玉米、蔬菜等发生病害,还有些种是人畜的病原菌,由于镰刀菌具有腐生的能力,因此可以在粮食和食品中生长,使其霉变,且产生毒素;有些可以产生纤维素酶、脂肪酶、果胶酶和植物生长激素等。

禾谷镰刀菌(*Fusarium graminearum*)是禾本科作物的重要病原菌之一,可引起小麦、大麦、水稻、燕麦的穗枯或"穗疮痂"病(Fusarium Head Blight)和玉米的茎腐病与穗腐烂病,也称为赤霉病。同时,禾谷镰刀菌在侵染过程中会产生对人体和动物有害的 T-2 毒素、脱氧雪腐镰刀菌烯醇和玉米赤霉烯酮等真菌毒素,导致谷粒受感染后不再适宜作为食物或饲料,人畜食用后引起食物中毒现象。

串珠镰刀菌(*Fusarium moniliforme*)主要寄生于禾谷类作物,如稻谷、甘蔗、玉米和高粱等,其代谢产物为串珠镰刀菌素和玉米赤霉烯酮。

三线镰刀菌(*Fusarium trincintum*)主要寄生于玉米和小麦的种子,可产生 T-2 毒素、丁烯酸内酯、二乙酸煎草镰刀菌烯醇和玉米赤霉烯酮。

梨孢镰刀菌(*Fusarium poae*)主要寄生于谷类,可产生 T-2 毒素、新茄病镰刀菌烯醇、丁烯酸内酯等。

拟枝孢镰刀菌(*Fusarium sparotrichioides*)主要寄生于小麦、燕麦、玉米和甜瓜等作物,能产生 T-2 毒素、丁烯酸内酯和新茄病镰刀菌烯醇。

木贼镰刀菌（*Fusarium equiseti*）主要寄生于大豆种子和幼苗、小麦、大麦和黑麦，能产生二醋酸藤草镰刀菌烯醇、玉米赤霉烯酮、新茄病镰刀菌烯醇和丁烯酸内酯。

茄病镰刀菌（*Fusarium solanif*）可引起蚕豆的枯萎病，还可造成多种栽培作物如花生、甜菜、马铃薯、番茄、芝麻、玉米和小麦的根腐、茎腐和果实干腐等，并能产生新茄病镰刀菌烯醇和玉米赤霉烯酮。

尖孢镰刀菌（*Fusarium oxysporum*）可寄生于玉米、小麦和大麦的种子，可产生玉米赤霉烯酮和 T-2 毒素。

11.枝孢霉属（*Cladosporium*）

在培养基上枝孢霉形成不连续的菌落，由厚而柔软的暗绿色菌丝和分生孢子构成。分生孢子靠芽殖产生，在顶端常是些最幼龄也最小的。芽殖的分生孢子在幼龄时为单细胞，老龄时可以是两个细胞。由于可形成多个芽，故出现分枝的孢子链。

本属霉菌常出现在腐烂的蔬菜产品上、土壤内和土壤上，也是冷库常见霉菌，常可引起食品霉变。本属霉菌还是培养基上常见的污染菌，如蜡叶芽枝霉（*Cladosporium herbarum*）。

12.枝霉属（*Thamidium*）

菌丝初生无横隔，老化后有横隔。菌丝分枝较多，孢子囊梗从菌丝上生出，同时具有大型孢子囊和小型孢子囊，大型孢子囊内有无数孢子且有囊轴，小型孢子囊内只有少数孢子，有时可产生接合孢子。本属菌常分布在土壤和空气中，在冷藏肉和腐败的蛋类中经常出现，如美丽枝霉（*Thamindium elegans*）。

13.分枝孢属（*Sporotrichum*）

又称侧孢霉。菌丝分隔，分生孢子梗有分枝，在分生孢子梗顶端生出分生孢子。分生孢子为单细胞，呈卵圆形或梨形，菌落通常呈奶油色，时间长后呈干燥粉末状。本属菌常出现在冷藏肉中，形成白色斑点，如肉色分枝孢霉（*Sporotrichum carnis*）。

14.复端孢霉属（*Cephalothecium*）

菌丝有横隔，分生孢子梗单生、直立、细长、不分枝，分生孢子顶生、有横隔，单独存在且呈链状排列，分生孢子呈洋梨状的双细胞，通常为粉红色。本属菌能引起果蔬、粮食等霉变，如粉红复端孢霉（*Cephalothecium roseum*）。

本章小结

本章主要介绍了食品中的三大类微生物：细菌、酵母和霉菌；分别阐述了细菌、酵母和霉菌常见菌种的形态、结构及在食品中的作用；重点介绍了细菌中的乳酸菌、醋酸菌和大肠杆菌的形态、结构和应用等；要求学生掌握酵母中的繁殖方式及生活史；霉菌中的曲霉菌、根霉菌和毛霉的结构特点及在食品中的应用等内容。

思考题

（1）细菌的基本形态有哪几种？

（2）食品中常见的细菌有哪几种，各有什么作用？

（3）试述酵母菌的繁殖方式及生活史。

（4）简述霉菌的菌丝体及其各种分化形式。

（5）食品中常见的霉菌种类有哪些？在生产中有哪些应用？

主要参考书目

[1] 张文治. 新编食品微生物学[M]. 北京:中国轻工业出版社,1995.

[2] 马迪根. 微生物生物学[M]. 北京:科学出版社,2001.

[3] 杨洁彬. 食品微生物学[M]. 北京:中国农业大学出版社,1995.

[4] 沈萍. 微生物学(第2版)[M]. 北京:高等教育出版社,2002.

[5] 郑晓冬. 食品微生物学[M]. 浙江:浙江大学出版社,2001.

[6] 诸葛健. 微生物学[M]. 北京:科学出版社,2004.

[7] James M. Jay. 现代食品微生物学[M]. 北京:中国轻工业出版社,2002.

[8] J. Nicklin. 微生物学(美)[M]. 北京:科学出版社,2000.

[9] 何国庆,丁立孝. 食品微生物学(第3版)[M]. 北京:中国农业大学出版社,2016.

[10] 蔡静平. 粮油食品微生物学[M]. 北京:中国轻工业出版社,2002.

第三章　微生物与食品腐败变质

本章导读：
· 了解食品腐败变质的原因及类型。
· 掌握微生物引起的食品腐败变质的机理和环境条件。
· 掌握常见食品的腐败变质和污染食品的微生物来源及其控制措施。

3.1　食品腐败变质

3.1.1　食品腐败变质的含义

食品腐败变质(food spoilage)是指食品受到各种内外因素的影响,造成其原有化学性质或物理性质发生变化,降低或失去其营养价值和商品价值的过程。

微生物广泛分布于自然界,食品中不可避免地会受到一定类型和数量的微生物的污染,当环境条件适宜时,它们就会迅速生长繁殖,造成食品的腐败与变质,不仅降低了食品的营养和卫生质量,而且可能危害人体的健康。由于微生物污染所引起的食品腐败变质是最为普遍和重要的,本章只讨论由微生物引起的食品腐败变质。

微生物对食品发生腐败变质起重要作用。如果食品经过彻底灭菌,即使长期贮藏也不会发生腐败变质;若食品污染了微生物,一旦条件适宜,微生物就会在食品中生长繁殖,引起食品腐败变质。因此,微生物的污染是导致食品发生腐败变质的根源。

3.1.2　食品腐败变质的类型

引起食品腐败变质的原因较多,因此食品腐败变质目前还没有统一的分类标准,常见的食品腐败变质分类如下:

按食品的类型分类:乳及乳制品的腐败变质、肉及肉制品的腐败变质、鱼肉的腐败变质、禽蛋类的腐败变质、果蔬及其制品的腐败变质、糕点的腐败变质和罐藏食品的腐败变质等。

按食品腐败变质的化学过程分类:蛋白质的分解、碳水化合物的分解、脂肪的分解和有害物质的形成。

按引起食品腐败变质的因素分类:物理因素(如温度、水分、光等)、化学因素(如动植物食品组织中酶的作用)、生物学因素(如微生物、昆虫、寄生虫)和其他因素(如机械损伤、外源污染物)。

3.2 食品的营养组成与微生物的分解作用

3.2.1 食品的营养成分

食品含有丰富的蛋白质、碳水化合物、脂肪、无机盐、维生素和水分等营养成分,是微生物生长繁殖的良好培养基,因此,微生物污染食品后很容易迅速生长繁殖造成食品的腐败变质。但在不同的食品中,各种营养成分的数量和比例并不完全相同,而各种微生物分解各类营养物质的能力也不相同,这就导致了引起不同食品腐败变质的微生物类群也不同。如富含蛋白质的食品(如肉、鱼、蛋、乳制品等)容易受到对蛋白质分解能力很强的芽孢杆菌(*Bacillus* spp.)、假单胞菌(*Psdeuomnoda* spp.)、变形杆菌(*Proteus* spp.)、枯草芽孢杆菌(*Bacillus subtilis*)等微生物的污染而发生腐败;含糖较高的食品(如米饭、馒头等)易受到曲霉属(*Aspergillus*)、根霉属(*Rhizopus*)、乳酸菌属(*Lactobacillus*)、酿酒酵母(*Saccharomyces cerevisiae*)等对碳水化合物分解能力强的微生物的污染而变质;脂肪含量较高的食品易受到黄曲霉(*Aspergillus flavus*)和假单胞菌(*Psdeuomnoda* spp.)等分解脂肪能力很强的微生物的污染而发生酸败。表3-1列举了部分食品所含的营养成分。

表3-1　各种食品的营养成分

食品原料	占有机物的含量(%)		
	蛋白质	碳水化合物	脂肪
水果	2~8	85~97	0~3
蔬菜	15~30	50~85	0~5
鱼类	70~95	少量	5~30
禽类	50~70	少量	30~50
蛋类	51	3	46
肉类	35~50	少量	50~65
乳类	29	38	31

3.2.2 微生物分解营养物质的选择性

当微生物污染食品以后,能够在食品上生长繁殖的微生物种类取决于食品的营养成分,如蛋白质、碳水化合物、脂肪,以及水、无机盐和维生素能否满足微生物生命活动所需要的能量。

1.分解蛋白质的微生物

(1)细菌。

细菌都具有分解蛋白质的能力,一般通过分泌蛋白酶来分解蛋白质。只有少数细菌能分泌胞外蛋白酶,其分解蛋白质的能力较强,而不能分泌胞外蛋白酶的细菌分解蛋白质的能力较弱。

具有分解蛋白质能力较强的细菌主要包括：芽孢杆菌属（*Bacillus*）、梭菌属（*Clostridium*）、假单胞菌属（*Pseudomonas*）、变形杆菌属（*Proteus*）等。分解能力较弱的细菌有微球菌属（*Micrococcus*）、葡萄球菌属（*Staphylococcus*）、黄杆菌属（*Flavobacterium*）、无色杆菌属（*Photorhabdus*）、产碱杆菌属（*Alcaligenes*）、沙雷氏杆菌属（*Serratia*）、肠杆菌属（*Enterobacter*）、埃希氏菌属（*Escherichia*）等。此外，即使食品中没有糖类存在，分解蛋白质的细菌也能在以蛋白质为主要成分的食品上良好生长。

（2）酵母菌。

多数酵母菌对蛋白质的分解能力极弱，只有少数的酵母菌能分解蛋白质，如红棕色拿逊酵母菌（*Nadsoniafulvescens*）、白色拟内孢霉（*Endomycopsis albicans*）、酿酒酵母（*Saccharomyces cerevisiae*）、巴氏酵母（*Saccharomyces pastorianus*）和活跃酵母（*Saccharomyces festinans*）等，这些酵母能使凝固的蛋白质缓慢分解。此外，红酵母属（*Rhodotorula*）中的有些酵母能分解酪蛋白，促使乳制品发生腐败变质。

由于酵母菌在食品上生长繁殖需要氮源，但细菌利用含氮化合物作为能源的能力优于酵母菌，因此在 N/C 比率较高的食品中，细菌更容易引起食品的腐败变质。

（3）霉菌。

许多霉菌都具有分解蛋白质的能力，但与细菌相比，霉菌更能利用天然蛋白质，例如青霉属（*Penicillium*）、毛霉属（*Mucor*）、曲霉属（*Aspergillus*）、木霉属（*Trichoderma*）、根霉属（*Rhizopus*）和复端孢霉属（*Cephalothecium*）等中的许多种。特别是沙门柏干酪青霉（*Penicillium camemberti*）和洋葱曲霉（*Aspergillus alliaceus*）能迅速分解蛋白质，而且环境中若有大量的碳水化合物存在时，非常有利于蛋白酶的形成。

2.分解碳水化合物的微生物

（1）细菌。

细菌中能强烈分解淀粉的种类较少，主要是芽孢杆菌属（*Bacillus*）和梭菌属（*Clostridium*），如枯草芽孢杆菌（*Bacillus subtilis*）、蜡样芽孢杆菌（*Bacillus cereus*）、巨大芽孢杆菌（*Bacillus megaterium*）、淀粉梭状芽孢杆菌（*Clostridium amylobacter*）和酪酸梭菌（*Clostridium butyricum*）等，它们通常是引起米饭发酵、面包黏液化的主要菌种。

能分解纤维素和半纤维素的细菌非常少见，仅有芽孢杆菌属（*Bacillus*）、八叠球菌属（*Sarcina*）和梭菌属（*Clostridium*）中的一些菌种。

细菌中能分解果胶质的有欧氏植物杆菌属（*Erwinia*）、芽孢杆菌属（*Bacillus*）和梭菌属（*Clostridium*），如胡萝卜软腐欧氏杆菌（*Erwinia carotovora*）、软腐欧氏杆菌（*Erwinia aroideae*）、环状芽孢杆菌（*Bacillus circulans*）、多粘类芽孢杆菌（*Paenibacillus polymyxa*）和费地浸麻梭菌（*Clostridium felsineum*）等，它们能分泌促使果蔬组织软化的果胶酶。

但绝大多数细菌利用单糖较为普遍，某些细菌也能利用双糖，此外，某些细菌还能利用有机酸或醇类。

（2）酵母菌。

绝大多数酵母不能分解淀粉，但有少数特殊的酵母，如粟酒裂殖酵母（*Schizosaccharomyces pombe*）和拟内胞霉属（*Endomycopsis*）中某些酵母能分解多糖；还有极少数的酵母菌具有分解果胶的能力，如脆壁酵母（*Saccharomyces fragilis*），同时，该菌也能发酵乳糖；球拟酵母属（*Torulopsis*）和假丝酵母属（*Candida*）中有些酵母能分解蔗糖，这常常是果汁饮料、含糖酸性饮料变质的原因。大多数酵母具有利用有机酸的能力。

（3）霉菌。

大多数霉菌都具有分解简单碳水化合物的能力，但只有极少数的霉菌能分解纤维素，如曲霉属中黑曲霉（*Aspergillus niger*）、土曲霉（*Aspergillus terreus*）和烟曲霉（*Aspergillus fumigatus*）等，青霉属中的橘青霉（*Penicillium citrinum*）和淡黄青霉（*Penicillium luteum*）等。但木霉属中的绿色木霉（*Trichoderma viride*）、里氏木霉（*Trichoderma reesei*）和康氏木霉（*Trichoderma koningii*）等具有较强分解纤维素的能力。

霉菌中分解果胶质能力最强的是黑曲霉（*Aspergillus niger*）、米曲霉（*Aspergillus oryzae*）、灰绿青霉（*Penicillium glaucum*），其次是蜡叶芽枝霉（*Cladosporium herbarum*）、高大毛霉（*Mucor mucedo*）、灰绿葡萄孢霉（*Botrytis nidulans*）等。

此外，曲霉属、青霉属、毛霉属和镰刀霉属中的许多菌种还具有利用某些简单有机酸或醇类的能力。

3.分解脂肪的微生物

（1）细菌。

脂肪分解菌是指能产生脂肪酶，使脂肪分解为甘油和脂肪酸的细菌。一般来讲，具有较强分解蛋白质能力的需氧性细菌，其中大多数也能分解脂肪，但是细菌中能分解脂肪的菌种不多，只有假单胞菌属中的荧光假单胞菌（*Pseudomonas fluorescens*）具有较强分解脂肪的能力，此外，无色杆菌属（*Achromobacter*）、黄色杆菌属（*Flavobacterium*）、产碱杆菌属（*Alcaligenes*）、沙雷氏杆菌属（*Serratia*）、微球菌属（*Micrococcus*）、葡萄球菌属（*Staphylococcus*）和芽孢杆菌属（*Bacillus*）中的许多菌种也具有分解脂肪的特性。

（2）酵母菌。

酵母菌中分解脂肪的菌种不多，常见的是解脂假丝酵母（*Candida lipolytica*），该菌不能发酵糖类，但分解脂肪和蛋白质的能力特别强。因此，在肉类食品和乳制品中发生的腐败变质应考虑到是否由酵母菌而引起。

（3）霉菌。

能分解脂肪的霉菌比细菌多，在食品中常见的有黄曲霉（*Aspergillus flavus*）、黑曲霉（*Aspergillus niger*）、烟曲霉（*Aspergillus fumigatus*）、灰绿青霉（*Penicillium glaucum*）、娄地青霉（*Penicillium roqueforti*）、白地霉（*Geotrichum candidum*）、德氏根霉（*Rhizopus delemar*）、少根根霉（*Rhizopus arrizus*）、解脂毛霉（*Mucor lipolyticus*）、爪哇毛霉（*Mucor javanicus*）和芽枝霉（*Blastocladia pringsheimii*）等。

细菌、酵母、霉菌三大类微生物对不同营养物质的分解作用均显示出一定的选择性。因此,根据食品成分组成的特点,就可以推测可能引起某些食品腐败变质的主要微生物类群或属甚至种。

3.3　食品腐败变质的基本条件

在一般情况下,食品原辅材料通常会含有一定数量的微生物,而在加工过程中及加工后的成品,也不可避免地要接触环境中的微生物,因此食品中存在一定种类和数量的微生物。但是微生物污染食品后能否引起食品的腐败变质,以及变质的程度和性质如何,则受多方面因素的影响。一般来说,食品发生腐败变质与食品本身的基质特性、食品所处的环境因素有着密切的关系,而它们之间是相互作用、相互影响的。

3.3.1　食品的基质特性

1.食品的 pH

各种食品都具有一定的 pH,通常情况下,一般微生物都可以在 pH 接近中性的食品上生长繁殖,但在偏酸性或偏碱性的食品中,不同种类的微生物可显示一定的特殊性。此外,微生物在食品中生长繁殖时也能促使食品的 pH 发生变化,从而引起食品中微生物类群的变动。

(1)食品原料的 pH。

各种食品原料的 pH 几乎都在 7.0 以下,有些可低至 2.0~3.0。表3-2 列举了部分食品原料的 pH。

表 3-2　部分食品原料的 pH

动物性食品	pH	蔬菜类食品	pH	水果类食品	pH
牛肉	5.1~6.2	卷心菜	5.4~6.0	苹果	2.9~3.3
羊肉	5.4~6.7	花椰菜	5.6	香蕉	4.5~5.7
猪肉	5.3~6.9	芹菜	5.7~6.0	柿子	4.6
鸡肉	6.2~6.4	茄子	4.5	葡萄	3.4~4.5
鱼肉	6.6~6.8	莴苣	6.0	柠檬	1.8~2.0
蟹肉	7.0	洋葱	5.3~5.8	橘子	3.6~4.3
小虾肉	6.8~7.0	番茄	4.2~4.3	西瓜	5.2~5.6
牛乳	6.5~6.7	萝卜	5.2~5.5		

根据食品原料 pH 范围的特点,可将食品划分为两种类型:酸性食品和非酸性食品。pH 在 4.5 以上的食品属于非酸性食品,主要包括几乎所有的蔬菜和鱼、肉、乳等动物性食品原料,它们的 pH 一般在 5.0~7.0;pH 在 4.5 以下的食品属于酸性食品,主要是绝大多数的水果类,它们的 pH 在 2.0~4.5。

由于绝大多数细菌最适生长的 pH 为 7.0 左右,因此细菌在非酸性的食品原料中生长繁殖的可能性更大,并且能够良好生长。当食品的 pH 偏向酸性或碱性时,细菌的生长受到抑制,能够生长繁殖的细菌种类也变少。当食品的 pH 在 5.5 以下时,能够引起食品腐败变质的细菌基本被抑制,只有少数细菌如大肠埃希氏菌(*Escherichia coli*)尚能生长;但一些耐酸细菌,如乳杆菌(*Lactobacillaceae*)和链球菌(*Streptococcus*)也可以继续生长繁殖。除细菌外,酵母菌和霉菌生长的 pH 范围较宽,因此也可能在酸性食品上生长。多数酵母菌生长的最适 pH 为 4.0~5.8,霉菌生长的最适 pH 是 3.8~6.0。

(2)微生物引起食品 pH 的变动。

微生物在食品中生长繁殖时,通常会引起食品 pH 的变动,这种变动取决于食品的营养组成和微生物的种类。如果微生物分解食品中的糖类产生酸,则会促使食品的 pH 下降,若分解蛋白质产生碱,会导致 pH 上升。

有些食品原料对 pH 的变动具有一定的缓冲作用,如肉类原料比蔬菜类的缓冲作用大。当食品原料中同时含有糖类和蛋白质时,有些微生物首先利用糖类作为碳素来源,就会导致 pH 下降趋于酸性;若糖类不足而蛋白质含量丰富,则微生物利用蛋白质引起 pH 升高趋于碱性。当食品的 pH 下降或上升一定限度时,微生物的生长繁殖就会受到抑制,此时食品中的酸或碱的累积作用就不再继续进行。

当微生物生长在含糖类与蛋白质的食品中,微生物首先分解糖类产酸使食品的 pH 下降;当蛋白质被分解,又出现 pH 的上升现象。例如产气肠杆菌(*Enterobacter aerogenes*)利用糖而产生酸,当 pH 下降至 5.0 时,细菌开始利用产生的酸并分解为 CO_2 和水,pH 又回升到中性。

有些细菌在生长初期,先分解糖类不断产生酸,使得糖类含量降低到一定程度时,然后蛋白质被分解产生大量的碱性物质,造成 pH 的上升。这种现象经常存在于发酵食品的生产中,其主要原因是多种微生物同时存在。例如在腌菜的生产过程中,初期由于乳酸菌利用糖类产生酸,引起 pH 逐渐下降,并积累了大量的酸,酸度过高导致乳酸菌的生长受到抑制,但一些酵母菌或霉菌具有耐酸的特性,它们还能利用酸性物质进行生长繁殖,又造成了 pH 逐渐上升。当 pH 接近中性时,若原来加入的食盐不足以及其他条件的影响下,又出现一些细菌生长繁殖的现象,最终会导致 pH 偏向碱性。

2.食品的水分

(1)水活度值。

任何食品中都含有一定量的水分。通常情况下,食品中的水分以游离水和结合水两种形式存在。微生物在食品中生长繁殖必须在存在游离水的状况下,才能进行一系列的代谢活动。因为游离水是良好的溶剂,能溶解食品中的糖、盐和氨基酸等物质,使微生物在含有营养物质的水溶液中进行生长繁殖。

一般来说,水分含量高的食品,微生物容易生长;水分含量低的食品,微生物不易生长。通常情况下,微生物在食品中生长所利用水的有效性以水活度值(water activity, a_w)表示。

水活度值是指在一定的温度和压力条件下,食品的蒸汽压力(P)与同样条件下纯水蒸汽压力(P_0)之比,即 $a_w = P / P_0$。纯水的 $a_w = 1$,无水食品的 $a_w = 0$。因此,食品的 a_w 在 0 和 1 之间。表 3-3 列举了不同微生物类群生长的最低 a_w 范围。

表 3-3　食品中主要微生物类群生长的最低 a_w 范围

微生物类群	最低生长 a_w	微生物类群	最低生长 a_w
大多数细菌	0.94~0.99	嗜盐性细菌	0.75
大多数酵母菌	0.88~0.94	干性霉菌	0.65
大多数霉菌	0.73~0.94	耐渗酵母	0.60

从表 3-3 看出,食品的 a_w 在 0.6 以下时微生物不能生长。一般认为食品的 a_w 值在 0.64 以下时是食品安全贮藏的防霉含水量。但是,在实际中通常用含水量百分率表示食品的含水量,并作为控制微生物生长繁殖的衡量指标。例如为了达到保藏目的,奶粉含水量应在 8% 以下,大米含水量应在 13% 左右,豆类在 15% 以下,脱水蔬菜在 14%~20%。这些物质含水量百分率虽然不同,但其 a_w 约在 0.70 以下。表 3-4 列举了一些食品的 a_w。

表 3-4　一些食品的 a_w

食品	a_w	食品	a_w
鲜果蔬	0.97~0.99	蜂蜜	0.54~0.75
鲜肉	0.95~0.99	干面条	0.50
果酱	0.75~0.85	奶粉	0.20
面粉	0.67~0.87	蛋	0.97

(2)不同类群微生物生长和水活度值。

不同类群微生物生长的最低 a_w 是不同的,即使属于同一类群的菌种,它们生长繁殖的最低 a_w 也有差异。从表 3-3 可以看出,当 a_w 接近 0.9 时,绝大多数细菌的生长已经受到抑制;低于 0.9 时细菌几乎不能生长。其次是酵母菌,当下降至 0.88 时,生长也受到严重影响,但绝大多数霉菌还能继续生长。

①细菌生长的 a_w:细菌生长所需要的水分比酵母菌和霉菌高,食品中绝大部分细菌均在 a_w 0.94 以上生长,而且生长最适 a_w 都在 0.995 以上。表 3-5 列举了食品中常见细菌生长的最低 a_w。此外,细菌形成芽孢时所需要的水分比生长繁殖时要高。一般情况下,芽孢形成的最适 a_w 为 0.993,若 a_w 低于 0.97 时就不能形成芽孢。

表 3-5　食品中常见细菌生长的最低 a_w

微生物	a_w	微生物	a_w
蕈状芽孢杆菌（Bacillus mycoides）	0.99	产气肠杆菌（Enterobacter aerogenes）	0.945
肉毒梭状芽孢杆菌（发芽）（C. botulinum）	0.98	蜡样芽孢杆菌（Bacillus cereus）	0.94
假单胞菌属（Pseudomonas）	0.97	粪链球菌（Streptococcus faecium）	0.94
蜡样芽孢杆菌（发芽）（Bacillus cereus）	0.97	八叠球菌属（Sarcina）	0.915~0.93
无色杆菌属（Photorhabdus）	0.96	玫瑰色微球菌（Micrococcus roseus）	0.905
大肠埃希氏菌（Escherichia coli）	0.96~0.935	金黄色葡萄球菌（厌氧）（Staphyloccocus aureus）	0.90
枯草芽孢杆菌（Bacillus subtilis）	0.95	金黄色葡萄球菌（需氧）（Staphyloccocus aureus）	0.86
肉毒梭状芽孢杆菌（C. botulinum）	0.95	嗜盐菌（Halophiles）	0.75

②酵母菌生长的 a_w：酵母菌生长所需要的水分比细菌低一些，但比霉菌要高。除耐高渗酵母（如鲁氏酵母）外，其生长的最低 a_w 在 0.88~0.94，有些酵母的最低 a_w 在 0.89~0.90，有些酵母在 0.93~0.94。表 3-6 列举了食品中常见酵母菌生长的最低 a_w。

在一些加入糖的食品中，由于加入糖的数量尚不能使食品的 a_w 降至多数酵母菌生长的最低 a_w 以下，因此在多数加糖的食品中酵母菌仍可能有生长的机会。

表 3-6　食品中常见酵母菌生长的最低 a_w

微生物	a_w	微生物	a_w
产朊圆酵母（Torula utilis）	0.94	红酵母属（Rhodotorula）	0.89
产朊假丝酵母（Candida utilis）	0.94	拟内孢霉属（Endomycopsis）	0.885
裂殖酵母属（Schizosaccharomyces）	0.93	异形威立式酵母（Willia anomala）	0.88
酿酒酵母（Saccharomyces cerevisiae）	0.905	鲁氏酵母（Saccharomyces rouxii）	0.60~0.61
酵母属（Saccharomyces）	0.90		

③霉菌生长的 a_w：与细菌和酵母菌相比，霉菌能在较低的 a_w 范围内生长，见表 3-7。当 a_w 在 0.64 以下时，任何霉菌都不能生长繁殖；若 a_w 在 0.65 时还有少数霉菌能够生长，称为干性霉菌，例如灰绿曲霉（Aspergullus glaucus）、薛氏曲霉（Aspergillus chevalieri）、匍匐曲霉（Aspergillus repens）、刺孢曲霉（Aspergillus aculeatus）、赤曲霉（Aspergillus ruber）和阿曲霉（Aspergillus amstelodami）等。这些干性曲霉在 a_w 为 0.73~0.75 时，1~4 周内有部分可以发芽；a_w 为 0.64~0.66 时经过 1~2 年才有部分发芽。霉菌孢子发芽的最低 a_w 比霉菌生长的 a_w 要低，如灰绿曲霉（Aspergullus glaucus）的孢子发芽时最低 a_w 在 0.73~0.75，而生长所需要的 a_w 在 0.85 以上。

表 3-7 食品中常见霉菌生长的最低 a_w

微生物	a_w	微生物	a_w
根霉属(*Rhizopus*)	0.92~0.94	白曲霉(*Aspergillus albicans*)	0.75
葡萄孢霉属(*Botrytis*)	0.93	灰绿曲霉(*Aspergillus glaucus*)	0.73~0.75
毛霉属(*Mucor*)	0.92~0.93	薛氏曲霉(*Aspergillus chevalieri*)	0.65
乳粉孢(*Oidium lactis*)	0.895	葡匐曲霉(*Aspergillus repens*)	0.65
黑曲霉(*Aspergillus niger*)	0.88~0.89	赤曲霉(*Aspergillus ruber*)	0.65
青霉属(*Penicillium*)	0.80~0.83	阿曲霉(*Aspergillus amstelodami*)	0.65
黄曲霉(*Aspergillus flavus*)	0.80		

(3)微生物生长 a_w 的可变性。

微生物生命活动的正常进行必须要求稳定的 a_w，a_w 稍有变化就会对微生物产生一定的影响。一般情况下，微生物生长的最低 a_w 不会变动，但在某些因素条件下，微生物能适应的 a_w 幅度会有所变化，温度是影响微生物生长最低 a_w 的一个重要因素。研究表明，当温度变动 10℃时，微生物生长的最低 a_w 变动幅度通常为 0.01~0.05。在最适温度时霉菌孢子出芽最低 a_w 可以低于非最适温度时生长的最低 a_w。有氧与无氧环境对微生物生长的 a_w 也有影响，如金黄色葡萄球菌(*Staphyloccocus aureus*)在无氧环境下生长最低 a_w 为 0.90；而在有氧环境中的生长最低 a_w 为 0.86。霉菌在高度缺氧环境中，即使处于最适 a_w 环境也不能生长。在最适 pH 环境中，微生物生长的最低 a_w 可以稍低一些。此外，有害物质存在也会影响微生物生长要求的 a_w，如环境中存在 CO_2，有些微生物能适应的 a_w 范围就会缩小。

(4)食品的水活度值。

新鲜的食品原料(如鱼、肉、水果、蔬菜等)含有较多的水分，a_w 一般在 0.98~0.99，非常适宜于大多数微生物的生长繁殖。在一般情况下，微生物首先在食品原料的表层生长繁殖，导致食品原料腐败变质，虽然食品表层的水分因蒸发作用逐渐减少，但食品原料组织内部的水分不断地移向表层，可以在一定时间内保持较高的 a_w，这有助于微生物不断向食品原料组织内部生长繁殖。

干制食品的 a_w 一般在 0.80~0.85，通常在 1~2 周内才能被霉菌引起腐败变质。若 a_w 保持在 0.70 时，就能长期防止微生物的生长繁殖。当食品的 a_w 为 0.65 时，仅有极少数的微生物可以生长，并且生长速度非常缓慢。因此，要延长干制食品的贮藏期，就必须考虑到要求较低的 a_w。例如 a_w 在 0.80~0.85 的食品，一般只能保存几天；a_w 在 0.72 左右的食品，可以保存 2~3 个月；如果 a_w 在 0.65 以下，则可保存 1~3 年。

3. 渗透压

(1)不同类群微生物对渗透压的适应性。

渗透压对微生物的生命活动有一定的关系。绝大多数微生物在低渗透压的食品中能够生长繁殖，但在高渗透压的食品中，不同微生物的适应性就有所差异。一般来说，多数霉菌和少数酵母菌能耐受较高的渗透压,它们在高渗透压的食品中一般不会死亡,而且能进行生长繁殖。绝大多数的细菌不能在较高渗透压的食品中生长,但也有少数细菌能在高渗环境中生长。

(2)引起食品变质的耐渗透压细菌。

在食品中加入不同量的糖或盐,可以形成不同的渗透压。随着糖或盐加入量的增加,浓度越高,渗透压越大,食品的 a_w 就越小。各种微生物耐受盐和糖的程度不一样,引起食品腐败变质的主要有嗜盐细菌、耐盐细菌和耐糖细菌。

高度嗜盐细菌最适宜在 20% ~ 30% 盐浓度的食品中生长繁殖,例如盐杆菌属(*Halobacterium*)和微球菌属(*Micrococcus*)的一些菌种。高度嗜盐细菌都具有产生类胡萝卜素的特性。

中度嗜盐细菌最适宜在 5% ~ 18% 盐浓度的食品中生长繁殖,例如假单胞菌属(*Pseudomonas*)、弧菌属(*Vibrio*)、无色杆菌属(*Achromobacter*)、芽孢八叠球菌属(*Sporosarcina*)、芽孢杆菌属(*Bacillus*)和微球菌属(*Micrococcus*)等中一些菌种,其中盐脱氮微球菌(*Micrococcus halodenitrificans*)和腌肉弧菌(*Vibrio costicolus*)是典型的代表。

低度嗜盐细菌最适宜在 2% ~ 5% 盐浓度的食品中生长繁殖,例如假单胞菌属(*Pseudomonas*)、无色杆菌属(*Achromobacter*)、黄杆菌属(*Flavobacterium*)和弧菌属(*Vibrio*)等的一些菌种。

耐盐细菌能在10%以下盐浓度的食品中生长繁殖,例如芽孢杆菌属(*Bacillus*)、微球菌属(*Micrococcus*)、葡萄球菌属(*Staphylococcus*)、四联球菌属(*Tetracoccus*)和链球菌属(*Streptococcus*)等的一些菌种。

耐糖细菌能在高浓度的含糖食品中生长繁殖,仅限于少数菌种,例如肠膜状明串珠菌(*Leuctonostoc mesenteroides*)。

(3)引起高渗透压食品腐败变质的酵母菌。

主要是耐受高糖的酵母菌,常引起糖浆、果酱、果汁等高糖食品的腐败变质。常见的有鲁氏酵母(*Saccharomyces rouxii*)、罗氏酵母(*Saccharomyces rosei*)、蜂蜜酵母(*Saccharomyces mellis*)、意大利酵母(*Saccharomyces italicus*)、异常汉逊氏酵母(*Hansenula anomala*)、汉逊德巴利酵母(*Debaryomyces hansenii*)和膜醭毕赤氏酵母(*Pichia membranafaciens*)等,其中罗氏酵母和汉逊德巴利酵母还具有较强的耐盐性,又称为耐盐性酵母。

(4)引起高渗透压食品腐败变质的霉菌。

一般霉菌的耐盐能力比细菌和酵母菌强得多,常见的有灰绿曲霉(*Aspergullus glaucus*)、葡匐曲霉(*Aspergillus repens*)、咖啡色串孢霉(*Catenularia fuligined*)、乳卵孢霉(*Oospora lactis*)、芽枝霉属(*Cladosporium*)和青霉属(*Penicillium*)等。

3.3.2 食品的外界环境条件

食品中污染的微生物能否生长繁殖,造成食品的腐败变质,还要受到周围环境因素的影响。影响食品腐败变质的环境因素也是影响微生物生长繁殖的环境因素,其中主要的影响因素是温度、湿度、气体以及食品的存在状态等。

1.温度

温度对微生物的生长繁殖具有较大的影响。根据微生物对温度的适应性,可将微生物分为嗜冷、嗜温、嗜热三个生理类群。每一类群微生物都有最适宜生长的温度范围,但这三种类群微生物又都能在 25~30℃进行生长繁殖,见表 3-8。当食品处于这种温度的环境中,各种微生物都可生长繁殖而引起食品的腐败变质。若温度高于或低于共同能生长的温度范围时,微生物的类群就会发生变化。

表 3-8　不同温度范围内微生物活动的主要类群

低温(低于 10℃)	中温(25~30℃)	高温(大于 40℃)
霉菌	霉菌	细菌(少数)
酵母菌(少数)	酵母菌	
细菌(少数)	细菌	

(1)低温中食品的变质与微生物。

食品在冷藏过程中,可能会因为微生物的生长繁殖而导致食品的腐败变质,因此在冷藏过程中出现的一些微生物,在食品微生物学中称为低温微生物。其特点是在低温条件下能够生长繁殖,但不是最适生长温度。

在低温食品中生长的细菌多数是革兰氏阴性的无芽孢杆菌,常见的有假单胞杆菌属(*Pseudomonas*)、黄杆菌属(*Flavobacterium*)、无色杆菌属(*Achromobacter*)、产碱杆菌属(*Alcaligenes*)、弧菌属(*Vibrio*)、气杆菌属(*Aerobacter*)、变形杆菌属(*Proteus*)、沙雷氏杆菌属(*Serratia*)和色杆菌属(*Chromobacterium*)等;革兰氏阳性菌有微球菌属(*Micrococcus*)、乳杆菌属(*Lactobacillus*)、小杆菌属(*Microbacterium*)、链球菌属(*Streptococcus*)、棒状杆菌属(*Corynebacterium*)、八叠球菌属(*Sarcina*)、短杆菌属(*Brevibacterium*)、芽孢杆菌属(*Bacillus*)和梭菌属(*Clostridium*)等。

在低温食品中出现的酵母菌主要包括:假丝酵母属(*Candida*)、隐球酵母属(*Cryptococcus*)、圆酵母属(*Torula*)、丝孢酵母属(*Trichoporon*)等。

在低温食品中出现的霉菌主要包括:青霉属(*Penicillium*)、芽枝霉属(*Cladosporium*)、串珠霉属(*Monilia*)、葡萄孢霉属(*Botrytis*)和毛霉属(*Mucor*)等。

食品中微生物生长繁殖的最低温度与微生物的种类、食品的特性有关。表 3-9 列举了不同食品中微生物生长的最低温度。

表 3-9　不同食品中微生物生长的最低温度

食品	微生物	生长最低温度(℃)
猪肉	细菌	-4
牛肉	霉菌、酵母菌、细菌	-1~1.6

食品	微生物	生长最低温度（℃）
羊肉	霉菌、酵母菌、细菌	-5～-1
火腿	细菌	1～2
腊肠	细菌	5
熏肋肉	细菌	-10～-5
鱼贝类	细菌	-7～-4
乳	细菌	-1～0
冰淇凌	细菌	-10～-3
大豆	霉菌	-6.7
豌豆	霉菌、酵母菌	-4～6.7
苹果	霉菌	0
葡萄汁	酵母菌	0
浓桔汁	酵母菌	-10
草莓	霉菌、酵母菌、细菌	-6.5～-0.3

从表3-9可看出,当温度下降至-5～-1℃范围时,可以抑制大多数微生物的生长,但其中少数的酵母菌和霉菌适应性较强,还不能完全被抑制。因此,有些学者提出可以采用更低的温度完全抑制微生物的生长,见表3-10。

表3-10　不同食品中完全抑制微生物生长的贮藏温度

食品	温度（℃）	食品	温度（℃）
肉类	-10～-9	冷冻食品	-10～-9.5
奶油	-11～-9	蔬菜	-10
鱼贝类	-12～-10		

虽然低温微生物能在低温下生长,但其新陈代谢活动极为缓慢,生长繁殖的速度非常迟缓,因此它们引起冷藏食品腐败变质的速度也较慢。

有些微生物在很低温度下能够生长的机理目前还不十分清楚,但至少可以确定这些微生物细胞内的酶在低温下仍能起作用。另外也观察到嗜冷微生物的细胞膜中不饱和脂肪酸含量较高,因此推测可能是由于它们的细胞膜在低温下仍保持半流动状态,能进行物质传递。而其他生物则由于细胞膜中饱和脂肪酸含量高,在低温下成为固体而不能履行其正常功能。

（2）高温中食品的变质与微生物。

45℃以上的温度非常不利于微生物的生长繁殖,因为在此温度下,微生物体内的酶、蛋白质、脂质体很容易发生变性失活,细胞膜也受到了破坏,从而加速细胞的死亡。温度越高,死亡率也越高。

但是,在高温条件下,仍然有少数微生物能够生长。通常将在45℃以上温度条件下能够进行代谢活动的微生物称为高温微生物。在食品中生长的高温微生物主要是嗜热微生物，嗜热微生物之所以能在高温环境中生长，是因为它们具有一些特殊的特性，如体内的酶和蛋白质对热较稳定；细胞膜上富含饱和脂肪酸，饱和脂肪酸可以形成更强的疏水键，从而使细胞膜能在高温下保持稳定。表3-11列举了食品中常见高温细菌生长的温度范围。此外，霉菌中纯黄丝衣霉（*Byssochlamys fulva*）耐热能力也很强。

表3-11　食品中高温细菌生长的温度

微生物	最低温度（℃）	最适温度（℃）	最高温度（℃）
嗜热链球菌（*Streptococcus thermophilus*）	25	49	60
保加利亚乳杆菌（*Lactobacillus bulgaricus*）	22~25	45~50	60
嗜热乳杆菌（*Lactobacillus thermophilus*）	30	55~63	65
德氏乳杆菌（*Lactobacillus delbriickii*）	20	45	60
乳酸乳杆菌（*Lactobacillus lactis*）	18~22	40	50
瑞士乳杆菌（*Lactobacillus helveticus*）	20~22	40~42	50
发酵乳杆菌（*Lactobacillus fermentum*）	15~18	41~42	48~50
嗜热脂肪芽孢杆菌（*Bacillus stearothermophilus*）	30~45	50~65	70~77
凝结芽孢杆菌（*Bacillus coagulans*）	28	33~45	55~60
地衣芽孢杆菌（*Baclicus lincheniformis*）	15	32~45	50~60
嗜热乳芽孢杆菌（*Bacillus calidolactis*）	45	55~65	75
热解糖梭菌（*Clostridium thermosaccharolyticum*）	43	55~62	71
致黑梭菌（*Clostridium nigrificans*）	27	55	65~70

在高温条件下，嗜热微生物的新陈代谢速度加快，所产生的酶对蛋白质和糖类等物质的分解速度也比其他微生物快，因而使食品发生腐败变质的时间缩短。高温微生物造成的食品腐败变质主要是微生物分解糖类产酸引起的。但是，链球菌属中有些嗜热菌种，如嗜热链球菌（*Streptococcus thermophilus*）可用作生产发酵食品的良好发酵菌种。

2.气体

（1）食品中微生物生长的类群和O_2的关系。

与食品有关且必须在有氧的环境中生长的微生物主要包括：霉菌、产膜酵母、醋杆菌属（*Acetobacte*）、无色杆菌属（*Achromobacter*）、黄杆菌属（*Flavobacterium*）、短杆菌属（*Brevibacterium*）中的部分菌种以及芽孢杆菌属（*Bacillus*）、八叠球菌属（*Sarcina*）和微球菌属（*Micrococcus*）中的大部分菌种；仅需少量氧能够生长的微生物有乳杆菌属（*Lactobacillus*）和链球菌属（*Streptococcus*）；在有氧和缺氧的环境中都能生长的微生物包括：大多数酵母，细菌中的葡萄球菌属（*Staphylococcus*）、埃希氏菌属（*Escherichia*）、变形杆菌属（*Proteus*）、沙门氏菌属（*Salmon*）、志贺氏菌属（*Shigella*）等肠道杆菌以及芽孢杆菌属（*Bacillus*）中的部分菌种；在缺氧条件下才能生长的微生物有梭菌属（*Clostridium*）、拟杆菌属（*Bacteroides*）等。但有时也会出现好氧微生物或兼性厌氧微生物在食品中生长的同时，也会有厌氧或微需氧性微生物的生长,例如肉类食品中枯草芽孢杆菌生长时并有梭菌生长;乳制品中阴沟肠杆菌(*Enterobacter cloacae*)生长时,也伴有乳酸菌的生长。

因此,当食品处于有氧的环境中,霉菌、酵母菌和绝大部分细菌都有可能引起食品变质;当处在缺氧的条件下,只有酵母菌、厌氧和兼性厌氧细菌能引起食品变质。

（2）微生物引起食品腐败变质和 O_2 的关系。

食品在有氧的环境中,微生物进行有氧呼吸,生长繁殖速度快,食品腐败变质的速度较快;在缺氧的环境中由厌氧微生物引起食品变质的速度较慢。食品中多数兼性厌氧微生物在有氧的环境中比缺氧时生长繁殖速度快,从而引起食品变质的时间较短。有些需氧微生物在氧气含量较少的环境中也能进行生长繁殖,但速度较慢。

新鲜的食品原料中,由于组织细胞具有一定的呼吸作用,并且含有还原性物质,如还原糖、维生素 C 和动物原料组织内的巯基等,因此具有一定的抗氧化能力,可以使食品原料组织内部保持缺氧的状态。所以,在食品原料内部生长的微生物大多数是厌氧或兼性厌氧微生物;而在食品原料表面生长的则是好氧微生物。当食品经过加工处理后,组织结构受到破坏,好氧微生物也能进入组织内部,使食品更易发生腐败变质。此外,在食品中加入某些添加剂也会引起食品中含氧状态的变化,例如在腌制肉类的过程中,加入硝酸盐有利于需氧微生物的生长,若硝酸盐被还原成亚硝酸盐则有利于厌氧微生物的生长。

（3）微生物引起食品变质和其他气体的关系。

当食品贮藏于含有高浓度 CO_2 的环境中,可防止需氧性细菌和霉菌引起食品变质,但乳酸菌对 CO_2 具有较大的耐受力。如环境中含有 $10\% CO_2$ 可以抑制果蔬的霉变。在实际生产中,通过控制 N_2 和 CO_2 的浓度来防止食品的腐败变质,如对食品采用充气或气调包装等措施。

3.湿度

空气中的湿度对微生物的生长繁殖和食品的腐败变质具有重要的作用,特别是未经过包装的食品。例如把含水量较少的脱水食品置于湿度较大的环境中,食品就会吸潮导致表面水分迅速增加,造成食品的物性发生变化,并且直接导致食品的 a_w 增加,使微生物生长繁殖速度加快,从而引起食品的腐败变质。

4.食品的存在状态

一般情况下完好无损的食品不会发生腐败变质,如没有破碎和损伤的马铃薯、苹果、梨等,可以放置较长时间。但是,如果食品组织受到损伤或细胞膜破裂,则易受到微生物的污染而发生腐败变质。

3.4 食品腐败变质的机理

食品腐败变质过程的本质是食品中蛋白质、碳水化合物、脂肪等被污染微生物分解代谢或自身组织酶进行的某些生化过程。例如新鲜的肉、鱼类的后熟,粮食、水果的呼吸等可以引起食品成分的分解、食品组织溃破和细胞膜破裂,为微生物的广泛侵入与作用提供条件,结果导致食品的腐败变质。

3.4.1　食品中蛋白质的分解

一些富含蛋白质的食品,例如肉、鱼、禽、蛋和豆制品等,腐败变质的主要特征是分解蛋白质。由微生物引起蛋白质食品发生的变质,通常称为腐败。

蛋白质在动植物组织酶、微生物分泌的蛋白酶和肽链内切酶等的作用下,首先水解成多肽,再进一步分解成各种氨基酸。氨基酸通过脱羧基、脱氨基、脱硫等作用进一步分解成相应的氨、胺类、有机酸类和各种碳氢化合物,最终导致食品表现出腐败特征。

蛋白质分解后所产生的胺类是碱性含氮化合物,如胺、伯胺、仲胺及叔胺等具有挥发性和特异性的臭味。各种不同的氨基酸分解产生的腐败胺类和其他物质各不相同,如甘氨酸产生甲胺,鸟氨酸产生腐胺,精氨酸产生色胺进而又分解成吲哚,含硫氨基酸分解产生硫化氢、氨和乙硫醇等。这些物质都是蛋白质腐败产生的主要臭味物质。

1.氨基酸的分解

氨基酸通过脱氨基、脱羧基被分解。

(1)脱氨反应。

在氨基酸脱氨反应中,通过氧化脱氨生成羧酸和 α-酮酸,直接脱氨则生成不饱和脂肪酸,若还原脱氨则生成有机酸。例如:

RCH_2CHNH_2COOH(氨基酸)$+ O_2 \rightarrow RCH_2COCOOH$($\alpha$-酮酸)$+ NH_3$

RCH_2CHNH_2COOH(氨基酸)$+ O_2 \rightarrow RCOOH$(羧酸)$+ NH_3 + CO_2$

RCH_2CHNH_2COOH(氨基酸)$\rightarrow RCH = CHCOOH$(不饱和脂肪酸)$+NH_3$

RCH_2CHNH_2COOH(氨基酸)$+ H_2 \rightarrow RCH_2CH_2COOH$(有机酸)$+ NH_3$

(2)脱羧反应。

氨基酸脱羧基生成胺类;有些微生物能脱氨、脱羧同时进行,通过加水分解、氧化和还原等方式生成乙醇、脂肪酸、碳氢化合物和氨、二氧化碳等。例如:

CH_2NH_2COOH(甘氨酸)$\rightarrow CH_3NH_2$(甲胺)$+ CO_2$

$CH_2NH_2(CH_2)_2CHNH_2COOH$(鸟氨酸)$\rightarrow CH_2NH_2(CH_2)_2CH_2NH_2$(腐胺)$+CO_2$

$CH_2NH_2(CH_2)_3CHNH_2COOH$(精氨酸)$\rightarrow CH_2NH_2(CH_2)_3CH_2NH_2$(尸胺)$+ CO_2$

$\underline{NHCH = NCH = C}CH_2CHNH_2COOH$（组氨酸）$\rightarrow \underline{NHCH = NCH = C}CH_2CH_2NH_2$（组胺）$+ CO_2$

$(CH_3)_2CHCHNH_2COOH$(缬氨酸)$+ H_2O \rightarrow (CH_3)_2CHCH_2OH$(异丁醇)$+ NH_3 + CO_2$

CH_3CHNH_2COOH(丙氨酸)$+ O_2 \rightarrow CH_3COOH$(乙酸)$+ NH_3 + CO_2$

CH_2NH_2COOH(甘氨酸)$+ H_2 \rightarrow CH_4$(甲烷)$+ NH_3 + CO_2$

2.胺的分解

腐败中生成的胺类通过细菌的胺氧化酶被分解,最后生成氨、二氧化碳和水。

$RCH_2NH_2（胺）+ O_2 + H_2O \rightarrow RCHO（醛）+ H_2O_2 + NH_3$

过氧化氢通过过氧化氢酶被分解,同时,醛也经过酸再分解为二氧化碳和水。

3.硫醇的生成

硫醇是通过含硫化合物的分解而生成的。例如甲硫氨酸被甲硫氨酸脱硫醇脱氨基酶,进行如下的分解作用。

$CH_3SCH_2CHNH_2COOH（甲硫氨酸）+ H_2O \rightarrow CH_3SH（甲硫醇）+ NH_3 + CH_3CH_2COCOOH（\alpha\text{-}酮酸）$

4.甲胺的生成

鱼、贝、肉类的正常成分三甲胺氧化物可被细菌的三甲胺氧化还原酶还原生成三甲胺。此过程需要有可使细菌进行氧化代谢的物质(有机酸、糖、氨基酸等)作为供氢体。

$（CH_3）_3NO（氧化三甲胺）+ NADH \rightarrow （CH_3）_3N（三甲胺）+ NAD$

3.4.2 食品中碳水化合物的分解

食品中的碳水化合物包括纤维素、半纤维素、淀粉、低聚糖、糖原以及双糖和单糖等。含这些成分较多的主要是粮谷类、蔬菜、薯类、水果和糖类及其制品等植物性食品。在微生物及植物组织中的各种酶及其他因素作用下,这些食品组成成分被分解成简单产物,如单糖、醇、醛、酮、羧酸、CO_2和水。这种由微生物引起糖类物质发生的变质,习惯上称为发酵或酵解。

对于碳水化合物含量高的食品来说,其变质的主要特征是酸度升高、产气和稍带有甜味、醇类气味等,根据食品种类不同也表现为糖、醇、醛、酮含量升高或产CO_2,有时还带有这些产物特有的气味。水果中的果胶可被微生物所产生的果胶酶分解,使新鲜果蔬软化。

3.4.3 食品中脂肪的分解

脂肪发生变质的主要原因是化学作用,但现有研究表明,微生物对脂肪也具有一定的作用。脂肪发生变质的主要特征是产生酸和刺激性的"哈喇"气味,通常把脂肪发生的变质称为酸败。

食品中脂肪和食用油脂发生酸败的主要原因是油脂自身的氧化过程,其次是脂肪的水解作用。油脂的自身氧化是一种自由基的氧化反应,而水解作用是在微生物或动植物组织中解脂酶的作用下,食品中的脂肪分解成脂肪酸、甘油和其他产物,脂肪酸进一步分解成具有不愉快气味的酮类或酮酸,或被分解成具有特臭的醛类或醛酸,即所谓的"哈喇"气味。脂肪酸败的化学反应过程极为复杂,目前还不太明确,仍需进一步研究。

脂肪发生酸败后具有一些明显的特征,首先过氧化值升高,这是脂肪酸败早期的指标;其次酸度上升。脂肪发生酸败的过程中,由于脂肪酸的分解导致脂肪的碘价、凝固点、比重、折光指数、皂化价发生了变化,因而富含脂肪的食品具有特殊的"哈喇"气味。

食品中脂肪和食用油脂的酸败程度受许多因素影响,主要包括不饱和脂肪酸的含量、紫外线、氧气、水分、天然抗氧化剂以及铜、铁、镍等离子的作用。若油脂中不饱和脂肪酸含量高、油料中含有动植物残渣等，这些因素具有促进脂肪酸败的作用，若油脂中维生素 C、维生素 E 等天然抗氧化剂及芳香化合物含量高时，则可减慢油脂的氧化和酸败过程。

3.5　常见食品的腐败变质

食品从原料加工成产品的过程中，随时都存在被微生物污染的可能性。只要在适宜条件下这些污染的微生物就可以生长繁殖，分解食品中的各类营养成分，导致食品失去原有的营养价值。下面就一些常见食品的腐败变质作介绍。

3.5.1　罐藏食品的腐败变质

罐藏食品是将食品原材料经过一系列处理后，装入容器，再经过密封，杀菌而制成的达到商业无菌要求的一种特殊形式的保藏食品。一般来说，罐藏食品可以保存较长时间，一般不容易出现由微生物引起的腐败变质。但是，有时由于密封不良或杀菌不彻底，也会受到微生物的污染导致罐藏食品腐败变质。

1.罐藏食品的性质

罐藏食品中存在的微生物能否引起食品腐败变质，食品的 pH 是最重要的因素之一。因为食品的 pH 与食品原料的性质、食品杀菌工艺条件密切相关，进而与引起食品变质的微生物有关。按照 pH 将罐藏食品分为 4 种类型，见表 3-12。

表 3-12　罐藏食品的分类

分类	pH	食品种类
低酸性食品	5.3 以上	谷类、豆类、肉、禽、乳、鱼、虾等
中酸性食品	4.5~5.3	蔬菜、甜菜、瓜类等
酸性食品	3.7~4.5	番茄、菠菜、梨、柑橘等
高酸性食品	3.7 以下	泡菜、果酱等

一般情况下，低酸性罐藏食品多数以动物性食品原料为主，特点是含有丰富的蛋白质，因此，引起此类罐藏食品变质的主要是分解蛋白质的微生物类群；中酸性、酸性和高酸性罐藏食品主要以植物性食品原料为主，碳水化合物是主要成分，能分解碳水化合物和具有耐酸性的微生物是引起该类罐藏食品变质的主要微生物类群。

2.罐藏食品残存微生物的来源

罐藏食品中残存微生物的来源主要有以下两种。

（1）杀菌后罐内残留微生物。

罐藏食品在加工过程中，为了保持产品正常的感官性状和营养价值，在进行加热杀菌时，不可能使罐藏食品完全无菌，只强调杀死病原菌和产毒菌，实质上只是达到商业无菌程度。罐藏食品的商业无菌即罐藏食品中所有的肉毒梭菌芽孢、致病菌以及在正常的贮存和销售条件下能引起内容物变质的嗜热菌均被杀灭。

罐内残留的一些非致病微生物在一定的保存期限内,一般不会生长繁殖,但是如果罐内条件或贮存条件发生变化,这些残留的微生物就会生长繁殖而有可能导致罐藏食品的腐败变质。经高压蒸汽灭菌的罐内残留的微生物大都是耐热性的芽孢,如果贮存温度不超过43℃,通常不会引起内容物变质。

(2)杀菌后出现漏罐。

罐藏食品经过灭菌后,如果密封性不好容易造成漏罐,就会导致罐内食品受到外界微生物的污染。冷却水是重要的污染源,因为罐藏食品在经过加热灭菌后,需要通过冷却水进行冷却,冷却水中的微生物就有可能从漏罐处进入罐内。空气也可能是造成漏罐污染的污染源,但不是主要因素。通过漏罐污染的微生物既有耐热菌也有不耐热菌。

3.罐藏食品变质的类型

合格的罐头,因罐内保持一定的真空度,罐盖或罐底应是平的或稍向内凹陷,软罐头的包装袋与内容物接合紧密。对于腐败变质的罐头来说,一般有胀罐和平听两种类型。

(1)胀罐。

罐藏食品腐败变质以后,罐底不像正常情况下那样呈平坦状或凹状,而是出现外凸的现象,形成胀罐。罐藏食品的胀罐主要有 4 个方面造成:①由于微生物生长繁殖产生气体导致胀罐,这是绝大多数罐藏食品胀罐的原因;②由化学或物理原因造成,如罐头内的酸性食品与罐头本身的金属发生化学反应产生氢气;③当罐内填装的食品量过多时压迫罐头形成胀罐,加热后更加明显;④排气不充分,有过多的气体残存,受热后也可胀罐。通常情况下,根据罐底外凸的程度,又可分为隐胀、轻胀和硬胀三种情况。

产生罐藏食品的胀罐现象主要由 TA 菌(不产生 H_2S 的嗜热厌氧菌的缩写)、中温需氧芽孢杆菌、中温厌氧梭状芽孢杆菌、无芽孢细菌和霉菌造成的。

(2)平听。

罐藏食品腐败变质以后,但不出现罐头的膨胀现象,外观与正常罐头一样,一般分为 3 种类型。

①平酸腐败:也称平盖酸败,变质的罐头外观正常,内容物在细菌的作用下变质,呈酸味,pH 可下降 0.1~0.3。平酸腐败由于无膨胀、外观正常,因此不开罐无法检查其是否腐败,必须开罐检查或分离培养才能确定。导致罐头平酸腐败的微生物称平酸菌。主要的平酸菌有:嗜热脂肪芽孢杆菌(*Bacillus stearothermophilus*)、蜡状芽孢杆菌(*Bacillus cereus*)、巨大芽孢杆菌(*Bacillus megaterium*)和枯草芽孢杆菌(*Bacillus subtilis*)等,这些芽孢杆菌多数情况是由于杀菌不彻底引起的。此外在杀菌后,由于罐头密封不严,引起的二次污染引起的罐头食品变质主要与污染的微生物种类及其食品的性质有关。

②硫化物腐败:腐败的低酸性罐藏食品内由于产生了大量黑色的硫化物,沉积于罐内壁和食品上,致使罐内食品变黑并产生臭味。罐头的外观一般保持正常,或出现隐胀或轻

胀,敲击有混浊音。通常情况下这种现象不普遍。其腐败的原因是由硫化物腐败细菌侵染导致的腐败,如致黑梭菌(*Clostridium nigrificans*)分解食品中的蛋白质产生 H_2S。该菌的来源一般是原料被粪肥污水污染,再加上杀菌不彻底所致。

③发霉:这类腐败不太常见。只有容器裂漏或罐内真空度过低时,才有可能在低水分和高浓度糖分的食品表面出现霉变。

总之,罐头的种类不同导致腐败变质的原因菌也不同,而且这些原因菌时常混在一起产生作用。因此,对每一种罐头的腐败变质都要作具体的分析。根据罐头的种类、营养成分、pH、灭菌情况和密封状况综合分析,必要时还要进行微生物学检验,开罐镜检及分离培养才能确定。

4.罐藏食品的腐败变质

(1)需氧性芽孢杆菌引起的变质。

需氧性芽孢杆菌在自然界分布较广,主要存在于土壤、水和空气中,食品原料经常被此类细菌所污染。大多数需氧性芽孢杆菌的最适生长温度在 28~40℃,但少数细菌可以在55℃或更高的温度中良好的生长,其中有些细菌是兼性厌氧菌,因此它们在一定的条件下可以在罐藏食品中生长繁殖,所以这类细菌是罐藏食品发生变质的重要原因菌,特别是高温灭菌后罐藏食品的平酸腐败现象,主要是由这类细菌造成的。

嗜热芽孢杆菌典型的代表菌种是嗜热脂肪芽孢杆菌(*Bacillus stearothermophilus*)和凝结芽孢杆菌(*Bacillus coagulans*)。这两种菌比其他需氧性嗜热芽孢杆菌具有较强的热抵抗力,但后者的热抵抗力比前者较低,又具有兼性厌氧的特性。它们能使食品中糖类分解而产酸(如乳酸、甲酸、醋酸等)不产气(有时在含氮物质的罐藏食品中产生微量的气体),使汤汁呈现浑浊并有酸味和异味,主要引起低酸性罐藏食品的平酸腐败。

嗜热脂肪芽孢杆菌在 pH 6.8~7.2 的培养基中生长良好,当 pH 接近 5.0 时就不能生长,因此该菌主要引起低酸性罐藏食品的平酸腐败,例如青豌豆、青刀豆、芦笋、蘑菇、红烧肉、猪肝酱等罐藏食品。由于该菌的热抵抗力远远超过肉毒梭菌(*Clostridium botulinum*),而肉毒梭菌又是罐藏食品杀菌温度确定的重要依据,因此在一般高温杀菌后的罐藏食品有时还会存在嗜热脂肪芽孢杆菌。

凝结芽孢杆菌能适应较高的酸度,可以在 pH 4.5 以下的酸性罐藏食品中生长繁殖,例如番茄类罐藏食品。此外,该菌也可能引起采用较低温度杀菌罐藏食品的变质,例如肉类和蔬菜类等罐藏食品。

嗜温芽孢杆菌典型的代表菌种是枯草芽孢杆菌(*Bacillus subtilis*)、巨大芽孢杆菌(*Bacillus megaterium*)和蜡样芽孢杆菌(*Bacillus cereus*)。它们能在 25~37℃良好生长,但某些嗜温芽孢杆菌也具有嗜热的特性。

嗜温芽孢杆菌具有分解蛋白质和糖的能力,并且产生酸而不产气,一般引起低酸性罐藏食品的平酸腐败,例如,水产类、肉类、豆类和谷类等罐藏食品。有时在某些含糖量少的罐藏食品中,由于存在蛋白质且被分解,不断地积累氨,导致罐头内容物的 pH 上升呈碱性。

此外,蜡样芽孢杆菌也能引起人类的食物中毒。

嗜温芽孢杆菌中的多粘类芽孢杆菌(*Paenibacillus polymyxa*)和浸麻芽孢杆菌(*Bacillus macerans*)分解糖时不仅产生酸且产生气体,从而造成胀罐现象。此外,芽孢杆菌属的某些菌种在含有糖和硝酸盐的食品中生长繁殖时,由于脱氮作用造成罐藏食品的胀罐,例如腌制的火腿和午餐肉罐藏食品因杀菌不彻底,残存了芽孢杆菌并生长繁殖,产生了 CO_2、NO 和 N_2,造成胀罐现象,引起这种产气型变质的芽孢杆菌主要有:地衣芽孢杆菌(*Bacillus licheniformis*)、蜡样芽孢杆菌(*Bacillus cereus*)、枯草芽孢杆菌(*Bacillus subtilis*)和嗜热的凝结芽孢杆菌(*Bacillus coagulans*)等。

总之,绝大多数嗜热性或嗜温性的芽孢杆菌能引起罐藏食品的平酸腐败,其原因是罐藏食品杀菌不彻底或真空度不足。

(2)厌氧性梭菌引起的变质。

厌氧性梭菌主要存在于土壤中,有些存在于人和动物的肠道中。食品原料(如蔬菜类、肉类和乳类等)由于直接或间接被土壤或粪便污染,经常发现这些细菌的存在。此类细菌大多数必须在厌氧环境中才能良好生长,但有少数菌种能在有氧环境中生长。根据生长的温度可分为嗜热菌、兼性嗜热菌和嗜温菌。虽然这类菌种较多,但引起罐藏食品变质的菌种较少。

嗜热梭菌典型的代表菌种是嗜热解糖梭菌(*Clostridium thermosaccharolyticum*)和致黑梭菌(*Clostridium nigrificans*)。

嗜热解糖梭菌(*Clostridium thermosaccharolyticum*)生长温度在 43~71℃,最适生长温度为 55~62℃。无分解蛋白质的能力,能分解碳水化合物产酸并产生大量的 CO_2 和 H_2。该菌主要引起 pH 4.5 以上的罐藏食品变质,特别是中酸性的罐藏食品,如蔬菜类罐藏食品。该菌能引起罐藏食品的胀罐现象,甚至爆裂,内容物呈现酸度增高并有酪酸嗅味或干酪嗅味。

致黑梭菌(*Clostridium nigrificans*)生长温度在 27~70℃,最适生长温度为 55℃,耐热力较嗜热解糖梭菌弱。该菌分解糖类的能力较弱,但能分解蛋白质并产生 H_2S,引起罐藏食品的硫化物腐败,常见于酸度较低(一般为 pH 4.5 以上)的罐藏食品,如鱼类和贝类等水产品罐藏食品。

总之,嗜热梭菌引起罐藏食品的变质,其原因主要是罐头杀菌不完全或在高温中存放时间较长。

嗜温梭菌典型的代表菌种是酪酸梭菌(*Clostridium butyricum*)、巴氏固氮梭菌(*Clostridium pasteurianum*)、产气荚膜梭菌(*Clostridium perfringens*)、生芽孢梭菌(*Clostridium sporgenes*)和肉毒梭菌(*Clostridium botulinum*)。它们的最适生长温度在 37℃左右,但多数菌种也能在 20℃或更低的温度中生长,少数菌种也能在 50℃或更高的温度中生长。

酪酸梭菌(*Clostridium butyricum*)是专性厌氧菌,能分解淀粉和糖类,不仅能产生酪酸、CO_2 和 H_2,还能产生少量的醇类、乙酸和乳酸等。常引起中酸性和酸性的果蔬类罐藏食品

(如豆类、马铃薯和番茄等)发生酸败,罐头胀罐甚至爆裂。

巴氏固氮梭菌(*Clostridium pasteurianum*)能分解糖类,但不能分解淀粉,引起罐藏食品的变质情况类似于酪酸梭菌。

产气荚膜梭菌(*Clostridium perfringens*)可以存在于人和动物的肠道内,具有较强分解糖类的能力,主要产生大量的乳酸和酪酸,并能产生大量的气体,导致罐藏食品胀罐甚至爆裂。常见于 pH 6.0 以上的肉类、鱼类、贝类和乳类等罐藏食品。同时,该菌还是食物中毒的病原菌。

生芽孢梭菌(*Clostridium sporgenes*)具有很强的分解蛋白质能力,也能分解一些糖类,可使动物肌肉组织消化并变黑,主要引起 pH 6.0 以上的罐藏食品的变质,也可引起胀罐或爆裂,例如,肉类和鱼类等罐藏食品。由于变质时产生了 H_2S、氨和粪臭素等物质,因此,导致罐藏食品产生恶臭味。此外,双酶梭菌(*Clostridium bifermentans*)和腐化梭菌(*Clostridium putrefaciens*)也能引起类似的变质。

肉毒梭菌(*Clostridium botulinum*)具有很强的分解蛋白质能力,也具有分解糖类的能力。在食品中生长繁殖能产生肉毒素(Botox),具有很强的毒性,可引起食物中毒,是食物中毒病原菌中抗热力最大的细菌。肉毒梭菌主要引起 pH 4.5 以上罐藏食品的变质,并造成胀罐,而且内容物被消化并产生肉毒素,释放恶臭味,例如肉类、鱼类、果蔬和乳制品等罐藏食品;pH 低于 4.5 时肉毒梭菌的生长受到抑制。有时罐藏食品还没有发生明显的变质现象时,但已经产生了毒素,另外,在一些罐藏食品中,肉毒梭菌已经生长繁殖并产生了肉毒素,但罐头未出现胀罐现象。

当食品中食盐浓度为 6%~8% 时能抑制肉毒梭菌的生长繁殖和产生毒素,但是不能破坏已经形成的毒素。

嗜温梭菌引起罐藏食品的变质,其原因主要是杀菌不完全。

(3)无芽孢细菌引起的变质。

无芽孢细菌在自然界分布广泛,污染食品的机会较多。但由于无芽孢细菌的抗热力较差,酸性和高酸性罐藏食品通过灭菌后,罐内不可能残存这类细菌。如果罐头密封不良,在杀菌后的冷却过程或贮藏过程中就有可能污染此类细菌,从而引起罐藏食品的变质。如果采用不太高的温度杀菌时,罐内可能残存这类细菌。能引起罐藏食品变质的无芽孢细菌种类较少,例如液化链球菌(*Streptococcus liquefaciens*)、粪链球菌(*Streptococcus faecium*)和嗜热链球菌(*Streptococcus thermophilus*)等,它们能分解蔗糖和乳糖,产生酸和气体造成胀罐,常引起火腿罐头的酸败,又如微球菌属(*Micrococcus*)中的一些菌种也可以在酸败的火腿罐头中检出。

此外,罐藏食品中也可能存在大肠埃希氏菌(*Escherichia coli*)、产气荚膜梭菌(*Clostridium perfringen*)和变形杆菌(*proteusbacillus vulgaris*)等肠道细菌,其原因是由于罐头杀菌后,在冷却过程中细菌随冷却水侵入罐内,或冷却后罐头封闭不良而侵入的,这类细菌只能引起 pH 4.5 以上的罐藏食品变质,变质的现象为内容物的酸臭和罐头的膨胀,如果

pH 4.5 以下的罐藏食品由无芽孢细菌引起变质,可能是耐酸性的菌种,如乳酸杆菌(*Lacticacid bacteria*)的异型发酵菌种,能造成番茄制品和水果罐头的产气性败坏,此外,明串珠菌属(*Leuconostoc*)也能引起水果罐头的产气性败坏。

(4)酵母菌引起的腐质。

酵母菌通常引起绝大多数酸度高的罐藏食品的变质,例如水果、果酱、果汁饮料、含糖饮料、酸乳饮料等制品。如果罐藏食品中存在酵母菌,说明灭菌不充分残存了部分酵母菌,或罐头密封不良,外界酵母菌侵入罐内。引起变质的酵母菌主要包括:球拟酵母属(*Torulopsis*)、假丝酵母属(*Candida*)和酿酒酵母(*Saccharomyces cerevisiae*)等。

酵母菌在罐藏食品中生长繁殖并发酵糖类,引起食品风味的改变,出现汁液混浊现象并产生沉淀,而且产生的 CO_2 造成胀罐甚至爆裂。一般情况下,在加糖的制品中,食糖是酵母菌污染的重要来源,例如含糖饮料被酵母菌污染引起的变质。

(5)霉菌引起的变质。

霉菌具有耐酸、耐高渗透压的特性,易引起 pH 4.5 以下罐藏食品的变质,如果酱和水果类罐头等。由于霉菌多为需氧微生物且不耐热,若罐藏食品中存在霉菌,说明罐头密封不良而受到污染,或由于杀菌不彻底导致霉菌残存,或罐头内真空度不够有空气存在。霉菌在罐头内生长繁殖,一般不会引起罐头膨胀,例如青霉属(*Penicillium*)和曲霉属(*Aspergillus*),但有少数具有较高的耐热性霉菌,例如纯黄丝衣霉(*Byssochlamys fulva*)和纯白丝衣霉(*Byssochlamys nivea*)能产生 CO_2 而引起水果罐头膨胀。这两种霉菌还能在氧气不足的环境中生长,具有破坏果胶质的能力,导致整个水果软化和解体。

3.5.2 鲜乳及乳制品的腐败变质

各种不同的乳(如牛乳、羊乳、马乳等)虽成分各有差异,但都含有丰富的蛋白质、脂类、乳糖、钙、磷、维生素 A、维生素 D 和维生素 B_2 等营养成分,容易被消化吸收。因此,乳类不仅是人类良好的食品,也是微生物生长繁殖的良好培养基。但是,乳类一旦受到微生物的污染,在适宜条件下,微生物就会迅速生长繁殖引起乳的腐败变质而失去食用价值,甚至引起食物中毒或疾病的传播。

1.鲜乳中微生物的来源

(1)乳房内的微生物。

一般健康乳畜的乳房内,总是存在一些细菌,常见的有微球菌属(*Micrococcus*)和链球菌属(*Streptococcus*),其次为棒状杆菌属(*Corynebacterium*)和乳杆菌属(*Lactobacillus*),这些细菌能适应乳房的环境而生存,称为乳房细菌。乳房内的细菌主要分布于乳头管及其分枝,而乳腺组织内为无菌或含有较少的细菌,例如最先挤出的乳液中含菌量高达 $10^3 \sim 10^4$ 个/mL,后来挤出的乳液中含菌量为 $10^2 \sim 10^3$ 个/mL。因此,挤乳时要求弃去最先挤出的少量乳液。

乳房炎是乳畜的一种常见多发病,引起乳房炎的病原微生物主要包括:无乳链球菌

（*Streptococcus agalactiae*）、乳房链球菌（*Streptococcus uberis*）、金黄色葡萄球菌（*Staphyloccocus aureus*）、化脓棒状杆菌（*Corynebacterium pyogenes*）以及埃希氏菌属（*Escherichia*）等。患乳房炎挤出的乳液中除检出病原菌外，乳液的性质也发生了变化，如非酪蛋白氮增多、过氧化物酶活性增强、细胞数增多、pH 较高、乳糖及脂肪含量减少等。

当乳畜感染其他病原菌后，体内的微生物可通过乳房进入乳汁而传染人类。常见的引起人畜共患疾病的致病微生物主要有：结核分枝杆菌（*Mycobacterium tuberculosis*）、布氏杆菌属（*Brucella*）、炭疽杆菌（*Bacillus anthraci*）、葡萄球菌（*Staphylococcus*）、溶血性链球菌（*Hemolytic streptococcus*）和沙门氏菌（*Salmonella*）等。

（2）挤乳过程中微生物的污染。

挤乳过程最容易污染微生物，如空气、饲料、粪便、苍蝇、挤奶桶、挤奶工作人员和挤奶器是直接或间接污染乳液的主要来源。饲料和粪便中含有大量的微生物，特别是粪便中含菌量高达 $10^9 \sim 10^{11}$ 个/g，乳液若被这样的粪便污染后，则乳液中细菌数可增加 10^4 个/mL。乳畜的皮肤和体毛，特别是腹部、乳房、尾部等是细菌污染严重的部位，通常不洁的乳畜体表附着的尘埃中含菌数可达 $10^7 \sim 10^8$ 个/g。畜舍内通风不良以及不注意清扫的牛舍，会由地面、牛粪、褥草、饲料等飞起尘埃，这种浮游在空气中的尘埃小微粒中，附着有大量细菌。不新鲜的空气中含有这种尘埃多，则空气会成为严重的污染源。畜舍中的苍蝇有时会成为最大的污染源，每一只苍蝇身上附着的细菌数平均可达 10^6 个，而且苍蝇的繁殖极快，极易传播细菌。挤奶桶是第一个与乳液直接接触的容器，如果平时对挤奶桶的洗涤消毒杀菌不严格，则会对牛乳造成严重的污染。由于挤奶员的手不清洁或衣服不清洁，或者挤奶员咳嗽等，会很大程度地污染牛乳，至于随地吐痰就更危险了。如果是用机器挤奶，则平时对于挤奶器的洗涤消毒杀菌必须严格注意，进行得不彻底者，污染程度会极为严重。

（3）挤乳后微生物的污染和繁殖。

挤乳后污染微生物的机会仍然很多，例如过滤器、冷却器、奶桶、贮乳槽、奶槽车等都与鲜乳直接接触，因此对这些设备和管路的清洗消毒杀菌非常重要。此外，车间内外的环境卫生条件，如空气、蝇、人员的卫生状况，都对牛乳污染程度有密切关系。

清洁卫生管理良好的奶牛场的鲜乳中，细菌数可以控制在很少的程度，一般为 500 个/mL，特好者可保持在 200 个/mL，稍微不注意者可达 1000 个/mL，普通者为 1500 ~ 5000 个/mL，如果不注意清洁卫生则鲜乳中细菌数高达 $10^6 \sim 10^7$ 个/mL，而且细菌在乳中于常温状态下繁殖极快，挤奶后非常必要立即迅速进行冷却。

2.鲜乳中的微生物

被污染的鲜乳虽然含有细菌、酵母菌和霉菌等，但在鲜乳中常见的且占优势的微生物，主要是一些细菌。

（1）乳酸菌。

乳酸菌（*Lactobacillus*）是指能从葡萄糖或乳糖的发酵过程中产生乳酸的革兰氏阳性兼性厌氧细菌。在鲜乳中常见的乳酸菌有以下几种。

乳酸链球菌（*Streptococcus lactics*）普遍存在于鲜乳中,生长最适温度为30~35℃,能产生名为乳酸链球菌素（Nisin）的抗菌物质。该菌能分解葡萄糖、果糖、半乳糖、乳糖和麦芽糖等,产生乳酸和其他少量的有机酸,如醋酸和丙酸等,在乳中产酸量可达1.0%。

乳脂链球菌（*Streptococcus cremoris*）生长最适温度为30℃,不仅能分解乳糖产酸,而且具有较强的蛋白质分解能力。

粪链球菌（*Streptococcus faecium*）通常存在于人和温血动物的肠道内,能分解葡萄糖、蔗糖、乳糖、半乳糖和麦芽糖,产酸能力不强。生长的最低温度为10℃,最高温度为45℃。

液化链球菌（*Streptococcus liquefaciens*）类似于乳酸链球菌,产酸量较低,约为0.27%,但具有较强的蛋白质分解能力,分解酪蛋白后产生苦味。

嗜热链球菌（*Streptococcus thermophilus*）能分解蔗糖、乳糖、果糖等产酸,生长的最低温度为20℃,最高温度为50℃,最适生长温度为40~45℃。

嗜酸乳杆菌（*Lactcbacillus acidophilus*）主要存在于食草哺乳动物的肠道内,能分解半乳糖、乳糖、右旋糖、麦芽糖、甘露糖等产酸,最适生长温度为35~38℃,具有较强的耐酸性。

此外,还有干酪乳杆菌（*Lactobacillus casei*）、乳酸乳杆菌（*Lactobacillus lactis*）、发酵乳杆菌（*Lactobacillus fermentum*）和短乳杆菌（*Lactobacillus brevis*）等。

（2）胨化细菌。

胨化细菌是一类分解蛋白质的细菌,通常能使不溶解状态的蛋白质变成溶解状态的简单蛋白质。鲜乳由于乳酸菌产酸使蛋白质凝固,或由于细菌凝乳酶的作用使乳中酪蛋白凝固,而胨化细菌能产生蛋白酶,可使凝固的蛋白质消化成溶解状态。乳中常见的胨化细菌包括:

芽孢杆菌属（*Bacillus*）:如枯草芽孢杆菌（*Bacillus subtilis*）、地衣芽孢杆菌（*Baclicus lincheniformis*）和蜡样芽孢杆菌（*Bacillus cereus*）等,最适生长温度为24~40℃,最高生长温度为55℃,广泛存在于牛舍周围和饲料中,需氧芽孢杆菌能产生凝乳酶和蛋白酶。

假单胞菌属（*Pseudomonas*）:如荧光假单胞菌（*Pseudomonas fluorescens*）和腐败假单胞菌（*Pseudomonas putrefaciens*）等,最适生长温度为25~30℃,广泛分布在泥土和水中。

（3）脂肪分解菌。

鲜乳中的脂肪分解菌主要是一些革兰氏阴性菌,其中具有较强分解脂肪的细菌有假单胞菌属（*Pseudomonas*）和无色杆菌属（*Achromobacter*）等,主要存在于地面、水中和粪便中。

（4）酪酸菌。

酪酸菌（*Clostridium butyricum*）,又称酪酸梭菌、丁酸梭菌,是一类能分解碳水化合物产生酪酸（丁酸）、CO_2和H_2的细菌,广泛存在于牛粪、土壤、污水和干饲料中。鲜乳中代表菌种如产气荚膜梭菌（*Clostridium perfringen*）,又名魏氏梭菌（*Clostridium Welchii*）,生长温度范围是20~50℃,最适生长温度为45℃。

（5）产气细菌。

产气细菌是一类能分解碳水化物产酸产气的细菌,例如大肠埃希氏菌（*Escherichia*

coli)和产气肠杆菌(*Enterobacter aerogenes*),主要存在于人和动物的肠道内,乳中检出产气细菌表明受到粪便的直接或间接污染。产气杆菌能在低温下增殖,是低温贮藏时能使鲜乳酸败的一种重要菌种。另外,可从鲜乳和干酪中分离得到费氏丙酸杆菌(*Propionibacterium freudenreichii*)和谢氏丙酸杆菌(*Propionibacterium shermanil*)。

(6)产碱菌。

产碱菌是一类能使鲜乳中的有机盐(如柠檬酸盐)分解形成碳酸盐,从而使鲜乳变成碱性的细菌,主要是革兰氏阴性需氧微生物,例如粪产碱杆菌(*Alcaligenes faecalis*)和黏乳产碱杆菌(*Alcaligenes viscolactis*)等。

(7)酵母菌和霉菌。

鲜乳中常见的酵母菌包括:脆壁酵母(*Saccharomyces fragilis*)、膜醭毕赤氏酵母(*Pichia membrane faeiens*)、汉逊氏酵母属(*Hansenii*)和圆酵母属(*Torula*)及假丝酵母属(*Candida*)等。脆壁酵母能使乳糖形成酒精和CO_2,是生产牛乳酒、酸马奶酒的菌种。毕赤氏酵母能使低浓度的酒精饮料表面形成干燥皮膜,故有产膜酵母之称。膜醭毕赤氏酵母主要存在于酸凝乳及发酵奶油中。汉逊氏酵母多存在于干酪及乳房炎乳中。圆酵母属是无孢子酵母的代表,能使乳糖发酵,污染有此酵母的乳和乳制品,产生酵母味。假丝酵母属的氧化分解能力很强,能使乳酸分解形成CO_2和水。

鲜乳中常见的霉菌主要有乳卵孢霉(*Oospora lactis*)、乳酪卵孢霉(*Oospora casei*)、黑丛梗孢霉(*Monilia nigra*)、变异丛梗孢霉(*Monilia variabilis*)、蜡叶芽枝霉(*Cladosporium herbarum*)、乳酪青霉(*Penicillium casei*)、灰绿青霉(*Penicillium glaucum*)、灰绿曲霉(*Aspergullus glaucus*)和黑曲霉(*Aspregillus niger*)等。

(8)病原菌。

鲜乳中除引起乳房炎的病原菌外,有时还出现人畜共患的病原菌,例如来自乳畜的结核分枝杆菌(*Mycobacterium tuberculosis*)、副结核分枝杆菌(*Mycobacterium paratuberculosis*),布氏杆菌(*Brucella*)、肠出血性大肠埃希氏菌(*Enterohemorrhage Escherichia coli*)、金黄色葡萄球菌(*Staphyloccocus aureus*)、无乳链球菌(*Streptococcus agalactiae*)等病原菌;来自人为因素的伤寒沙门氏菌(*salmonella typhi*)、副伤寒沙门氏菌(*Salmonella paratyphi*)、志贺氏菌(*Shigella*)、霍乱弧菌(*Vibrio cholerae*)、白喉杆菌(*Corynebacterium diphtheriae*)、猩红热链球菌(*Streptococcus scarlatinae*)等病原菌。

3.鲜乳贮藏中微生物的变化

(1)鲜乳在室温贮藏中微生物的变化。

鲜乳中会残留一定数量的微生物,可能导致鲜乳发生变质。将鲜乳置于室温下,可观察到鲜乳所特有的菌群交替现象,鲜乳的腐败变质过程可分为以下5个阶段。

①抑制期:鲜乳中含有多种抗菌物质,如溶菌酶、凝集素、白细胞等,能对鲜乳中存在的微生物具有杀菌或抑制作用。例如含菌量较少的鲜乳在13～14℃室温下其作用能持续36 h;污染严重的鲜乳只能持续18 h。因此,鲜乳置于室温环境下,在一定的时间内不会出

现变质的现象。

②乳酸乳球菌期：当鲜乳中的抗菌物质减少或消失后，存在于乳中的微生物，如乳酸乳球菌(*Lactococcus lactis*)、乳酸杆菌(*Lactobacillus*)、大肠埃希氏菌(*Escherichia coli*)和一些蛋白质分解细菌等迅速生长繁殖，其中以乳酸乳球菌生长繁殖占优势，分解乳糖产生乳酸，使乳液的酸度不断增加，同时也能抑制其他腐败细菌的生长繁殖。当 pH 下降至 4.5 左右时，乳酸乳球菌本身的生长也受到抑制，数量开始减少，并出现了乳凝块。

③乳酸杆菌期：当乳酸乳球菌在乳液中生长繁殖时，乳液的 pH 下降至 6.0 左右时，乳酸杆菌的活动开始逐渐增强，当 pH 下降到 4.5 时，由于乳酸杆菌具有较强的耐酸能力，仍能继续生长繁殖并产生乳酸。在此时期，乳液中会出现大量乳凝块，并伴有大量乳清析出。

④真菌期：当 pH 继续降至 3.0~3.5 时，绝大多数的细菌生长受到抑制甚至死亡，但由于酵母菌和霉菌能适应高酸性环境，它们能利用乳酸和其他一些有机酸作为营养素开始大量生长繁殖，由于乳酸等被利用，导致乳液 pH 不断上升并逐渐接近中性。

⑤胨化期：经过以上几个阶段，乳液中的乳糖由于被大量消耗，含量较少，而蛋白质和脂肪含量相对较高，此时，蛋白质分解菌和脂肪分解菌开始生长繁殖，导致乳凝块逐渐被消化，乳液的 pH 不断上升并向碱性转化，同时伴有芽孢杆菌属(*Bacillus*)、假单胞菌属(*Pseudomonas*)、变形杆菌属(*Proteus*)等腐败细菌的生长繁殖，使得乳液产生腐败的臭味。

鲜乳的腐败变质还会出现产气、发黏和变色现象。气体主要是由细菌及少数酵母产生的，主要是大肠菌群，其次是梭菌属、芽孢杆菌属、异型乳酸发酵的乳酸菌类、丙酸细菌和酵母菌，这些微生物分解乳中的糖类产酸并产 CO_2 或 H_2。发黏现象是具有荚膜的细菌生长造成的，主要是产碱杆菌属(*Alcaligenes*)、肠杆菌属(*Enterobacter*)和乳酸菌中的某些菌种。变色主要是由假单胞菌属(*Pseudomonas*)、黄杆菌属(*Flavobacterium*)和酵母菌等某些菌种造成的。

(2)鲜乳在冷藏中微生物的变化。

如果采用冷藏保存不经消毒的鲜乳，一般在室温下生长繁殖的微生物在低温环境中被抑制；而低温微生物却能够生长繁殖，但生长速度非常缓慢。在低温冷藏时，鲜乳中常见的细菌有：假单胞菌属(*Pseudomonas*)、产碱杆菌属(*Alcaligenes*)、无色杆菌属(*Achromobacter*)、黄杆菌属(*Flavobacterium*)、克雷伯氏菌属(*Klebsiella*)和微球菌属(*Micrococcus*)。

冷藏乳的变质主要在于鲜乳中脂肪的分解。多数假单胞菌属中的细菌，均具有产生脂酶的特性，它们在低温时活性非常强并具有耐热性，即使在加热消毒后的鲜乳中，脂酶仍能残存一定的活性。

冷藏乳中可经常见到低温细菌促使乳液中的蛋白分解的现象，特别是产碱杆菌属和假单胞菌属中的许多细菌，它们可使乳液胨化。

4.鲜乳的净化、消毒和灭菌

(1)鲜乳的净化。

鲜乳净化的目的是去除鲜乳中被污染的非溶解性杂质，如草屑、牛毛、乳凝块等，以减少微生物污染的数量。

净化的方法主要包括过滤法和离心法。鲜乳经过滤后,能不同程度的减少微生物的数量,过滤的效果取决于过滤器孔隙的大小。离心法是在离心罐中鲜乳受到离心力作用,除去杂质而达到净化的目的,一般可去除90%的细菌和99%的芽孢细菌。这两种方法只能降低鲜乳中微生物的数量,无法达到完全除菌的程度,有时还残存一些病原菌。

（2）鲜乳的消毒与灭菌。

鲜乳的消毒和灭菌不仅要杀死微生物,还要保存鲜乳的风味和营养,因此消毒和灭菌的温度和时间应保证最大限度杀死微生物和最大限度保存鲜乳的营养与风味。鲜乳中可能存在且耐热性较强的病原菌是结核杆菌（*Mycobecterium Tuberculosis*）,因此消灭结核杆菌是鲜乳消毒和灭菌的最基本要求。

乳品生产中采用的消毒和灭菌方法有以下4种。

①低温长时间消毒法（LTLT 消毒法）:即巴氏消毒法,法国微生物学家巴斯德最早发明,将鲜乳加热至62~65℃保持30 min。此法的缺点是消毒时间长,杀菌效果不太理想,生产效率低,目前不再使用。

②高温短时消毒法（HTST 消毒法）:将鲜乳加热至72~75℃保持15 s,或80~85℃保持10~15 s,可杀灭99.9%微生物,适宜于连续消毒。若鲜乳污染严重时不能保证消毒的效果。

③高温瞬时消毒法（HT 消毒法）:将鲜乳加热至89~95℃保持2~3 s,是目前普遍采用的方法。其消毒效果较好,但对鲜乳的质量有一定的影响,如容易出现乳清蛋白凝固、褐变等现象。

④超高温瞬时灭菌法（UHT 灭菌法）:即鲜乳先经75~85℃预热4~6 min,再加热至136~150℃的高温2~3 s。预热过程中,可使大部分的细菌杀死,其后的超高温瞬时加热,主要是杀死耐热的芽孢细菌。该方法生产的液态奶保质期可达半年以上。

（3）消毒乳的低温保存和变质。

消毒乳又称杀菌鲜乳,是以新鲜牛乳为原料,经净化、杀菌、均质等处理,以液体鲜乳状态采用瓶装或其他包装的形式,直接供给消费者饮用的商品乳。

消毒乳因为没有杀死全部的细菌,往往残留有耐热性芽孢菌,如果在室温中（20~25℃）存放时间太长,仍然会出现变质现象。首先是乳液变稠,然后整个乳液凝固,乳液凝固有两种原因:一种是由于细菌产生的凝乳酶使得乳液凝固,称为甜凝固;另一种是由于细菌产生酸使得乳液凝固,称为酸凝固。若再继续存放,乳液凝固块逐渐被消化,大量乳清析出,这是由于细菌分泌蛋白酶作用的结果,乳液凝固时细菌数可达 $10^6 \sim 10^7$ 个/mL。消毒乳的凝固通常是由蜡样芽孢杆菌（*Bacillus cereus*）引起的。消毒乳的变质情况与残留的耐热细菌的种类和数量有直接关系。

5.乳粉的变质

乳粉是由全脂或脱脂乳液,经过杀菌、浓缩、喷雾干燥、密封包装等工艺过程而制成的呈干粉状的乳制品。乳液经过杀菌可以杀死包括病原菌在内的绝大多数微生物,所以乳粉中的微生物主要是一些耐热的细菌,如芽孢杆菌属(*Bacillus*)、链球菌属(*Streptococcus*)和微球菌属(*Micrococcus*)等,而霉菌和酵母菌很少。由于乳粉的含水量在2%~3%,而且经过密封包装,这些条件不适合微生物的生长,并且随着贮藏时间的延长,微生物不断死亡,所以正常的乳粉,不会出现微生物引起的变质现象。

但是,如果灭菌不充分或保存不当,乳粉也会出现一些缺陷,常见的乳粉变质有以下4种。

①脂肪酸败味:主要是乳粉加工时杀菌不彻底,牛乳中的脂酶水解乳粉中脂肪所致。防止办法是在生产时提高杀菌温度,如超高温杀菌,目前乳粉多采用此种杀菌工艺,故此缺陷现已很少。

②脂肪氧化味:主要是乳粉中的不饱和脂肪酸氧化所致,主要影响因素是氧、光线、重金属(尤其是铜)、酶和酸度引起,故乳粉贮存时应避光、热,密封,不和金属器皿直接接触。

③陈腐气味和褐变:主要是乳粉受潮所致。乳粉贮存时应防止受潮,开启食用后应尽可能挤出空气扎紧,以免水分进入。乳粉吸潮后除上述不良反应外,还会结块,影响其冲调性和溶解度。

④细菌性变质:乳粉在正常含水量时,细菌不会繁殖,反而会随时间的延长而下降(5~37℃贮存)。但如含水量超过5%,细菌会生长而引起乳粉变质,故乳粉开启后不宜放置过长时间,以免受潮变质。

6.炼乳的变质

炼乳(Condensed Milk)是一种浓缩乳制品,是将新鲜牛乳经过杀菌处理后,蒸发除去其中大部分水分而制得的产品。炼乳一般作为焙烤制品、糕点和冷饮等食品加工的原料以及供直接饮用等,具有良好的营养价值。目前我国炼乳的主要品种是甜炼乳和淡炼乳。

(1)甜炼乳的变质。

甜炼乳是在新鲜牛乳中加入约16%的蔗糖,并浓缩至原体积40%左右的一种浓缩性乳制品。由于成品中含有40%~45%的蔗糖,增大了渗透压,抑制了微生物的生长繁殖,从而增加了制品的保存期。

如果原料乳污染严重,或加工过程中的二次污染,特别是加入的蔗糖,因含有较多的微生物,造成乳液的污染或加入蔗糖量不足,导致甜炼乳在贮藏期间由于微生物的生长繁殖引起变质。甜炼乳的变质有下列3种类型。

①膨胀:因微生物分解甜炼乳中蔗糖产生大量气体而发生胀罐现象,严重时可使罐头爆裂。在甜炼乳中生长繁殖产生气体的微生物主要有:炼乳球拟酵母(*Torulopsis lactis - condensi*)、球拟圆酵母(*Torulopsis globosa*)、丁酸梭菌(*Clostridium butyricum*)、乳酸菌(*Lactobacillus*)和葡萄球菌(*Staphylococcus*)等。

②变稠:甜炼乳贮存时,黏度逐渐增加失去流动性,甚至全部凝固,这一现象即为变稠。变稠是炼乳保存中严重的缺陷之一,其原因有细菌和理化因素两个方面。

细菌性变稠主要由于芽孢杆菌属(*Bacillus*)、微球菌属(*Micrococcus*)、葡萄球菌属(*Staphylococcus*)、链球菌属(*Streptococcus*)和乳杆菌属(*Lactobacillus*)等分解蔗糖而产生乳酸、蚁酸、醋酸、酪酸和琥珀酸等有机酸以及凝乳酶类物质等,致使炼乳凝固。由细菌引起的变稠炼乳有时伴有异臭、异味及酸度上升等现象。理化性变稠主要由蛋白质胶体状态的变化引起,通常与牛乳酪蛋白或乳清蛋白含量、盐类的平衡、脂肪含量、乳的酸度、浓缩程度、浓缩温度和贮藏温度等有关。

③霉乳:甜炼乳在贮藏期间,在炼乳的表面因霉菌的生长繁殖,逐渐形成纽扣状的菌落,并产生白色、红色、黑褐色等颜色,使炼乳具有金属味或干酪味。霉菌在炼乳表面生长繁殖的原因是罐内存在空气。引起霉乳的微生物主要有:匍匐曲霉(*Aspergillus repens*)、灰绿曲霉(*Aspergullus glaucus*)、丛梗孢霉(*Monilia sitophlia*)等。

(2)淡炼乳的变质。

淡炼乳又称无糖炼乳,是将牛乳浓缩到1/2~1/2.5后装罐密封,然后进行灭菌的一种炼乳。正常情况下,淡炼乳可长期保存。淡炼乳因微生物的作用引起变质的原因有两个:一是由于加热灭菌不充分,残存了抗热力较大的细菌,二是由于密封不好,导致外界微生物污染。淡炼乳由微生物引起的变质有3种类型。

①凝乳:微生物污染炼乳后引起淡炼乳变稠并发生结块现象。凝乳有两种现象:

一是由于微生物在炼乳中生长繁殖,发生了凝乳,但是凝乳的酸度并不升高,其后凝块又逐渐被消化成乳清状液体,这种现象称为甜凝固。主要由芽孢杆菌属(*Bacillus*)引起,如枯草芽孢杆菌(*Bacillus subtilis*)、巨大芽孢杆菌(*Bacillus megaterium*)、嗜热脂肪芽孢杆菌(*Bacillus stearothermophilus*)和蜡样芽孢杆菌(*Bacillus cereus*)等,凝固的主要原因是细菌产生的凝乳酶。

二是由于微生物在炼乳中生长繁殖,发生凝乳并出现酸度上升,这种现象称为酸凝固。这是由于细菌分解乳糖产酸而引起凝固。例如凝结芽孢杆菌(*Bacillus coagulans*)不仅使炼乳变稠凝固,使酸度上升,而且呈现干酪样的气味;蜡样芽孢杆菌(*Bacillus cereus*)可在炼乳的表面生长繁殖,导致炼乳产生柔软的凝固并伴有干酪样气味产生。

②产气乳:一些较耐热的厌氧芽孢杆菌引起炼乳变质时,除凝固和不良气味产生外,还产生气体,使炼乳发生胀罐甚至爆裂。有时候产气由理化因素造成,故必须加以区别。

③苦味淡炼乳:产生苦味是由于少数微生物分解酪蛋白产生了苦味物质,产生苦味物质的微生物主要有刺鼻芽孢杆菌(*Bacillus amarus*)和面包芽孢杆菌(*Bacillus panis*)等。

7.奶油的腐败变质

奶油是指脂肪含量在80%~83%,含水量低于16%,由乳中分离的脂肪所制成的产品。加工方法、消毒、贮藏等条件都会引起奶油被微生物污染而变质。霉菌在奶油表面生长繁殖引起奶油发霉;酸腐节卵孢霉(*Oospora lactis*)等微生物能分解奶油脂肪中的卵磷脂,生成三甲胺,产生鱼腥味;乳链球菌的一些变种也可以产生麦芽气味;荧光假单胞菌(*Pseudomonas fluorescens*)、沙雷氏菌(*Serratia*)等微生物分解奶油中的脂肪产生甘油和有机酸,尤其是丁酸和己酸,使奶油酸败,发出酸臭气味;玫瑰红球菌(*Rhodococcus rhodochrous*)可使奶油变红,紫色杆菌(*Chromobacterium violaceum*)使奶油变紫,产黑色素假单胞菌(*Pseudomoma melanogenum*)使奶油变黑。

3.5.3　肉及肉制品的腐败变质

肉类食品包括畜禽的肌肉及其制品、内脏等,各种肉及肉制品均含有丰富的蛋白质和脂肪,是营养丰富的食品,但是也容易受到微生物的污染,引起食品腐败变质,进而导致食物中毒。

1.肉及肉制品中常见的微生物

参与肉类腐败变质过程的微生物多种多样,通常分为两大类:腐败菌和致病菌。腐败菌主要包括细菌、酵母菌和霉菌,它们分解蛋白质的能力较强,一旦污染肉品后能使其发生腐败变质。

细菌主要是革兰氏阳性需氧菌,例如蜡样芽孢杆菌(*Bacillus cereus*)、枯草芽孢杆菌(*Bacillus subtilis*)和巨大芽孢杆菌(*Bacillus megaterium*)等;其次是革兰氏阴性需氧菌,例如,假单胞菌属(*Pseudomonas*)、无色杆菌属(*Photorhabdus*)、产碱杆菌属(*Alcaligenes*)、黄杆菌属(*Flavimonas*)、埃希氏杆菌属(*Escherichia*)、变形杆菌属(*Proteus*)、芽孢杆菌属(*Bacillus*)、乳杆菌属(*Lactobacillus*)和链球菌属(*Streptococcus*)等;此外还有腐败梭菌(*Clostridium septicum*)、溶组织梭菌(*Clostridium histolyticum*)和产气荚膜梭菌(*Clostridium perfringens*)等厌氧梭菌。

酵母菌主要有假丝酵母属(*Candida*)、红酵母属(*Rhodotorula*)、球拟酵母属(*Torulopsis*)和丝孢酵母属(*Trichosporon*)等。

霉菌主要有交链孢霉属(*Alternaria*)、毛霉属(*Mucor*)、青霉属(*Penicillium*)、根霉属(*Rhizopus*)、曲霉属(*Aspergillus*)和芽枝霉属(*Cladosporium*)等。

病畜、禽肉类也可能带有各种病原菌,如沙门氏菌(*Salmonella*)、金黄色葡萄球菌(*Staphyloccocus aureus*)、结核分枝杆菌(*Mycobacterium tuberculosis*)、炭疽杆菌(*Bacillus anthraci*)、肉毒梭菌(*Clostridum botulinum*)等,它们对肉的影响不仅在于使肉腐败变质,更严重的是传播疾病,造成食物中毒。

2.肉及肉制品微生物污染的途径

(1)屠宰前微生物的来源。

健康的畜禽在屠宰前具有健全、完整的免疫系统,能有效地防御和阻止微生物的侵入及在肌肉组织中扩散,因此,正常机体组织内部(如肌肉、脂肪、心、肝、肾等)一般是无菌的,而畜禽体表、被毛、消化道等器官存在微生物,如未经清洗的动物皮毛、皮肤微生物数量达 $10^5 \sim 10^6$ 个/cm²。如果皮毛和皮肤污染了粪便,微生物的数量更多,刚排出的粪便微生物数量多达 10^7 个/g。

患病的畜禽器官及组织内部可能存在微生物,这些微生物能够冲破机体的防御系统,扩散至机体的其他部位,多为致病菌。若动物皮肤发生刺伤、咬伤或化脓感染时,淋巴结也会存在细菌。其中一部分细菌能被机体的防御系统吞噬或消除,另一部分细菌残存下来导致机体病变。畜禽感染病原菌后或呈现临床症状,或呈现无症状带菌者,当这部分畜禽在运输和圈养过程中,由于拥挤、疲劳、饥饿、惊恐等刺激,机体免疫力下降而呈现临床症状,并不断向外界扩散病原菌,最终导致畜禽相互感染。

（2）屠宰后微生物的来源。

屠宰后的畜禽丧失了先天的防御机能,微生物一旦侵入组织后立即进行生长繁殖。屠宰过程中若不注意卫生管理,将造成微生物广泛污染的机会。最初的微生物污染是在使用非灭菌的刀具放血时,将微生物引入血液中,随着血液短暂微弱的循环而扩散至机体的其他部位。在畜禽的屠宰、分割、加工、贮存和配销过程中,也可能发生微生物的污染。

肉类一旦被微生物污染,微生物的生长繁殖就很难被完全抑制。因此,限制微生物污染的最好方法是在严格卫生管理条件下进行屠宰、加工和运输,这也是获得高品质肉类及其肉制品的重要措施。对于已经受到微生物污染的胴体,抑制微生物生长繁殖最有效的方法是迅速冷却、及时冷藏。

3.鲜肉的变质

（1）鲜肉变质过程。

通常情况下,健康动物的血液、肌肉和内部组织器官是没有微生物存在的,但由于屠宰、运输、保藏和加工过程中受到的污染,致使鲜肉表面污染了一定数量和种类的微生物。这时,鲜肉若能及时通风干燥,使肉体表面的肌膜和浆液凝固形成一层薄膜,可固定和阻止微生物侵入肉体内部,从而能延缓鲜肉的变质。

鲜肉保藏在 0℃ 左右的低温环境中,可保持 10 天左右不变质。当保藏温度上升和湿度增高时,肉体表面的微生物开始迅速生长繁殖,其中以细菌的生长最为显著,它能沿着结缔组织、血管周围或骨与肌肉的间隙和骨髓蔓延到组织的深部,最后导致整个肉体变质。屠宰后的肉体由于酶的存在,肌肉组织产生自溶作用,使蛋白质分解产生蛋白胨和氨基酸,更加有利于微生物的生长。

鲜肉在 0℃ 左右的环境中保存 10 天以后,若肉体表面较干燥,则逐渐出现霉菌生长,若肉体表面湿润,则有假单胞菌（*Psdeuomnoda*）、无色杆菌（*Achromobacter*）生长并占优势;当温度达到 10℃ 左右时,以黄杆菌（*Flavobacterium*）和一些肠道杆菌（*Enterobacter*）等为主的低温菌开始生长;当温度在 20℃ 以上时,大肠埃希氏菌属（*Escherichia*）、链球菌属（*Streptococcus*）、芽孢杆菌属（*Bacillus*）和梭菌属（*Clostridium*）等细菌开始生长繁殖。

需氧性微生物首先在肉体表面生长繁殖,使肉体组织发生变质并逐渐向内部蔓延,这时以一些兼性厌氧微生物为主,如枯草芽孢杆菌（*Bacillus subtilis*）、粪链球菌（*Streptococcus faecium*）、大肠埃希氏菌（*Escherichia coli*）、普通变形杆菌（*Proteus vulgaris*）等。当继续向组织内部蔓延时,出现较多的厌氧性微生物,主要为梭菌属（*Clostridium*）,如魏氏梭菌（*Clostridium welchii*）经常在肉类中首先繁殖,因为它是厌氧性不太强的厌氧芽孢菌。当更严格的厌氧条件形成后,一些严格厌氧细菌,如水肿梭菌(*Clostridium oedematiens*)、生芽孢梭菌(*Clostridium sporogenes*)、双酶梭菌(*Clostridium bifermentans*)和溶组织梭菌(*Clostridium histolyticum*)等开始繁殖。

(2)鲜肉变质的现象。

鲜肉发生变质时,通常在肉体的表面产生明显的感官变化,常见的有以下几种情况。

①发黏:微生物在肉体的表面大量生长繁殖后,肉体表面会出现黏液状物质,这是微生物生长繁殖后形成的菌落,以及微生物分解蛋白质的产物,主要由假单胞菌(*Psdeuomnoda*)、无色杆菌(*Achromobacter*)、变形杆菌(*Proteus*)、产碱杆菌(*Alcaligenes*)、大肠埃希氏菌(*Escherichia Coli*)、乳酸菌和酵母菌所产生。有时,芽孢杆菌属(*Bacillus*)和微球菌属(*Micrococcus*)也会在肉体表面形成黏状物,当发黏的肉块切开后会出现拉丝现象,并有较强的臭味,此时肉体表面的含菌数一般达到 10^7 CFU/cm^2。

②变色:当肉类发生变质时,常在肉体的表面出现各种颜色变化。常见的情况是正常的鲜肉颜色变为绿色,这是由于微生物分解蛋白质产生的 H_2S 与肉中的血红蛋白结合形成了硫化氢血红蛋白(H_2S-Hb),这种化合物积累在肌肉和脂肪的表面,呈现暗绿色斑点,此外,肉体组织内经过酶的自溶作用也会形成这种颜色。另外,还有许多微生物能产生不同的色素,导致肉体的表面出现多种色斑,例如黏质沙雷氏杆菌(*Serratia marcescens*)产生红色斑,产蓝假单胞菌(*Pseudomonas syncyanea*)产生蓝色,黄色杆菌(*Xanthobacter flavus*)产生黄色,蓝黑色杆菌(*Chromobacterium lividum*)产生暗绿—黑色;产生黄色素的球菌和杆菌所产生的过氧化物与酸败的脂肪发生作用后,能变成暗绿色、紫色和蓝色等。一些发磷光的细菌,如磷光发光杆菌(*Photobacterium phosphorescens*)产生磷光。有些酵母菌能产生白色、粉红色和灰色等斑点。

③霉斑:霉菌在肉体表面生长时,首先有轻度的发黏现象,而后形成白色、黑色、绿色霉斑。例如美丽枝霉(*Thamnidium elegans*)在肉体表面产生羽毛状菌丝;白地霉(*Geotrichum candidum*)产生白色霉斑;草酸青霉(*Penicillium oxalicum*)产生绿色霉斑;腊叶芽枝霉(*Cladosporium herbarum*)在冷冻肉上产生黑色斑点。

④气味:鲜肉变质时通常还伴有一些不正常或难闻的气味,例如脂肪的酸败气味,蛋白质被分解产生的恶臭味,酵母菌和乳酸菌分解肉中的糖类产生挥发性有机酸的酸味,霉菌的生长繁殖产生霉味,放线菌产生的泥土味等。

4.酱卤肉制品的变质

酱卤肉制品是指以鲜、冻畜禽肉为原料,加入调味料和香辛料,以水为加热媒介煮制而成的熟肉制品。酱卤肉制品几乎在我国各地均有生产,但由于各地的消费习惯和加工过程中所用的配料、操作技术不同,形成了许多品种,有的已成为地方名特产。酱卤肉制品可分为白煮肉类(如白斩鸡、盐水鸭、白煮羊头肉等);酱卤肉类(如酱肘子、卤下货、德州扒鸡、道口烧鸡、老唐烤鸡、酱牛肉、无锡排骨、老西酱蹄等);糟肉类(如糟鹅等)。

一般情况下,散装酱卤肉制品菌落总数、大肠菌群数量较高,说明散装酱卤肉制品在加工、贮存、运输及销售过程中与外界接触密切,易引起肠道菌等二次污染;真空灭菌定型包装的酱卤肉制品菌落总数、大肠菌群数量较低,说明真空定型包装过程中灭菌较彻底,受细菌和大肠菌群污染的可能性相对较小,但仍有部分包装的酱卤肉制品容易发生腐败变质,这可能与酱卤肉制品含有丰富营养成分以及适宜酸碱度有关,导致了细菌的生长繁殖。

但是由于加热程度的不同,酱卤肉制品中可能会残存一些芽孢细菌,这是酱卤肉制品在贮存期间引起腐败变质的主要原因。一般情况下,若酱卤肉制品贮存不当,可能会检出其他细菌、霉菌和酵母菌等,这主要是在贮存期间二次污染造成的。酱卤肉制品腐败变质的特征是呈现酸味、黏液和恶臭味。若酱卤肉制品被梭菌污染,其内部会发生腐败甚至产生毒素。

5.灌肠类肉制品的变质

灌肠类肉制品是用鲜(冻)畜、禽、鱼肉经腌制(或不腌制),搅拌或绞碎而使肉成为块状、丁状或肉糜状态,再配上其他辅料,经搅拌或滚揉后充填入天然肠衣或人造肠衣中,经烘烤、烟熏、蒸煮、冷却或发酵等工序制成的产品。灌肠类肉制品品种繁多,口味不一,目前还没有统一的分类方法。根据目前中国各生产厂家的灌肠肉制品加工工艺特点,大体可分为以下几种类别:生鲜灌肠制品(如新鲜猪肉香肠)、烟熏生灌肠制品(如广东香肠)、熟灌肠制品(如泥肠、茶肠、法兰克福肠等)、烟熏熟灌肠制品(如哈尔滨红肠、香雪肠)、发酵灌肠制品(如色拉米香肠)、粉肚灌肠制品(如北京粉肠、小肚等)等。

灌肠类肉制品在加工过程中,肉品表面的微生物和环境中的微生物会大量扩散到肉中,因此,为了防止微生物在肉中的生长繁殖,应在低温条件下进行绞碎和搅拌。

生灌肠制品虽含有一定食盐但不足以抑制肉中微生物的生长繁殖,酵母菌可以在肠衣外面生长繁殖形成黏液层,微杆菌属(*Microbacterium*)能使生灌肠制品变酸和变色,革兰氏阴性菌也可使生灌肠制品发生腐败变质。

经过热加工处理的熟灌肠制品虽然可杀死肉肠中的微生物,但是仍有可能存在一些芽孢细菌,若加热不充分,也有可能存在一些非芽孢细菌。因此,熟灌肠制品应在低温进行保藏,使灌肠制品中心温度在4~6 h内降至5℃左右,抑制梭菌的芽孢发芽并繁殖。硝酸盐对芽孢的发芽具有抑制作用,尤其能抑制肉毒梭菌的芽孢,但对其他微生物的抑制作用较弱。熟灌肠制品发生腐败变质的主要特征是表面变色、绿蕊或绿环。前者是由于加工后又污染了细菌并且贮存条件不当,导致细菌生长繁殖;后者是因为原料中微生物数量较多,加热处理时没有将细菌全部杀死,并且没有及时进行冷藏,致使细菌大量生长繁殖。

6.腌腊肉制品的变质

腌腊肉制品是我国传统的肉制品之一。腌腊肉制品是以畜禽肉或其可食内脏为原料,辅以食盐、酱料、糖或香辛料等,经原料整理、腌制或酱渍、清洗造型、晒晾风干或烘烤干燥等工序加工而成的一类肉制品,通常分为湿腌法、干腌法、注射腌制法和混合腌制法。我国的腌腊肉制品主要有腊肉、咸肉、板鸭、封鸡、腊肠、香肚、中式火腿等。

湿腌法即腌液腌制法,就是将处理后的原料肉浸没在预先配制好的腌制液中进行腌制的方法。腌制过程中,通过扩散和水分转移,让腌制剂渗入肉组织内部,并获得比较均匀的分布,直至腌肉内部的浓度和腌液浓度相同。干腌法是将盐腌剂擦在肉表面,通过肉中的水分将其溶解、渗透而进行腌制的方法。在腌制时由于渗透—扩散作用,肉内分离出的一部分水和可溶性蛋白质向外转移,使盐分向肉内渗透至浓度平衡为止。我国传统的金华火腿、咸肉、风干肉等都采用这种方法。这种方法的优点是简单易行,耐贮藏。缺点是咸度不均匀,费工,制品的重量和养分减少。混合腌法是指将干腌法、湿腌法结合起来腌制的方法。其方式有两种:一是先湿腌,再用干的盐硝混合物涂擦;二是先干腌后湿腌。混合腌法可以增加制品贮藏时的稳定性,防止产品过多脱水,免于营养物质过分损失,因此这种方法应用较普遍。

湿腌法中的腌制液一般含有 4% 的 NaCl,对微生物的生长繁殖具有一定的抑制作用。假单胞菌(Psdeuomnoda)是鲜肉中最重要的变质菌之一,其数量的多少是腌腊肉制品品质优劣的标志,该菌不能在腌制液中生长繁殖,只能存活。弧菌(Vibrio)也是腌腊肉制品重要的变质菌,该菌在鲜肉中很少发现,但在腌腊肉制品中很容易检出。

腌腊肉制品中微生物的分布与腌腊肉的部位和环境条件有关,一般肉皮上的微生物数量比肌肉中的微生物数量高。当 pH 为 6.3 时微球菌(Micrococcus)占优势。微球菌具有一定的耐盐性、分解蛋白质及脂肪的能力,同时在低温条件下也能生长繁殖,大多数微球菌能还原硝酸盐,某些微球菌也具有还原亚硝酸盐的能力,因此微球菌是腌腊肉制品中主要的微生物。弧菌(Vibrio)具有一定的嗜盐性、还原硝酸盐和亚硝酸盐的能力,也能在低温条件下生长繁殖,在 pH 5.9~6.0 以上时,可以在肉的表面生长繁殖形成黏液。

腌腊肉制品上也存在一些酵母菌,如球拟酵母属(Torulopsis)、假丝酵母属(Candida)、德巴利酵母属(Debaryomyces)和红酵母属(Rhodotorula),它们能在腌腊肉制品的表面形成白色或其他色斑。

在腌腊肉制品上也常发现青霉(Penicillium)、曲霉(Aspergillus)、枝孢霉(Cladosporium)和交链孢霉(Alternaria)等,通常青霉和曲霉占优势。在腌腊肉制品上生长繁殖的曲霉一般不会产生黄曲霉毒素。

带骨腌腊肉制品有时会发现在前后腿或关节周围深部等部位腐败变质的现象,其主要原因是腌制前微生物已经存在于这些部位,而腌制时腌制液没有充分扩散至腿骨及关节处,导致了微生物在这些部位生长繁殖,最终引起腐败变质,统称为骨腐败。

7.干肉制品的变质

干肉制品是指将原料肉先经熟加工,再成型、干燥或先成型再经熟加工制成的易于常温下保藏的干熟类肉制品。干肉制品主要包括肉干、肉脯和肉松三大种类。

由于干肉制品的含水量一般在 15% 以下,a_w 在 0.70 以下,通常置于干燥环境或装入不透气包装材料中,因此绝大多数微生物都不能生长繁殖,仅有少数的霉菌,如灰绿曲霉(Aspergullus glaucus)偶尔能在其上缓慢地生长;当干肉制品的含水量逐渐增加时,霉菌能在其表面生长繁殖并产生霉味。

3.5.4　鱼类的腐败变质

各类鱼营养成分差异不大。鱼类富含生长发育所需的最主要营养物质——蛋白质,包含各种必需的氨基酸,是人类的优质蛋白食物,而且鱼类优于禽畜产品,更易消化吸收。此外,鱼类还含亚麻酸、花生四烯酸、亚油酸等人体必需脂肪酸和二十碳五烯酸、二十二碳六烯酸。但是,鱼类死后比陆产动物更容易腐败变质,其死后的主要特征是僵硬,随后又解僵,在此过程中伴随着不同微生物的生长繁殖,导致鱼体腐败变质、自溶作用的发生,最终原有的形态和色泽发生劣变,并伴有异味,有时还会产生有毒物质。

1.鲜鱼中的微生物

一般认为,新捕获的健康鱼类,其组织内部和血液中常常是无菌的,但在鱼体表面的黏液中、鱼鳃以及肠道内存在一定数量的微生物。如鱼体表面的微生物数量可达 $10^2 \sim 10^7$ CFU/cm^2,肠液中含有的微生物数量通常为 $10^3 \sim 10^8$ CFU/mL。但由于不同的季节、渔场、种类及捕捉方式的不同,体表所附细菌也存在差异。

存在于海水鱼中并能引起鱼体腐败变质的细菌主要包括:假单胞菌属(*Pseudomonas*)、无色杆菌属(*Achromobacter*)、黄杆菌属(*Flavobacterium*)、摩氏杆菌属(*Moraxella*)、弧菌属(*Vibrio*)。淡水鱼类除上述的细菌外,还有产碱杆菌属(*Alcaligenes*)、气单胞杆菌属(*Aeromonase*)、短杆菌属(*Brevibacterium*)等。另外,芽孢杆菌属(*Bacillus*)、大肠埃希氏菌属(*Escherichia*)、棒状杆菌属(*Corynebacterium*)等也有报道。

2.鲜鱼中微生物污染的途径

通常情况下,鱼类比肉类更容易腐败变质,鱼类微生物污染的途径主要有两个方面。

(1)获得鱼类的方法。

鱼类在捕获后其体液最初是无菌的,但与外界接触的部分(如体表、鱼鳃、消化系统等)通常存在许多细菌,在大多数情况下,鱼体带着容易腐败的内脏和腮一起进行运输,这样就很容易引起鱼体的腐败变质。当鱼死亡后,这些细菌就从腮经血管侵入到肌肉里,同时也从鱼体体表和消化道通过皮肤和腹部进入肌肉中开始生长繁殖。

(2)鱼类本身的问题。

由于鱼体本身含水量较高,通常为70%~80%,并且含有蛋白质、脂肪和少量的碳水化合物等,鱼体组织脆弱,鱼鳞容易脱落,细菌容易从受伤部位侵入肌肉组织,同时,鱼体表面的黏液又是细菌良好的培养基,再加上鱼体死后体内酶的作用,很快就会发生腐败变质。

3.鲜鱼低温保藏中的微生物

鲜鱼的冷藏可以抑制鱼体本身酶的作用,同时抑制微生物的生长繁殖。鲜鱼在5~10℃保存时,由于嗜冷菌能够生长,一般只能保存5天;在0℃时绝大多数微生物的生长受到抑制,但还不能完全抑制嗜冷菌的生长,保存有效期为10天;在0℃以下时,嗜冷菌的作用已经很微弱,当温度为-5℃时,细菌的生长基本被抑制,保存有效期可在2~3周。一般为了能较长期保存鱼类,常采用-30~-25℃的速冻保存。

4.鲜鱼变质过程与现象

鱼类死后变化的整个过程可分为僵直、自溶和腐败变质三个阶段。

（1）僵直。

鱼类死后不久，即出现全身僵硬状态，这时鲜鱼进入了"僵直期"。僵直鱼具有鲜鱼的良好特征：用手触碰鱼的体表，肌肉坚实而有弹性；鱼体外观上色泽不变，鲜艳如生，眼球晶体透明光洁，外凸正常；鳃丝鲜红或粉红；鳞片附着牢固；全身分泌的透明黏液增多，并无臭味。僵直期是鱼肉最新鲜的时期，僵直期的长短也因鱼类不同和季节不同而有所不同。

（2）自溶。

鱼体的僵直期一过，即进入"自溶期"。自溶作用是鱼体内所含的酶类把蛋白质分解为氨基酸的结果，肌肉逐渐松弛，但鱼肉尚未腐化，也未降低其鲜度，甚至由于氨基酸的作用，还会增强一些烹调口味。这一时期鱼眼球稍混一些血色，以指压其背部，肌肉易于下陷，但随即平复如初，鱼体仍然没有异味。但应当注意，这时鱼体内也随之滋生了某些致腐性细菌，为促使鱼体加速腐坏提供了有利条件。

（3）腐败变质。

侵入鱼体的细菌在其产生的酶的作用下引起了一系列变化。腐败变质主要特征表现在：体表结缔组织松软，色泽变化较为明显，鳞片易脱落，呈现浑浊，产生臭味；眼睛周围组织分解，眼球趋向浑浊无光，也较前稍稍塌陷；鱼鳃由红色变为暗褐色，伴有臭味；手按鱼背肌肉，下陷时长不易复原；肠内微生物大量生长繁殖并产气，鱼体腹部膨胀，肛管自肛门突出；细菌侵入脊柱，使两边血管破裂，导致周围组织发红。若微生物继续作用，可导致肌肉脆裂并与鱼骨分离。此时，鱼体已经达到严重腐败变质阶段。鱼组织被分解并产生吲哚、粪臭质、硫醇、氨、硫化氢等臭味，臭的程度与鱼腐败的程度一致。

引起鱼类腐败的微生物主要是鱼类原来水生环境中存在的细菌，如假单胞菌属（*Pseudomonas*）、无色杆菌属（*Achromobacter*）、黄杆菌属（*Flavobacterium*）等。这些细菌的生长温度范围在0~30℃，在25℃左右时，这些细菌生长繁殖速度最快，从而加速鱼类的腐败变质。

5.防止鲜鱼变质的措施

鱼类贮藏保鲜的目的是通过抑制内源酶的作用和微生物的生长繁殖，延长僵直期，抑制自溶作用，推迟腐败变质过程。鱼类贮藏保鲜方法主要有低温保鲜、气调保鲜、冰温气调保鲜、化学保鲜、脱水干藏保鲜以及辐射杀菌保鲜等。

（1）冰藏。

冰藏保鲜又称为冰冷却保鲜，是新鲜鱼类保鲜运输中使用最普遍的保鲜技术。冰藏保鲜有干冰法和水冰法两种方法。干冰法也称为撒冰法，冰经破碎后撒在鱼层上，形成一层冰一层鱼的样式或将碎冰与鱼混拌在一起。水冰法是先用冰将淡水或海水降温（淡水0℃，海水-1℃），然后把鱼类浸泡在冰水中进行冷却保鲜。这样处理后可将鱼体冷却到0~1℃，一般可保存7~10天。

（2）冷海水保藏。

冷海水保藏法是把鱼类浸渍在−1~0℃的冷海水中进行保鲜。其特点是鱼体降温速度快，操作简单快速，劳动强度低，鱼体新鲜度好；不足之处是需要配备制冷装置，并且随着贮藏时间（5天以上）的增加，鱼体开始逐渐膨胀、变咸和变色。

（3）微冻保鲜。

微冻保鲜是将鱼体保藏在其细胞汁液冻结温度以下（−3℃左右）的一种轻度冷冻的保鲜方法，也称为过冷却或部分冷冻。微冻保鲜的基本原理是利用低温来抑制微生物的生长繁殖及酶的活力。在微冻状态下，鱼体内的部分水分发生冻结，微生物体内的部分水分也发生冻结，从而改变了微生物细胞的生理生化反应，某些细菌开始死亡，其他一些细菌的活动也受到了抑制，几乎不能进行繁殖，于是就能使鱼体在较长时间内保持鲜度而不发生腐败变质，保鲜期为20~27天。

（4）冻结保藏。

冻结保藏是将鱼体置于−18℃以下使鱼产品冻结，抑制细菌生长达到较长期保鲜，一般保鲜期为23个月。鱼体经过冻结后，体内90%液体成分形成固体，水分活度降低，微生物本身产生生理干燥，造成不良的渗透条件，导致微生物没有可利用的营养物质，也不能排出代谢产物，而且，鱼体内大部分的生理生化反应不能正常进行。

（5）化学保鲜。

化学保鲜是在鱼体中加入对人体无害的化学物质，提高产品的贮藏性能和保持品质的一种保鲜方法。目前，化学保鲜方法主要用食品添加剂（如防腐剂、抗氧化剂、抑菌剂）进行保鲜。使用化学保鲜时要选择符合国家卫生标准的化学保鲜剂，保证消费者安全。

6.腌制鱼的变质

鱼经过腌制后，能杀灭或抑制大部分细菌的生长。当食盐浓度达到10%时，一般细菌的生长受到抑制，但球菌比杆菌耐盐力较强，即使食盐浓度为15%时，多数球菌还能生长。因此，要抑制腐败菌的生长和鱼体本身酶的作用，食盐浓度必须达到20%以上。但经过腌制的鱼体还可能出现赤变的现象，这是由于嗜盐菌在腌制鱼体中生长繁殖造成的，例如玫瑰色微球菌（*Micrococcus roseus*）、盐沼假单胞菌（*Halobacterium salinarium*）、盐沼沙雷氏杆菌（*Serratia salinaria*）、红皮假单胞菌（*Halobacterium cutirubrum*）和盐杆菌属（*Halobacterium*）等。这些细菌在食盐浓度18%~25%的基质中能良好生长，在10%以上的食盐基质中尚能生长，低于10%时就不能生长。

腌制鱼出现的赤变现象，即鱼体出现粉红色，最终腐败变质，一般在高温潮湿的地区容易发生。对变红的腌制鱼应根据变红的情况决定能否食用，若为局部发红，肉体组织仍很坚硬，一般仍可食用；若鱼体已明显变软、松散，红色明显而有异味时，则不宜食用。

3.5.5　鲜蛋的腐败变质

鲜蛋具有较高的营养价值，含有较多的蛋白质、脂肪、B族维生素及无机盐类，但是若贮存不当,易受微生物污染而引起腐败变质。

1.鲜蛋中常见的微生物

正常情况下,健康禽类刚产下的鲜蛋内部是没有微生物的,在一定条件下鲜蛋的无菌状态可以保持一段时间,其原因是鲜蛋本身具有一套防御系统。首先,刚产下的鲜蛋蛋壳表面有一层胶状物,它和蛋壳及蛋壳内膜构成一道屏障,在某种程度上可以阻挡外界微生物的侵入;其次,蛋白内含有某些杀菌或抑菌物质(如溶菌酶),在一定时间内可以杀灭侵入蛋白内的微生物,若在较低的温度时可以延长溶菌酶的杀菌作用;最后,对于刚产下的鲜蛋来说,其蛋白的 pH 为 7.4~7.6,一周内 pH 上升为 9.4~9.7,大多数微生物不适合在这种碱性环境下生存。所以正常情况下,禽蛋可以保存较长时间而不发生腐败变质。

但是,若因禽类本身感染了微生物引起的疾病,或鲜蛋本身的防御系统受到破坏,或鲜蛋贮存环境不当,均能导致鲜蛋中微生物的存在。引起鲜蛋腐败变质的微生物主要包括细菌和霉菌。细菌中主要有大肠菌群、无色杆菌属(*Achromobacter*)、假单胞菌属(*Pseudomonas*)、产碱杆菌属(*Alcaligenes*)和变形杆菌属(*Proteus*)等;霉菌中青霉属(*Penicillium*)、枝孢霉属(*Cladosporium*)、毛霉属(*Mucor*)、交链孢霉属(*Alternaria*)和葡萄孢霉属(*Botrytis*)等较为常见。

禽类携带沙门氏菌(*Salmonella*)现象比较普遍,以禽类体内卵巢最为多见,这是鲜蛋内污染沙门氏菌的主要原因。金黄色葡萄球菌和变形杆菌等与食物中毒有关的病原菌在鲜蛋中的检出率也较高。

2.鲜蛋微生物污染的途径

(1)卵巢内污染。

当蛋黄在禽类的卵巢形成时,细菌可以侵入蛋黄。若禽类吃了含有病原菌的饲料或感染了传染病,病原菌通过血液循环进入了卵巢,在形成蛋黄时就会受到某些病原菌如鸡白痢沙门氏菌(*Salmonella pullorum*)和鸡病沙门氏菌(*Salmonella meleagridis*)的污染。

(2)产蛋时污染。

因为禽类的泄殖腔内含有某些微生物,在形成蛋壳之前,泄殖腔内的细菌污染卵巢,导致蛋内的污染。当蛋从泄殖腔向体外排出时遇冷收缩,引起蛋内部收缩,导致附着在蛋壳上的微生物可穿过蛋壳进入鲜蛋内。

(3)蛋壳污染。

鲜蛋在收购、运输、贮藏过程中被污染,是因为鲜蛋的蛋壳上存在 4~40 μm 的气孔,外界的微生物会透过这些气孔进入蛋内,尤其是贮存期较长的蛋或洗涤过的蛋,微生物更容易侵入。如果在较高的温度和湿度下保存,环境中的微生物更容易进入鲜蛋内,导致鲜蛋的腐败变质。

3.鲜蛋变质过程及现象

(1)腐败。

主要是由细菌引起的鲜蛋变质。鲜蛋被微生物污染后,蛋内的细菌不断进行生长繁殖,并产生各种各样的酶,然后开始分解蛋内的各组成成分,使鲜蛋发生腐败变质和产生难闻的气味。

鲜蛋的腐败主要由荧光假单胞菌(*Pseudomonas fluorescens*)引起,侵入蛋内的细菌分解蛋白,导致蛋白带断裂,蛋黄因不能固定而发生移位,随后蛋黄膜被分解导致蛋黄散乱,并与蛋白逐渐混合在一起,这种现象称为散黄蛋。散黄蛋进一步发生腐败,蛋黄中的核蛋白和卵磷脂也被分解,产生 H_2S、氨、粪臭素等蛋白质分解产物,蛋液变成灰绿色的稀薄液并伴有大量恶臭气体,这种现象称为泻黄蛋,也称为黑腐蛋。黑腐蛋主要由变形杆菌属(*Proteus*)、某些假单胞菌(*Pseudomonas*)和气单胞菌属(*Aeromonas*)等引起的。有时蛋液发生腐败变质不产生 H_2S 而产生酸臭味,蛋液呈现红色并变稠呈浆状或凝块状,这是微生物分解糖而形成的酸败现象,称为酸败蛋,主要是由假单胞菌或沙雷氏菌(*Serratia*)引起的。

(2)霉变。

主要由霉菌引起。霉菌菌丝由蛋壳气孔进入蛋内,首先在蛋壳内壁和蛋白膜上生长繁殖,形成大小不同的深色斑点,造成蛋液粘壳,称为粘壳蛋。若环境湿度较大,利于霉菌的蔓延扩散,蛋内成分被分解,并产生不愉快的霉味。

3.5.6　果蔬及其制品的腐败变质

水果和蔬菜的共同特点是含水量高,蛋白质和脂肪含量低,含有丰富的维生素 C、胡萝卜素、有机酸、色素、纤维素和半纤维素等。水果的 pH 大多数在 4.5 以下,而蔬菜的 pH 一般在 5.0~7.2。

1.果蔬中微生物的来源

通常情况下,果蔬表皮和表皮外覆盖一层蜡质状物质,这种物质具有防止微生物侵入的作用。一般情况下,健康果蔬内部组织应是无菌的,但有时外观上正常的果蔬,其内部组织中也可能存在一些微生物。有些学者从苹果、樱桃等组织内部分离出酵母菌,从番茄组织中分离出酵母菌和假单胞菌属的细菌,这些微生物通常是在果蔬开花期侵入并生存于果蔬组织内部的,但这种情况仅属少数。此外,果蔬因受植物病原菌的侵害而引起病变,使果蔬带有大量的植物病原菌。这些植物病原菌在果蔬收获前可以通过根、茎、叶、花、果实等不同途径侵入组织内部,或在收获后的贮藏期侵入组织内部,这种情况较为常见。

收获前后的果蔬由于直接与外界环境接触,因而在其表面污染大量的微生物,其中除了大量的腐生微生物外,还存在一些植物病原菌、来自人畜粪便的肠道致病菌和寄生虫卵。在果蔬的运输和加工过程中也会造成污染。因此,果蔬表面总是带有一定数量的微生物。

2.果蔬的变质

由于果蔬的表皮及表皮外覆盖着一层蜡质状物质,果蔬在相当长的一段时间内免遭微生物的侵入。但当这层防护屏障受到破坏(如机械损伤或昆虫的刺伤)时,外界的微生物(主要是霉菌、酵母菌和少量的细菌)便会从伤口侵入果蔬内部组织,并进行生长繁殖,导致果蔬的腐烂变质。

　　引起水果变质的微生物主要是酵母菌和霉菌,引起蔬菜变质的微生物主要是霉菌、酵母菌和少数细菌。最常见的情况是霉菌首先在果蔬表皮损伤处生长繁殖,或在果蔬表面有污染物黏附的部位生长繁殖。霉菌侵入果蔬组织内部后,细胞壁的纤维素最先受到破坏,进一步分解细胞的果胶质、淀粉、有机酸、糖类等,随后酵母菌和细菌开始大量生长繁殖,导致果蔬内部的营养物质进一步被分解、破坏。在这个过程中,果蔬组织内部的酶仍然具有活性,可以协助微生物对果蔬的腐烂变质。

　　果蔬经微生物作用后,外观上出现各种深色斑点,组织变软、发绵、凹陷,变形,并逐步变成浆液状至水液状,并产生各种不同的气味,如酸味、芳香味、酒味等。引起果蔬腐烂变质的微生物以霉菌最多,其中大部分是果蔬的病原菌,且各自有一定的易感范围。

　　果蔬腐烂变质的具体类型和现象与果蔬的种类和导致果蔬变质的微生物种类有关。果蔬常见的腐败病列于表3-13。

表3-13　果蔬常见的腐败病

果蔬腐败病	微生物	学名	易感果蔬种类
柑橘绿霉病	指状青霉	*Penicillium digitatum*	柑橘
苹果青霉病	扩张青霉	*Penicillium expansum*	苹果、番茄、梨、葡萄等
灰霉腐败	灰葡萄孢霉	*Botrytis cinerea*	青豆、胡萝卜、芹菜、梨、葡萄、桃、卷心菜、花菜、黄瓜、南瓜、番茄、辣椒等
香蕉冠腐病	串珠镰孢霉	*Fusarium moniliforme*	香蕉
梨轮纹病	梨轮纹病菌	*Physalospora piricola*	梨、苹果、桃、李、杏
黑霉病	黑曲霉	*Aspergillus niger*	洋葱、大蒜、葡萄、苹果、柑橘
苹果褐腐病	果产核盘菌	*Clertinia fructigena*	苹果、梨、桃、杏等
苹果枯腐病	苹果枯腐病霉	*Glomerella cingulata*	苹果、葡萄、梨
根霉软腐病	黑根霉	*Rhizopus nigricans*	红薯、葡萄、南瓜、西瓜、番茄等
马铃薯晚疫病	致病疫霉	*Phytophthora infostans*	马铃薯、番茄、茄子
霜霉病	疫霉属、盘梗霉属	*Phytophthora*、*Bremia*	马铃薯、番茄、茄子、南瓜等
茎端腐败	镰刀霉属	*Fusarium*	柑橘、柠檬、香蕉、马铃薯、黄瓜、南瓜、茄子等
番茄黑斑病	番茄交链孢霉菌	*Alternaria tomato*	番茄
炭疽病	葱刺盘孢菌	*Colletotrichum circinans*	洋葱
马铃薯软腐病	软腐病欧文杆菌	*Erwinia aroid*	马铃薯、洋葱
细菌软腐病	胡萝卜软腐病欧文杆菌	*Erwinia carotovora*	大蒜、洋葱、青豆、胡萝卜、芹菜、甜菜、菠菜、卷心菜等
蓝霉病	青霉属	*Penicillium*	甜菜、葡萄、柠檬、柑橘、无花果、杏、梨等
多水软腐病	核盘菌	*Sclerotinia sclerotiorum*	胡萝卜、芹菜、卷心菜、花菜等

3.果蔬冷藏中的微生物

果蔬在低温(0~10℃)的环境中贮藏,可减缓酶的作用,对微生物活动也有一定的抑制作用,可有效地延长果蔬的贮藏时间。但此温度只能减缓微生物的生长速度,并不能完全控制微生物。因此,贮藏期的长短受温度、微生物的污染程度、表皮损伤的情况、成熟度等因素影响。

4.果汁的腐败变质

果汁是以新鲜水果为原料,经压榨后加工制成。由于水果原料本身带有微生物,而且在加工过程中还会受到微生物的二次污染,所以制成的果汁中必然存在许多微生物。微生物在果汁中能否生长繁殖,主要取决于果汁的 pH 和含糖量。果汁的 pH 一般在 2.4~4.2,糖含量较高,因此在果汁中生长的微生物主要是酵母菌、其次是霉菌和极少数细菌。

(1)果汁中的细菌。

果汁中存在的细菌主要是乳酸菌类细菌,它们能在 pH 3.5 以上的果汁中生长,如植物乳杆菌(*Leuconostoc plantarum*)、嗜热链球菌(*Streptococcus thermophilus*)、乳明串珠菌(*Leuconostoc lactis*)等。乳酸菌在果汁生长时可利用果汁中有机酸(如苹果酸、柠檬酸等)主要产生乳酸、CO_2 和琥珀酸,在苹果汁中还能产生少量的丁二酮、醋酸和乙偶姻。乳明串珠菌在果汁中可产生粘多糖等增稠物质,使果汁发生黏稠状变质。其他乳酸菌如胚芽乳杆菌(*Lactobacillus plantarum*)和链球菌属中的一些菌种,也可在苹果汁和葡萄汁引起黏稠现象。一般含有蔗糖、葡萄糖和果糖的果汁容易发生黏稠状的变质。当果汁的 pH 大于 4.0 时,酪酸菌(*Clostridium butyricum*)生长繁殖进行丁酸发酵。

其他细菌在 pH 低的果汁中残存后通常不能生长,芽孢杆菌也不能长时间生存,人体病原菌在苹果汁中只能生存数小时至数天,但是肉毒梭菌能在冰冻的浓缩柑橘汁中生存较长时间。

(2)果汁中酵母菌。

果汁中酵母菌的种类根据水果种类不同而有所差异,多数属于假丝酵母属(*Candida*)、圆酵母属(*Torula*)、隐球酵母属(*Cryptococcus*)和红酵母属(*Rhodotorula*)等。在发酵后的果汁中可分离出酵母菌,主要来源于二次污染。例如葡萄汁中的酵母菌主要是柠檬形克勒克氏酵母(*Kloeckera apiculata*),其次是葡萄酒酵母(*Saccharomyces ellipsoideus*),卵形酵母(*Saccharomyces oviformis*)和路氏酵母(*Saccharomyces ludwigii*)等也有发现。此外,葡萄汁还存在汉逊氏酵母属(*Hansenula*)、毕赤氏酵母属(*Pichia*)、圆酵母属(*Torula*)、酒香酵母属(*Brettanomyces*)、红酵母属(*Rhodotorula*)和假丝酵母属(*Candida*)等酵母。新鲜柑橘的表皮上常带有假丝酵母属(*Candida*)、有孢汉逊氏酵母属(*Hanseniaspora*)、毕赤氏酵母属(*Pichia*)等酵母,但是柑桔果汁中常存在啤酒酵母(*Saccharomyces cerevisiae*)、葡萄酒酵母(*Saccharomyces ellipsoideus*)、膜醭毕赤氏酵母(*Pichia membranaefaciens*)等酵母,其原因是柑橘果汁加工过程中外界环境污染造成。

浓缩果汁由于酸度高且含有高浓度的糖,细菌的生长受到抑制,只有少数的酵母和霉菌尚能生长,如鲁氏酵母($Saccharomyces\ rouxii$)和蜂蜜酵母($Saccharomyces\ mellis$)等耐高渗透压酵母可以在浓缩果汁表层进行酒精发酵,这些酵母生长的最低 a_w 值为 $0.65 \sim 0.70$,比一般酵母的 a_w 要低得多。由于这些酵母细胞相对密度小于它所生长的浓糖液,所以往往浮存于浓糖液的表层,当糖被酵母转化后,促使表层糖液的相对密度下降,酵母即沉降至浓度较高的糖液层中。例如在浓缩橘子汁中发现木兰球拟酵母($Torulopsis\ magnoliae$),该菌在糖浓度较低和贮藏温度较低的情况下也能进行发酵,但在糖浓度高和温度低的情况下,发酵作用逐渐减弱,甚至停止。因此,若浓缩果汁糖液浓度较低时置于4℃保藏,可以防止浓缩果汁变质。

(3)果汁中的霉菌。

霉菌引起果汁的变质现象是少见的。果汁中发现的霉菌以青霉属($Penicillium$)最为常见,如扩张青霉($Penicillium\ expansum$)和皮壳青霉($Penicillium\ crustosum$)等,它们在果汁中能迅速生长,其次是曲霉属($Aspergillus$),如构巢曲霉($Aspergillus\ nidulans$)和烟曲霉($Aspergillus\ fumigatus$)等,其他霉菌如拟青霉属($Paecilomyces$)、丝衣霉属($Byssochlamys$)、红曲霉属($Monascus$)和瓶霉属($Phialophora$)等也有发现。这些霉菌对果汁的低温消毒具有耐热性,若在果汁中生长就会产生不良的臭味。

刚榨制的果汁中可检出交链孢霉属($Alternaria$)、芽枝霉属($Blastocladia$)、粉孢霉属($Oidium$)和镰刀霉属($Fusarium$)等一些霉菌,但在贮藏过程中,果汁中不会发现。

(4)果汁的变质现象。

果汁在贮藏期间,由于微生物的作用引起果汁变质,变质主要有以下几种现象。

①混浊:造成果汁混浊的原因除化学因素外,多数是由酵母菌酒精发酵引起的。例如,圆酵母属($Torula$)酵母,由于容器清洗不净导致酵母残存,从而引起果汁发酵。一些耐热性较强的霉菌,如雪白丝衣霉($Byssochlamys\ nivea$)和宛氏拟青霉($Paecilomyces\ varioti$)等也能造成果汁浑浊的现象,当它们在果汁少量生长时,由于产生了果胶酶对果汁具有澄清作用,但可以产生霉味和引起果汁风味的改变。

②产生酒精:酵母菌能引起果汁发酵而产生酒精,如果果汁中含有高浓度的 CO_2,果汁不会发生酒精发酵,但酵母菌能继续生存并不死亡,当 CO_2 浓度下降时,酵母菌又能恢复原有的生长繁殖能力。果汁中引起变质的细菌是极少数的,例如甘露醇杆菌($Bacterium\ mannitopoeum$)可使40%的果糖转化为酒精,有些明串珠菌属($Leuconostoc$)可使葡萄糖转变成酒精。霉菌中毛霉($Mucor$)、镰刀霉($Fusarium$)、曲霉($Aspergillus$)等部分种在一定条件下也能利用果汁转化为酒精。

③有机酸的变化:果汁中一般含有酒石酸、苹果酸和柠檬酸等。由于酒石酸较稳定,分解酒石酸的微生物仅限于少数细菌,例如解酒石杆菌($Bacterium\ tartarophthorum$)、琥珀酸杆菌($Bacterium\ succinicum$)、肠杆菌属($Enterobacter$)和埃希氏菌属($Escherichia$)等。青霉属($Penicillium$)、曲霉属($Aspergillus$)和镰刀霉属($Fusarium$)等一些霉菌也具有分解酒石酸的能力。

乳酸杆菌属(*Lactobacillus*)和明串珠菌属(*Leuconostoc*)等能分解苹果酸产生乳酸和琥珀酸,其生成量与 pH 有关,但果汁中存在的氨基酸能阻碍分解作用。酵母菌分解苹果酸的能力较弱。霉菌中的灰绿葡萄孢霉(*Botrytis nidulans*)能分解苹果酸,而黑根霉(*Rhizopus nigricans*)在代谢过程中可以合成苹果酸。

果汁中的大多数乳酸菌可以分解柠檬酸产生 CO_2 和醋酸,若果汁中醋酸含量较多,即为劣质果汁。有些霉菌如柠檬酸霉属、曲霉属(*Aspergillus*)、青霉属(*Penicillium*)、毛霉属(*Mucor*)、葡萄孢霉属(*Botrytis*)、丛霉属和镰刀霉属(*Fusarium*)等可以合成柠檬酸。酵母在果汁发酵过程中可产生少量的琥珀酸。

3.6　食品腐败变质的鉴定

食品发生变质后,一般可以从感官、化学、物理和微生物 4 个方面进行鉴定。

3.6.1　感官鉴定

感官鉴定是以人的视觉、嗅觉、触觉、味觉来检验食品初期腐败变质的一种简单而灵敏的方法。食品初期腐败时会产生腐败臭味,发生颜色的变化(褪色、变色、着色、失去光泽等),出现组织变软、变黏等现象。这些都可以通过感官分辨出来,一般还是很灵敏的。

1.色泽

食品无论在加工前或加工后,本身均呈现一定的色泽,如有微生物繁殖引起食品变质时,色泽就会发生改变。有些微生物产生色素,分泌至细胞外,色素不断累积就会造成食品原有色泽的改变,如食品腐败变质时常出现黄色、紫色、褐色、橙色、红色和黑色的片状斑点或全部变色。另外,由于微生物代谢产物的作用促使食品发生化学变化时也可引起食品色泽的变化。例如肉及肉制品的绿变就是硫化氢与血红蛋白结合形成硫化氢血红蛋白所引起的。腊肠由于乳酸菌增殖过程中产生了过氧化氢促使肉中色素褪色或绿变。

2.气味

食品本身有一定的气味,动、植物原料及其制品因微生物的繁殖而产生极轻微的变质时,人们的嗅觉就能敏感地觉察到有不正常的气味产生。如氨、三甲胺、乙酸、硫化氢、乙硫醇、粪臭素等具有腐败臭味,这些物质在空气中浓度为 $10^{-8} \sim 10^{-11}$ mol/m^3 时,人们的嗅觉就可以觉察到。此外,食品变质时,其他胺类物质、甲酸、乙酸、酮、醛、醇类、酚类、靛基质化合物等也可觉察到。

食品中产生的腐败臭味,常是多种臭味混合而成的。有时也能分辨出比较突出的不良气味,例如霉味臭、醋酸臭、胺臭、粪臭、硫化氢臭、酯臭等。但有时产生的有机酸的酸味,水果变坏产生的芳香味,人的嗅觉习惯上不认为是臭味。因此评价食品质量不是以香、臭味来划分,而是应该按照正常气味与异常气味来评价。

3.口味

微生物造成食品腐败变质时也常引起食品口味的变化。而口味改变中比较容易分辨的是酸味和苦味。一般碳水化合物含量多的低酸食品,腐败变质初期产生酸是其主要的特征。但对于原来酸味就高的食品,如番茄制品来说,微生物造成酸败时,酸味稍有增高,辨别起来就不那么容易。另外,某些假单孢菌(*Pseudomonas*)污染消毒乳后可产生苦味;蛋白质被大肠杆菌(*Escherichia coli*)、小球菌(*Pediococcus*)等微生物作用也会产生苦味。

当然,口味的评价从卫生角度看是不符合卫生要求的,而且不同人评价的结果往往意见分歧较多,只能作大概的比较。为此口味的评价应借助仪器来测试,这是食品科学需要解决的一项重要课题。

4.组织状态

固体食品腐败变质时,动、植物性组织因微生物酶的作用,可使组织细胞破坏,造成细胞内容物外溢,这样食品的性状即出现变形、软化;鱼肉类食品则呈现肌肉松弛、弹性差,有时组织体表出现发黏等现象;微生物引起粉碎后加工制成的食品,如糕点、乳粉、果酱等变质后常出现黏稠、结块等表面变形及湿润或发黏现象。

液态食品变质后即会出现浑浊、沉淀,表面出现浮膜、变稠等现象。鲜乳因微生物作用引起变质时可出现凝块、乳清析出、变稠等现象,有时还会产气。

3.6.2 化学鉴定

微生物的代谢,可引起食品化学组成的变化,并产生多种腐败性产物,因此直接测定这些腐败产物就可作为判断食品质量的依据。

一般氨基酸、蛋白质类等含氮高的食品,如鱼、虾、贝类及肉类,在需氧性败坏时,常以测定挥发性盐基氮含量的多少作为评价的化学指标;对于含氮量少而含碳水化合物丰富的食品,在缺氧条件下腐败则经常以测定有机酸的含量或 pH 的变化作为指标。

1.挥发性盐基总氮

挥发性盐基总氮系指肉、鱼类样品浸液在弱碱性条件下能与水蒸汽一起蒸馏出来的总氮量,主要是氨和胺类(三甲胺和二甲胺),常用蒸馏法或 Conway 微量扩散法定量。该指标现已列入我国食品卫生标准。例如一般在低温有氧条件下,鱼类挥发性盐基总氮的量达到 30 mg/100g 时,即认为是变质的标志。

2.三甲胺

因为在挥发性盐基总氮构成的胺类中,主要是三甲胺,它是季胺类含氮物经微生物还原产生的。可用气相色谱法进行定量,或者三甲胺制成碘的复盐,用二氯乙烯抽取测定。新鲜鱼虾等水产品、肉类中没有三甲胺,初期腐败时,其量可达 4~6 mg/100g。

3.组胺

鱼贝类可通过细菌分泌的组氨酸脱羧酶使组氨酸脱羧生成组胺而发生腐败变质。当鱼肉中的组胺达到 4~10 mg/100g,就会引起变态反应样的食物中毒。通常用圆形滤纸色谱法(卢塔—宫木法)进行定量。

4.K 值

K 值是指 ATP 分解的肌苷(HxR)和次黄嘌呤(Hx)低级产物占 ATP 系列分解产物 ATP+ADP+AMP+IMP+HxP+Hx 的百分比,主要适用于鉴定鱼类早期腐败。若 K≤20%,说明鱼体绝对新鲜;K≥40%时,鱼体开始有腐败迹象。

5.pH 的变化

食品中 pH 的变化,一方面可由微生物的作用或食品原料本身酶的消化作用,使食品中 pH 下降;另一方面也可以由微生物作用所产生的氨而促使 pH 上升。一般腐败开始时食品的 pH 略微降低,随后上升,因此多呈现 V 字形变动。例如牲畜和一些青皮红肉的鱼在死亡之后,肌肉中因碳水化合物产生消化作用,造成乳酸和磷酸在其中积累,以致 pH 下降;其后因腐败微生物繁殖,肌肉被分解,造成氨积累,促使 pH 上升。我们借助于 pH 计测定则可评价食品腐败变质的程度。

但由于食品的种类、加工方法以及污染的微生物种类不同,pH 的变动有很大差别,所以一般不用 pH 作为初期腐败的指标。

3.6.3 物理指标

食品的物理指标,主要是根据蛋白质分解时低分子物质增多这一现象,来先后研究食品浸出物量、浸出液电导度、折光率、冰点下降、黏度上升等指标。其中肉浸液的黏度测定尤为敏感,能反映腐败变质的程度。

3.6.4 微生物检验

对食品进行微生物菌数测定,可以反映食品被微生物污染的程度及是否发生腐败变质,同时它是判定食品生产的一般卫生状况以及食品卫生质量的一项重要依据。在国家卫生标准中常用细菌总菌落数和大肠菌群的近似值来评价食品卫生质量,一般食品中的活菌数达到 10^8 CFU/g 时,则可认为处于初期腐败阶段。详细内容见食品卫生微生物检验部分。

本章小结

引起食品腐败变质的微生物种类繁多,其中以非致病细菌为主,霉菌次之,酵母菌更次之。这些微生物通常广泛存在于土壤、水、空气、动物和人的粪便中,食品在运输、贮存和销售过程中如不注意卫生,被其污染,在适宜的环境下,这些微生物就可以大量繁殖,使食品发生一系列复杂的变化,以致腐败变质。食品的腐败变质就是指食品受到各种内、外因素的影响,其原有的化学性质或物理性质发生变化,降低或失去其营养价值和商品价值的过程。

本章主要介绍了微生物引起的食品腐败变质的机理、环境条件,要求学生掌握常见食品的腐败变质和污染食品的微生物来源及其控制措施。

思考题

(1)引起罐藏食品腐败变质的原因是什么?试述引起罐藏食品腐败变质的微生物种类及其作用后果。

(2)试述鲜乳腐败变质的过程。

(3)引起肉类腐败变质的微生物主要有哪些种类?肉类的腐败变质有哪些表现?

(4)引起鲜鱼腐败变质的微生物主要有哪些?

(5)微生物污染禽蛋的方式主要有哪些?

(6)引起新鲜果蔬和果汁腐败变质的微生物主要有哪些?

(7)引起食物腐败变质的因素有哪些?

(8)由微生物引起的食品腐败变质具有什么特点?

(9)污染食品的微生物来源?

(10)如何有效控制微生物污染食品?

主要参考书目

[1]蔡静平. 粮油食品微生物学[M]. 北京:中国轻工业出版社,2002.

[2]何国庆,贾英民,丁立孝. 食品微生物学(第三版)[M]. 北京:中国农业大学出版社,2016.

[3]李宗军. 食品微生物学:原理与应用[M]. 北京:化学工业出版社,2014.

[4](美)雷伊,布恩亚著,江汉湖主译. 基础食品微生物学(第四版)[M]. 北京:中国轻工业出版社,2014.

[5]潘嫣丽,尹小琴. 食品微生物[M]. 北京:中国质检出版社,2016.

[6]刘慧. 现代食品微生物学(第二版)[M]. 北京:中国轻工业出版社,2011.

[7]车振明. 工科微生物学教程[M]. 成都:西南交通大学出版社,2007.

[8]刘用成. 食品检验技术(微生物部分)[M]. 北京:中国轻工业出版社,2006.

[9]纪铁鹏,崔雨荣. 乳品微生物学[M]. 北京:中国轻工业出版社,2007.

第四章　食品中的微生物污染及其控制

本章导读:

·掌握污染食品的微生物途径、消长及控制方法。

·理解并掌握污染微生物的生物学特点和作用。

·了解食品微生物污染的概念。

·明确食品微生物污染的主要来源和种类。

4.1　食品中的微生物污染

4.1.1　食品的微生物污染概念

食品的微生物污染是指食品在加工、运输、贮藏、销售过程中被微生物及其代谢产物(如毒素等)污染。在食品的周围环境中,存在着一个种类繁多、数量庞大的微生物世界,因此,食品可以被多种多样的微生物污染,其污染微生物的来源主要是环境。食品从原料产地、加工、贮藏、运输、销售以及烹调等各个环节,常因卫生状况不好导致微生物通过多种途径侵入食品,造成对食品的污染,并在其中生长繁殖,引起食品变质,甚至产生各类毒素,造成食物中毒。但是,如果对涉及食品的各个环节严格管理,卫生状况良好,那么尽管在食品周围环境存在着很多微生物,也很难对食品造成污染。要做到这一点,就要掌握微生物生命活动的规律,并有针对性地采取有效措施,才能实现预防和控制微生物对食品的污染。

4.1.2　污染食品的微生物来源

微生物在自然界中分布十分广泛,几乎是无处不在,无时不有。在不同的环境中存在的微生物种类和数量也不相同,而食品从原料、生产、加工、贮藏、运输、销售等各个环节中,不可避免地要与环境进行不同方式的接触,从而导致了微生物污染食品的可能性。污染食品的微生物来源可分为土壤、空气、水、操作人员、动植物、加工设备、包装材料等方面。

1.土壤环境

(1)土壤环境的特点。

土壤是固体无机物(岩石和矿物质)、有机物、水、空气和生物组成的多孔性复合物,通常是自然界中含微生物最多的场所,可以说是微生物的大本营。土壤通常具有以下几个特点:土壤中含有大量的有机物质和无机物质;土壤团粒结构之间的孔隙可贮存空气或水分,具有一定的持水性,又为有氧或缺氧的环境;土壤的酸碱度一般为中性左右,但变化幅度较大,pH 可在 3.5~10.5;土壤的温度虽然随气温条件有所变化,但土壤地表土的温度四季变化幅度不大;土壤表面的覆盖物保护微生物免遭紫外线的杀害。因此,土壤为微生物的生长繁殖提供了有利的营养条件和环境条件,许多微生物能在土壤中生存或繁殖。所以,土壤素有"微生物的天然培养基"和"微生物大本营"之称,据统计,土壤中微生物数量高达 $10^7 \sim 10^9$ CFU/g。

但是,土壤的性状并不是一直恒定不变的,随着外界条件的改变,土壤中分布的微生物在种类上和数量上都有可能发生变化。

(2)土壤中微生物的主要类群及特点。

土壤中微生物可分为两大类:自养型微生物和异养型微生物。自养微生物主要包括硝酸细菌、亚硝酸细菌和硫细菌等。异养型微生物占土壤微生物数量的绝大部分,主要包括细菌、放线菌、霉菌和酵母,例如引起食品变质的微生物、食物中毒的病原微生物和传染病的病原微生物等。

土壤中的细菌占有较大比率,一般占土壤微生物数量的 70% ~ 90%,主要种类是腐生性球菌、需氧性芽孢杆菌(如枯草芽孢杆菌、蜡样芽孢杆菌、巨大芽孢杆菌等)和厌氧性芽孢杆菌(如肉毒梭菌、腐化梭菌等),此外,土壤中还分布有许多非芽孢菌,例如摩根氏杆菌属、大肠埃希氏菌属、欧氏植物杆菌属和赛氏杆菌属等。土壤中的细菌作为食品的污染源危害性最大。

土壤中的酵母菌、霉菌和大多数放线菌主要生存在土壤的表层,酵母菌和霉菌在偏酸性的土壤中活动较为显著。

土壤中微生物的数量和种类在不同地区、不同性质的土壤中有很大的差异,特别在土壤表层的微生物波动较大。一般浅层土壤中微生物数和种类较多,随着土壤深度的加深,微生物数量逐渐减少。表4-1列举了典型花园土壤不同深度的微生物数。

表4-1 典型花园土壤不同深度的微生物数(CFU/g 土壤)

深度(cm)	细菌	放线菌	真菌	藻类
3~8	9750000	2080000	119000	25000
20~25	2179000	245000	50000	5000
35~40	570000	49000	14000	500
65~75	11000	5000	6000	100
135~145	1400	—	3000	—

另外,土壤中的微生物除了自身发展外,分布在空气、水和人及动植物体的微生物也会不断进入土壤中。各种病原微生物随着病人和患病动物的排泄物、尸体以及植物病株残体通过废物、污水等污染土壤。多数病原微生物因不适应土壤环境而迅速死亡,但不同种类的病原微生物在土壤中生存时间有很大的差别,一般无芽孢的病原微生物在土壤中生存的时间较短,而有芽孢的病原微生物生存时间较长,例如沙门氏菌只能生存数天至数星期;炭疽芽孢杆菌(*Bacillus anthraci*)能生存数年或更长时间;霉菌及放线菌的孢子也能存活较长

时间,此外,土壤本身还存在着能够长期生活的土源性病原菌,例如肉毒梭菌等。

2.空气环境

（1）空气环境的特点。

空气中缺乏被微生物直接利用的营养物质和充足的水分,干燥且有紫外线的照射,因此,微生物在空气中不能正常生长繁殖,只能以浮游状态存在于空气中。

（2）空气中微生物的主要类群及特点。

空气中存在的微生物主要来源于土壤、水体和其他微生物源,例如土壤上飞起的尘埃颗粒、水面吹来起的小水滴、污水处理厂曝气产生的气溶胶、人和动物体表的干燥脱落物和呼吸道呼出的气体等都是空气中微生物的来源。

空气中的微生物数量随着与地面高度、人口分布的疏密等条件而异。一般来讲,越接近地面的空气,含微生物的数量就越多。人口众多、交通拥挤、牲畜活动场所的空气比农村、海洋、高山、森林等地带的微生物要多,见表4-2。例如居民生活区的空气,一般每立方米含 2000 CFU 微生物,而在海洋上空,一般只有 1~2 CFU。尘埃越多,微生物也越多。相反,下雨或下雪后,微生物就显著减少。

表4-2　不同地区空气中的微生物数量

地点	微生物数量（CFU/cm^3）
北极	0
海洋上空	1~2
市区公园	200
城市街道	5000
宿舍	20000
畜舍	1000000~2000000

空气中的微生物种类没有固定的种属类型,一般与周围环境密切相关。因为进入空气的微生物,一部分和尘埃一起沉降在地面或其他物体表面,还有一部分微生物因空气干燥和缺乏营养不能存活,因此,在空气中生存的微生物主要是抵抗力较强的微生物,例如各种芽孢杆菌、小球菌、霉菌和酵母的各种孢子等。此外,空气中有时也会出现一些病原微生物,例如结核分枝杆菌（*Mycobacterium tuberculosis*）、金黄色葡萄球菌（*Staphyloccocus aureus*）等一些呼吸道疾病的病原微生物,这样的微生物有的间接来自地面或直接来自患病者的呼吸道,患者口腔喷出的飞沫小滴中含有 1 万~2 万个细菌。这些致病菌虽然进入空气,但由于空气环境对它们生长不利,所以一般只能存活较短的时间后就会死去。

3.水环境

（1）水的环境特点。

自然界中的湖泊、池塘、溪流、河流、港湾和海洋等各种淡水与咸水水域中都存在微生物。由于各种水域中都含有不同的无机物质和有机物质,并且温度、酸碱度、含盐量、含氧量及光照度等存在差异,淡水的 pH 在 6.8~7.4,海水的 pH 高达 8.0~8.5,因而各种水域中的微生物种类和数量呈明显差异。通常水中微生物的数量主要取决于水中有机物质的含量,有机物质含量越多,其中微生物的数量也就越大。

(2)水中微生物的主要类群及特点。

淡水域中的微生物可分为两类:一类是清水型水生微生物,它们能适应淡水环境(如湖泊、水库等)而长期生存,构成了水中天然微生物的类群。其中以自养型微生物为主,可被看作是水体环境中的土居微生物,如硫细菌、铁细菌、衣细菌及含有光合色素的蓝细菌、绿硫细菌和紫细菌等。也有部分与食品有关的腐生性细菌,如假单胞菌属(*Pseudomonas*)、产碱杆菌属(*Alcaligenes*)、色杆菌属(*Chromobacterium*)、黄杆菌属(*Achromobacter*)、气单胞菌属(*Aeromonas*)、无色杆菌属(*Achromobacter*)和微球菌属(*Micrococcus*)的一些种就能在低含量营养物的清水中生长。霉菌中也有一些水生性种类,如水霉属(*Saprolegnia*)和绵霉属(*Achlya*)的一些种可以生长于腐烂的有机残体上。此外还有单细胞和丝状的藻类以及一些原生动物常在水中生长,通常情况下它们的数量不多。

另一类是腐败型水生微生物,它们主要来自土壤、空气和生产、生活的污水以及人畜粪便等的微生物,是造成水体污染、传播疾病的重要原因。其中来自土壤中的微生物占水中微生物的大部分,它们主要随雨水的冲洗而流入水中。来自污水、废物和人畜排泄物的微生物,大多数是人畜消化道内的正常菌群,如大肠杆菌、粪链球菌(*Streptococcus faecalis*)和魏氏梭菌(*Clostridium welchii*)等,还有一些腐败菌,如某些变形杆菌和一些厌氧的梭菌等。有些情况下,水中也可发现一些病原菌的存在,如沙门氏菌、产气荚膜芽孢杆菌(*Clostridium perfringen*)、炭疽杆菌(*Bacillus anthraci*)、破伤风芽孢杆菌(*Clostridium tetani*)。污水中还会有纤毛虫类、鞭毛虫类和根足虫类原生动物。进入水体的动植物致病菌,通常因水体环境条件不能完全满足其生长繁殖的要求,故一般难以长期生存,但也有少数病原菌可以生存达数月之久。

在水中存在的微生物并非全都能生长繁殖,能够生长繁殖的仅限于水中天然微生物的一些类群。水对来自生活于其他环境中的微生物来说,不适于它们进行生命活动。例如一些病原微生物完全不能生长,即使能生长也是暂时且很微弱的,但也有例外,少数病原菌可在淡水中生存达数月之久。

微生物在水中活动的种类和数量与气候、地形条件、营养物质、温度、含氧量、水中含有的浮游生物、噬菌体及其他一些拮抗微生物等因素有关。例如下雨后严重污染的河水中含有的细菌数可高达 10^7 CFU/mL,但隔一定时间,微生物数量会明显下降,这是由于水体的自净作用。自净作用主要与阳光的照射、河水的流动和稀释、有机物因细菌消耗减少、浮游生物及噬菌体的吞噬作用等因素有关,因此水的自净度是水质卫生的重要指标。

海水中微生物在海水中存在的水生微生物均具有嗜盐的特性,靠近陆地的海水中因含有大量的有机物质,微生物数量也较多;近海中的微生物具有与陆地微生物相似的特性(嗜盐性除外)。近海中常见的细菌主要包括假单胞菌属(*Pseudomonas*)、无色杆菌属

（*Achromobacter*）、不动杆菌属（*Acinetobacter*）、黄杆菌属（*Achromobacter*）、微球菌属（*Micrococcus*）、芽孢杆菌属（*Bacillus*）和噬纤维菌属（*Cytophaga*）等。例如在捕获的海鱼体表常检出无色杆菌属、黄杆菌属和假单胞菌属的细菌，它们能引起鱼类的腐败变质。海水中的细菌不仅能引起海产动植物腐败，有的还是海产鱼类的病原菌，有些菌种还能引起人类食物中毒，如副溶血性弧菌（*Vibrio parahaemolyticus*）。

4.人和动植物

由于人和动植物因生活在自然环境中，体表就会受到来自土壤、空气、水中微生物的污染。一般情况下，健康人体的皮肤、头发、口腔、消化道、呼吸道等均带有大量的微生物，见表4-3。动物的许多部位也常存在一些微生物，如体表上存在多种球菌、大肠杆菌和绿脓杆菌（*Pseudomonas aeruginosa*）等；口腔中存在葡萄球菌（*Staphylococcus*）、链球菌（*Streptococcus*）和乳酸杆菌（*Lactobacillus*）等，而胃肠道内的微生物较复杂，因动物所处环境不同，所含微生物的种类和数量也有所差异。犬、猫、鼠等的体表、消化道、呼吸道也带有大量的微生物，如未经清洗的动物被毛、皮肤微生物数量可达 $10^5 \sim 10^6/cm^2$，若它们接触食品后也会造成微生物的污染。由病原菌引起疾病的人和动物体内也会存在不同数量的病原菌，其中少数菌是人畜共患病原微生物，如沙门氏菌（*Salmonella*）、结核杆菌（*Tubercle bacilli*）、布氏杆菌（*Bacterium burgeri*）等，这些微生物可以通过直接接触或通过呼吸道和消化道排出体外而散布在空气、水、土壤中污染食品。

蚊、蝇及蟑螂等各种昆虫也都携带有大量的微生物，其中可能有多种病原微生物，试验证明，每只苍蝇带有数百万个细菌，80%的苍蝇肠道中带有痢疾杆菌，由于它们特殊的生活习性，也成为污染食品的微生物的主要来源之一。

有些微生物污染植物性原料，引起果蔬、谷类、粮食等腐烂变质，如酵母菌、乳酸菌和醋酸菌造成瓜果的腐烂。有些植物病原微生物的代谢产物具有毒性，引起食物中毒，如黄曲霉毒素、黄变米毒素等。

表4-3　人体各部位的正常菌群

部位	主要微生物的种类
皮肤	表皮葡萄球菌、类白喉杆菌、绿脓杆菌、耻垢杆菌等
口腔	链球菌（甲型或乙型）、乳酸杆菌、螺旋体、梭形杆菌、白色念珠菌、（真菌）表皮葡萄球菌、肺炎球菌、奈瑟氏球菌、类白喉杆菌等
胃	正常一般无菌
肠道	类杆菌、双歧杆菌、大肠杆菌、厌氧性链球菌、粪链球菌、葡萄球菌、白色念珠菌、乳酸杆菌、变形杆菌、破伤风杆菌、产气荚膜杆菌等
鼻咽腔	甲型链球菌、奈氏球菌、肺炎球菌、流感杆菌、乙型链球菌、葡萄球菌、绿脓杆菌、大肠杆菌、变形杆菌等
眼结膜	表皮葡萄球菌、结膜干燥杆菌、类白喉杆菌等

5.加工机械及设备

在食品加工的整个过程中，各种加工机械设备其自身虽然不含有微生物生长所需的营养物质,但是在食品加工过程中,由于食品的汁液或颗粒黏附在其内表面,而在食品生产结束时,因为各种原因造成这些机械设备清洗不彻底或者灭菌不完全,使原本少量的微生物得以在其上大量生长繁殖,成为微生物的污染源。这些机械设备在后来的使用中会通过与食品接触而造成食品的微生物污染。在生产条件良好和生产工艺合理的情况下,污染较少,食品中所含有的微生物总数不会明显增多;但是如果残留在食品加工机械及设备上中的微生物在加工过程中有繁殖的机会,则食品中的微生物数量就会出现骤然上升的现象。

在食品加工过程中,除了重视防止原料微生物污染(一次污染)外,还须防止微生物二次污染,即防止制造机械、生产工具等微生物污染,保持制造设备的清洁环境是防止食物中毒等事故最有效的方法。

食品机械加工机器的洗净,是控制微生物生长繁殖的极重要的手段。设备经清洗后微生物绝对数量减少,而且洗去了以蛋白质和碳水化合物为主的微生物营养源,杜绝了微生物繁殖。清洗时,使用水和洗涤剂,需达到清洁度高、不影响加工机械及食品质量、操作方便卫生又要安全、废水处理容易、经济的目的。

食品机械加工设备进行杀菌也是保持设备卫生方法的重要措施,除采用物理杀菌法外,食品机器的杀菌几乎都可用化学杀菌。理想的杀菌剂应该是杀菌范围广、杀菌效果快、对机器及食品质量无影响、杀菌的持续效果高、洗脱容易、万一混入安全无毒、对废水处理设施及环境的不利影响小、经济等要求。工厂可根据微生物污染情况合理选用杀菌剂。

6.包装材料

食品包装材料通常是纸、竹、木、金属、搪瓷、陶瓷、塑料、橡胶、天然纤维、化学纤维、玻璃等制品。在食品的生产加工、运输、贮藏过程中所使用的包装材料,在没有经过消毒或者灭菌前,总是会带有不同数量和种类的微生物而成为污染食品的微生物的来源之一。即使是经过消毒灭菌的食品,也会因为各种包装材料的处理不当而被微生物污染。一次性包装材料通常比循环使用的材料所带有的微生物数量要少,塑料包装材料由于带有电荷会吸附灰尘及微生物。

7.原料及辅料

食品原料是污染食品的微生物的重要来源之一。食品的原料分为植物性原料和动物性原料。植物性原料主要有粮食、水果和蔬菜等;动物性原料包括家禽家畜、鱼类、禽蛋、乳类等。无论是动物性原料还是植物性原料在加工前都会不同程度地被微生物污染,再通过运输、贮藏等环节,微生物污染食品的机会进一步增加。如果在加工过程中处理不当,很容易引起食品腐败变质,其中动物性原料还有可能引起食物中毒。

(1)植物性原料。

健康的农作物在生长期与自然界广泛接触,其体表存在有大量的微生物,所以收获后的粮食一般都含有其原来生活环境中的微生物。据测定,每克粮食含有几千以上的细菌。这些细菌多属于假单胞菌属(*Pseudomonas*)、微球菌属(*Micrococcus*)、乳杆菌属(*Lactobacillus*)和芽孢杆菌属(*Bacillus*)等。此外,粮食中还含有相当数量的霉菌孢子,主要是曲霉属(*Aspergillus*)、青霉属(*Penicillium*)、交链孢霉属(*Alternaria*)、镰刀霉属(*Fusarium*)等。植物体表还会附着有植物病原菌及来自人畜粪便的肠道微生物及病原菌。

健康的植物组织内部应该是无菌或仅有极少数菌,如有时外观看上去是正常的水果或蔬菜,其内部组织中也可能有某些微生物的存在。有人从苹果、樱桃等组织内部分离出酵母菌,从番茄组织中分离出酵母菌和假单孢菌属的细菌。这些微生物是果蔬开花期侵入并生存于果实内部的。感染病后的植物组织内部会存在大量病原微生物,这些病原微生物是在植物的生长过程中通过根、茎、叶、花、果实等不同途径侵入组织内部的。

果蔬汁是以新鲜水果为原料,经加工制成的。由于果蔬原料本身带有微生物,而且在加工过程中还会再次感染,所以制成的果蔬汁中必然存在大量微生物。果汁的 pH 一般在 2.4~4.2,糖度较高,可达 60~70 Brix,因而在果汁中生存的微生物主要是酵母菌,其次是霉菌和极少数的细菌。

粮食在加工过程中,经过洗涤和清洁处理,可除去籽粒表面上的部分微生物,但某些工序可使其受环境、机具及操作人员携带的微生物再次污染。多数市售面粉的细菌含量为每克几千个菌落形成单位,同时还含有 50~100 个霉菌孢子。

(2)动物性原料。

屠宰前健康的畜禽具有健全而完整的免疫系统,能有效地防御和阻止微生物的侵入和在肌肉组织内扩散。所以正常机体组织内部(包括肌肉、脂肪、心、肝、肾、血液等)是无菌的,而畜禽体表、被毛、消化道、上呼吸道等器官总是有微生物存在,如未经清洗的动物被毛、皮肤微生物数量可达 $10^5 \sim 10^6$ CFU/cm^2。如果被毛和皮肤污染了粪便,微生物的数量会更多。刚排出的家畜粪便微生物数量可多达 10^7 CFU/g,瘤胃成分中微生物的数量可达 10^9 CFU/g。

患病的畜禽其器官及组织内部可能有微生物存在,如病牛体内可能带有结核杆菌(*Mycobacterium tuberculosis*)、口蹄疫病毒(*Aphtaeepizooticae*)等。这些微生物能够冲破机体的防御系统,扩散至机体的其他部位,此多为致病菌。动物皮肤发生刺伤、咬伤或化脓感染时,淋巴结会有细菌存在。其中一部分细菌会被机体的防御系统吞噬或消除掉,而另一部分细菌可能存留下来导致机体病变。畜禽感染病原菌后有的呈现临床症状,但也有相当一部分为无症状带菌者,这部分畜禽在运输和圈养过程中,由于拥挤、疲劳、饥饿、惊恐等刺激,机体免疫力下降而呈现临床症状,并向外界扩散病原菌,造成畜禽相互感染。

屠宰前畜禽的状态也很重要。屠宰前给予充分休息和良好的饲养,使其处于安静舒适的条件,此种状态下进行屠宰其肌肉中的糖原将转变为乳酸。在屠宰后 6~7 h 内由于乳酸的增加使胴体的 pH 降低到 5.6~5.7,24 h 内 pH 降至 5.3~5.7。在此 pH 条件下,污染的细菌不易繁殖。如果宰前家畜处于应激和兴奋状态,则将动用贮备糖原,宰后动物组织的 pH 接近 7,在这样的条件下腐败细菌的侵染会更加迅速。

屠宰后的畜禽即丧失了先天的防御机能,微生物侵入组织后迅速繁殖。屠宰过程卫生管理不当将造成微生物广泛污染的机会。最初污染微生物是在使用非灭菌的刀具放血时,将微生物引入血液中的,随着血液短暂的微弱循环而扩散至胴体的各部位。在屠宰、分割、加工、贮存和肉的配销过程中的每一个环节,微生物的污染都可能发生。

健康禽类所产生的鲜蛋内部本应是无菌的,但是鲜蛋中经常可发现微生物存在,即使是刚产出的鲜蛋也是如此。微生物污染的来源:病原菌通过血液循环进入卵巢,在蛋黄形成时进入蛋中。常见的感染菌有雏沙门氏菌(*Salmonella pullora*)、鸡沙门氏菌(*Salmonella gallinarum*)等。禽类的排泄腔内含有一定数量的微生物,当蛋从排泄腔排出体外时,由于蛋内遇冷收缩,附在蛋壳上的微生物可穿过蛋壳进入蛋内。鲜蛋蛋壳的屏障作用有限,蛋壳上有许多大小为 $4\sim6~\mu m$ 的气孔,外界的各种微生物都有可能进入,特别是贮存期长或经过洗涤的蛋,在高温、潮湿的条件下,环境中的微生物更容易借水的渗透作用侵入蛋内。

刚生产出来的鲜乳总是会含有一定数量的微生物,这是由于即使是临床上健康乳畜的乳房内,也可能生存有一些细菌,特别是乳头管及其分枝,常生存着特定的乳房菌群。主要有微球菌属(*Micrococcus*)、链球菌属(*Streptococcus*)、乳杆菌属(*Lactobacillus*)。当乳畜患乳房炎时,乳房内还会含有引起乳房炎的病原菌,如无乳链球菌(*Streptococcus agalactia*)、化脓棒状杆菌(*Corynebacterium pyogenes*)、乳房链球菌(*Streptococcus uberis*)和金黄色葡萄球菌(*Staphyloccocus aureus*)等。患有结核或布氏杆菌病时,乳中可能有相应的病原菌存在。

鱼类生活在水域中,由于水域中含有多种微生物,所以鱼的体表、鳃、消化道内都有一定数量的微生物。活鱼体表附着的细菌为 $10^2\sim10^7~CFU/cm^2$,鱼的肠液中含细菌数为 $10^5\sim10^8~CFU/mL$。因此,刚捕捞的鱼体所带有的细菌主要是水生环境中的细菌。主要有假单胞菌属(*Pseudomonas*)、黄杆菌属(*Flavobacterium*)、无色杆菌属(*Achromobacter*)等,淡水中的鱼还有产碱杆菌属(*Alcaligenes*)、气单胞菌属(*Aeromonas*)和短杆菌属(*Brevibacterium*)等。

近海和内陆水域中的鱼可能受到人或动物的排泄物污染而带有病原菌,如副溶血性弧菌。它们在鱼体上存在的数量不多,不会直接危害人类健康,但如贮藏不当,病原菌大量繁殖后可引起食物中毒。在鱼上发现的病原菌还可能有沙门氏菌(*Salmonella*)、志贺氏菌(*Shigella*)和霍乱弧菌(*Vibrio cholerae*)、红斑丹毒丝菌(*Erysipelothrix rhusiopathiae*)、产气荚膜梭菌(*Clostridium perfringens*),它们也是由环境污染的。捕捞后的鱼类在运输、贮存、加工、销售等环节中,还可能进一步被陆地上的各种微生物污染。这些微生物主要有微球菌属(*Micrococcus*)和芽孢杆菌属(*Bacillus*),其次还有变形杆菌属(*Proteus*)、大肠埃希氏菌属(*Escherichia*)、赛氏杆菌属(*Serratia*)、八叠球菌属(*Sarcina*)及梭菌属(*Clostridium*)。

(3)辅料。

食品加工中所用的辅料主要有各种佐料、淀粉、面粉、糖等,虽然这些辅料用量很少,但也会带有大量的微生物,例如佐料中微生物数量高达 10^8 个/g。辅料中的微生物一般生存在辅料的表面或内部,或者是辅料在收获、运输、贮藏、加工过程中受到的二次污染。

4.1.3 微生物污染食品的途径

食品在生产加工、运输、贮藏、销售以及食用过程中都有可能受到微生物的污染,其污染的途径可分为两大类:内源性污染和外源性污染。

（1）内源性污染。

内源性污染（也称第一次污染）是指作为食品原料的动植物体在生长过程中,由于本身带有的微生物而造成食品的污染。引起内源性污染的微生物主要有两类。

第一类是非致病性和条件性致病性生物,在正常条件下非致病性和条件致病性微生物寄生在动物体的某些部位(如消化道、呼吸道,肠道里的大肠杆菌、梭菌等),当动物在屠宰前处于不良条件时(如长期、长时间的运输、过劳、以及天气过热、过冷),肌体抵抗力下降,这些微生物会侵入到肌体的组织器官里面,甚至侵入到肌肉当中,造成肉品的污染,在一定条件下成为肉品腐败变质和引起食物中毒的重要的微生物的来源。

第二类是致病性微生物,在动物生活过程中被致病微生物感染,导致了某些组织器官中存在病原微生物,如沙门氏菌、炭疽杆菌（*Bacillus anthraci*）、布氏杆菌（*Brucella*）、结核杆菌（*Mycobacterium tuberculosis*）、口蹄疫病毒（*Aphtae epizooticae*）、禽流感病毒（*Avian Influenzavirus*）等,这类病原微生物感染肌体以后,在其畜产品当中,也可能感染这些相应的微生物。例如结核病牛所产的牛奶当中可能就可以检出结核杆菌;禽类感染沙门氏菌后,沙门氏菌就可以通过血液,侵入到卵巢当中,在鸡蛋当中就可能出现沙门氏菌的污染。

（2）外源性污染。

外源性污染（也称第二次污染）是指食品在生产加工、运输、贮藏、销售、食用过程中,通过水、空气、人、动物、机械设备及用具等而使食品发生微生物的污染。

①通过水的污染:食品生产加工过程中,不同的生产环节都离不开水,因为水既是食品原料(辅料)的成分,也是清洗、冷却不可缺少的物质,同时生产设备、地面及用具的清洗也需要大量用水。

各种天然水源包括地下水(如井水和泉水)和地上水(如湖水、河水、江水、塘水、海水等),不仅是重要的污染源,也是微生物污染食品的主要途径。在很多情况下,水是微生物污染食品的主要媒介。深井水源因不受外来微生物的污染,不会有病原微生物存在,非病原微生物的含量也极少,有时甚至无菌检出,在未污染的情况下是安全的。自来水是将天然水净化消毒而供饮用,达到了国家卫生标准。因此,自来水在正常情况下不受外来微生物污染,不会导致微生物在食品中的污染。但是,有时遇到自来水管有漏洞、管道中压力不足以及暂时变成负压时,就会引起管道周围泥土中的微生物进入管道,特别是在雨后的自来水中会出现细菌数剧增的现象。

如果水中发现大量微生物的存在就说明水已被有机物污染,若用这种水来处理食品,不仅会引起微生物污染食品,同时还有将其他物质带入食品中去的危险。有时在应用洁净自来水的过程中,由于方法不当,自来水仍可能成为污染食品的媒介。例如在屠宰场中经常发现屠宰后牲畜体表沙门氏菌检出率明显高于宰前牲畜粪便中沙门氏菌的检出率,原因在于一系列宰杀、除毛、拉肠的工序过程中,皮毛上和肠道内的微生物通过水的散布而导致微生物污染范围扩大,这些微生物也经常通过用水造成畜体之间的相互污染并通过污水的排出向周围环境扩散。

食品生产过程中如果直接应用未经净化消毒的地面水则会有较多的微生物污染食品，同时还可能有其他污染物和有毒物品使食品污染，这是食品加工卫生所不允许的。

②通过空气的污染：空气中微生物的分布是不均匀的，其变化情况与灰尘数量变动的情况基本相似。空气中的微生物会随着灰尘的飞扬或沉降，使微生物附着在食品上。此外，人体带有微生物的痰沫、鼻涕与唾液的小水滴在讲话、咳嗽或打喷嚏时，也可直接或间接污染食品。例如在讲话或咳嗽时，距人体 1.5 m 以内的范围是直接污染区，大水滴呈浮游状停留在空气中能达 30 min，小水滴可在空气中停留 4~6 h，甚至更长的时间。因此，食品暴露在空气中被微生物污染是不可避免的，接触时间越长，污染则越严重。

③通过人及动物的接触污染：人接触食品时，人体可作为媒介，引起微生物污染。从事食品生产的人员，如果他们的身体、衣帽不经常清洗，不保持清洁，就会有大量的微生物附着其上，通过皮肤、毛发、衣帽与食品接触而造成污染。如果他们本身患有某些疾病、接触食品部位不注意清洗消毒，指甲不经常修剪，那么就更容易使食品引起微生物污染。

有些动物也会使食品引起微生物污染，而且有食品的地方，正是某些动物活动频繁的场所，例如老鼠、苍蝇、蟑螂等，它们的皮肤及消化道上带有大量微生物，常常把微生物传播至食品，引起污染。实验证明，每只苍蝇带有数百万个细菌形成单位，80%的苍蝇肠道中带有痢疾杆菌。鼠类粪便中带有沙门氏菌等病源微生物，因此食品中如有沙门氏菌污染很可能与鼠类接触食品有关。

④通过加工设备及包装材料的污染：在食品的生产加工、运输、贮藏过程中所使用的各种加工设备及包装材料，如原料的包装容器、运输工具、生产加工设备和成品的包装材料或容器，在未经消毒前总会存在不同数量的微生物而成为污染食品的途径。遇到包装物品的更换和运输环节的变动就会造成更多的污染。特别是装运易腐败食品的运输工具和容器，如果用过后未经彻底清洗和消毒而连续使用，就会使运输工具和容器中残留较多数量的微生物，从而污染以后装运的食品。食品在加工过程中，通过不加高热的设备越多，造成污染的机会也越多。已经过消毒或灭菌的食品，常因包装材料或容器不洁净，使含菌不多的食品或无菌的食品重新遭受污染，这样的食品就不易保藏，或者产品一经包装完毕后，即已成为不符合食品卫生质量指标的制品。

4.2　食品中微生物的消长

食品中微生物存在的原因是从不同的污染源，通过不同的污染途径，将微生物传播到食品中。由于污染源的不同，因此，食品中存在不同类型的微生物。食品受到微生物污染后，微生物种类和数量会随着食品所处环境和食品状况的变化而变化。这种变化的主要特征是食品中微生物的数量增多或减少，即称为食品微生物的消长。食品中微生物的数量一般出现消长的现象，通常可以从以下几个阶段观察到微生物消长的规律。

（1）加工前。

食品原料在加工前已经不同程度地污染了微生物，再通过运输、贮藏等物流环节，又增加了微生物污染食品原料的机会，引起了食品原料中微生物的数量不断增多的现象。虽然有些污染原料的微生物因不适应环境而死亡，但是从存活的微生物总数看，一般表现为增加而不减少，例如新鲜鱼类、肉类和果蔬类等食品原料。即使食品原料在加工前的运输和贮藏等环节中采取了较严格的卫生措施，但早在原料产地已污染而存在的微生物，如果不经过灭菌处理，这些微生物仍然存于食品原料中。

因此，加工前的食品原料中存在的微生物种类和数量，在一般正常情况下，总是比加工后较多。

（2）加工过程中。

食品原料在加工过程中，有些生产工艺（如清洗、加热消毒或灭菌等）不利于微生物的生存。在正常的情况下，这些生产工艺明显降低食品中微生物的数量，甚至可以全部杀灭微生物，但如果原料被微生物严重污染，则会影响加工过程中微生物的下降率。此外，食品加工过程某些环节也可能导致微生物的二次污染。一般情况下，在卫生条件良好和正常的生产工艺时，食品中含有微生物的总数不会明显的增多；但如果残留食品中的微生物在加工过程中有生长繁殖的机会，则食品中微生物的数量就会出现骤然上升的现象。

（3）加工后。

经过加工制成的食品，由于可能还残存少量的微生物或被微生物二次污染，因此在贮藏过程中如果条件适宜，微生物就会在食品中生长繁殖，促使食品腐败变质。在变质过程中，微生物数量会迅速增多，当上升到一定数量时就不会再继续上升，相反数量会逐渐下降。其原因是由于微生物生长繁殖而引起食品腐败变质，而变质后的食品不利于该微生物继续生长而逐渐趋于死亡，此时食品已不能食用。如果已变质的食品中还有其他种类的微生物存在，并能适应变质食品的基质条件而得到生长繁殖的机会，这时就会出现微生物数量再度升高的现象。加工制成的食品如果不再受污染，同时残存的微生物又处于不适宜生长繁殖的条件，那么随着贮藏时间的延长，微生物数量就会不断下降。

由于食品的种类繁多，加工条件和贮藏条件也不尽相同，致使微生物在不同食品中表现的消长情况也不可能完全相同。因此，在食品生产中必须充分掌握各种食品中微生物消长规律的特点，对于指导食品的生产具有重要的意义。

4.3　控制微生物污染食品的措施

食品在加工前、加工过程中和加工后都容易受到微生物的污染，如果不采取相应的措施进行预防和控制，则食品的卫生质量就必然要受到影响。为了保证食品的卫生质量，不仅要求食品的原料中所含的微生物数量降到最少的程度，而且要求在加工过程中及在加工后的贮存、销售等环节中不再或非常少受到微生物的二次污染。控制食品由于微生物污染而造成的腐败变质,首先就应该掐断微生物的污染源,其次是抑制微生物的生长繁殖。

1.防止原料的污染

原料是污染食品的微生物的主要来源之一,加工食品的原料质量直接影响成品的质量。严格控制原料中的微生物种类和数量,使用符合微生物学标准的原料进行生产加工,是保障食品卫生质量的重要措施。首先,食品加工企业应了解原料的来源,并指导和控制原料的生产情况。无论是植物性原料还是动物性原料,其携带的微生物种类和数量与其生长环境密切相关,最好采用本厂生产的原料,使原料的微生物数量降至最低程度,以便获得质量优良的食品。其次,严格把好原料验收关,杜绝一切可能造成微生物污染的原料入厂。最后,要加强原料的卫生管理工作,防止原料在贮存期间被苍蝇、蟑螂及老鼠叮咬。同时控制好原料贮藏温度、湿度等条件,以严格控制微生物的生长。

2.加强企业卫生管理

食品加工企业是食品生产的主体,食品卫生质量的好坏,企业是关键。因此,食品的卫生质量首先取决于企业的卫生管理水平。食品企业应抓好环境卫生和生产中卫生的管理,严格遵守我国的食品卫生法规与标准,同时借鉴国际上先进的食品卫生管理经验和模式。如果不注意食品企业内部的卫生管理,再好的食品原材料或食品还要受到微生物的污染,进而发生腐败变质,所以搞好企业卫生管理就显得更加重要,因为它与食品的卫生质量有着直接的密切关系。加强企业卫生管理主要体现在以下几个方面:

(1)加强食品生产卫生管理。

食品在生产过程中,每个环节都必须要有严格而又明确的卫生要求。只有这样,才能生产出符合卫生标准的食品。

在实施卫生操作规范过程中,生产地点的选择至关重要,因此食品加工企业厂址的选择要合理。要考虑防止企业对居民区的污染和居民区及周围环境对企业的污染,厂房和生活区要分开设置,特殊的场所如屠宰场要单独设置,工厂的空地除了搞好清洁卫生外,还应进行绿化,以降低空气中灰尘和污物的含量。食品加工企业周围不能建有化工厂,因为化工厂常排放有毒气体;食品企业也不能建在捕捞厂或水处理系统附近,捕捞厂或水处理系统里微生物种类和数量繁多,容易随空气及水源污染食品加工企业;害虫较多的地方也不适合建设食品加工企业;食品厂址的选择地点还要排水性能好;要有发展余地;对于厂区内不合理的设施且确认是污染源的,应坚决改造或拆迁。

建立健全车间、设备、库房、运输工具及生产过程中的卫生制度。生产食品的车间,要求环境清洁,生产容器及设备能进行清洗消毒。生产班次前后必须对所有设备和用具,尤其是能接触到半产品的设备进行彻底清洗消毒,以便除去食品残渣、汁液和污物,以免积垢和繁殖大量微生物。小型工厂一般采用手工清洗设备,大型工厂采用自动和半自动操作清洗设备。采用原位自动清洗系统(简称 CIP 洗涤系统)可按预定程序自动清洗与杀菌。清洗剂种类很多,食品加工企业只能使用食品卫生法允许的清洗剂,最好使用兼有杀菌作用的清洗剂。目前我国最常用清洗剂的主要是 2%～3%NaOH 溶液和 2%～3%HCl 溶液。生产容器及设备的杀菌一般常用蒸汽、70～80℃的热水喷洗和热空气法。有些不具备热源的食品厂可用化学消毒剂杀菌。2%的二氧化氯溶液，具有杀菌力强、持续效果长、不残留有毒物质、用量省等特点，是目前我国最广泛使用的食品加工设备的消毒剂。另外还有 0.5%～1.2%的漂白粉或 0.05%～0.5%的过氧乙酸。价格便宜，杀菌能力强，不仅可以作为清洗剂，也常作为消毒剂。生产食品的车间地面也要定时清洗除尘，并保持干燥。墙壁应贴瓷砖。地面铺地砖，并涂有抑霉防腐剂。要定期彻底清除车间内不卫生的隐患和死角，并形成卫生管理制度执行。车间还应有防尘、防蝇和防鼠的设备。车间的空气最好采取过滤除菌和紫外线杀菌措施，即在车间出入口安置风帘除尘和除菌，并在车间内配置紫外灯经常对空气进行杀菌，同时定期抽样检验车间的空气落菌情况。综合以上措施可以明显地减少车间环境中污染食品的微生物数量。

在食品生产过程中应采用先进的生产工艺和合理的配方。要尽量缩短设备流程，并尽可能的实行生产的连续化、自动化和密闭化、管道化的设备和生产线，减少食品接触周围环境的时间，防止食品被污染，尤其是交叉感染。

食品生产企业的生产用水质量要符合饮用水的卫生标准。食品生产离不开水，水的卫生质量如何，可直接影响食品的卫生质量。不少食品的污染，就是由于使用了不卫生的水而引起的。在食品生产过程中，所使用的水，必须符合国家规定的饮用水的卫生标准，定期检测水源质量，如果水质达不到饮用水的卫生要求，就要进行净化和消毒，然后才能应用。

（2）加强食品贮藏卫生管理。

食品在贮藏过程中，要注意场所、温度、容器等因素。根据各类食品的不同性质，选择合适的贮藏方法和贮藏条件。贮藏场所的温度、湿度以较低为宜。有条件的地方可放入冷库贮藏。空气相对湿度在 50%以下。场所要保持高度的清洁状态，无尘、无蝇、无鼠。所用的容器要经过消毒清洗，包装材料要保持完整密封。在贮藏过程中，要综合采取食品保藏技术控制微生物生长。此外，贮藏的食品要定期检查，一旦发现生霉、发臭等变质，都要及时进行处理。

（3）食品运输卫生。

食品在运输过程中，是否受到污染或是否腐败变质都与运输时间的长短、包装材料的质量和完整、运输工具的卫生情况、食品的种类等有关。成品出厂前应检验符合食品卫生标准时才可出厂。即食熟食品要用清洁卫生的专用工具运输，生熟食品、食品与非食品应分开运输，防止与生食品或非食品发生交叉污染。易变质食品应低温运输，还应防止包装材料破损。

（4）食品销售卫生。

食品在销售过程中，要做到及时进货，防止积压，要注意食品包装的完整，防止破损，要多用工具售货，减少直接用手，要防尘、防蝇、防鼠害等。采取"先进先出"的原则，尽量缩短贮藏期。

（5）食品从业人员卫生。

对食品企业的从业人员，尤其是直接接触食品的加工人员、服务员、售货员等，必须加强卫生教育，执行严格的卫生要求。养成遵守卫生制度的好习惯，保持良好的个人卫生。要勤理发、剪指甲、洗澡，勤换衣帽、口罩等，特别是食品从业人员接触食品的手必须经常清洗（尤其是便后），并用消毒剂消毒。最好带消毒过的手套操作，以保持整洁与清洁。必须穿戴统一发放的工作服、口罩、工作帽进入生产车间，并且应保持干净。手部有创伤的或生产过程中手部受轻刀伤人员必须及时包扎好，戴上橡胶手套，并调离与食品加工直接接触的岗位。感冒等轻病者必须戴上口罩且消毒后才能进入生产车间，并且只能临时调到不与食品直接接触的工作岗位。食品从业人员每年必须参加预防性健康检查，新参加工作的食品从业人员必须参加预防性健康检查和卫生知识培训，取得健康检查、卫生知识合格证后，方可从事食品生产经营活动。凡患有痢疾、伤寒、病毒性肝炎等消化道传染病、活动性肺结核、化脓性或渗出性皮肤病以及其他有碍食品卫生疾病的人，不得参加直接入口食品的工作。

3.加强环境卫生管理

环境卫生的好坏，对食品的卫生质量影响很大。环境卫生搞得好，其含菌量会大大下降，这样就会减少对食品的污染。若环境卫生状况很差，其含菌量一定很高，这样容易增加污染的机会。所以加强环境卫生管理，降低环境中的含菌量，减少食品污染的机会，是保证和提高食品卫生质量的重要一环。

（1）做好粪便卫生管理工作。

事实上搞好粪便卫生管理工作具有重要的意义，做好这项工作不仅可以提高肥料的利用率，而且可以减少对环境的污染，因为在粪便中常常含有肠道致病菌、寄生虫卵和病毒等，这些都有可能成为食品的污染源。粪便在收集和运输后，要进行无害化处理，以杀死粪便中的肠道致病菌、寄生虫卵和病毒等，减少对环境的污染。粪便无害化处理方法有堆肥法、沼气发酵法和药物等。

（2）做好污水卫生管理工作。

为保证食品水源安全，须做好污水无害化处理，污水来源于生活污水和工业污水两大类。生活污水中含有大量有机物质和肠道病原菌，工业污水含有不同的有毒物质，为了保护环境，保护食品用水的水源，必须做好污水无害化处理工作。目前污水处理的方法较多，较为常见的是利用活性污泥的曝气池来处理污水。活性污泥（Sludge activated）是由污水中繁殖大量微生物凝聚而成的绒絮状泥粒，它具有很强的吸附和氧化分解有机物的能力。若在显微镜下观察，活性污泥中包含有很多细菌、酵母菌、霉菌、原生动物、藻类等，其中细菌是污水处理中除去有机物的主要成员。在大分子沉淀物和小分子的有机物被分解的同时，许多病原菌、虫卵也被杀死。当大分子沉淀物和小分子的有机物以及病原菌被消灭以后，污水就得到了净化。

（3）做好垃圾卫生管理工作。

垃圾是固体污物的总称，垃圾来源于居民的生活垃圾和工农业生产垃圾两大类。垃圾组成复杂,从垃圾无害化和利用的观点来看,可分为三类:有机垃圾指瓜皮、果壳、菜叶、动植物尸体等,有机垃圾含有大量的微生物,容易腐败变质,在卫生学和流行病学上危害较大,需采用堆肥法进行无害化处理,同时也含有较多的肥料可用于农业。无机垃圾和废品在卫生学上危害不大,故无须无害化处理。有机垃圾集中以后,常采用堆肥法进行处理,由于在堆肥过程中,微生物的作用不仅可使有机物得到分解,转化成植物能吸收的无机质和腐殖质,而且在堆肥过程中产生的高温,以及微生物之间的拮抗作用而杀死有机垃圾中的病原菌和寄生虫卵,从而达到了无害化的要求。

4.加强食品卫生检验

合格的食品要加强食品卫生的检验工作,才能对食品的卫生质量做到心中有数。有条件的食品企业应设有化验室,食品企业化验室要经常或定期对每批产品进行微生物学检验,以便及时了解食品的卫生质量。对发现不符合卫生要求的食品,除了应采取相应的措施加以处理外,重要的是查出原因,找出对策,以便今后能生产出符合卫生质量要求的食品。同时要不断改进微生物检验技术,提高食品卫生检验的灵敏度和准确性,缩短检验时间,做到快速准确地反映食品卫生质量。

本章小结

本章主要介绍了污染食品的微生物途径、消长及控制方法;要求学生了解污染微生物的生物学特点和作用;掌握食品微生物污染的概念以及食品微生物污染的主要来源和种类等内容。

思考题

(1)食品污染指的是什么?

(2)微生物污染食品的污染源、污染途径有哪些? 根据不同生境的特点分析其存在的主要微生物类群。

(3)根据已有知识,结合实例来谈谈食品中微生物消长的一般规律。

(4)简述采取哪些手段才能尽可能防止和控制微生物对食品的污染而生产出合格的产品?

主要参考书目

[1]周德庆. 微生物学教程(第三版)[M]. 北京:高等教育出版社,2011.

[2]何国庆,贾英民.食品微生物学[M].北京:中国农业大学出版社,2003.

[3]董明盛,贾英民.食品微生物学[M].北京:中国轻工业出版社,2006.

[4]张文治.食品微生物学[M].北京:中国轻工业出版社,1995.

[5]杨洁彬.食品微生物学[M].北京:中国农业大学出版社,1995.

[6]沈萍.微生物学[M].北京:高等教育出版社.2000.

[7]郑晓冬.食品微生物学[M].浙江:浙江大学出版社,2001.

第五章 微生物污染与食物中毒

本章导读：

· 了解食物中毒的概念及其类型。

· 掌握常见的细菌性食物中毒的病原菌种类和生物学特性、熟悉中毒症状和中毒机理，了解病原菌来源和预防措施。

· 掌握常见的霉菌毒素食物中毒的产毒菌种类和产毒条件，熟悉毒素性状、中毒症状和中毒机理，了解防霉方式和去毒措施。

5.1 食物中毒与微生物污染

5.1.1 食物中毒的概念

食品在生产、加工、运输和贮藏过程中可能会受到微生物的污染，其中有些微生物在引起食品的腐败变质以及丧失食用价值外，还能对人体和动物产生毒害作用，这类微生物被称为病原微生物或致病微生物。食品源病原微生物是指存在于食品中或以食品为传播媒介的病原微生物，这类微生物污染食品后，可引起人类食物中毒、肠道传染病或人畜共患病。

2009年6月1日实施的《中华人民共和国食品安全法》对食物中毒的定义：食用了被有毒有害物质污染的食品或者食用了含有毒有害物质的食品后出现的急性、亚急性疾病，属于食源性疾病的范畴。

通常情况下，食物中毒不包含下列几种：因暴饮暴食而引起的急性胃肠炎、食源性肠道传染病和寄生虫病（如旋毛虫病等）、一次大量或经常少量摄入某种有毒有害物质引起的以慢性毒性为主要特征（如致癌、致畸、致突变等）的疾病。

近年来，一些发达国家和国家组织经常使用"食源性疾病"概念。食源性疾病一词是由传统的"食物中毒"逐渐发展变化而来。世界卫生组织认为：凡是通过摄食进入人体的各种致病菌引起的，通常有感染性的或中毒性的一类疾病，都称为食源性疾患。即指通过食物传播的方式和途径致使病原物质进入人体并引发的中毒或感染性疾病。从这个概念出发应当不包括一些与饮食有关的慢性病和代谢病（如糖尿病、高血压等），然而国际上有人把这类疾病也归为食源性疾患的范畴。顾名思义，凡与摄食有关的一切疾病（包括传染性和非传染性疾病）均属食源性疾患。

5.1.2 食物中毒的特点

食物中毒常呈集体性和突然性的爆发,种类很多,病因复杂,但一般具有下列共同特点。

(1)由于没有个人与个人之间的传染过程,所以导致发病呈暴发性,潜伏期短,来势急剧,短时间内可能有多数人发病,发病曲线呈突然上升的趋势。

(2)中毒病人一般具有相似的临床症状,最常出现恶心、呕吐、腹痛、腹泻等消化道症状。

(3)发病与食物有关。患者在近期内都食用过同样的食物,发病范围局限在食用该类有毒食物的人群,停止食用该食物后发病很快停止,发病曲线在突然上升之后呈突然下降趋势。

(4)食物中毒病人对健康人不具有传染性。

5.1.3 食物中毒的类型

食物中毒多种多样,一般按照病原物质将食物中毒分为细菌性食物中毒、真菌性食物中毒、有毒动物性食物中毒、有毒植物性食物中毒和化学性食物中毒5种类型。

(1)细菌性食物中毒指由于进食被细菌或其细菌毒素所污染的食物而引起的急性或亚急性中毒性疾病。细菌性食物中毒是食物中毒中最常见的一类,通常有明显的季节性,多发生于气候炎热的季节,一般以5~10月较多,7~9月尤易发生。发病率较高,但病死率一般较低。

(2)真菌性食物中毒指食入被真菌及其毒素所污染的食物而引起的食物中毒。有一定的地区性,如霉变甘蔗中毒、霉变甘薯中毒等多见于我国北方。季节性因真菌繁殖、产毒的最适温度不同而异。发病率较高,病死率因真菌的种类不同而有所差别。

(3)有毒动物性食物中毒指食入有毒的动物性食品引起的食物中毒。发病率和病死率因动物性中毒食品种类不同而有所差异,有一定的地区性。如河豚鱼中毒常见于海河交界地区,病死率高。

(4)有毒植物性食物中毒指食入有毒的植物性食品引起的食物中毒。如毒蕈、发芽马铃薯、木薯等引起的中毒。季节性、地区性比较明显,多散在发生,发病率、病死率因引起中毒的食品种类不同而异。

(5)化学性食物中毒指由于食用了受到有毒有害化学物质污染的食品所引起的食物中毒。季节性和区域性不明显,中毒食品无特异。发病率、病死率一般都比较高。如有毒的金属、非金属及其化合物、有机磷农药和亚硝酸盐等。

5.2　细菌性食物中毒

5.2.1　概述

1.细菌性食物中毒的概念

细菌性食物中毒(Bacterial food poisoning)是指由于进食被细菌或其毒素所污染的食物而引起的急性或亚急性中毒性疾病。细菌性食物中毒是最常见的食物中毒,通常占食物中毒事件的30%~90%,人数占食物中毒总人数的60%~90%。据资料表明,我国发生的细菌性食物中毒多以沙门氏菌、变形杆菌和金黄色葡萄球菌食物中毒为主,其次为副溶血性弧菌、蜡样芽孢杆菌食物中毒。

2.细菌性食物中毒的分类

按照病原菌和发病机制的不同,细菌性食物中毒可分为感染型、毒素型和混合型三种类型。

(1)感染型。

病原菌随食物进入肠道后并继续在肠道内生长繁殖,依靠侵袭力附着于肠黏膜或侵袭肠黏膜及黏膜下层,引起黏膜充血、白细胞浸润、水肿、渗出等病理变化。例如各种血清型沙门氏菌感染。除引起腹泻等胃肠综合症外,某些病原菌还进入黏膜固有层,被吞噬细胞吞噬或杀灭,菌体裂解,释放出内毒素。由于内毒素可作为致热原刺激体温调节中枢,引起体温升高。因此,感染型食物中毒的临床表现多有发热症状。

(2)毒素型。

病原菌污染食品后大量生长繁殖并产生毒素,食用后而引起的食物中毒。大多数细菌能产生肠毒素或类似的毒素,尽管这些毒素相对分子质量、结构和生物学性状不同,但致病作用基本相似。由于肠毒素的刺激,激活了肠壁上皮细胞的腺苷酸环化酶或鸟苷酸环化酶,使细胞质基质中环磷酸腺苷或环磷酸鸟苷的浓度升高,通过细胞质基质内蛋白质的磷酸化过程,进一步激活了细胞内的相关酶系统,使细胞的分泌功能发生变化。由于肠壁上皮细胞 Cl^- 分泌亢进,抑制肠壁上皮细胞对 Na^+ 和水的吸收,因而导致腹泻的发生。常见的毒素型细菌性食物中毒包括金黄色葡萄球菌(*Staphyloccocus aureus*)、肉毒梭菌(*Clostridum botulinum*)、产气荚膜梭菌(*Clostridium perfringens*)、椰毒假单胞菌酵米面亚种(*Psedomonas cocovenenans* supsp. *farino fermentans*)食物中毒等。

(3)混合型。

混合型食物中毒是由于感染型和毒素型两种协同作用而引起的食物中毒。病原菌进入肠道后,除侵入黏膜引起肠黏膜的病理变化外,还能产生肠毒素引起急性胃肠道症状。这类病原菌引起的食物中毒是致病菌对肠道的侵入及其产生的肠毒素协同作用而引起的,如副溶血性弧菌(*Vibrio parahemolyticus*)食物中毒。

3.细菌性食物中毒的特点

细菌性食物中毒主要有以下几个特点：

（1）细菌性食物中毒最多见，通常占食物中毒事件的 30%~90%，人数占食物中毒总人数的 60%~90%。

（2）具有明显的季节性，多发生在气候炎热的季节，一般以 5~10 月较多，7~9 月尤易发生，这是由于夏季气温高，适合于微生物生长繁殖；而人体肠道的防御机能下降，易感性增强。

（3）抵抗力降低的人（如病弱者、老人和儿童）易发生细菌性食物中毒，发病率较高，急性胃肠炎症较严重，但此类食物中毒病死率较低，预后良好。

（4）动物性食品是引起细菌性食物中毒的主要中毒食品，如肉、鱼、奶和蛋类等；少数是植物性食品，如米饭、糯米凉糕、面类发酵食品等。

（5）细菌性食物中毒发病率高，病死率差异较大。常见的细菌性食物中毒，如沙门氏菌、葡萄球菌、变形杆菌等食物中毒，病程短、恢复快、预后好、病死率低，但李斯特菌、小肠结肠炎耶尔森菌、肉毒梭菌和椰毒假单胞菌酵米面亚种食物中毒的病死率分别为 20%~50%、34%~50%、60% 和 50%~100%，且病程长、病情重、恢复慢。

4.细菌性食物中毒发生的原因

根据研究表明，引起细菌性食物中毒的主要原因是食用了被大量细菌或细菌毒素所污染的食物。食品原料或食品在屠宰或收割、加工、运输、贮藏、销售和烹饪等过程被致病菌污染，被致病菌污染的食品由于贮存方式不当，导致病原菌大量生长繁殖或产生毒素；在食用前对受污染的食品没有加热或加热不彻底；刀具、砧板及用具不洁，熟食品受病原菌严重污染或生熟食品交叉污染，在较高室温下存放，病原菌大量繁殖并产生毒素；食品从业人员带菌污染食品，食品从业人员患肠道传染病、化脓性疾病或无病带菌者，将病原菌污染到食品上，这些因素都会导致细菌性食物中毒。此外，细菌性食物中毒的发生也和食用者防御机能下降、易感性增加有关。

最容易引起细菌性食物中毒的食品为动物性食品，如肉、鱼、奶和蛋等，其中畜禽肉及其制品占首位；植物性食品如剩饭、米粉、米糕、发酵食品等易发生金黄色葡萄球菌、蜡样芽孢杆菌等引起的食物中毒。细菌性食物中毒与不同区域的饮食习惯有密切关系，例如美国多食肉、蛋和糕点，葡萄球菌食物中毒最多；日本喜食生鱼片，副溶血性弧菌食物中毒最多；中国食用畜禽肉、禽蛋类较多，沙门氏菌食物中毒居首位。

5.细菌性食物中毒发病机制与临床表现

（1）发病机制。

引起细菌性食物中毒的病原菌致病力的强弱称为毒力，构成细菌毒力的要素是侵袭力和毒素。侵袭力是指病原菌突破宿主防线，并能在宿主体内定居、繁殖、扩散的能力。决定病原菌侵袭力的因素是菌体表面结构（如纤毛、荚膜和黏液等）和侵袭性酶（如致病性葡萄球菌产生的血浆凝固酶、链球菌产生的透明质酸酶、链激酶、链道酶等）。细菌毒素是致病菌致病的重要因素,按其来源、性质和作用的不同,可分为外毒素和内毒素。

外毒素是细菌生长过程中合成并分泌到胞外的毒素,主要成分是蛋白质。许多革兰氏阳性菌,如白喉棒状杆菌(*Corynebacterium diphtheriae*)、破伤风杆菌(*Clostridium tetani*)、肉毒梭菌(*Clostridum botulinum*)、金黄色葡萄球菌(*Staphyloccocus aureus*)及链球菌(*Streptococcus*)等,部分革兰氏阴性菌,如霍乱弧菌(*Vibrio cholerae*)、铜绿假单胞菌(*Pseudomonas aeruginosa*)、鼠疫杆菌(*Yersinia pestis*)等均能产生外毒素。不同种类细菌产生的外毒素对机体的组织器官具有选择作用,引起的症状也不相同。例如肉毒梭菌(*C. botulinum*)产生的肉毒毒素,能阻断神经末梢释放的起传递信息作用的乙酰胆碱,使眼肌、咽肌等麻痹,引起眼睑下垂、复视、吞咽困难等,严重的可因呼吸肌麻痹不能呼吸而死亡;白喉棒状杆菌(*C. diphtheriae*)产生的白喉毒素,特别喜欢结合在外周神经末梢、心肌等处,使那些容易受感染的细胞中蛋白质的合成受到影响,从而导致外周神经麻痹和心肌炎等。

内毒素是革兰氏阴性细菌细胞壁脂多糖,只有当细菌死亡溶解或用人工方法破坏细菌细胞后才释放出来。各种细菌的内毒素的毒性作用较弱,大致相同,可引起发热、微循环障碍、内毒素休克及播散性血管内凝血等。内毒素耐热而稳定,抗原性弱。

(2)临床表现。

细菌性食物中毒的临床表现以急性胃肠炎为主,主要表现为恶心、呕吐、腹痛、腹泻等。葡萄球菌食物中毒呕吐较明显,呕吐物含胆汁,有时带血和黏液,腹痛以上腹部及脐周多见,腹泻频繁,多为黄色稀便和水样便。侵袭性细菌引起的食物中毒,可有发热、腹部阵发性绞痛和黏液脓血便。副溶血性弧菌食物中毒的部分病例大便呈血水样。

5.2.2 沙门氏菌食物中毒

沙门氏菌食物中毒主要是摄入含有大量活菌的食物而引起的感染型食物中毒。某些沙门氏菌如鼠伤寒沙门氏菌(*Salmonella typhimurium*)、肠炎沙门氏菌(*S. enteritidis*)所产生的肠毒素也起重要作用。沙门氏菌食物中毒是一种常见的细菌性食物中毒,由沙门氏菌引起的食源性感染占细菌性食物中毒的首位。

1.病原学特点

沙门氏菌属(*Salmonella*)是肠杆菌科的一个重要菌属。目前已发现2324种血清型,我国已发现200多种。沙门氏菌的宿主特异性较弱,既可感染动物也能感染人类,极易引起人类的食物中毒。曾引起食物中毒的有鼠伤寒沙门氏菌(*Salmonella typhimurium*)、猪霍乱沙门氏菌(*S. choleraesuis*)、汤卜逊沙门氏菌(*S. thompson*)、肠炎沙门氏菌(*S. enteritidis*)、纽波特沙门氏菌(*S. newport*)、德尔卑沙门氏菌(*S. derby*)、山夫顿堡沙门氏菌(*S. senftenberg*)、阿伯丁沙门氏菌(*S. aberdeen*)、甲型副伤寒沙门氏菌(*S. paratyphi a*)、乙型副伤寒沙门氏菌(*S. paratyphi b*)、丙型副伤寒沙门氏菌(*S. paratyphi c*)、鸭沙门氏菌(*S. anatis*)、马流产沙门氏菌(*S. abortus equi*)等。引起食物中毒次数最多的有鼠伤寒沙门氏菌(*Salmonella typhimurium*)、猪霍乱沙门氏菌(*S. choleraesuis*)、肠炎沙门氏菌(*S. enteritidis*)

等,其中致病性最强的是猪霍乱沙门氏菌(*S. choleraesuis*),其次是鼠伤寒沙门氏菌(*S. typhimurium*)和肠炎沙门氏菌(*S. enteritidis*)。

沙门氏菌为革兰氏阴性杆菌,需氧或兼性厌氧,绝大部分具有周身鞭毛,能运动。沙门氏菌属不耐热,55℃1 h、60℃15~30 min 或 100℃ 数分钟即被杀死。沙门氏菌存在于家畜、家禽及鼠类的粪便中,在水和土壤中可存活数周,在人的粪便中可生存1~2 个月。此外,由于沙门氏菌属不分解蛋白质和不产生靛基质,食物被污染后无感官性状的变化。

2.中毒机制

大多数沙门氏菌食物中毒是由沙门氏菌活菌对肠黏膜的侵袭而引起的感染型食物中毒。当大量沙门氏菌随食物进入人体后,在肠道内生长繁殖,经肠系膜淋巴系统进入血液引起全身感染。而部分沙门氏菌在小肠淋巴结和网状内皮系统中裂解并释放出内毒素,活菌和内毒素共同作用于胃肠道,导致黏膜发炎、水肿、充血或出血,刺激消化道蠕动增强导致腹泻。内毒素还是一种致热原,使体温升高。此外,鼠伤寒沙门氏菌和肠炎沙门氏菌可以产生肠毒素,通过对小肠黏膜细胞膜上腺苷酸环化酶的激活,抑制小肠黏膜细胞对 Na^+ 的吸收,促进 Cl^- 的分泌,使 Na^+、Cl^- 和水在肠腔滞留而导致腹泻。

3.流行病学特点

(1)发病率。

沙门氏菌食物中毒的发病率较高,占食物中毒的 40%~60%,最高达 90%。发病率的高低受活菌数量、菌型和个体易感性等因素的影响。由于各种血清型沙门氏菌致病性强弱不同,因此随同食物摄入沙门氏菌出现食物中毒的菌量亦不相同。通常情况下,当食物中沙门氏菌含量为 $2×10^5$ CFU/g 即可引起食物中毒,而致病力弱的沙门氏菌含量为 10^8 CFU/g 才能引起食物中毒。沙门氏菌致病力的强弱与菌型有关,致病力越强的菌型越易引起食物中毒,通常认为猪霍乱沙门氏菌致病力最强,鼠伤寒沙门氏菌次之,鸭沙门氏菌致病力较弱。食物中毒的发生不仅与菌量、菌型、毒力的强弱有关,还与个体的抵抗力有关。对于幼儿、体弱老人及其他疾病患者等易感性较高的人群,较少菌量或较弱致病力的菌型仍可引起食物中毒,甚至出现较重的临床症状。

(2)流行特点。

沙门氏菌食物中毒全年均可发生,但季节性较强,多见于夏秋季节,通常5~10 月的发病率和中毒人数可达全年的80%。发病点多、面广,暴发性与散发性并存,以水源性和食源性爆发较为普遍。青壮年多发,且以农民、工人为主。

(3)中毒食品及原因。

引起沙门氏菌食物中毒的食品主要为动物性食品,特别是畜肉类及其制品,其次为禽肉、蛋类、乳类及其制品。由植物性食品引起的沙门氏菌食物中毒较少。

中毒发生的原因主要是食品被沙门氏菌污染、繁殖,再加上处理不当,未能杀灭沙门氏菌。

(4)食品中沙门氏菌的来源。

沙门氏菌属在自然界分布极其广泛,在人和动物中有广泛的宿主。因此,沙门氏菌污染肉类食物的概率较高,例如猪、牛、羊、鸡、鸭、鹅等。健康家畜、家禽肠道中沙门氏菌检出率为2%~15%、病猪肠道中检出率高达70%。正常人粪便中沙门氏菌检出率仅为0.02%~0.2%,但腹泻患者粪便中检出率为8.6%~18.8%。

沙门氏菌污染肉类有2种途径:内源性污染(宰前感染)和外源性污染(宰后感染)。

宰前感染指家畜、家禽在宰杀前已感染沙门氏菌,是肉类食品中沙门氏菌的主要来源,包括原发性沙门氏菌病和继发性沙门氏菌病两种。原发性沙门氏菌病是指家畜、家禽在宰杀前已患有沙门氏菌病,如猪霍乱、牛肠炎、鸡白痢等;继发性沙门氏菌病是指由于健康家畜家禽肠道沙门氏菌带菌率较高,当其患病、疲劳、饥饿或其他原因导致抵抗力下降时,寄生于肠道内的沙门氏菌即可经淋巴系统进入血流、内脏和肌肉,引起继发性沙门氏菌感染,使牲畜肌肉和内脏都含有沙门氏菌。

宰后感染是指家畜、家禽在屠宰过程中或屠宰后肉类食品在贮藏、运输、加工、售卖和烹调等各环节中,被含有沙门氏菌的水、土壤、天然冰、不洁的容器、炊具、蝇、鼠及人畜大便等污染。

另外,如果家禽卵巢内带有沙门氏菌,会直接污染卵黄;如果家禽肠道和肛门腔带有沙门氏菌,下蛋时蛋壳表面会被沙门氏菌污染,在适当条件下沙门氏菌可通过蛋壳侵入蛋内,使蛋液带菌。奶与奶制品有时也带有沙门氏菌,多因挤奶时未严格遵守卫生操作制度而导致污染,加上巴氏消毒不彻底,即可引起该菌食物中毒。水产品通过水源被污染,导致淡水鱼、虾有时携带沙门氏菌。

4.中毒症状

潜伏期一般为4~48 h,最长可达72 h。前期症状为发热,体温一般在38~40℃,伴头痛、恶心、倦怠、全身酸痛、面色苍白,之后出现腹泻、腹痛和呕吐,严重者可产生脱水症状;腹泻主要为黄绿色水样便,恶臭,间有黏液或血,每日数次至十余次;腹痛多在上腹部,伴有压痛;重症者可出现烦躁不安、昏迷谵妄、抽搐等中枢神经症状,也可出现尿少、尿闭、呼吸困难、发绀、血压下降等循环衰竭症状,甚至休克,如不及时救治可致死亡。

沙门氏菌食物中毒按其临床症状分类主要有胃肠炎型、类霍乱型、类伤寒型、类感冒型和败血症型5种类型,其中以胃肠炎型最为常见,类霍乱型和类感冒型次之,但多数患者以不典型的形式出现。

胃肠炎型:该型较为常见,特点是突然发病,有畏寒、发热(39℃以上)、恶心、呕吐、腹痛、腹泻,多为稀水便,严重者可致脱水、酸中毒及休克。

类伤寒型:发病缓和,潜伏期较长,但比伤寒短,平均3~10天;高热(40℃以上)、头痛、腰痛、四肢痛、全身乏力,可有相对缓脉、脾大和腹泻,但很少合并肠出血及肠穿孔。

类霍乱型:起病急,有剧烈呕吐、腹痛、腹泻,大便呈淘米水样,畏寒、高热、全身乏力;严重者可致脱水、酸中毒及休克,伴谵妄、抽搐、昏迷。

类感冒型:畏寒、发热、头痛、四肢及腰痛、全身酸痛,并有鼻塞、咽痛等上呼吸道症状。

败血症型:起病突然,有寒战、高热,热型不规则,呈弛张热或间歇热;伴出汗及胃肠炎症状,可有肝、脾大,偶有黄疸。

5.预防中毒措施

沙门氏菌的预防措施亦即细菌性食物中毒的预防措施,防止污染、控制繁殖、杀灭病原菌和增强卫生意识是最主要的措施。

控制传染源,切断传播途径。妥善处理患者和动物的排泄物,保护水源,禁止食用病畜、病禽;对急性期患者应予隔离,恢复期患者或慢性带菌者应暂时调离饮食或幼托工作。注意饮食、饮水卫生和食物加工管理,不喝生水。肉、禽、乳、蛋类的处理、加工、贮存均应严防污染,食用时应煮熟煮透。生熟分开,腹泻患者不应接触熟食。

防止沙门氏菌的污染。加强对食品生产企业的卫生监督,防止被沙门氏菌感染或污染的畜、禽肉进入市场,加强家禽(家畜)宰前和宰后卫生检验;禁止食用病死的畜禽肉类,加强肉类食品在贮存、运输、加工、烹调或销售等环节卫生管理;食品从业人员应严格遵守有关卫生制度,定期对从业人员进行健康和带菌检查;避免生熟食品的交叉感染。

控制食品中沙门氏菌的生长繁殖。虽然沙门氏菌繁殖的最适温度为37℃,但在20℃左右即能繁殖,因此,预防沙门氏菌食物中毒的重要措施就是低温贮存食品,生食品及时加工,加工后的熟食品应尽快降温,低温贮存并尽可能缩短储存时间。

食用前彻底杀灭沙门氏菌。预防沙门氏菌食物中毒的关键措施是对食品进行彻底的加热灭菌。加热灭菌的效果取决于加热方式、食品污染程度、食品体积大小等因素。例如,为彻底杀灭肉类中可能存在的沙门氏菌,肉块重量应控制在1 kg以下,在敞开的容器煮沸时,肉块内部温度应达到80℃、15 min,蛋类煮沸8~10 min,即可杀灭沙门氏菌。加工后的熟肉制品应在10℃以下低温处贮存,若放置较长时间须再次加热后食用。熟食品必须与生食品分别贮存,防止污染。

增强卫生意识,养成良好的卫生习惯,不喝生水,不食不洁食物,肉类、海产品等要充分煮熟后食用。对患者严格肠道隔离,对吐泻物要彻底消毒,避免传播。

6.沙门氏菌食物中毒案例

2008年6月9日,美国疾控中心宣布,美国中西部和南部9个州暴发沙门氏菌病疫情,有近百人染病,并将"中毒"原因归咎为生食了从超市或餐馆购买的新鲜西红柿,因为在对这些吃过西红柿的患者检查中都发现了沙门氏菌。

2010年8月17日,美国加利福尼亚州卫生部门宣布,加州多个地区暴发沙门氏菌疫情,自6月起已接到266例患病报告。初步调查显示,多数病人食用鸡蛋后染病。这些鸡蛋可能遭沙门氏菌污染。

2012年8月20日,据美国媒体报道,美国州内和联邦政府官员称,全美有20个州出现了沙门氏菌感染病例,已造成2人死亡、141人感染。肯塔基州的感染人数最多,共有50人感染。

2012年7月23日,湖北恩施自治州某县人民医院6时起陆续接诊6例以腹痛腹泻为主要症状的患者,6例病例均来自同一家族,疑似发生食物中毒。恩施州疾控中心立即派出应急小分队前往调查处理,经过流行病学调查、环境卫生调查、临床症状分析及实验室检测结果证实,此次事件是由于鼠伤寒沙门氏菌污染食品引起的食物中毒。

5.2.3 副溶血性弧菌食物中毒

副溶血性弧菌食物中毒可由大量活菌侵入、毒素引起以及两者混合作用所致。副溶血性弧菌是夏秋季沿海地区引发食物中毒和急性胃肠炎最常见病原菌之一。近年来我国食源性疾病流行趋势显示,副溶血性弧菌导致的食源性疾病占微生物性食源性疾病的20%~40%。

1.病原学特点

副溶血性弧菌(*Vibrio parahemolyticus*)隶属于弧菌属,革兰氏阴性菌,呈弧状、杆状、丝状等多种形态,无芽孢,主要存在于近岸海水、海底沉积物和鱼、贝类等海产品中。在30~37℃,pH 7.4~8.2,在含盐3.0%~4.0%的培养基上和食物中生长良好,而在无盐的条件下不能生长,也称为嗜盐菌,但NaCl含量超过8%时不能生长。兼性厌氧,菌体偏端有一根鞭毛,运动活泼。菌体不耐热,在75℃加热5 min或90℃加热1 min即被杀死;对酸较敏感,在2%醋酸或50%食醋中1 min即被杀死;在淡水中生存不超过2天,在海水中可存活47天以上。

副溶血性弧菌的抗原结构由菌体(O)抗原、鞭毛(H)抗原和表面(K)抗原三部分组成。H抗原不耐热,在100℃加热30 min即被破坏,无特异性;K抗原不耐热,能阻止菌体血清与O抗原发生凝集,O抗原具有群特异性。副溶血性弧菌有845个血清型,主要通过13种O抗原鉴定,而7种K抗原用作辅助鉴定。

副溶血性弧菌的致病力可通过"神奈川试验"区分。神奈川试验是指在含高盐(70 g/L)甘露醇的O型人血或兔血琼脂平板上产生β溶血带,称为"神奈川试验"阳性。神奈川试验阳性菌株的感染能力强,多数毒性菌株为神奈川试验阳性(K⁺),多数非毒性菌株为神奈川试验阴性(K⁻)。通常引起食物中毒的副溶血性弧菌90%为神奈川试验阳性,一般在12 h内出现食物中毒症状。神奈川试验阳性菌株能产生耐热型溶血素(thermostable direct hemolysin, TDH),神奈川试验阴性菌株能产生热敏型溶血素(thermostable direct hemolysin-related, TRH),而有些菌株能同时产生这两种溶血素。

2.中毒机制

副溶血性弧菌对人的致病性已经清楚,但本病发病机制尚未完全明确。有资料表明,摄入一定数量活菌(10^5~10^7 CFU/g)可使人致病,细菌能侵入肠黏膜上皮细胞,尸体解剖中发现肠道内有病理性损害,说明细菌直接侵袭具重要的作用,现证实TDH和TRH除均有溶血活性外,还含有肠毒素作用,均可致肠黏膜肿胀充血和肠液潴留而引起腹泻。副溶血性弧菌的致腹泻机制认为与弧菌脂多糖肠毒素成分有密切关系,类似霍乱弧菌的不耐热毒素,可通过cAMP和cGMP的介导而引起分泌性腹泻。此外耐热溶血素有特异性心脏毒作用,可引起鼠、豚鼠心肌细胞发生病变,可引起人体心房颤动期前收缩。病理变化为急性小肠炎,以十二指肠、空肠及回肠上部较明显,可见肠黏膜弥漫性充血、水肿,可深达肌层及浆膜层,有轻度糜烂,但无溃疡。组织学上中性粒细胞浸润内脏(胃、肝、脾肺)淤血。

3.流行病学特点

(1)地区分布。

我国沿海地区是副溶血性弧菌食物中毒的高发区。近年来,由于海产品大量流向内地,内地也有此类食物中毒事件的发生。呈世界性分布,我国和日本发病率最高。

(2)季节性及易感性。

副溶血性弧菌食物中毒多发生于夏秋沿海地区,以7~9月为高峰期。由于气温能影响海产品及被污染食物的细菌繁殖,故在气温较高的沿海及海岛地区发病率较高,常呈暴发流行。各年龄组均可发病,最幼为2月,最长81岁,其中以青壮年居多。男女老幼均可患病,但以青壮年为多,病后免疫力不强,可重复感染。常造成集体发病。

(3)中毒食品及原因。

引起副溶血性弧菌食物中毒的食物主要是海产品,其中以墨鱼、带鱼、黄花鱼、蟹、虾、贝、海蜇等为多;其次如咸菜、熟肉类、禽肉及禽蛋、蔬菜等。在肉、禽类食品中,腌制品约占半数。食品带菌率因季节有所不同,冬季带菌率较低,而夏季带菌率可高达90%以上。

例如我国华东地区沿岸的海水的副溶血性弧菌检出率为47.5%~66.5%,海产鱼虾的平均带菌率为45.6%~48.7%,夏季可高达90%以上。据报道,海产品中以墨鱼带菌率最高,为93%,梭子蟹为79.8%,带鱼、大黄鱼分别为41.2%、27.3%。另据报道,熟盐水虾带菌率为35%;同时还检出溶藻弧菌,检出率为65%。

发生的原因主要是:①食品加热不彻底未达到灭菌目的,生食海制品是最主要的传播途径;②制作不符合卫生要求,如熟食被接触过生海产品的刀、砧板容器等污染;③熟食保管不善,一旦受到副溶血性弧菌污染,增代时间仅10 min,故易于大量繁殖,达到足以致病的菌量。

(4)食品中副溶血性弧菌的来源。

副溶血性弧菌广泛存在于海洋和海产品及海底沉淀物中,海产鱼虾贝类是该菌的主要污染源。接触过海产鱼虾的带菌厨具、容器不经洗刷消毒也可成为污染源,带菌者也是传染源之一。在不同季节带菌率也不同,在冬季带菌率很低,甚至阴性,夏季平均带菌率高达94.8%,冬季为15.8%。沿海地区饮食从业人员、健康人群及渔民副溶血性弧菌带菌率为0~11.7%,有肠道病史者带菌可达31.6%~88.8%。带菌人群可污染各类食物。沿海地区炊具副溶血性弧菌带菌率为61.9%。食物容器、砧板、切菜刀等处理食物的工具生熟不分时,副溶血性弧菌可通过上述工具污染熟食或凉拌菜。

4.中毒症状

近年来国内报道的副溶血弧菌食物中毒,临床表现不一,可呈典型胃肠炎型、菌痢型、中毒性休克型或少见的慢性肠炎型。

潜伏期一般11~18 h,短者为4~6 h,长者为32 h,潜伏期短者病情较重。副溶血弧菌引起的食物中毒其前驱症状为上腹部疼痛,也有少数患者是以发热、腹泻、呕吐开始的,继之出现其他症状。腹痛在发病后 5~6 h 时最重,以后逐渐减轻。腹痛大多持续 1~2 天,个别患者持续数天或更长时间。2/3 病例上腹部压痛比较明显,大多存在 1~2 天,少数患者可持续 1 周。绝大多数病人都有腹泻。开始时是水样便,或部分患者有血水样便,以后转成脓血便、黏液血便或脓黏液便。部分病人开始即为脓血、黏液或脓黏液便。每日腹泻多在 10 次以内,一般持续 1~3 天。呕吐症状没有葡萄球菌食物中毒厉害,多数病人每日呕吐 1~5 次。一般在吐、泻之后感到发冷或部分病人有寒战,继之发热。体温多在 37~38℃,少数病人可超过 39℃。

5.预防中毒措施

副溶血性弧菌食物中毒的预防和沙门氏菌食物中毒基本相同。预防副溶血性弧菌食物中毒的措施主要是控制繁殖、杀灭病原菌。

加强重点行业、重点季节、重点食品中副溶血性弧菌的食品安全风险监测或食源性疾病、食源性致病菌主动风险监测,尤其每年 7~9 月加强海产品、生食水产品、熟食卤菜等重点食品的监测,开展副溶血性弧菌的定量监测,为副溶血性弧菌的定量风险评估和风险交流提供资料。

加大食源性疾病病例的主动监测,主要开展社区人群中食源性疾病和哨点医院食源性疾病病例的监测,适时发布副溶血性弧菌致食物中毒的预警,提醒其采取正确的加工方法和消费模式,预防和降低副溶血性弧菌致食物中毒事件的发生。

加强从业人员的培训和消费者的安全知识宣传,增强其卫生操作意识,增加细菌性食物中毒防治知识,有效预防和控制副溶血性弧菌食物中毒的发生。第一,对水产品烹调要格外注意,应烧熟煮透,切勿生吃;第二,动物性食品肉块要小,烧煮应充分,防止外熟里生;第三,烹调后的食品应尽早吃完,不宜在室温下放置过久;第四,盛放生、熟食品的工具容器要严格分开,注意洗刷消毒,防止生食品污染熟食品;第五,因副溶血性弧菌对低温抵抗力弱,故海产品或熟食品应低温冷藏;第六,改变食品的烹调方式和食用习惯,因副溶血性弧菌对酸敏感,在普通醋内 5 min 即死亡,故在菜肴制作时可考虑酸渍、糖醋鱼类、肉类等,在食用凉拌菜时也可蘸醋,以降低副溶血性弧菌食物中毒的风险。

6.副溶血性弧菌食物中毒案例

2006 年 5 月,美国纽约市、纽约州、俄勒冈州及华盛顿州的卫生部门报告 177 例副溶血性弧菌食物中毒事件,其中 72 例为确诊病例、105 例为疑似病例。此次食物中毒与进食生贝相关。

2007 年 7 月,江苏省某培训基地 81 名学员进餐,有 28 人在进餐后 5~12 h 相继出现腹痛(上腹绞痛)、腹泻、水样便(重者为血水样便)、恶心、呕吐等消化道症状,个别患者发热,患者经医院治疗或患者自服药后全部康复,无不良预后。经疾病预防控制中心实验室检验,确认为副溶血弧菌感染引起的食物中毒。

2006—2007 年上海市食品中致病菌监测结果显示:市售水产品中副溶血性弧菌的检出

率为 5.6%,该菌也是上海地区集体性食物中毒的首要致病原。2004—2011 年上海市集体性食物中毒资料调查显示,查明 18 起婚宴食物中毒的致病原均为副溶血性弧菌。

2012 年 5 月 1 日中午,上海某社区内举办的家庭婚宴,共有 310 人参加。自晚上 6 点开始,陆续有就餐者因腹痛腹泻等症状就诊,截至 5 月 9 日,共有 28 例患者就诊,主要症状表现为恶心、呕吐、腹痛和腹泻,腹泻物性状以水样便为主,个别为糊状和洗肉水样;腹痛多为上腹部和脐周阵痛绞痛。个别患者血液白细胞总数升高和中性粒细胞升高。经抗生素对症治疗,无死亡病例发生。28 例病例均为参加婚宴的客人,所食用的食物有虾、扇贝、鳗鱼、多宝鱼、带鱼和石斑鱼等,72 h 内均无集体性聚餐活动。经疾病预防控制中心实验室检验,确认为副溶血性弧菌污染带鱼和多宝鱼而引起的中毒。

5.2.4　李斯特菌食物中毒

李斯特菌食物中毒多发生在夏、秋季节。

1.病原学特点

李斯特菌属(*Listeria*)包括单核细胞增生李斯特菌(*L. monocytogenes*)、绵羊李斯特菌(*L. iuanuii*)、英诺克李斯特菌(*L. innocua*)、威尔斯李斯特菌(*L. welshimeri*)、西尔李斯特菌(*L. seeligeri*)、格氏李斯特菌(*L. grayi*)、脱氮李斯特氏菌(*L. denitrificans*)和默氏李斯特菌(*L. murrayi*)8 个种。其中引起食物中毒的主要是单核细胞增生李斯特氏菌(简称李斯特菌),因为其在 4℃ 环境中仍能生长繁殖,是冷藏食品的主要病原菌之一。

李斯特菌为革兰氏阳性菌,菌体呈直状或稍弯曲,常呈 V 字形,成对排列,无芽孢,一般不形成荚膜,但在含血清的葡萄糖蛋白胨液体培养基中能形成粘多糖荚膜。菌体在 22～25℃ 环境中可形成 4 根鞭毛,运动活泼,37℃ 时只有 1 根鞭毛或较少的鞭毛,穿刺半固体培养基在 25℃ 培养 2～5 天可呈现倒立伞状生长现象;新鲜的室温肉汤培养物在显微镜下可观察到翻筋斗运动。最适生长温度为 30～37℃,但在 4℃ 能生长是李斯特菌的典型特征,最适 pH 为 7.0～7.2。在普通培养基表面可形成光滑、透明的圆形小菌落,在绵羊血琼脂平板上菌落呈灰白色、圆润,直径为 1.0～1.5 mm,菌落周围有狭窄的 β 溶血环。

李斯特菌对低温具有较强的耐受性,-20℃ 时部分菌株仍具有活性,并可抵抗耐受反复冻融,但耐热性较弱,如在 59℃ 加热 10 min 或 85℃ 加热 40 s 即被全部杀灭。李斯特菌能耐酸,但不能耐碱,对 NaCl 抵抗力较强,通常在含 1%～4% NaCl 的培养基中仍能生长良好,在含 10% NaCl 的培养基中也可以生长。对化学杀菌剂和紫外线较敏感,如 75% 酒精处理 5 min,0.1% 新洁尔灭处理 30 min 和紫外线照射 15 min 均能杀灭该菌。

2.中毒机制

李斯特菌是最致命的食源性病原菌之一,在美国每年约引起 2500 份病例、500 人死亡。从世界各地爆发的李斯特菌感染事件来看,主要是食用了被李斯特菌污染的农畜产品和水产品。李斯特菌进入人体后能否引起疾病与菌量、年龄、免疫状态有关,当被污染的食品中李斯特菌含量达到 10^6 CFU/g 时,可导致食物中毒;健康人对李斯特菌具有较强的抵抗力,但免疫功能缺陷者的高危人群容易发病,因为该菌是一种细胞内寄生菌,人体对该菌的清除主要依靠细胞免疫功能。

李斯特菌的致病性与毒力机理如下:寄生物介导李斯特菌在细胞内增生,使它附着并进入肠细胞与巨噬细胞;该菌能产生细菌性过氧化物歧化酶,使它能抵抗巨噬细胞内的过氧化物(为杀菌的毒性游离基团)分解;李斯特菌溶血素 O,为 SH 活化的细胞溶素,有 α 和 β 两种,为毒力因子。

3.流行病学特点

(1)季节性。

夏秋季节发病率呈季节性增加,春季也可发生。

(2)易感人群。

通常为孕妇、婴儿、50 岁以上的老人和因其他疾病而身体虚弱者和处于免疫功能低下状态的人群。

(3)中毒食品及原因。

引起中毒的食品主要有奶与奶制品、肉制品、水产品、蔬菜及水果,尤以奶制品中奶酪、冰激凌最为重要及多见。

污染本菌的食品,未经彻底加热,食后引起中毒。如喝未彻底杀死本菌的消毒牛奶。冰箱内冷藏的熟食品、奶制品因受到本菌的交叉污染,从冰箱中取出直接食用,而引起食物中毒。

(4)食品中李斯特菌的来源。

李斯特菌广泛分布于自然界,在土壤、健康带菌者和动物的粪便、江河水、污水、蔬菜(叶菜)、青贮饲料及多种食品(如禽类、鱼类和贝类)中分离出本菌。本菌在土壤、污水、粪便、青贮饲料、牛奶中存活的时间比沙门氏菌长。该菌食物中毒的传染源为带菌的人或动物,它的传播通过口→粪→口,在人和动物、自然界之间传播。故可通过环境及许多其他来源传播给人,其中食物污染为最重要的传播途径,常是引起爆发流行的主要原因。奶的污染主要来自粪便和被污染的青贮饲料,有报道消毒牛奶本菌污染率为 21%。人类粪便、哺乳动物、鸟类粪便均可携带本菌,在屠宰过程中污染肉尸,在生的和直接入口的肉制品中本菌污染率高达 30%;受热处理过的香肠可再污染本菌,曾从开封或密封的香肠袋内分离出本菌。国内有人从冰糕、雪糕中检出本菌,检出率为 17.39%,其中产单核细胞李斯特氏菌为 4.35%。由于本菌能在普通冰箱的冷藏条件下生长繁殖,故用冰箱冷藏食品,不能抑制本菌的繁殖。曾从病人冰箱中的食品中分离出本菌,在冰箱中有可能交叉污染。在销售过程中,食品从业人员的手也可对食品造成污染。人粪便带菌率为 0.6%~1.6%,人群中短期带菌者占 70%。

4.中毒症状

潜伏期为 3~70 天,健康成人个体可出现轻微类似流感症状,易感人群(如婴幼儿、40 岁以上的成人、身体虚弱者、免疫功能缺陷者等)发病初期表现为突然发热、剧烈头痛、恶心、呕吐、腹泻等;中等程度患者的症状是败血症、脓肿、局部障碍或小肉芽瘤(如脾脏、胆囊、皮肤和淋巴结等),最突出的表现是脑膜炎、败血症、心内膜炎。孕妇呈全身感染,症状轻重不等,常发生流产、子宫炎,严重的可出现早产或死产。婴儿感染可出现肉芽肿脓毒症、脑膜炎、肺炎、呼吸系统障碍,患先天性李氏菌病的新生儿多死于肺炎和呼吸衰竭。虽然李斯特菌食物中毒事件发生的较少,但致死率较高,通常为33.3%,新生儿的死亡率约为30%,若在出生后4天内被感染,其死亡率接近50%。

5.预防中毒措施

加强食品卫生监督检查,积极开展食品中李斯特菌污染的检测,杜绝被李斯特菌污染的食品进入人们的饮食环节。李斯特菌在自然环境中广泛存在,经过充分热处理灭活单增李斯特菌的食品仍有再次被污染的可能,因此食品在加工贮存时应避免二次污染。注意饮食卫生,防止病从口入。尽量避免生吃牛肉、蔬菜,禁食腐烂变质的食品。生食瓜果应洗净。食品的贮存和加工中应生熟食分开。由于李斯特菌在4℃下仍然能生长繁殖,因此食用未加热的冰箱食品增加了食物中毒的危险。冰箱存放食品食用前应高温充分加热,温度必须达到70℃持续2 min以上。注意定期清洗电冰箱。食品及餐饮相关行业需加强规范操作,包括食品加工制作环节和贮存环节,避免李斯特菌的污染。孕妇与免疫能力低下的人应避免食用未经消毒的牛奶、软奶酪和未经煮熟的蔬菜,食物应彻底煮熟后再食用。

6.感染事件

1999年底,美国发生了历史上因食用带有李斯特菌的食品而引发的最严重的食物中毒事件,据美国疾病控制和防治中心资料显示,在美国密歇根州有14人因食用被该菌污染的"热狗"和熟肉而死亡,在另外22个州97人患此病,6名妇女流产。

1992~1995年法国出产的奶酪及猪肉中发现李斯特菌。2001年11月以来,我国质检部门多次从美国、加拿大、法国、爱尔兰、比利时、丹麦等二十多家肉类加工厂进口的猪腰、猪肚、猪耳、小排等30多批近千吨猪副产品中检出李斯特菌、沙门氏菌等致病菌。

美国疾控中心2011年9月28日说,美国已有18个州72人因食用受李斯特菌污染的甜瓜而染病。美国《侨报》报道李斯特菌已致全美16人死亡。这是美国自1998年以来致死人数最多的一次食源性疾病疫情。

2000年底至2001年初,法国发生李斯特菌污染食品事件,有6人死亡。2000年6月,食用日本雪印牌牛奶使14500多人患有腹泻、呕吐疾病,180人住院治疗。

5.2.5　大肠埃希氏菌食物中毒

1.病原学特点

大肠埃希氏菌属(*Escherichia*)俗称大肠杆菌属,为革兰氏阴性短杆菌,菌体两端钝圆,大小为$(0.4~0.6)\mu m×(2.0~3.0)\mu m$,多数单独存在或成双存在,绝大多数菌株有周身鞭毛,能运动,周身还有菌毛,无芽孢,部分菌株具有荚膜或微荚膜。需氧或兼性厌氧,生长温度范围在10~50℃,最适生长温度为40℃。生长能适应pH范围在4.3~9.5,最适pH是

6.0~8.0。在液体培养基中,浑浊生长,形成菌膜,管底有黏性沉淀;在肉汤固体平板上可形成凸起、光滑、湿润、乳白色和边缘整齐的菌落;在伊红美兰平板上,因发酵乳糖形成具有金属光泽的黑色菌落。该菌能发酵葡萄糖、乳糖、麦芽糖、甘露醇等多种糖类,并且产酸产气。室温下可生存数周,在泥土和水中可以存活数月之久。具有较强的耐酸性,可在 pH 2.5~3.0,37℃耐受 5 h;耐低温,能在冰箱内长期生存,在自然界的水中可存活数周至数月;不耐热,60℃加热 30 min 即被杀灭;对氯气尤为敏感,水中游离氯达到 0.5~1.0 mg/L 时即被杀灭;耐胆盐,在一定程度上能抵抗煌绿等染料的抑菌作用。

埃希氏菌属中经常分离出来的是大肠埃希氏菌(*Escherichia Coli*)。大肠埃希氏菌主要存在于人和动物的肠道中,随粪便排出分布于自然界中,是肠道正常菌群,一般不致病。大肠埃希氏菌的抗原结构甚为复杂,主要由菌体(O)抗原、鞭毛(H)抗原和被膜(K)抗原三部分组成。O 抗原是细胞壁上的多糖、类脂和蛋白质的复合物,H 抗原由蛋白质组成,K 抗原是一种对热稳定的荚膜多糖,可分为 A、B、L 三类,致病性的菌株多数是带有 K 抗原的,致病性大肠埃希氏菌的 K 抗原主要是 B 抗原。引起食物中毒的致病性大肠埃希氏菌的血清型主要有 O157：H7、O111：B4、O55：B5、O26：B6、O86：B7、O124：B17 等。

目前已知的致病性大肠埃希氏菌包括如下 5 种类型。

肠产毒性大肠埃希氏菌(*Enterotoxigenic E. coli*,ETEC):散发性或爆发性腹泻、婴幼儿和旅游者腹泻的常见病原菌,可从水中或食物中分离到。ETEC 的毒力因子包括菌毛和毒素,致病物质是耐热性肠毒素(经 100℃,30 min 才被破坏)和不耐热肠毒素(经 65℃,30 min 即被破坏)。当细菌进入肠道后,依靠菌毛在肠上皮细胞定居,分泌毒素,造成液体蓄积引起病变。无菌毛的细菌不能在肠道内定居,通常不会引起腹泻,有菌毛的细菌可以在肠道内定居引起腹泻。

肠侵袭性大肠埃希氏菌(*Enteroinvasive E. Coli*,EIEC):1967 年从"痢疾病人"大便中分离到的一组致腹泻性大肠杆菌,主要侵袭儿童和成人结肠黏膜上皮细胞,引起炎症反应,肠壁溃疡而导致发病。临床症状主要表现为发热、腹痛、腹泻、里急后重、脓血便等,类似于志贺氏菌引起的细菌性痢疾,但 EIEC 不具有志贺氏菌所具有的产生肠毒素的能力。EIEC 不产生肠毒素,不具有与致病性相关的菌毛。

肠致病性大肠埃希氏菌(*Enteropathogenic E. coli*,EPEC):该菌为婴幼儿、儿童引起腹泻或胃肠炎的主要致病菌,具有高度传染性,严重者可致死。EPEC 不产生肠毒素,不具有与致病性有关的菌毛,但可产生一种与痢疾志贺样大肠杆菌类似的毒素,主要侵袭十二指肠、空肠和回肠上段,发病特点类似细菌性痢疾。

肠出血性大肠埃希氏菌(*Enterohemorrhage E. Coli*,EHEC):1982 年首次在美国发现的引起出血性肠炎的病原菌,主要血清型是 O157：H7、O26：H11 和 O111：MN,其中大肠杆菌 O157：H7 已被证实是引起人类肠出血性腹泻及肠外感染、溶血性尿综合症等的主要病原菌。EHEC 不产生肠毒素,不具有 K88、K99、987P、CFAⅠ、CFAⅡ等黏附因子,不具有侵入细胞的能力,但能产生志贺样毒素,具有极强的致病性,主要感染 5 岁以下儿童。临床症状是出血性肠炎、剧烈腹痛和便血,严重者出现溶血性尿毒症。

肠道黏附性大肠杆菌(*Enteroadherent E. Coli*,EAEC):又称为肠道凝集性大肠埃希氏菌,是引起婴儿持续性腹泻的病原菌,因能凝集黏附于人肠道上皮细胞上,故而得名。

2.中毒机制

致病因素与毒素(如内毒素、肠毒素、细胞毒素)有关。

①内毒素:内毒素是由脂多糖和蛋白质复合而成,相对分子质量为 1.0×10^5,耐热,加热至 160℃、2~4 h 才能被破坏,但毒性较小,能使人和小白鼠发热。

②肠毒素:大肠杆菌产生两类肠毒素:不耐热肠毒素和耐热肠毒素。不耐热肠毒素相对分子质量为 $8.0 \times 10^4 \sim 8.65 \times 10^4$,对热不稳定,加热至 65℃经 30 min 即失活。由 A、B 两个亚单位组成,A 又分成 A1 和 A2,其中 A1 是毒素的活性部分。B 亚单位与小肠黏膜上皮细胞膜表面的 GM1 神经节苷脂受体结合后,A 亚单位穿过细胞膜与腺苷酸环化酶作用,使胞内 ATP 转化 cAMP。当 cAMP 增加后,导致小肠液体过度分泌,超过肠道的吸收能力而出现腹泻。耐热肠毒素是相对分子质量小于 5.0×10^3 的多肽,对热稳定,加热至 100℃经 20 min 仍不被破坏,耐热肠毒素可激活小肠上皮细胞的鸟苷酸环化酶,使胞内 cGMP 增加,在空肠部分改变液体的运转,使肠腔积液而引起腹泻。

③细胞毒:素毒性与痢疾志贺氏菌毒素类似,又称志贺样毒素,不难溶,98℃加热 15 min 即被破坏,EHEC O157:H7 能产生这种毒素。

中毒类型与致病性大肠埃希氏菌的类型有关。肠产毒性大肠埃希氏菌、肠出血性大肠埃希氏菌、肠道黏附性大肠埃希氏菌引起毒素型食物中毒;肠致病性大肠埃希氏菌和肠侵袭性大肠埃希氏菌引起感染型食物中毒。

3.流行病学特点

(1)季节性。

多发生在夏秋季节。

(2)中毒食品及原因。

引起致病性大肠埃希氏菌食物中毒的食品与沙门氏菌基本相同,常见的食品包括各类酱卤食品、牛肉、鲜奶,其次为禽蛋及其制品、乳酪及蔬菜、水果、饮料等食品。但从现有资料看,不同的致病性大肠埃希氏菌涉及的食品有所差别:EPEC 主要是水、猪肉和肉馅饼等;ETEC 主要是水、奶酪和水产品等;EIEC 主要是水、奶酪、土豆色拉和罐装鲑鱼;EHEC 主要是牛肉糜、生牛奶、发酵香肠、苹果酒、未经巴氏杀菌的苹果汁、色拉油拌凉菜、水、生蔬菜和三明治等。

大肠埃希氏菌食物中毒的原因主要是受污染的食物食用前未经过彻底加热。

(3)食品中大肠埃希氏菌的来源。

致病性大肠埃希氏菌存在人和动物的肠道中,随粪便排出而污染水源、土壤。受污染的土壤、水、带菌者的手或不洁的器具等途径污染食品。通常情况下,健康人肠道致病性大肠埃希氏菌带菌率为 2%~8%,高者达 44%,成人肠炎和婴儿腹泻患者的致病性大肠埃希氏菌带菌率高达 29%~52%；饮食行业、集体食堂的餐具、炊具，特别是餐具易被大肠埃希氏菌污染，检出率为 50%，致病性大肠埃希氏菌检出率为 0.5%~1.6%；食品中致病性大肠埃希氏菌检出率最高为 8.4%，最低为 1% 以下。猪、牛的致病性大肠埃希氏菌检出率为 7%~22%。

4.中毒症状

大肠埃希氏菌食物中毒引起的主要症状包括以下 3 种。

急性胃肠炎型致病性大肠埃希氏菌食物中毒的典型症状，比较常见。主要由 ETEC 引起，潜伏期一般为 10~15 h，短者 6 h，长者 72 h。主要表现为腹泻、上腹痛和呕吐。粪便呈水样或米汤样，每日 4~5 次。部分患者腹痛较为剧烈，可呈绞痛。吐、泻严重者可出现脱水，乃致循环衰竭。发热，38~40℃、头痛等，病程 3~5 天。

急性痢疾型主要由 EIEC 引起，潜伏期为 48~72 h，主要表现为血便、脓黏液血便、里急后重、腹痛、发热，部分病人有呕吐。发热，38~40℃，可持续 3~4 天，病程 1~2 周。

出血性肠炎型主要由 EHEC O157：H7 引起，潜伏期为 3~4 天，短者 1 天，长者 8~10 天，其症状不仅表现为腹痛、腹泻、呕吐、发烧、大便呈水样，严重脱水，而且大便大量出血，还极易引起出血性尿毒症、获得性出血性贫血症、肾衰竭等并发症，患者死亡率为 3%~5%。

5.预防中毒措施

由致病性大肠埃希氏菌引起的食物中毒采取的措施与沙门氏菌食物中毒预防措施类似。防止动物性食品被带菌的人和动物以及污水、不洁的容器和用具等的污染；凡是接触过生肉、生内脏的容器和用具等要及时消毒，应特别防止熟食品直接或间接的交叉污染和加工好的食品后污染。

生肉、熟食品和其他动物性食品应置于 4~5℃ 低温储藏。由于致病性大肠杆菌对热较敏感，故正常的烹调温度即被杀死。对于酱肉等熟肉类食品，食用前应回锅充分加热；生肉类在加工烹饪中亦应充分加热，烧熟煮透，避免吃生的或半生的肉类、禽类制品。

感染大肠杆菌 O157：H7 的病人需要早期诊断、早期治疗，防止合并症发生是抢救病人生命的关键。

6.感染事件

2011 年德国及欧洲出现的肠出血性大肠杆菌疫情，疫情是由一种名为"Husec41"的肠出血性大肠杆菌变种引起，这一少见的变种，对很多抗生素具有抗药性。感染这种病菌的人会产生腹痛腹泻、腹积水或者肾衰竭。疫情波及 17 个国家、超过 4000 人感染，50 人死亡。

2011 年美国遭受 O157：H7 型大肠杆菌侵袭，多人感染，其中一名被感染的老妇因肾衰竭死亡。当局称感染源头为俄勒冈州一个农场的草莓，美国首次在草莓中发现此病菌。据估计，大肠杆菌可能来自鹿粪或遭污染的灌溉水。

1982 年，美国首次发现大肠杆菌 O157：H7 感染的疫情，是由牛肉汉堡传播，调查结果发现是牛肉污染；2005 年，瑞典首次暴发大肠杆菌 O157：H7 疫情，其祸首是污染的莴苣；

2006 年 9 月,一场大规模大肠杆菌感染在美国 26 个州暴发,甚至殃及到加拿大。经认定,罪魁祸首是加利福尼亚"自然食品"公司生产的袋装新鲜菠菜;德国大肠杆菌的"毒"源最终被确定是芽苗菜。

1996 年 7 月在日本大阪地区发生的大肠杆菌 O157∶H7 疫情,可以说是有史以来最大的一次暴发流行了。当时由同一家快餐公司提供盒饭的 62 所公立小学的 6351 人被感染,随后波及到了日本的 40 多个府县,患者总数近万人。这起事件震惊了全世界,日本也从此把这种疾病列为传染病。

5.2.6　变形杆菌食物中毒

1.病原学特点

变形杆菌属(*Proteus*)属于肠杆菌科,现有 5 个种:普通变形杆菌(*P. vulgaris*)、奇异变形杆菌(*P. mirabilis*)、产黏变形杆菌(*P. myxofaciens*)、潘氏变形杆菌(*P. penneri*)和豪氏变形杆菌(*P. hauseri*)。该属是肠道正常菌群,在一定条件下能引起各种感染,也是医源性感染的重要条件致病菌。

该菌为革兰氏阴性杆菌,两端钝圆,大小为 $(0.4 \sim 0.6)$ μm×$(1.0 \sim 3.0)$ μm,具有明显的多形性,有时呈球形、杆形、长而弯曲或长丝状。无芽孢,无荚膜,有周身鞭毛,运动活泼,需氧或兼性厌氧,生长温度 $10 \sim 43℃$,不耐热,$60℃$ 加热 $5 \sim 30$ min 即被杀死。营养要求不高,在固体培养基上呈扩张性生长,形成以菌种部位为中心的厚薄交替、同心圆形的层层波状菌苔,称为迁徙生长现象。变形杆菌可以产生肠毒素,是蛋白质和碳水化合物的复合物,具有抗原性。

2.中毒机制

食物中毒的症状与摄入的细菌数量(一般认为达 10^5 个/g 以上)、产生的毒素以及人体防御功能等因素有关。变形杆菌的致病力主要是细菌所产生的肠毒素。变形杆菌能产生一种细胞结合溶血因子,对人类移行细胞具有很好的黏附力和较强侵袭力。有些菌株能产生 α 溶血素,具有细胞毒效应。变形杆菌还可产生组氨脱羧酶,可使肉类中组氨酸脱羧基成为组胺,组胺摄入量超过 100 mg 引起类似组胺中毒过敏症状。

3.流行病学特点

(1)季节性。

发病季节多在夏、秋季节。

(2)中毒食品及原因。

变形杆菌引起中毒的食物主要是动物性食品,特别是熟食以及内脏的熟制品,大多在食品烹调加工过程中,以生熟交叉污染和熟后污染为主要来源。受污染的食品在较高温度下存放较长时间,变形杆菌便会在其中大量繁殖,而熟制品通常无感官性状的变化,食用前未加热或加热不彻底,食用后即可引起食物中毒。

变形杆菌食物中毒的原因是摄入了含有侵袭能力的活菌或肠毒素的食品,引起食物中毒的变形杆菌主要是普通变形杆菌和奇异变形杆菌。

(3)食品中变形杆菌的来源。

变形杆菌是腐败菌,在自然界中分布广泛,如土壤、污水、垃圾、腐败有机物及人或动物的肠道内。据研究,1.3%～10.4%健康人的肠道内存在该菌,尤其以奇异变形杆菌为主,肠道病患者的带菌率更高,一般为13.3%～52.0%。生肉类和内脏带菌率较高,是主要的污染源。另外,在烹饪过程中,若处理生熟食品的工具和容器未严格分开使用,也会导致生熟食品交叉污染。污染的熟食品在较高温度下存放时间较长,变形杆菌也能大量生长繁殖,食用前没有加热或加热不彻底,均会引起食物中毒。

4.中毒症状

变形杆菌食物中毒可能由于食品中所含菌型的不同、数量多少、代谢产物的不同,而出现不同的症状。食物中毒症状分为两种:

①胃肠炎型:潜伏期一般为 3～20 h,主要症状表型为腹痛、腹泻、恶心、呕吐、发冷、发热、头晕、头痛、全身无力、肌肉酸痛等,重者有脱水、酸中毒、血压下降、惊厥、昏迷等现象。腹痛剧烈,多呈脐部周围剧烈绞痛或刀割样疼痛。腹泻多为水样便、带黏液恶臭、无脓血,一天数次至 10 余次。有 1/3～1/2 患者胃肠道症状之后,发热伴有畏寒,体温在 38～39℃,持续数小时后下降。发病率较高,通常为 50%～80%,病程较短,一般为 1～3 天,大多数 24 h 内即恢复。

②过敏型:潜伏期 0.5～2 h,表现为全身充血、颜面潮红、酒醉貌、周身痒感,胃肠症状轻,少数患者可出现荨麻疹。

在烹调制作食品过程中,处理生、熟食品的工具、容器未严格分开使用,使制成的熟食品受到重复污染或者操作人员(不讲究卫生)通过手污染熟食品。受污染的熟食品在较高的温度下存放较长的时间,细菌大量繁殖;食用前不再回锅加热或加热不彻底,食后引起中毒。

5.预防中毒措施

变形杆菌食物中毒的预防措施和沙门氏菌食物中毒基本相同。预防的重点在于首先加强食品卫生管理,注意饮食卫生,严格做好炊具、餐具及食品的清洁卫生;其次禁食变质食物,食物食用前应充分加热,烹调后不宜放置过久,凉拌菜须严格卫生操作;最后防止污染,注意控制人类带菌者对熟食品的污染及食品加工烹调中带菌生食物、容器、用具等对熟食品的污染。

6.感染事件

2008 年 7 月中旬,辽宁省某地区某制衣有限公司在某海鲜大酒店进行聚餐,聚餐后有 13 名进餐人员出现腹痛、腹泻等症状,初步怀疑集体性食物中毒。经流行病学调查及实验室检验,表明是一起奇异变形杆菌污染引起的食物中毒。

2009 年 3 月下旬,黑龙江省某地区 3 所小学一些学生因食用某餐厅供应的盒饭出现出现了恶心、呕吐、腹泻等症状,初步诊断为食物中毒。经流行病学调查、临床资料分析和实验室检测,确定此次食物中毒是变形杆菌污染食物引发。经调查,餐厅擅自超《食品卫生许可证》核准的许可范围加工凉菜,生熟食品用具、工具混用,在加工过程中造成凉拌松花豆腐被变形杆菌污染,在分装和运输过程中凉拌松花豆腐又不同程度地污染了其他食物,引发了食物中毒。

5.2.7　葡萄球菌食物中毒

葡萄球菌食物中毒是由于进食葡萄球菌产生的肠毒素污染的食物引起的毒素型食物中毒。金黄色葡萄球菌是引起人类和动物化脓感染的重要致病菌之一,也是造成人类食物中毒的常见致病菌之一,在细菌性食物中毒事件中仅次于副溶血性弧菌和变形杆菌,因此,被列为我国食品安全国家标准食品微生物学检验常规检测项目之一。

1.病原学特点

葡萄球菌属于微球菌科的葡萄球菌属($Staphylococcus$),此属有细菌32种,除金黄色葡萄球菌产生凝固酶外,其余多数菌种为凝固酶阴性,寄殖于人类皮肤。其中较常见的致病菌为表皮葡萄球菌($Staphylococcus\ epidermidis$)、溶血葡萄球菌($S.\ haemolyticus$)和腐生葡萄球菌($S.\ saprophyticus$),少见的致病菌有木糖葡萄球菌($S.\ xylosus$)等9种;罕见致病或致病性不肯定的有松鼠葡萄球菌($S.\ sciuri$)等19种。葡萄球菌为革兰氏阳性兼性厌氧菌,生长繁殖的最适pH为7.4,最适生长温度为30~37℃,可耐受较低的水分活度(0.86),能在含10%~15%NaCl的培养基或在含糖浓度较高的食品中生长繁殖。葡萄球菌的抵抗能力较强,在干燥的环境中可以生存数月。

金黄色葡萄球菌($Staphyloccocus\ aureus$)是引起食物中毒最常见的葡萄球菌之一。直径为0.5~1.5 μm,繁殖时呈多个平面的不规则分裂,堆积排列成葡萄串状,无芽孢、无鞭毛,大多数无荚膜或黏液层,无运动力,接触酶阳性,氧化酶阴性。需氧或兼性厌氧,最适生长温度37℃,最适生长pH为7.4,可耐受较低的水分活度。平板菌落厚、有光泽、圆形凸起,直径为1~2 mm。致病性菌株大多能产生脂溶性的黄色或柠檬黄色素,血平板菌落周围能形成透明的溶血环,可分解葡萄糖、麦芽糖、乳糖、蔗糖,产酸不产气。该菌具有高度的耐盐性,可以在含10%~15%NaCl肉汤中生长繁殖,抵抗力较强,在干燥条件下可生存数月;对热抵抗力较一般无芽孢的细菌强,加热至80℃经30 min才能被杀死。

30%~50%的金黄色葡萄球菌可产生多种肠毒素酶,如溶血毒素(staphylolysin)、杀白细胞素(leukocidin)、凝固酶(coagulase)、溶纤维蛋白酶(fibrinolysin)、透明质酸酶(hyalurouidase)、耐热核酸酶(heat stable nuclease)、剥脱性毒素(exfoliative toxin)、肠毒素(enterotoxin)等,因此具有很强的致病性。并且每个菌株能产生两种以上的肠毒素,能产生肠毒素的菌株其凝固酶试验呈阳性。肠毒素是一组对热稳定的可溶性蛋白质,相对分子质量为$2.6×10^4~3.4×10^4$。耐热抗酸,能经受100℃、30 min或胃蛋白酶的水解。目前根据抗原性的不同,可将葡萄球菌肠毒素分为A、B、C_1、C_2、C_3、D、E、G、H共9种。这些肠毒素均能引起食物中毒,其中 A、D 型较常见,B 和 C 型次之。A 型肠毒素毒力最强,1 μg 毒素就能引起中毒,D 型肠毒素毒力较弱,摄入 25 μg 才能引起中毒。葡萄球菌肠毒素是一种外毒素,具有耐热性,在 100℃煮沸 30 min 而不被破坏,要使其完全破坏需煮沸 2 h,粗毒素较精制毒素更耐热,这是葡萄球菌肠毒素的特点。其他如溶血素、杀白细胞素等在 100℃加热 10 min 或 80℃加热 20 min 就可丧失毒性。但是,目前已经发现许多不产生凝固酶和耐热核酸酶的葡萄糖球菌也能产生肠毒素。

2.中毒机制

金黄色葡萄球菌食物中毒属于毒素型食物中毒。摄入含金黄色葡萄球菌活菌而没有肠毒素的食物不会引起食物中毒,摄入达到中毒剂量的肠毒素才会中毒。这是由于肠毒素进入人体消化道后被吸收进入血液,刺激中枢神经而发生的。当食品被金黄色葡萄球菌污染后,如果没有在较高温度下保存较长的时间,就不能产生肠毒素,如污染金黄色葡萄球菌食品在 10℃以下贮存,该菌不易繁殖,也很少产生肠毒素。

金黄色葡萄球菌主要的致病物质包括:

凝固酶:可使血浆纤维蛋白包被在菌体表面,妨碍吞噬细胞的吞噬或胞内消化作用,还能保护细菌免受血清杀菌物质的作用。同时病灶周围有纤维蛋白的凝固和沉积,使细菌不易向外扩散,故感染易局限化。

葡萄球菌溶血毒素:有 α、β、γ 和 δ 4 种蛋白质,具有抗原性,可被相应抗体中和。

杀白细胞素:可破坏人的白细胞和巨噬细胞。

肠毒素:30%～50%金黄色葡萄球菌可产生肠毒素,已经鉴定的有 A、B、C_1、C_2、C_3、D、E、G 和 H 等 9 种血清型。可引起呕吐等急性胃肠炎表现,故一旦细菌污染食品,并在合适的温度环境下,细菌可以大量繁殖并产生肠毒素,从而引起食物中毒。

剥脱性毒素:由蛋白质组成,分为 A、B 两个血清型,可引起葡萄球菌烫伤样皮肤综合征。

毒性休克综合征毒素-1:曾称致热外毒素 C 和肠毒素 F,是毒性休克综合征的主要物质。

3.流行病学特点

(1)季节性。

常发生于温度较高的夏秋季节,有利于细菌繁殖;若冬季,如果受到污染的食品在较高的温度下保存,葡萄球菌也会生长繁殖并产生毒素。

(2)中毒食品及原因。

引起葡萄球菌食物中毒的食品种类很多,主要为肉类、奶类、鱼类、蛋类及其制品等动物性食品,含淀粉较多的食物(如糕点、凉拌米粉、剩米饭、米酒等)也曾引起食物中毒。国内报道引起食物中毒的食品以奶和奶制品以及用奶制作的冷饮(如冰激凌、冰棍等)和奶油糕点等最为常见。近年,由熟鸡、鸭制品引起的中毒也逐渐增多。

金黄色葡萄球菌食物中毒是因为葡萄球菌污染了食品,然后在较高的温度下大量生长繁殖,并在适宜的 pH 和食品基质中产生了肠毒素,进食含肠毒素食品就可以导致食物中毒。

金黄色葡萄球菌肠毒素的产生与温度、食物污染程度和食品种类及性状密切相关。一般来说,食物存放的温度越高,产生肠毒素所需要的时间越短,如薯类和谷类食品中污染的葡萄球菌在 20~37℃时 4~8 h 即可产生肠毒素,而在 5~6℃下 18 天才能形成肠毒素。同时,食物受金黄色葡萄球菌污染程度越严重,生长繁殖越快也越易产生肠毒素。通常情况下,含蛋白质丰富、含水分较多,同时含有一定量淀粉的食物、熟肉制品、蛋类、鱼类和含油脂较多的罐藏食品,受金黄色葡萄球菌污染后易形成肠毒素。

(3)食品中金黄色葡萄球菌的来源。

金黄色葡萄球菌广泛分布于空气、土壤、水及物品,其主要污染源是人和动物。因该菌是常见的化脓性球菌之一,患有化脓性皮肤病、急性上呼吸道炎症和口腔疾患的病人或健康人的咽喉和鼻腔、皮肤、头发经常带有产肠毒素菌株,经手或空气污染食品;奶牛患化脓性乳腺炎时,乳汁中会带有金黄色葡萄球菌;家禽(家畜)局部化脓性感染时,感染部位的金黄色葡萄球菌也能污染其他部位;上呼吸道被金黄色葡萄球菌感染的患者,其鼻腔带菌率为 83%。

4.中毒症状

主要症状为急性胃肠炎症状。潜伏期一般 1~5 h,最短为 15 min 左右,很少有超过 8 h 的。中毒的主要症状包括:恶心,反复呕吐,多者可达 10 余次,呕吐物初为食物,继为水样物,少数可吐出胆汁或含血物及黏液。中上腹部剧烈痉挛疼痛,伴有头晕、头痛、腹泻、发冷、体温一般正常或有低热。病情重时,由于剧烈呕吐和腹泻,可引起大量失水而发生外周循环衰竭和虚脱。儿童对肠毒素比成人更为敏感,因此儿童发病率较高,病情也比成人重。金黄色葡萄球食物中毒一般病程较短,在 1~2 天内即可恢复正常,很少有死亡病例。

5.预防中毒措施

葡萄球菌食物中毒的预防包括防止葡萄球菌污染和防止产生肠毒素两方面。

(1)防止金黄色葡萄球菌污染食物。

防止带菌人群对各种食物的污染:定期对生产加工人员进行健康检查,患局部化脓性感染(如疖疮、手指化脓等)、上呼吸道感染(如鼻窦炎、化脓性肺炎、口腔疾病等)的人员要暂时停止其工作或调换岗位。防止金黄色葡萄球菌对奶及其制品的污染:定期检查奶牛的乳房,不能用患化脓性乳腺炎的奶牛的牛奶;鲜奶尽可能在 1 h 内迅速冷至 10℃ 以下,以防细菌生长繁殖、产生肠毒素,奶制品要以消毒牛奶为原料,注意低温保存。对肉制品加工厂,患局部化脓感染的禽、畜尸体应除去病变部位,经高温或其他适当方式处理后进行加工生产。

(2)防止肠毒素产生。

应在低温和通风良好的条件下贮藏食物,以防肠毒素形成;在气温高的春夏季,食物置冷藏或通风阴凉地方也不应超过 6 h,并且食用前要彻底加热。

6.金黄色葡萄球菌食物中毒案例

由金黄色葡萄球菌肠毒素引起的中毒暴发事件,近年来首推 2000 年日本"雪印奶粉"事件,共造成 14000 多人受感染。根据日本卫生部公布的数字,日本 20 年期间(1980—1999)由金黄色葡萄球菌引起的食物中毒共暴发 2525 次,造成 59964 人感染,3 人死亡。

2010 年 11 月和 12 月,美国威斯康星州和伊利诺伊州相继报告 4 起金黄色葡萄球菌食物中毒事件,共计 100 余人染病。根据初步调查,这几起食物中毒事件都源于伊利诺伊州一家生产西式糕点的工厂,该厂生产的甜点疑被污染。

5.2.8　肉毒梭菌食物中毒

1.病原学特点

肉毒梭状芽孢杆菌(*Clostridium botulinum*)又称肉毒梭菌、肉毒杆菌,属于厌氧性梭状芽孢杆菌属(*Clostridium*)。革兰氏阳性菌,大小为 $(0.9 \sim 1.2)\,\mu m \times (4.0 \sim 6.0)\,\mu m$,两端钝圆,直杆或稍弯曲,多单生,偶见成双或短链状,无荚膜,周身有 4~8 根鞭毛,能运动,能形成芽孢,芽孢比菌体宽,呈梭状,位于次极端,或偶有位于中央。最适生长温度为 25~35℃,在 20~25℃ 可形成椭圆形芽孢,最适生长 pH 为 6.0~8.2,当 pH 低于 4.5 或大于 9.0 时,或环境温度低于 15℃ 或高于 55℃ 时,肉毒梭菌不能生长繁殖,也不能产生毒素。菌落半透明、表面呈颗粒状、边缘不整齐、界限不明显、向外扩散呈绒毛网状,常常形成菌苔。在血平板上出现与菌落等大的溶血环。在乳糖卵黄牛奶平板上,菌落下方培养基乳浊,菌落表面及周围形成彩虹薄层,不分解乳糖,能分解蛋白质的菌株菌落周围出现透明环。

肉毒梭菌在 80℃ 加热 30 min 或 100℃ 加热 10 min 即可杀死,但其芽孢抵抗力强,需经高压蒸汽 121℃、30 min,或干热 180℃、5~15 min、或湿热 100℃、5 h 才能将其杀死。肉毒梭菌在食盐浓度为 10% 时不能生长,食盐浓度为 2.5%~3% 时所产生的毒素可减少 98%,因此,食盐能抑制肉毒梭菌芽孢的形成和毒素的产生,但不能破坏已经产生的毒素,此外,提高食品中的酸度也能抑制肉毒梭菌芽孢的形成和毒素的产生。

肉毒梭菌食物中毒是由肉毒梭菌产生的可溶性外毒素(肉毒毒素)引起的。肉毒毒素是一种强烈的神经毒素,也是目前已知的化学毒物和生物毒物中毒性最强的,其毒性比氰化钾强 1 万倍,小鼠腹腔注射 LD_{50} 为 0.001 $\mu g/kg$,对人的致死量为 $10^{-9}\,\mu g/kg$。

肉毒梭菌食物中毒是由肉毒梭菌产生的外毒素即肉毒毒素引起的。肉毒毒素是一种强烈的神经毒素,经肠道吸收后作用于中枢神经系统的颅神经核和外周神经,抑制其神经传导递质——乙酰胆碱的释放,导致肌肉麻痹和神经功能不全。根据肉毒梭菌所产毒素的血清反应特异性,肉毒毒素可分为 A、B、C_1、C_2、D、E、F、G 等 8 型。其中 A、B、E、F、G 型能导致人类中毒,C 型能导致家禽(家畜)和其他动物发病。A 型毒素比 B 型或 E 型毒素致死能力更强。我国大多数由 A 型毒素引起,各类型毒素的毒性只能被同型的抗毒素中和,但各型毒素的药理作用完全相同。

肉毒毒素为高分子可溶性单纯蛋白质,相对分子质量约为 1.5×10^5。肉毒毒素对热很不稳定,各型毒素在80℃加热20~30 min、90℃加热15 min或100℃加热4~10 min可完全破坏其毒性。肉毒毒素对碱较敏感,如pH 8.5时即失去毒性,但对酸和消化酶较稳定,对胃蛋白酶和胰蛋白酶很稳定。当肉毒毒素进入消化道后经过蛋白酶(如胰蛋白酶、细菌蛋白酶等)激活后才能呈现较强的毒性。肉毒毒素具有较好的抗原性,经0.3%~0.4%甲醛脱毒后可制成类毒素,但仍保留良好的抗原性。因此,类毒素通常可用来制备特异性抗血清(即抗毒素),用于早期治疗,降低死亡率。

2.食物中毒症状及发生原因

(1)食物中毒症状。

潜伏期比其他细菌性食物中毒潜伏期长。一般12~48 h,短者5~6 h,长者8~10天或更长。潜伏期越短,病死率越高;潜伏期长,病情进展缓慢。

我国肉毒梭菌食物中毒的表现出现的顺序具有一定的规律性,属于神经型食物中毒,其临床表现以运动神经麻痹症状为主,主要特征是对称性颅神经的损害,而胃肠道症状较少。最初为头晕、无力,随即出现眼肌麻痹症状;继之张口、伸舌困难;进而发展为吞咽困难;最后出现呼吸肌麻痹等。

前驱症状为乏力、头晕、头疼、恶心、呕吐、全身无力痛等,继有腹胀、腹痛、便秘或腹泻等,不一定发热。前驱症状之后出现神经症状,其主要表现为眼症状、延髓麻痹和分泌障碍。出现视力减弱、视力模糊、眼球震颤、复视、眼睑下垂、斜视、眼球固定、瞳孔散大、对光反射迟钝或消失等。与眼症状出现的时间大致相同或稍后,出现舌肌、咽肌麻痹,言语障碍、声音嘶哑直至失音、唾液分泌减少、咀嚼障碍、颈软,不能抬头,舌运动不灵活或舌硬,吞咽困难,耳鸣、耳聋,继续发展可致呼吸肌麻痹,出现呼吸困难、呼吸衰竭,并因此死亡。死亡者多发生在食后3~7天。

(2)中毒发生的原因。

食物中肉毒梭菌主要来源于带菌土壤、尘埃及粪便,尤其是带菌土壤可污染各类原料食品。受肉毒梭菌芽孢污染的食品原料在家庭自制发酵食品、罐头食品或其他加工食品时,加热的温度及压力均不能杀死肉毒梭菌的芽孢,继后又在密封即厌氧环境中发酵或装罐,适宜的温湿度、不高的渗透压和酸度以及厌氧的条件,提供了使肉毒梭菌芽孢成为繁殖体并产生毒素的条件。食品制成后,一般不经加热而食用,其毒素随食物进入人体,引起中毒的发生。此外,按牧民的饮食习惯,冬季屠宰的牛肉密封越冬至开春,气温的升高为其食品中存在的肉毒梭菌芽孢变成繁殖体及产生毒素提供了条件,生吃污染肉毒梭菌及其毒素的牛肉,极易引起中毒。

肉毒梭菌菌株在真空加工食品中的生长和产生毒素是人们特别关心的问题。食品的真空加工是将食品原料装在严格密封的袋中,并在真空下加热。在这样的条件下只是多数或所有营养细胞被杀死,而细菌芽孢可以存活下来。这样,真空加工的食品是含有细菌芽孢的食品,而且芽孢处在厌氧和竞争微生物的环境中。在肉类、家禽和海产品等低酸食品环境中,肉毒梭菌的芽孢可能萌发并产生毒素。加热温度和时间是两个必须慎重监测的参数,以避免食品产生毒素。

3.引起中毒的食品及污染途径

食品中肉毒梭菌主要来源于土壤、江河湖海的淤泥沉积物、霉干草、尘土和动物粪便。其中土壤是重要污染源,可以污染各类食品原料,进而直接或间接污染食品(如粮食、蔬菜、水果、肉、鱼等)。据调查,我国肉毒中毒多发地区的原料粮食、土壤和发酵制品中的肉毒梭菌检出率分别为 13.6%、22.2%和 14.9%。

引起肉毒梭菌食物中毒的食品种类因地区、饮食习惯、膳食组成和制作工艺的不同而有差别,但绝大多数为家庭自制的低盐浓度并经厌氧条件的加工食品或发酵食品,以及厌氧条件下保存的肉类制品。在我国,肉毒梭菌食物中毒主要由植物性食品引起,少数由动物性食品引起,常见的以家庭自制植物性发酵食品居多(如臭豆腐、豆酱、面酱等),其他罐藏食品、腊肉等引起的中毒也有报道;肉类制品或罐头食品引起中毒的较少,主要为越冬密封保存的肉制品。在国外,美国发生的肉毒梭菌中毒中 72%为家庭自制的罐头(蘑菇、蔬菜、水果)、水产品、乳制品、肉制品。日本 90%以上的肉毒中毒由家庭自制鱼类罐头或其它鱼类制品引起。欧洲各国肉毒梭菌中毒的食物多为火腿、腊肠及保藏的肉类。此外,婴儿摄入含有肉毒梭菌芽孢的糖浆和蜂蜜,这些芽孢可在肠道中萌发后生长繁殖并且产生毒素,从而引起食物中毒。

4.预防中毒措施

防止食品原料被污染。在食品加工过程中,应选用新鲜原料,并对食品原料进行彻底地清洁处理,除去泥土和粪便。例如对于家庭制作发酵食品时应彻底对原料进行蒸煮,一般加热条件为 100℃ 10～20 min,以破坏肉毒梭菌毒素;在自制发酵酱类时,盐量要达到14%以上,并提高发酵温度,酱要经常日晒,充分搅拌,使氧气供应充足。

严格执行食品管理法。加工后的食品应迅速冷却并在低温贮存,避免在此受到污染,不宜在较高温度或缺氧条件下贮存的食品,应在通风和阴凉的地方保存,以防止肉毒毒素的产生。例如对罐头食品、火腿、腌腊食品的制作和保存应进行卫生检查;对腌鱼、咸肉、腊肠必须蒸透、煮透、炒透才能进食;对于罐藏食品顶部膨出现象或有变质者均应禁止出售。食用前对可疑食品进行彻底加热,破坏各型肉毒毒素,是预防食物中毒发生的有效措施。特别是生产罐藏食品等真空食品时,必须严格执行《食品安全国家标准　罐头食品生产卫生规范》(GB 8950—2016),装罐后要彻底灭菌。

5.感染事件

2003 年 2 月上旬,江苏省某地区 12 人食用家庭自制酱豆后,先后有 5 人出现乏力、咽干、口渴、腹胀、腹痛、恶心、便秘等症状,继之出现视力减弱、视力模糊、复视,少数人出现吞咽困难、言语障碍等症状,患者均无发热症状。根据流行病学调查、患者临床症状和实验室检验结果分析,判定为一起由 B 型肉毒杆菌污染酱豆而引起的食物中毒。

2006 年 1 月下旬,贵州省某地区 5 人食用水豆豉后,先后出现视力模糊、四肢乏力、双眼睑下垂、吞咽困难、呼吸不畅等症状,其中 2 人病情严重并导致死亡,根据流行病学调查、患者临床症状和实验室检验结果分析,判定为一起由 B 型肉毒杆菌引起的食物中毒。

5.2.9　志贺氏菌食物中毒

1.病原菌

志贺氏菌属(*Shigella*)属于肠杆菌科,主要包括痢疾志贺氏菌(*Shigelladysenteriae*)、福氏志贺氏菌(*S. flexneri*)、鲍氏志贺氏菌(*S. boydii*)和宋内氏志贺氏菌(*S. sonnei*)4 群,共 44 种血清型。我国主要以福氏志贺氏菌、宋内氏志贺氏菌引起的食物中毒最为常见,而痢疾志贺氏菌是导致细菌性痢疾的病原菌。

志贺氏菌为革兰氏阴性菌,兼性厌氧菌,细胞呈短杆状,大小为(0.5~1.0)μm×(2.0~4.0)μm,无芽孢、无荚膜、无鞭毛、有菌毛。菌落无色半透明、圆形、边缘整齐,福氏志贺氏菌常形成光滑型菌落,但宋内氏志贺氏菌常形成粗糙型菌落。通常在肠道鉴别培养基上不发酵乳糖,形成无色透明或半透明的较小菌落。最适生长温度为 37℃,最适 pH 为 7.2~7.4。志贺氏菌利用各种糖类的能力较差,一般不产生气体。

志贺氏菌抗原结构由菌体(O)抗原和表面(K)抗原两部分组成。根据生化反应和 O 抗原的不同,可分为 A、B、C、D 等 4 个血清群和 48 个血清型。O 抗原是一种多糖复合物,耐热,100℃、60 min 不能被破坏。K 抗原不耐热,100℃、60 min 能被破坏,K 抗原存在时能阻断 O 抗原与相应抗血清的凝集作用。

志贺氏菌对各种消毒剂较敏感,例如在 1%石炭酸、1%漂白粉或苯扎溴铵中 15~30 min 即被杀死,在加热条件下(如 50℃、15 min 或 60℃、10 min)通常能被杀死。对磺胺、四环素和氨苄西林等具有耐药性,对酸较敏感。志贺氏菌在潮湿土壤中可存活 1 个月,37℃水中能存活 1 个月,粪便中可存活 10 天左右,在水果、蔬菜或咸菜中可存活 10 天左右。

2.食物中毒症状及发生原因

(1)食物中毒症状。

志贺氏菌食物中毒的潜伏期为 6~24 h,主要症状为剧烈腹痛、呕吐、频繁水样腹泻、脓血和黏液便,还可引起毒血症,发热达 40℃以上,意识出现障碍,严重者(儿童多见)出现惊厥、昏迷,或手脚发冷、发干、脉搏细而弱,血压低等表现。

(2)中毒发生的原因。

当志贺氏菌随食物进入胃肠后,侵入肠黏膜组织并生长繁殖。当菌体破坏后,释放内毒素,作用于肠壁、肠黏膜和肠壁植物性神经,引起一系列症状。志贺氏菌致病因素主要有 3 种:

①侵袭力:志贺氏菌的菌毛使细菌黏附于肠黏膜上,并依靠位于大质粒上的基因,编码侵袭上皮细胞的蛋白,使细菌具有侵入肠道上皮细胞的能力,并在细胞间扩散,引起炎症反应。

②内毒素:由于内毒素作用于肠壁,使其通透性增高,促进内毒素吸收,引起发热,神志障碍,甚至中毒性休克等。此外,内毒素还能破坏黏膜,形成炎症、溃疡,出现典型的脓血黏

液便。内毒素还作用于肠壁植物神经系统,至肠功能紊乱、肠蠕动失调和痉挛,尤其以直肠括约肌痉挛最为明显,出现腹痛、里急后重(频繁便意)等症状。

③Vero毒素:某些志贺氏菌能产生对Vero细胞有毒性作用的毒素,称为Vero毒素(Vero toxin,VT),具有肠毒素的作用。

3.引起中毒的食品及污染途径

引起志贺氏菌食物中毒的食品主要是水果、蔬菜、沙拉、凉拌菜,肉类、奶类及其熟食品。这些食品的污染是通过粪便—食品—入口途径传播志贺氏菌。病人和带菌者的粪便是污染源,特别是从事餐饮业的人员中志贺氏菌携带者具有更大的危害性。带菌者的手、苍蝇、用具以及沾有污水的食品容易污染志贺氏菌。当食品污染志贺氏菌后,同时又在较高温度下长时间存放,就会导致菌体大量繁殖并产生毒素,食用并进入消化道后,引起食物中毒。

4.预防中毒措施

加强食品卫生管理,严格执行卫生制度,加强食品从业人员肠道带菌检查。例如不要食用存放时间长的熟食品,注意食品的彻底加热和食用前再加热;养成良好的卫生习惯,接触直接入口食品之前及便后必须彻底用肥皂洗手;不吃不干净的食物及腐败变质的食物,不喝生水;制作生冷、凉拌菜时必须注意个人卫生及操作卫生等。

5.感染事件

2003年10月下旬,浙江省某地区幼儿园发生了一起集体食物中毒事件,133人就餐后48人发生了不同程度的高热、腹泻、腹痛、恶心、呕吐等中毒症状,经流行病学调查、临床分析和实验室证实为由志贺氏菌引起,中毒的原因是食堂人员未领取健康证上岗。

2012年11月上旬,广东省某地区幼儿园44名幼儿出现发热、恶心、呕吐、腹泻等症状,疑似食物中毒,经疾控中心卫生检验中心检验发现,在幼儿园午餐样品和7名患儿肛拭样本中检出福氏志贺氏菌,证实为志贺氏菌食物中毒。

5.2.10　空肠弯曲菌食物中毒

1.病原菌

空肠弯曲菌(*Campylobacter jejuni*)隶属弯曲菌属(*Campylobacter*)。弯曲菌属包括胎儿弯曲菌(*C. fetus*)、空肠弯曲菌(*C. jejuni*)、结肠弯曲菌(*C. colic*)、幽门弯曲菌(*C. pybridis*)、唾液弯曲菌(*C. sputorum*)及海鸥弯曲菌(*C. laridis*)等6个种及若干亚种。对人类致病的绝大多数是空肠弯曲菌及胎儿弯曲菌胎儿亚种,其次是结肠弯曲菌。空肠弯曲菌是引起人类腹泻最常见的病原菌之一。

空肠弯曲菌为革兰氏染色阴性、微需氧杆菌,菌体大小为$(0.2 \sim 0.5)\mu m \times (1.5 \sim 5.0)$ μm,呈弧形,S形或螺旋形,3~5个呈串或单个排列;菌体两端尖,有极鞭毛,能做快速直线或螺旋体状运动;无荚膜,不形成芽孢。在含$5\% \sim 10\% O_2$和$3\% \sim 10\% CO_2$的环境中生长良好,最适生长温度为37~42℃,该菌对营养要求严格,在普通培养基上不易生长,在凝固血清或血琼脂培养基中培养36 h可形成无色半透明的毛玻璃样小菌落,半径0.5~1 mm,单个菌落呈中心凸起,周边不规则,呈现白色或奶油色,表面光滑或粗糙,转种后光滑型变成黏液型,有的呈玻璃断面样的折光,无溶血现象。该菌抵抗力较弱,易被干燥,直射阳光及弱消毒剂杀灭,在干燥环境中仅能存活3 h,对冷热均敏感,置于冰箱中很快死亡,在56℃加热5 min即被杀死。

空肠弯曲菌主要抗原有O抗原,是细胞壁的类脂多糖,及H抗原(鞭毛抗原)。感染后肠道产生局部免疫,血中也产生抗O抗原的IgG、IgM、IgA抗体,有一定保护力。

2.食物中毒症状及发生原因

(1)食物中毒症状。

空肠弯曲菌侵入机体肠黏膜或血液中,同时产生肠毒素促进了食物中毒的发生。潜伏期一般为1~10天,平均5天。初期有头痛、发热、肌肉酸痛等前驱症状,随后出现腹泻、恶心呕吐。发热占56.3%~60%,一般为低到中度发热,体温38℃左右,个别可高热达40℃,伴有全身不适。腹痛腹泻为最常见症状,表现为整个腹部或右下腹痉挛性绞痛,剧者似急腹症,腹泻占91.9%,一般初为水样稀便,继而呈黏液或脓血黏液便,有的为明显血便。腹泻次数多为4~5次,频者可达20余次;轻症患者可呈间歇性腹泻,每日3~4次,间有血性便。重者可持续高热伴严重血便,或呈中毒性巨结肠炎、或为伪膜性肠炎及下消化道大出血的表现。多数1周内自愈,轻者24 h即愈,不易和病毒性胃肠炎区别;20%的患者病情迁延,间歇腹泻持续2~3周,或愈后复发或呈重型。

(2)中毒发生的原因。

空肠弯曲菌引起食物中毒的主要原因是食入了含有空肠弯曲菌活菌及其肠毒素和细菌毒素的食品,属于混合型细菌性食物中毒。

3.引起中毒的食品及污染途径

空肠弯曲菌广泛散布在各种动物体内,其中以家禽、野禽和家畜带菌最多,其次在啮齿类动物也分离出弯曲菌。病菌通过其粪便排出体外,污染环境。当人与这些动物密切接触或食用被污染的食品时,病原菌即进入人体。由于动物多是无症状的带菌,且带菌率高,因而是重要的传染源和贮存宿主。市售家禽家畜的肉、奶、蛋类多被弯曲菌污染,如进食未加工或加工不适当或吃凉拌菜等,均可引起传染。水源传播也很重要,有报告弯曲菌引起的腹泻患者有60%在发病前一周有喝生水史,而对照组只有25%。食物中毒多发生在5~10月,尤以夏季较多,或者多为1~5岁婴幼儿。

4.预防中毒措施

预防空肠弯曲菌食物中毒的措施与沙门氏菌食物中毒相同。

首先要加强食品卫生防疫以及人畜粪便的管理,因为动物是空肠弯曲菌最重要的传染源,如何控制动物的感染,防止动物排泄物污染水、食物至关重要。因此做好三管,即管水、管粪、管食物乃是防止其传播的有力措施。

其次在食品加工过程中,食品加工人员应具有良好的卫生操作规范,防止二次污染。

第三食品在食用前,对肉类食品要进行科学地烹饪、蒸煮,避免食用灭菌不充分或未煮透的食品,尤其是乳制品和饮用水要加热灭菌。

第四因空肠弯曲菌食物中毒多发生于婴幼儿,必须对奶类、蛋类等食品加强卫生检验和卫生管理。

5.感染事件

空肠弯曲菌是我国婴儿感染性腹泻的重要致病菌之一,几乎占感染性腹泻病例的第二位。全年均可发生,夏秋季为发病高峰,尤以两岁以下幼儿最常见。潜伏期3~5天,全身中毒症状明显,有高热、呕吐和腹痛,接着出现黄色带有奇特恶臭的水样便,也有少数为黏液或脓血样便。

5.2.11 蜡样芽孢杆菌食物中毒

1.病原菌

蜡样芽孢杆菌(*Bacillus cereus*)隶属于芽孢杆菌属,该菌为革兰氏阳性、能形成芽孢的需氧或兼性厌氧杆菌,大小为$(0.9\sim1.2)\ \mu m \times (1.8\sim4.0)\ \mu m$,菌体正直或稍弯曲,两端平整,芽孢不大于菌体宽度,位于中央或稍偏一端,呈短链或长链状排列,有周生鞭毛、无荚膜。在肉汤中生长时呈现浑浊,有菌膜或壁环,摇动易乳化;菌落较大,直径为$3\sim10\ mm$,灰白色、不透明、表面粗糙似毛玻璃状或融蜡状;在血液琼脂上生长迅速,呈草绿色溶血;在马铃薯斜面上呈奶油状生长,有时产生淡粉红色色素。生长温度范围是$10\sim50℃$,最适生长温度$30\sim32℃$,$10℃$以下不能繁殖,允许生长的pH范围为$4.9\sim9.3$。蜡样芽孢杆菌能耐热,一般情况下,游离芽孢在$100℃$能耐受$30\ min$,在干热条件下$120℃$加热$60\ min$才能杀死,例如肉汤中蜡样芽孢杆菌在$100℃$加热$20\ min$才能全部杀死。

蜡样芽孢杆菌能产生不耐热肠毒素(又称腹泻毒素)和耐热肠毒素(又称呕吐毒素)。不耐热肠毒素的相对分子质量为$5.5\times10^3\sim6.0\times10^3$,在$56℃$加热$30\ min$或$60℃$加热$5\ min$可以使其失活,也可用尿素、重金属盐、甲醛等灭活,对胰蛋白酶较敏感,不耐热肠毒素的毒性作用类似于肠毒素,能激活肠道上皮细胞中的腺苷酸环化酶,使肠黏膜细胞分泌功能改变而引起腹泻。几乎所有蜡样芽孢杆菌在多种食品中都可以产生不耐热肠毒素。耐热肠毒素的相对分子质量为5.0×10^3,在$110℃$加热$5\ min$仍能保留其毒性,对酸碱、胃蛋白酶、胰蛋白酶均不敏感。耐热肠毒素不能激活肠黏膜细胞膜上的腺苷酸环化酶,其中毒机理可能与葡萄球菌肠毒素引起呕吐机制相同。某些蜡样芽孢杆菌可在米饭类食品中产生耐热肠毒素。

2.食物中毒症状及发生原因

(1)食物中毒症状。

蜡样芽孢杆菌食物中毒的中毒症状因其产生的毒素不同可分为呕吐型和腹泻型两类。

呕吐型主要由耐热肠毒素引起,潜伏期较短,一般$0.5\sim3\ h$,短者$0.5\ h$,长者$5\ h$。主要症状是恶心、呕吐,并伴随头晕、四肢无力、腹痛等现象,仅有少数出现腹泻、体温升高。

此外,头昏、四肢无力、口干、寒战、结膜充血等症亦有发生。通常情况下,病程不会超过10 h。国内报道的本菌食物中毒,多为此型。主要是由剩米饭或炒饭引起的,易在米饭中繁殖并产生耐热性肠毒素。与葡萄球菌食物中毒在潜伏期、中毒表现方面非常相似,易混淆。

腹泻型由不耐热肠毒素引起,潜伏期比呕吐型长,一般 10~12 h,短者 6 h,长者 16 h,主要表现有腹泻、腹痛和水样便,一般无发热,可有轻度恶心,但呕吐罕见。但亦有报道有发热和胃痉挛等症状。病程稍长,16~36 h,由蜡样芽孢杆菌在各种食品中产生不耐热肠毒素所致。在潜伏期和中毒表现方面都与产气荚膜梭菌食物中毒相似,应注意鉴别。

(2)中毒发生的原因。

蜡样芽孢杆菌食物中毒是由于食物中带有大量活菌和该菌产生的肠毒素引起的。食物中的活菌量越多,产生的肠毒素越多。活菌还有促进中毒发生的作用。因此,蜡样芽孢杆菌食物中毒除毒素的因素外,细菌菌体也起一定的作用。本菌食物中毒时,引起中毒的食品中可有大量的蜡样芽孢杆菌,食品中菌量的范围与菌株的类型和毒力、食品类别和摄入量、个体差异等有关。一般在 $10^6 \sim 10^8$ CFU/g 或更多。引发呕吐型需要的细菌数量似乎比引发腹泻型的数量要高。当剩饭、菜等贮存于较高的温度条件下,放置时间较长,使污染于食品中的蜡样芽孢杆菌繁殖、产毒,或食品虽经加热而残存的芽孢得以发芽繁殖的条件,进食前又未充分加热而引起中毒。诸如剩饭用热水或菜汤泡、油炒饭、剩饭未经任何加热处理直接掺入新饭中、新饭即将做好时,将剩饭倒在新饭上面或埋在其中等,都不能使剩饭充分加热,未能杀死蜡样芽孢杆菌,以致食后引起中毒。

3.引起中毒的食品及污染途径

蜡样芽孢杆菌在自然界分布极其广泛,例如土壤、水、尘埃等,淀粉制品、乳及其制品等食品,主要污染源是泥土、灰尘,也可经苍蝇、蟑螂等昆虫和不洁的烹调用具、容器传播蜡样芽孢杆菌。例如在市售的食品中,肉及肉制品带菌率为 13%~26%、乳与乳制品为 23%~77%、饼干为 12%、生米为 67.7%~91%、米饭为 10%、炒饭为 24%、豆腐为 54%、蔬菜水果为 51%。

国外引起中毒的食品范围相当广泛,主要包括:乳及乳制品、畜禽肉类制品、蔬菜、马铃薯、豆芽、甜点心、调味汁、沙拉、米饭和油炒饭;国内引起中毒的食品包括:剩米饭、米粉、甜酒酿、剩菜、甜点心、乳、肉类食品等,但主要是剩饭,因为蜡样芽孢杆菌极易在大米饭中生长繁殖;其次是小米饭、高粱米饭,个别还有米粉。污染蜡样芽孢杆菌的剩饭和剩菜长时间置于较高温度下,可导致该菌大量生长繁殖,或食品加热不彻底使得残存的芽孢萌发后大量生长繁殖,进食前又未充分加热而引起食物中毒。

由于蜡样芽孢杆菌生长、繁殖、产生毒素一般不会导致食品腐败变质现象,除污染该菌的米饭有时稍有发黏、口味不爽或稍带异味外,大多数污染该菌食品的感官性状正常,因此,夏季很容易误食这类食品导致食物中毒。

4.预防中毒措施

蜡样芽孢杆菌分布广泛,主要分布在土壤、水和空气中,因此,食堂、食品企业必须严格执行食品卫生操作规范,做好防蝇、防鼠、防灰尘等卫生工作。因蜡样芽孢杆菌在15~50℃均能生长繁殖并产生肠毒素,因此,奶类、肉类和米饭等食品只能在低温下短期存放,剩饭及其他熟食在使用前须经过100℃、20 min彻底加热。

5.感染事件

2003年10月重庆市某中学在午餐后,42名学生2~10 h出现不同程度的呕吐,伴腹痛、腹泻。腹痛以脐周隐痛为主,腹泻多为水样便,每日2~7次;少数患者伴有头痛、头晕,无发热症状,经对症及抗菌治疗后,全部痊愈。通过流行病学检查,结合中毒患者的临床表现和实验室检查,此次食物中毒由学生误食被蜡样芽孢杆菌污染的剩饭引起。

2011年8月安徽省某地区居民在家中自办宴席,就餐后5~19 h,先后有20多名就餐者出现恶心、呕吐、腹痛、腹泻、发热、头晕、头痛的症状,经疾控中心采样检测,是由于食物贮存不当引起的食物中毒事件,并在食用的馒头和肉丸子中发现了蜡样芽孢杆菌。

2012年5月山东省某地区某中学部分学生在学校食堂就餐后,先后出现呕吐、腹痛、发热和腹泻等症状。后经查明,主要原因是学生食用了剩米饭,导致了蜡样芽孢杆菌食物中毒。

5.2.12　产气荚膜梭菌食物中毒

1.病原菌

产气荚膜梭菌(*Clostridium perfringens*)为厌氧芽胞菌,是引起食源性胃肠炎最常见的病原之一,可引起典型的食物中毒、爆发。由产气荚膜梭菌引起的疾病为魏氏梭菌中毒。据美国人类卫生教育福利部报告魏氏梭菌引起的食物中毒,在美国占细菌性食物中毒的30%左右,目前的最新统计数据表明,每年美国由产气荚膜梭菌引起的食物中毒人数在250000左右,其中约有10人死亡,每年造成的经济损失约在1.2亿美元。流行病学调查发现,平均每起由产气荚膜梭菌引起的食物中毒事件的暴发,通常涉及50~100人。有些严重的食物中毒暴发甚至涉及到上千人。

产气荚膜梭菌是继沙门氏菌、葡萄球菌后引起食物中毒的又一重要的病原菌。引起食物中毒的产气荚膜梭菌隶属于梭状芽孢杆菌属。产气荚膜梭菌(*C. perfringens*)是一种革兰氏阳性、产生芽孢、严格厌氧及形成特殊荚膜的梭状杆菌,是梭状芽孢菌属中的主要成员之一。该菌广泛存在于自然界的水源、土壤及人和动物肠道之中。

(1)生物学特性。

本菌菌体两端钝圆,直杆状,(1~2)μm×(2~10)μm,革兰氏染色阳性,卵圆形芽孢位于菌体中央或近端,不比菌体明显膨大,但有些菌株在一般的培养条件下很难形成芽孢,无鞭毛,在人和动物活体组织内或在含血清的培养基内生长时有可能形成荚膜。本菌虽属厌氧性细菌,但对厌氧程度的要求不严格。在普通培养基上能生长,若加葡萄糖、血液,则生长更好。生长适宜温度为 37~47℃，多认为 43~47℃ 为最宜本菌生长和繁殖的温度，在适宜条件下增代时间仅 8 min，可利用高温快速培养法，对本菌进行选择分离，如在 45℃ 下，每培养 3~4 h 传种 1 次，即可较易获得纯培养，在深层葡萄糖琼脂中大量产气，致使琼脂破碎，在牛奶培养基中，可见到暴烈发酵；在庖肉培养基中培养数小时即可见到生长，产生大量气体，肉渣或肉块变为略带粉色，但不被消化。在普通琼脂平板上培养 15 h 左右可见到菌落，培养 24 h 菌落直径 2~4 mm，呈凸面状，表面光滑半透明，正圆形，在营养成分不足或琼脂浓度高的平板上，有时尤其经过传种的菌株，可能形成锯齿状边缘或带放射状条纹的 R 型菌落。在含人血、兔血或绵羊血的琼脂平板上培养的菌落周围有双层溶血环，内层溶血完全，外层溶血不完全，好似靶状。在乳糖、牛奶、卵黄琼脂平板上培养的菌落周围出现乳光浑浊带。此反应能被本菌 α 抗毒素抑制。由于发酵乳糖，菌落周围的培养基颜色发生变化（中性红指示剂呈粉红色）。不消化牛奶，不分解游离脂肪，菌落周围不出现透明环及虹彩层。所有菌株均发酵葡萄糖、麦芽糖、乳糖及蔗糖，产酸产气，液化明胶，不产生靛基质，还原硝酸盐为亚硝酸盐，但也有例外。发酵牛奶中的乳糖，使酪蛋白凝固，同时由于大量产气，凝块碎裂，即所谓暴裂发酵，这是本菌的主要生化特征之一，也是主要鉴别的指标。

（2）致病因素。

产生多种肠毒素，根据产生肠毒素的种类不同，将该菌分为 A、B、C、D、E 共 5 个型。A 型产气荚膜梭菌是引起人的食物中毒和气肿疽的主要病原体，亦可引起动物的坏死性肠炎和肠毒血症；C 型产气荚膜梭菌可以引起人的坏死性肠炎以及各种动物的肠毒血症；B 型和 D 型产气荚膜梭菌主要存在于动物的肠道中，作为一种条件致病菌可引起动物发生肠毒血症；E 型产气荚膜梭菌通常很难从动物体内分离，偶尔可以从犬或猫的肠道中分离，其致病性目前不是十分清楚。引起食物中毒的菌株主要为 A 型，它在小肠内形成芽孢的后期产生肠毒素，并随芽孢释放到细胞外。该毒素不耐热，60℃ 加热 10 min 即失活。该菌还产生多种侵袭酶，其荚膜也构成强大的侵袭力，是气性坏疽的主要病原菌。

2.食物中毒机理与症状

产气荚膜梭菌产生的肠毒素是引起食物中毒的主要原因。中毒食品多为生畜肉、禽肉、鱼及其他蛋白性食品。肉类食品虽经烹调煮熟，但仍有芽孢残存，在一定的条件下芽孢就会萌发，在几个小时内增殖就能达到引起食用者中毒的含菌量。大量活菌随食物进入肠道，在小肠碱性环境中产生芽孢并释放肠毒素。肠毒素经胰蛋白酶作用，断裂部分多肽链被活化后与小肠黏膜细胞膜上的受体结合，嵌入细胞膜而影响代谢，导致通透性改变，使细胞内的离子和大分子流失，引起肠腔内积累大量体液而导致腹泻等中毒症状。

中毒症状如下：

①气性坏疽：气性坏疽是严重的创伤感染性疾病，由 A 型产气荚膜梭菌引起，疾病特征为局部组织坏死、气肿、水肿、恶臭及全身中毒。本菌感染伤口后 8~48 h 内迅速繁殖并侵入到周围正常组织，分解肌肉和组织中的糖类，产生大量气体，造成气肿，影响血液供应，受多种毒素和酶的作用造成组织坏死。病人表现为局部组织肿胀剧痛，触摸有捻发感，并产

生特殊的臭味。

②食物中毒：A 型产气荚膜梭菌所产生的肠毒素可引起食物中毒。潜伏期短，为 6～24 h，临床表现为腹泻和腹部痛性痉挛，较少呕吐，一般不发热，1～2 天内可自愈。

③急性坏死性肠炎：潜伏期短，由 C 型产气荚膜梭菌引起，致病物质可能为 β 毒素。潜伏期不到 24 h，发病急，有剧烈痛、腹泻、肠黏膜出血性坏死，粪便带血；可并发周围循环衰竭、肠梗阻、腹膜炎等，病死率达 40%。

3.引起食品污染的途径

引起中毒的食品主要是肉类、禽肉类、鱼贝类和植物蛋白食品。该菌分布于土壤、尘埃、污水、空气、人与动物的粪便中而成为污染源。

4.预防中毒措施

预防食品中毒的关键措施是适宜的冷却处理和再加热及食品加工人员的教育等。当产品达到合适温度时，那些未被杀死的芽孢可能发芽。蒸煮后需要经过快速统一的冷却，事实上在所有的暴发病例中，产气荚膜梭菌中毒的主要原因是没有恰当地冷却事先煮好的食品，特别当食品量又是很大时。适当的热处理，充分的再加热，冷却食品，也是必要的控制措施。食品加工人员的教育仍是控制的一个关键方面，严格执行家畜和家禽在屠宰、加工、运输、贮藏、销售各个环节的卫生管理，防止受该菌的污染。

一旦出现中毒症状应积极治疗，注意休息，一般无须特殊治疗。对症治疗常采用解痉、止泻、补充水分及纠正电解质紊乱；重症患者给予头孢孟多或头孢呋辛、呋喃唑酮、庆大霉素等抗生素。

5.2.13　椰毒假单胞菌酵米面亚种食物中毒

1.病原学特点

椰毒假单胞菌酵米面亚种（*Psedomonas cocovenenans* supsp. *farino fermentans*）简称椰酵假单胞菌，是我国发现的一种新的食物中毒菌。革兰氏阴性菌，大小为（0.5～1.0）μm ×（2.5～3.0）μm，呈短杆状、球杆状或稍弯曲，两端钝圆，无芽胞，有鞭毛，兼性厌氧。在马铃薯葡萄糖琼脂培养基上 28℃ 培养 24 h 后，菌落直径为 1～2 mm、圆形、半凸起、光滑湿润、有黏性，2 天后菌落呈柠檬黄色。最适生长温度为 37℃，最适产毒温度为 26℃，pH 5.0～7.0 生长较好。本菌抵抗力较弱，56℃、5 min 即可杀死，对各种常用消毒剂抵抗力也不强。

2.流行病学特点

（1）季节性。

酵米面食物中毒一年四季均可发生，多发生在 6～9 月，其中以 7、8 月最多。除东北三省外，近年在广西、湖北、广东、四川、河北、江苏等省也发生多起酵米面食物中毒事件。山东、河南、河北等省因进食变质银耳也发生同类中毒。中毒多发生在农村，特别是山区、半山区，城镇偶见。

（2）中毒食品。

椰毒假单胞菌酵米面亚种菌存在于发酵的玉米、糯玉米、黄米、高粱米(也称酵米面)、变质银耳以及周围环境中,它是酵米面及变质银耳中毒的病原菌。

酵米面又称"臭米面",是我国特别是山区、半山区历史上流传下来的一种自制食物,即在夏秋季节将玉米、高粱米、小米等浸泡发酵后,水洗、磨浆、过滤、晾晒成粉,然后制作各类食品,北方常制作臭碴子、酸汤子、格格豆等,南方常制作汤圆、米粑、吊浆粑等。引起食物中毒的酵米面多是已食用过数次剩余的部分,有明显的变质,肉眼可见有粉红、绿、黄绿、黑等各色斑点,有明显的霉味和陈腐味。不论制成何种食品,也不论采用何种日常的烹调方法都不能破坏其毒性。

由于椰毒假单胞菌酵米面亚种菌广泛分布于外环境,因此在制作酵米面过程中很容易受该菌的污染,并且在这些食物上生长繁殖,在适当的温度(如 20～30℃)等条件下能产生大量毒性很强的米酵菌酸和毒黄素,对中毒者身体危害极为严重。

3.中毒症状及原因

(1)食物中毒症状。

椰毒假单胞菌酵米面亚种菌食物中毒的潜伏期多为 2～24 h。主要症状为上腹部不适,恶心、呕吐(呕吐物为胃内容物,重者呈咖啡色样物),轻微腹泻、头晕、全身无力等。重症患者出现黄疸、肝肿大、皮下出血、呕血、血尿、少尿、意识不清、烦躁不安、惊厥、抽搐、休克,一般无发热。病死率高达 40%～100%。个别病例有假愈期,可在发病数日后病情加重而突然死亡。

(2)发生原因。

椰毒假单胞菌酵米面亚种菌食物中毒又称臭米面中毒,是主要在我国东北地区农村偶然发生的一种食物中毒,近年来广西、云南、四川、湖北等地也有发生。

椰毒假单胞菌酵米面亚种菌引起食物中毒的主要原因是该菌能在发酵的米、高粱或小米面、银耳等食品中产生米酵菌酸和毒黄素,均为小分子的脂肪酸类毒素,对人和动物细胞均有毒性作用。米酵菌酸为白色晶体,对酸、氧化剂和日光不稳定,但耐热性强,一般烹调方法不能破坏其毒性,即使在 100℃煮沸和高压(121℃)也不被破坏,难溶于水,其产生量远大于毒黄素,是引起酵米面和变质银耳等多种食品中毒致病的主要病因。米酵菌酸是引起中毒的主要因素,严重损害人的肝、脑、肾等实质性脏器,表现为消化系统、泌尿系统和神经系统的损伤。

4.预防中毒措施

由于产生的米酵菌酸和毒黄素毒性剧烈,目前还没有发现有效地解毒药物,对食物中毒的救治措施仅限于催吐、导泻、洗胃、清肠等来排出消化道的毒物,因此应避免摄入该菌污染的食物。

预防该菌中毒的措施一般有下列方法:严禁用浸泡、霉变的玉米制作食品。家庭制备发酵谷类食品时要勤换水,保持卫生,要保证食物无异味产生,最好的预防措施是不制作、不食用酵米面。禁止出售发霉变质的鲜银耳。学会正确辨别银耳的质量。正常干银耳经水泡发后,朵形完整、较大,菌片呈白色或微黄,弹性好,无异味;变质银耳不成形、发黏、无弹性,菌片呈深黄至黄褐色,有异臭味。发好的银耳要充分漂洗,食用前要摘除银耳的基底部。

5.感染事件

据统计,2001 年卫生部收到的重大食物中毒事件报告中,由椰毒假单胞菌酵米面亚种造成的细菌性食物中毒占全年总中毒起数的 26.48%,死亡人数占总死亡人数的 13.70%,其中 75%发生在家庭。有关专家指出,细菌性食物中毒是迄今我国病死率最高的一种微生物食物中毒,也是农村食品安全的主要问题,而我国每年都有多起因酵米面中毒导致的家庭悲剧。

1988 年 3 月河北省某地区 5 人因食用了自制的"糟米面"面条,造成 5 人发病,4 人死亡的惨剧。经流行病学调查及临床表现和病原学诊断,证实为椰毒假单胞菌酵米面亚种食物中毒。

2004—2005 年广西自治区某地区发生 5 起吊浆粑食物中毒事件,累计中毒 27 人,死亡17 人。经流行病学调查、细菌增菌分离培养、动物试验、尸检等,在发生食物中毒的吊浆粑中分离培养出椰毒假单胞菌酵米面亚种细菌,用其增菌液进行动物实验,动物死亡;通过对中毒死者尸体解剖和实验动物临床表现及尸解对照,显示出相类似的多器官损害。

2012 年 7 月四川省某地区 9 人食用了玉米汤圆,导致 5 人死亡。根据流行病学现场调查结果、中毒症状及体征、实验室检测结果,判断该事件为一起椰毒假单胞菌酵米面亚种导致的食物中毒事件。

5.3　真菌性食物中毒

5.3.1　概述

1.真菌性食物中毒的定义

真菌性食物中毒(Fungous food poisoning)是指人食入了含有真菌毒素的食物后,发生的一种急性或慢性中毒性疾病。真菌毒素(mycotoxin)是真菌的代谢产物,主要产生于碳水化合物性质的食品原料中,经产毒的真菌繁殖而分泌的细胞外毒素。

产生毒素的真菌以霉菌为主。霉菌是真菌的重要组成部分,在自然界中广泛存在,种类繁多,目前已发现 45000 多种,但绝大多数是非致病性霉菌,只有极少数霉菌在基质(食品)中能生长繁殖,并且产生有毒的次级代谢产物。人们最早认识的霉菌毒素中毒病是麦角中毒(ergotism),自 1960 年发现火鸡的"X 病"是黄曲霉毒素中毒后,该类毒素引起了人们极大的关注。目前已发现能产生毒素的霉菌有 200 多种,其中已经发现在自然条件下,能引起人和动物中毒的霉菌约有 50 多种。

2.霉菌毒素的产生条件

霉菌产生毒素的前提条件是霉菌污染基质并生长繁殖,还有其他条件包括(如谷类、食品、饲料等有机质)的重量、水分、相对湿度、温度以及空气流通情况等。

(1)菌株的遗传特性。

霉菌中能产生毒素的菌种很少,而且产生毒素的菌种仅限于部分菌株。产毒菌株的产毒能力还表现出可变性和易变性,例如某产毒菌株经过多代培养可完全丧失产毒能力,而非产毒菌株在一定条件下也出现产毒能力。一种菌种或菌株可产生几种不同的毒素;而同一种毒素也可能由不同种的霉菌产生,如黄曲霉毒素可以由黄曲霉和寄生曲霉产生。

(2)基质种类。

霉菌生长繁殖所需要的基质因其种类不同而有差异,如黄曲霉最易污染花生、玉米、水稻、麦类等;镰刀菌最易污染小麦秸秆;青霉主要污染大米。

(3)基质水分。

食品的水分活度对霉菌的生长繁殖具有重要的影响,水分活度越小,越不利于霉菌的生长繁殖,水分活度越大,造成霉菌产生毒素的机会越大。例如粮食和饲料的水分为17%~19%、花生水分为10%或更高时,霉菌最容易生长繁殖并产生毒素;若粮食水分达到13%~14%、花生水分为8%~9%、大豆水分为11%以下时,通常不会受到霉菌的污染。

(4)环境温度。

霉菌一般在20~30℃进行生长繁殖,当低于10℃或高于30℃时其生长繁殖明显减弱。一般霉菌产生毒素的温度略低于最适生长温度,如黄曲霉最适生长温度为30~33℃,而产生毒素的最适温度为24~30℃。但是,也有少数的霉菌能在低温生长繁殖或产生毒素,如镰刀菌能耐受-20℃的低温,三线镰刀菌能在低温下产生毒素。

(5)相对湿度。

霉菌生长繁殖以及产生毒素的相对湿度一般为80%~90%,但当相对湿度为70%~75%时不会产生毒素。

(6)通风条件。

由于霉菌为专性好氧微生物,因此,多数霉菌在有氧条件下能够生长繁殖并产生毒素,但在无氧时不能产生毒素。所以,粮食或油料在贮藏期间,氧气对霉菌产生毒素具有较大的影响。

3.引起中毒的常见霉菌及其毒素

广义的霉菌毒素是指产毒素霉菌在基质上生长繁殖时产生的代谢产物,以及某些霉菌使其基质发霉变质后形成的有毒化学物质。狭义的霉菌毒素是指霉菌污染基质的过程中产生的有毒代谢产物。由于霉菌种类繁多,产生的有毒代谢产物也多种多样,目前已经发现的霉菌毒素有200多种。

霉菌毒素的分类方法较多,常见的有下列几种。

(1)按霉菌毒素的化学结构分类。

通常分为二呋喃环类、内酯环类、酯类、环氧类、有卤素原子类、靛基质环类等。

(2)按霉菌毒素对人和动物的毒性作用分类。

通常分为肝脏毒、肾脏毒、神经毒、细胞毒、血液毒、组织毒、致皮炎毒、类雌激素毒等。

（3）按产生毒素的霉菌名称分类。

这是目前普遍使用的分类方法，已经被广大学者承认和接受。

曲霉属（*Aspergillus*）中能产生毒素的菌种主要包括：黄曲霉（*Aspergillus flavus*）、烟曲霉（*A. fumigatus*）、构巢曲霉（*A. nidurans*）、寄生曲霉（*A. parasiticus*）、赭曲霉（*A. ochraceus*）和杂色曲霉（*A. versicolor*）等。它们在生长繁殖过程中能产生黄曲霉毒素、杂色曲霉毒素、赭曲霉毒素等多种曲霉毒素。

镰刀菌属（*Fusarium*）能产生毒素的菌种主要包括：禾谷镰刀菌（*Fusarium graminearum*）、三线镰刀菌（*F. trincintum*）、梨孢镰刀菌（*F. poae*）、尖孢镰刀菌（*F. oxysporum*）、雪腐镰刀菌（*F. nivale*）、串珠镰刀菌（*F. moniliforme*）、拟枝孢镰刀菌（*F. sparotrichioides*）、木贼镰刀菌（*F. equiseti*）、粉红镰刀菌（*F. roseum*）、半裸镰刀菌（*F. semitectum*）、燕麦镰刀菌（*F. avenaceum*）和黄色镰刀菌（*F. culmorum*）等。它们能产生 T-2 毒素（T-2 toxin）、脱氧雪腐镰刀菌烯醇（deoxynivalenol）、玉米赤霉烯酮（zearalenone）等。

青霉属（*Penicillium*）能产生毒素的菌种主要包括：岛青霉（*Penicillium islandicum*）、橘青霉（*P. citrinum*）、黄绿青霉（*P. citreo - viride*）、红色青霉（*P. rubrum*）、扩展青霉（*P. expansum*）、圆弧青霉（*P. cyclopium*）、纯绿青霉（*P. viridicatum*）、展青霉（*P. patulum*）、斜卧青霉（*P. decumbens*）等。它们在生长繁殖过程中能产生展青霉毒素（patulin）、橘青霉毒素（citrinin）、红青霉毒素（rubratoxin）等多种霉菌毒素。

其他菌属主要包括粉红色单端孢霉、绿色木霉、葡萄穗菌、甘薯黑斑病菌、麦角菌、漆斑菌等。它们能产生葡萄状穗霉毒素、甘薯酮、甘薯醇、麦角生物碱等多种霉菌毒素。

4.真菌毒素引起的中毒性疾病

当霉菌毒素在机体组织内蓄积，达到一定量时就能引起人或动物的中毒，一般分为原发性中毒疾病和继发性疾病，原发性中毒疾病又分为急性和慢性中毒疾病两种。

（1）急性原发性中毒。

指人或动物一次性摄入多量的霉菌毒素，引起人或动物突然发病，出现典型临床症状的中毒性疾病。

（2）慢性原发性中毒。

指人或动物长期食用受霉菌污染的食物或饲料，当霉菌毒素在体内蓄积到一定量时，人或动物出现急性发作的一种中毒性疾病。

（3）继发性疾病。

指人或动物长期食用被霉菌毒素轻度污染的食物或饲料，虽然不出现中毒症状，但可能破坏机体的免疫机能，使抵抗力下降，导致许多病原微生物或寄生虫乘机而入，出现继发感染。

5.真菌毒素中毒的特点

（1）与食物相关性。

霉菌毒素中毒的发生与某些食物有关，如食用某些食物后在一段时间内相继发生食物中毒,食物经初步检测可发现大量霉菌或毒素。

(2)地区性与季节性。

霉菌毒素中毒一年四季均可发生,但在自然条件下有一定的地区性和季节性。如黄曲霉毒素中毒多发生在春末夏初或热带地区,而镰刀菌毒素中毒多发生在寒冷季节或寒带地区,温暖多雨的南方畜禽霉菌毒素中毒多于北方,受洪涝灾害地区尤为严重。

(3)群发性和不传染性、无免疫性。

成群大批发病,有疫病流行的特点,但无传染性。霉菌毒素不是复杂的蛋白质分子,无免疫原性,不能产生抗体,康复后若再次接触相同的霉菌毒素时,可再次引起中毒。

(4)症状复杂性。

霉菌毒素中毒后,因毒素种类不同,其作用的靶器官不同,因而表现的症状也不同。

(5)治疗困难。

霉菌毒素中毒目前尚无特效药解毒,一般化学药物和抗生素治疗无效,甚至由于机体抵抗力降低导致菌群失调,常引起继发性感染。

5.3.2 黄曲霉毒素中毒

黄曲霉毒素中毒是人(动物)食用了被黄曲霉污染的食物(饲料)而引起的以全身出血、消化机能紊乱、腹水、神经症状等为特征的中毒性疾病。主要的病理学变化是肝细胞变性、坏死、出血,胆管和肝细胞增生。黄曲霉毒素中毒为人畜共患,长期小剂量摄入,还能导致致癌作用。黄曲霉毒素中毒于1960年在英国苏格兰发生,当时被称为"火鸡X病",相继在美国、巴西和南非等多个国家发生。

黄曲霉毒素(Aflatoxin,AF)主要是黄曲霉(*Aspergillus flavus*)、寄生曲霉(*A. parasiticus*)和特曲霉(*A. nomius*)等产生的有毒代谢产物。黄曲霉广泛存在于自然界中,而寄生曲霉和特曲霉仅在部分地区分离到,这些霉菌主要污染玉米、花生、豆类、棉籽、麦类、大米、秸秆及其副产品如酒糟、油粕、酱油渣等。

黄曲霉毒素自1960年从有毒的饲料(花生粉)中发现就引起人们的高度重视,世界上许多学者对该毒素的产毒微生物、产毒条件、毒性、毒理、防止污染措施及去毒方法等方面进行了深入研究。迄今为止,黄曲霉毒素在所有的真菌毒素中被研究得最为透彻。

1.黄曲霉毒素的结构

黄曲霉毒素是一类结构相似的化合物,基本化学结构为二呋喃环和香豆素(氧杂萘邻酮),前者为基本毒性结构,后者与致癌有关。目前已经发现和分离的黄曲霉毒素有 B_1、B_2、G_1、G_2、B_{2a}、G_{2a}、M_1、M_2、P_1 等20余种。它们在紫外线照射下都发出荧光,根据荧光的颜色可以分为两大类:发出蓝紫色荧光的称为B族毒素,包括黄曲霉毒素 B_1(AFB_1)和 B_2(AFB_2);发出黄绿色荧光的称为G族毒素,有黄曲霉毒素 G_1(AFG_1)和 G_2(AFG_2)。

其中,黄曲霉毒素 B_1(AFB_1)可以由所有黄曲霉毒素菌株产生,是所有黄曲霉毒素中毒性最强的物质,AFM_1 是 AFB_1 羟基化的衍生物,AFL、AFH_1、AFQ_1、AFP_1 都是从 AFB_1 衍生出来的；AFB$_2$ 是 AFB$_1$ 在 2,3-脱水后的形式，AFG$_2$ 是 AFG$_1$ 在 2,3-脱水后的形式。食品中常见且危害性较大的黄曲霉毒素包括 B$_1$、B$_2$、G$_1$、G$_2$、B$_{2a}$、G$_{2a}$、M$_1$、M$_2$ 等。部分黄曲霉毒素的化学结构见图 5-1。

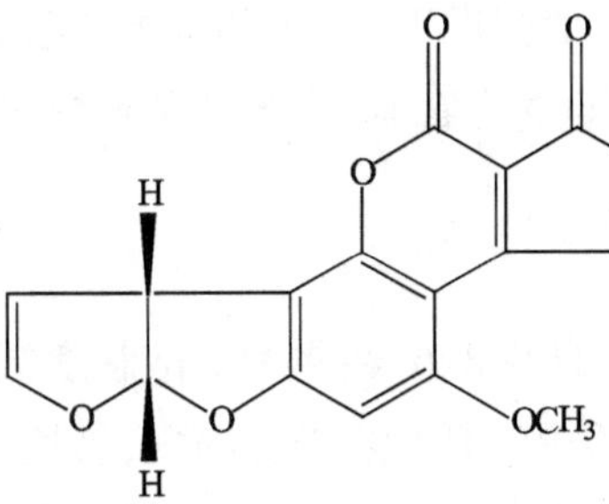

黄曲霉毒素 B$_1$ 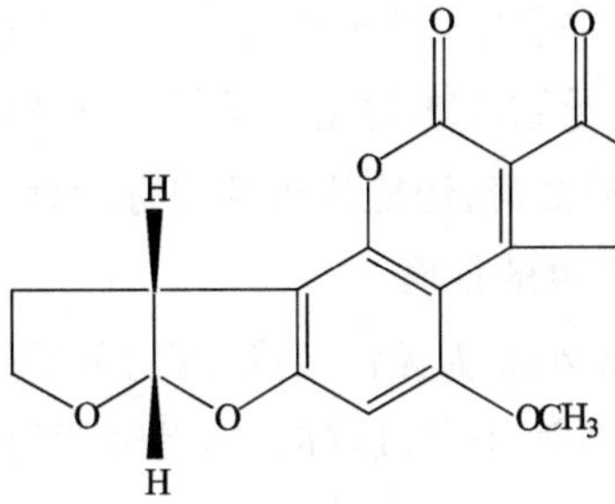　　　　　　　　　　　黄曲霉毒素 B$_2$

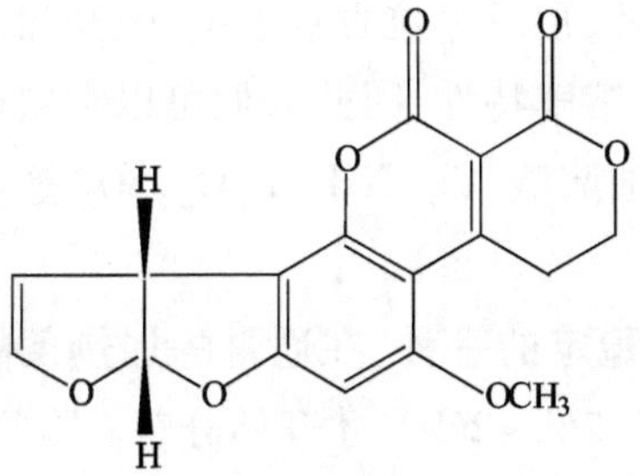

黄曲霉毒素 G$_1$ 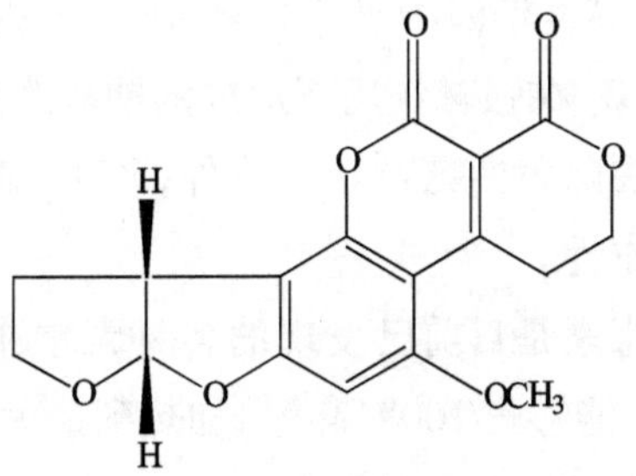　　　　　　　　　　　黄曲霉毒素 G$_2$

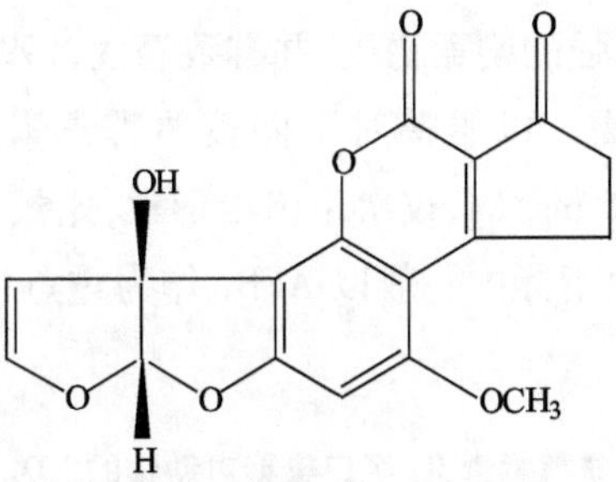

黄曲霉毒素 M$_1$

图 5-1　黄曲霉毒素的化学结构示意图

2.黄曲霉毒素的产生条件

　　黄曲霉中 60%～94% 的菌株可以产生毒素，所有的寄生曲霉都能够产生毒素，我国产生黄曲霉毒素的产毒菌种主要为黄曲霉。黄曲霉毒素主要污染粮食、油料作物的种子、饲料及其制品等。黄曲霉最适生长温度为 30～33℃，最低生长温度为 6～8℃，最高生长温度为 44～47℃，产生毒素的最适温度为 24～30℃。产生毒素的最适水分活度为 0.93～0.98，例如，黄曲霉在水分为 18.5% 的玉米、稻谷和小麦上生长繁殖时，第 3 天开始产生黄曲霉毒素，第 10 天达到产生毒素的最高峰，以后逐渐减少。当黄曲霉形成孢子时，菌丝体产生的毒素会逐渐排出到基质中,黄曲霉产毒的这种迟滞现象,意味着高水分粮食如在2天内进行干燥,粮食水分降至13%以下,即使污染黄曲霉也不会产生毒素。

黄曲霉毒素主要污染玉米、花生和棉籽等,其次是稻谷、小麦、大麦、豆类等。花生和玉米等谷物是黄曲霉生长并产生毒素的适宜基质,一般情况下,花生和玉米在收获前就可能被黄曲霉污染,导致成熟的花生不仅污染黄曲霉并且含有毒素,玉米果穗成熟时,不仅能从果穗上分离出黄曲霉,还能检出黄曲霉毒素。

3.黄曲霉毒素的性质

黄曲霉毒素纯品为无色结晶,相对分子质量为312~346,在水中的溶解度低,最大溶解度为10 mg/L,易溶于有机溶剂,如甲醇、丙酮和氯仿等,但不溶于石油醚、己烷和乙醚。一般在中性溶液中稳定,但在强酸性溶液中稍有分解,在pH 9.0~10.0强碱性溶液中迅速分解,例如AFB$_1$在中性和弱酸性溶液中稳定,在pH 1~3强酸性溶液中稍有分解;在pH 9.0~10.0强碱性溶液中迅速分解AFB$_1$的内酯环,形成邻位香豆素钠,荧光和毒性随即消失。由于AFB$_1$在强碱作用下形成的钠盐改变了溶解特性,因此人们可以利用这一化学反应从食品中去除黄曲霉毒素。另外,5%次氯酸钠溶液、Cl_2、NH_3、H_2O_2、SO_2等均可破坏黄曲霉毒素的毒性。

黄曲霉毒素是目前已发现的各种毒素中最稳定的一种,在通常的加热条件下不易破坏。如AFB$_1$能够耐200℃高温,加热到最大熔点268~269℃才开始分解。因此,一般烹调加热温度难以破坏黄曲霉毒素。

4.黄曲霉毒素的毒性和致癌性

黄曲霉毒素是一种毒性极强的剧毒物质,并有致癌性,1993年世界卫生组织(WHO)将黄曲霉毒素划定为1类致癌物。以雏鸭对不同黄曲霉毒素的半数致死剂量为例,其中AFB$_1$的毒性最强,LD$_{50}$为0.36 mg/kg,仅次于肉毒毒素,比氰化钾大10倍。由于天然食品中AFB$_1$最常见,因此食品卫生指标中一般以AFB$_1$作为重点检查项目。AFB$_1$经口染毒对动物的LD$_{50}$见表5-1。

表5-1　黄曲霉毒素B$_1$经口染毒对动物的LD$_{50}$(mg/kg)

动物	LD$_{50}$	动物	LD$_{50}$
雏鸭	0.24~0.56	豚鼠	1.4
兔	0.35~0.5	狒狒	2.0
犬	0.5~1.0	猴	2.2~7.8
猫	0.55	大鼠(雄)	5.5
猪	0.62	大鼠(雌)	17.9
羊	1.0~2.0	小鼠	9.0
火鸡	1.86~2.0	仓鼠	10.2
鸡	6.3	鳟鱼(腹腔)	0.81

黄曲霉毒素对人和动物毒害作用的靶器官主要是肝脏,其中毒症状分为两种类型。

（1）急性和亚急性中毒。

短时间内摄入大量黄曲霉毒素时，可导致鸭、火鸡、猪、牛、狗、猫、小白鼠等多种动物发生急性中毒，特别是以 2~6 周龄的雏鸡和幼鸭敏感性最高。动物急性中毒的典型症状为：食欲下降、口渴、便血，继之出现抽搐、过度兴奋、黄疸等症状。人对 AFB_1 也非常敏感，当每日摄入量为 2~6 mg 即可发生急性中毒甚至死亡，中毒的临床表现有恶心呕吐、厌食和发热，重者出现黄疸和腹水，肝脾肿大，肝硬化甚至死亡。所以，无论对任何动物，主要变化是肝脏，呈急性肝炎、出血性坏死、肝细胞脂肪变性和胆管增生。脾脏和胰脏也有轻度的病变。

（2）慢性中毒。

黄曲霉毒素的慢性中毒发生在高温高湿地区，在这些地区由于长期低剂量摄入黄曲霉毒素污染的食物可造成慢性损害。动物慢性中毒的主要症状表现为：动物生长障碍，肝脏出现慢性损害，生长缓慢、体重减轻、肝功能降低、出现肝硬化、母畜不孕或产子少。通常在几周或几十周后死亡。例如长期用霉变的玉米、黄豆、棉籽等种子和副产品作为饲料喂猪，可导致猪慢性中毒，主要症状为病猪精神萎顿，运步僵硬，拱背，有异嗜癖，体温正常，黏膜黄染，消瘦，肚腹卷缩；剖检见肝脏肿大，表面有灰白色坏死点；肺脏出血，表面有灰白色区域。

1963 年发现于泰国的神经系统疾病，每年泰国有几百名 1~13 岁的儿童，由于类似于雷耶氏症的急性脑病和内脏脂肪变性而死亡。表现为持续性呕吐，谵妄与昏迷，颅内压升高，压迫大脑皮质，出现去大脑状态，表现为去大脑僵直，其中 20%~50% 的病例死于昏迷加深，有幸未病故者，出现严重的后遗症，如智力障碍，抽搐，偏瘫，记忆力丧失等。

大量的动物试验表明黄曲霉毒素具有强致癌性，且部分人类流行病学资料表明黄曲霉毒素和癌症存在一定的联系，因此现在倾向于认为黄曲霉毒素是人类的致癌物。动物实验证据充分，黄曲霉毒素对多种动物具有强烈的致癌性。迄今为止，已知黄曲霉毒素可诱发肝瘤的动物有啮齿类、禽类、鱼类和灵长类。例如若饲料中的 AFB_1 含量低于 100 μg/kg 时，持续喂养小白鼠，第 26 周即可出现肝癌。黄曲霉毒素诱导肝癌的能力比二甲基亚硝胺大 75 倍，比 3,4-苯并芘大 4000 倍，黄曲霉毒素还能诱导胃腺癌、肾癌、直肠癌及乳腺、卵巢、小肠等部位的肿瘤。

关于黄曲霉毒素的致癌机制目前尚未完全清楚，一般认为 AFB_1 的代谢途径主要是脱甲基、羟化和环氧化反应，其代谢形成的环氧化物能与 RNA 结合，每一分子 AFB_1 能与 RNA 中 300 个分子核酸连接。AFB_1 经肝 p-450 代谢为 8,9-环氧化物，有很强的亲电子性，很易与 DNA 分子 N^7 结合，形成 AFB_1-N^7-鸟嘌呤加成物和血浆白蛋白加成物，造成 DNA 损伤。因此这一环氧化物很可能是 AFB_1 的致癌性代谢产物。

最近通过分子生物学研究，发现 AFB_1 可使抑癌基因 P_{53} 发生突变。AFB_1 除本身具有致畸致突变作用外，与肝癌的危险因子 HBV 和酒精具有协同作用。但有一些调查也表明肝癌与 AFB_1 的关系不能肯定。1987 年，国际癌症研究中心（IARC）根据世界各地的研究结果，将 AFB_1 确定为"有充分证据的可能致癌物"。

世界各国都对各种食品和饲料中黄曲霉毒素的含量做了严格规定,见表 5-2。FAO/WHO 规定,玉米和花生制品的黄曲霉毒素(以 AFB_1 表示)最大允许量为 15 μg/kg,美国 FDA 规定牛奶中黄曲霉毒素的最高限量为 0.5 μg/kg,其他大多数食物为 20 μg/kg。

表 5-2　各国食品和饲料中黄曲霉毒素允许量标准

国名	食品与饲料	黄曲霉毒素 B_1 限量(μg/kg)	备注
中国	玉米、花生、花生油	<20	国家卫生标准
	大米、其他食油	<10	
	粮食、豆类发酵食品	<5	
	婴儿食品	0	
日本	所有食品	0	
	饲料	0	小鸡、小牛、小猪
		20	乳牛
		40	其他家畜、家禽
美国	一般食品	20	$B_1 B_2 G_1 G_2$ 总量
	花生食品	15	$B_1 B_2 G_1 G_2$ 总量
	带壳花生	25	$B_1 B_2 G_1 G_2$ 总量
法国	食品	0	
	饲料	50	绵羊、山羊、成年羊
		20	成年猪、鸡、乳牛
		0	其他家畜家禽
德国	食品	10	$B_1 B_2 G_1 G_2$ 总量
	饲料	0~200	随动物种类不同而异

5.黄曲霉毒素的去除方法

目前,黄曲霉毒素去除方法主要有两类:除去毒素、破坏毒素活性。

除去毒素方法是指采用物理筛选法、水洗法、吸附法、溶剂提取法和微生物法去除毒素。

物理筛选法通常采用人工或机械挑选出霉变、破损、长芽、皱皮及变色花生粒。

水洗法是用清水反复浸泡漂洗,可除去水溶性毒素;有的霉菌毒素虽难溶于水,但因毒素多存在于表皮层,反复加水搓洗,也可除去大部分毒素。

吸附法采用活性炭、酸性白土等吸附剂吸附黄曲霉毒素,例如用酸性白土吸附法可将植物油中的黄曲霉毒素吸附除去。

溶剂提取法采用水合乙醇、异丙醇、丙酮、正己烷和水的混合物等进行提取分离去除毒素,例如采用 80%异丙醇和 90%丙酮溶剂可以提取含有黄曲霉毒素的花生油。

微生物去毒法即筛选某些微生物,利用其生物转化,使黄曲霉毒素破坏或转变为低毒物质,例如假丝酵母可在 20 天内降解 80%的黄曲霉毒素,近年发现用无根根霉、橙色黄杆菌等对去除粮食中黄曲霉毒素效果较好。

破坏毒素的活性是指采用物理或化学药物的方法破坏黄曲霉毒素的活性。目前普遍采用的方法是加热处理和紫外线照射等方法。黄曲霉毒素在紫外光照射下不稳定,该法对植物油等液体食品效果较好,例如用紫外线照射含有毒素的花生油,可使花生油含毒量降低 95%,而对花生粉等固体食品效果不明显。花生在 150℃ 加热 30 min 能去除 70% 的毒素;0.01 MPa 高压蒸煮 2 h 能去除大部分的毒素,采用 2% 甲醛、5% 的次氯酸钠、3% 的石灰乳和 10% 的稀盐酸处理含毒素的粮食或食品,其去除毒素的效果也较好。

另外,1976 年我国首次发现山苍子中的挥发油可以彻底除去食品中的黄曲霉毒素,去除毒素的原因可能是山苍子挥发油中的某些成分与黄曲霉毒素可发生加成和缩合反应,从而改变了毒素分子结构,达到去毒目的,并对食品质量和营养成分无任何影响。另外,甘草、葫芦巴、羽扁豆、茴香、五香粉、大蒜等也有去除黄曲霉毒素的作用。

5.3.3　黄变米毒素

黄变米毒素是 20 世纪 40 年代日本学者在大米中发现的。黄变米是稻谷在收割后贮存过程中含水量过高(14.6%),被霉菌污染后发生霉变,导致米粒呈黄色,故也称为"黄粒米"、"沤黄米"。黄变米不但失去食用价值,而且含有许多种真菌毒素。黄变米食物中毒是指人们因食用黄变米引起的的食物中毒。导致大米变黄的霉菌主要是青霉属的一些菌种,如岛青霉、黄绿青霉和橘青霉等,由这些青霉污染大米后产生的毒素称为黄变米毒素,主要有岛青霉毒素、黄绿青霉毒素、橘青霉素、黄天精、环氯素、岛青霉素、皱褶青霉素、红天精、瑰天精、天精、链精、吡喃及荧光多烯等。

1.岛青霉毒素

岛青霉毒素(island toxin)由岛青霉产生,该菌主要在大米中生长繁殖,当大米被感染后变成黄色或黄褐色,米粒呈黄褐色溃疡性病斑。岛青霉在 10~45℃ 能生长繁殖,产生毒素的最适温度为 33℃。岛青霉能产生 7 种色素且都具有毒性,其中主要的毒素是环氯素(cyclochlorotin)、黄天精(luteoskyrin)和岛青霉素(islanditoxin),见图 5-2。

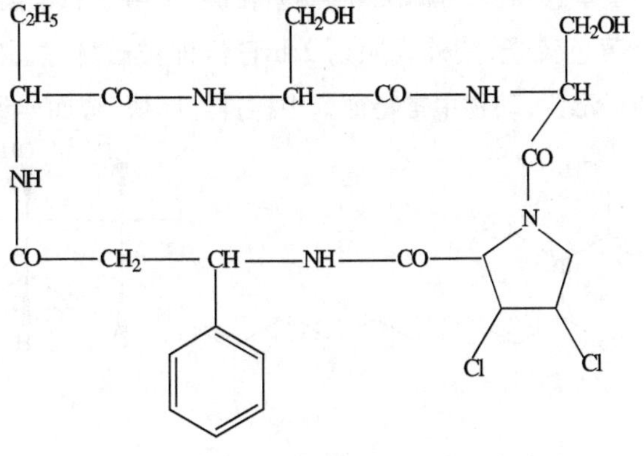

图 5-2

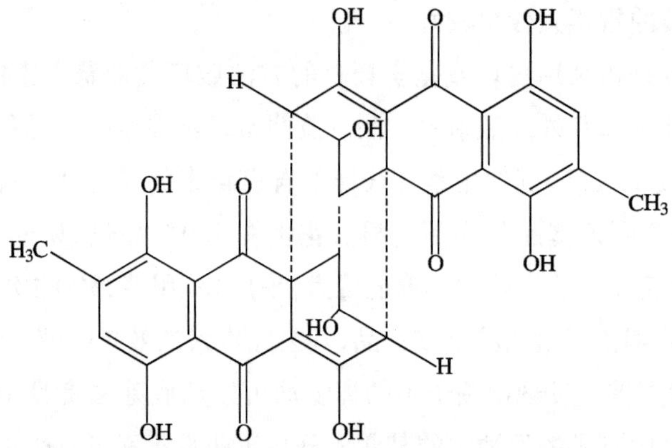

图 5-2 环氯素和黄天精的化学结构示意图

环氯素是一种毒性较高的含氯肽化合物，过去称为含氯肽，由 β-氨基苯丙氨酸、两分子丝氨酸、氨基丁酸及二氯脯氨酸组成环肽。纯品为白色针状结晶，溶于水，相对分子质量约为 600，熔点为 251℃。环氯素是作用迅速的肝脏毒素，能干扰糖原代谢，主要可加速肝糖原的分解代谢而又阻止其合成。对大鼠的 LD_{50} 为 6.5 mg/kg，中毒时，大鼠、小鼠主要受损害器官是肝脏。

黄天精是黄色的六面体针状结晶，脂溶性毒素，分子式为 $C_{30}H_{22}O_{12}$，相对分子质量为574，熔点为 287℃。将溶于 Na_2CO_3 水溶液的黄天精用 $Na_2S_2O_3$ 处理，可形成岛青霉素，如用 $50\%H_2SO_3$ 处理，可形成红天精和岛青霉毒素、链精、天精和瑰天精等。黄天精 LD_{50} 为222 mg/kg，中毒时主要出现肝脏病变。除小鼠外，家兔、猴、大鼠均可产生急性肝脏损害。

2.黄绿青霉毒素

黄绿青霉毒素（citreoviridin）由黄绿青霉产生，该菌常寄生于米粒胚部或破损部位。当大米含水量超过 14.6%并在 12~13℃时易感染黄绿青霉，导致米粒形成具有淡黄色病斑的黄变米，同时产生黄绿青霉毒素。

黄绿青霉素是一种橙黄色芒状结晶（图 5-3），熔点为 107~110℃，可溶于丙酮、氯仿、冰醋酸、甲醇和乙醇，微溶于苯、乙醚、二硫化碳和四氯化碳，不溶于石油醚和水。毒素在紫外光照射下可发出闪烁的金黄色荧光，紫外线照射 2 h 毒素即被破坏，加热至 270℃毒素失去毒性。黄绿青霉素属于神经毒素，动物中毒特征为中枢神经麻痹，继而导致心脏麻痹而死亡。

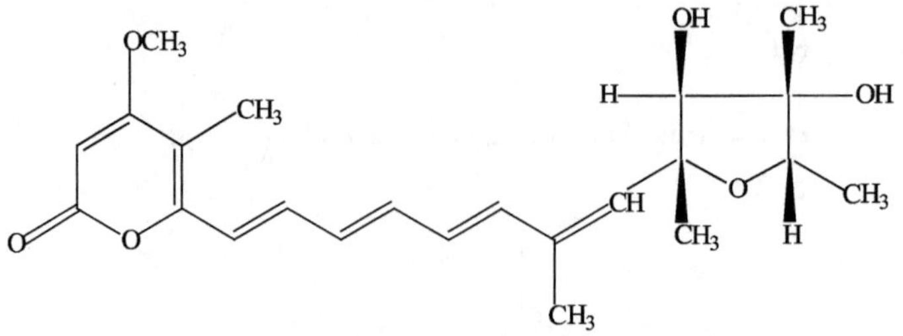

图 5-3 黄绿青霉毒素的化学结构示意图

3.橘青霉素

橘青霉素(citrinin)主要由橘青霉产生(图5-4)。当稻谷的水分大于14%~15%时容易被橘青霉感染,并迅速生长繁殖,产生的黄色代谢产物深入大米的胚乳中,导致米粒表面到内部呈现黄色,引起黄色病变,称为"泰国黄变米"。据报道,玉米、小麦、大麦、燕麦和马铃薯可能会被橘青霉污染。

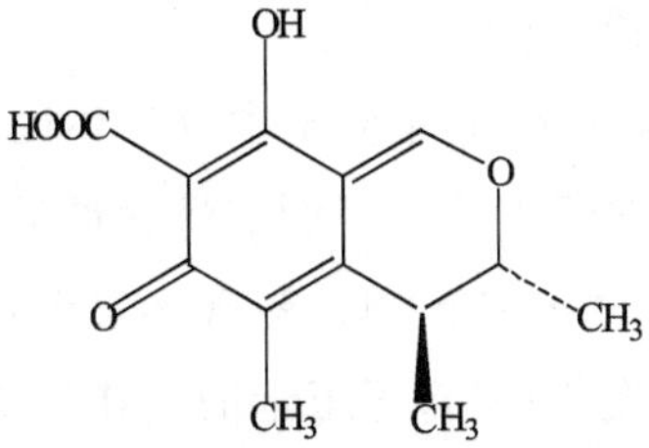

图 5-4　橘青霉素的化学结构示意图

橘青霉素是一种柠檬色针状结晶,分子式为 $C_{13}H_{14}O_5$,相对分子质量为 259,熔点为 172℃,能溶于无水乙醇、氯仿、乙醚等有机溶剂,也可在稀 NaOH、Na_2CO_3 和醋酸钠溶液中溶解,但极难溶于水。在紫外线照射下可见黄色荧光,在酸性和碱性溶解中均可热解。

橘青霉素是一种肾脏毒素,主要危害单胃动物和家禽的肾功能,可导致动物发生肾脏肿大,尿液增多,肾小管扩张和上皮细胞变性坏死。橘青霉素对大鼠经口 LD_{50} 为 50 mg/kg 体重;小鼠为 112 mg/kg 体重。除橘青霉产生橘青霉素外,暗蓝青霉、纯绿青霉、扩展青霉、点青霉、变灰青霉、土曲霉等霉菌也能产生这种毒素。

5.3.4　镰刀菌毒素

镰刀菌毒素(fusarium toxin)是由一些镰刀菌属(*fusarium*)在玉米和其他谷物上产生的毒素,人和动物的某些疾病与食用了含有大量这些毒素的谷物和谷物制品有关。产生镰刀菌毒素的菌种主要有串珠镰刀菌(*F. moniliforme*)、分芽镰刀菌(*F. proliferatum*)和哈格美镰刀菌(*F. hygamai*)。根据联合国粮农组织(FAO)和世界卫生组织(WHO)联合召开的第三次食品添加剂和污染物会议,镰刀菌毒素同黄曲霉毒素一样被认为是自然发生的最危险的食品污染物。

镰刀菌在自然界广泛分布,侵染多种作物,有多种镰刀菌能产生对人畜健康威胁极大的镰刀菌毒素,现已发现有十几种,主要有伏马菌素(Fumonisin)、玉米赤霉烯酮(zearalenone,ZEN)、单端孢霉烯族化合物(trichothecene)和丁烯酸内酯(butenolide)等。

1.伏马菌素

伏马菌素(Fumonisin)是由串珠镰刀菌产生的水溶性代谢产物,是一类由不同的多氢醇和丙三羧酸组成的结构类似的双酯化合物,见图5-5。1988 年,Gelderblon 等首次从串珠镰刀菌培养液中分离出伏马菌素。伏马菌素的分布比黄曲霉素更广泛,含量也远远高于黄曲霉毒素,对人和动物危害极大。该毒素大多存在于玉米及其制品中,含量一般超过

1 mg/kg,在玉米、面条、调味品、高粱、啤酒中亦有低量存在。

目前,已经确定的伏马菌素有 11 种衍生物,分别为 FA_1、FA_2、FB_1、FB_2、FB_3、FB_4、FC_1、FC_2、FC_3、FC_4 和 FP_1。不同的伏马菌素衍生物的 R 基不同,见表 5-3。FB_1 是天然污染的玉米或真菌培养物中的主要组分,纯品为白色针状结晶,其次是 FB_2,其他几种毒素含量较少。例如在高压灭菌的玉米上接种串珠镰刀菌,培养后检测 FB_1 的含量为 960 ~ 2350 mg/kg,而 FB_2 则为 120~320 mg/kg。

伏马菌素和其他毒素不同点在于,一是分子中没有环状结构和基团,二是具有水溶性。该毒素对热的稳定性较高,不易被蒸煮破坏。例如将含毒培养物煮沸 30 min,然后在 60℃干燥 24 h,培养物中的 FB_1 的含量没有降低现象;含毒素 5 mg/kg 的玉米制品在 204℃下焙烤 30 min,毒素含量也没有显著变化;将含毒玉米面包在 232℃下焙烤 20 min,毒素含量可显著下降。

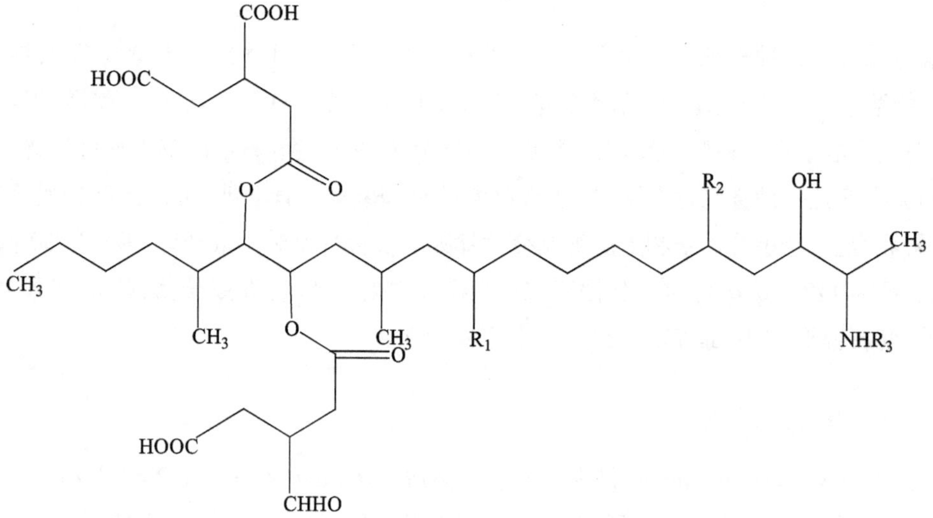

图 5-5 伏马菌素的化学结构示意图

表 5-3 不同伏马菌素衍生物的 R 基

伏马菌素衍生物	R_1	R_2	R_3
FA_1	OH	OH	CH_2CO
FA_2	H	OH	CH_2CO
FB_1	OH	OH	H
FB_2	H	OH	H
FB_3	OH	H	H
FB_4	H	H	H

最早发现伏马菌素的毒性是因为该毒素能引起马属动物患脑白质软化病(leukoenoephalomalacia,LEM),是一种马的神经失调疾病。例如每天以 0.125 mg/kg 体重剂量对马进行皮下注射 FB_1,大约 7 天后马开始发疯、发狂,冲撞栏杆而死,解剖发现马的大

脑呈现白质软化症状;马口服剂量 1.25~4.0 mg/kg 体重,25 天后产生 LEM 症状。另外,每天伏马毒素的摄取量在 0.4 mg/kg 体重以上均可引发猪的肺水肿,还可造成猪生殖系统的紊乱,如早产、流产、死胎和发情周期异常等;以 50 mg/kg 体重饲养小鼠,18~26 个月后,发现肝肿瘤患病率急剧上升。另外,食道癌发病率与伏马毒素污染呈正相关,进一步的动物试验也得到了相同的结果。

流行病学调查表明,食用含伏马菌素的玉米可能是引起食道癌的主要原因。研究表明,在南非、美国、伊朗和我国某些食道癌高发病率地区,玉米中伏马菌素含量明显高于低发病率地区,例如南非东南部的特兰斯凯地区是食道癌高发区,经检测,该地区玉米样品中伏马菌素的含量高达 53750 μg/kg。我国食道癌高发区河南省林州市也有相同的现象。因此,伏马菌素与人类的食道癌的诱发具有较强的相关性,但伏马毒素引发食道癌的机理还不清楚,需进一步确证和研究。

串珠镰刀菌等镰刀菌属为兼性寄生型,可感染未成熟的谷物,是玉米等谷物中的微生物类群之一。当玉米等谷物收获后,如不及时干燥处理,镰刀菌继续生长繁殖,造成谷物严重霉变,产生大量的伏马菌素。玉米中伏马菌素含量也受贮存条件的影响,如收获的玉米在贮存期间水分在 18%~23% 时,最适宜产伏马菌素的串珠镰刀菌的生产和繁殖,导致玉米中伏马菌素含量的增加(表 5-4)。研究表明,串珠镰刀菌产生伏马菌素的最适生长温度 25℃,最适水分活度为 0.925 以上,最高产毒时间为 7 周;另外,产毒菌株在 25~30℃、pH 3.0~9.5 的培养条件下生长良好。

表 5-4　一些国家玉米样品中的伏马菌素含量

国家	产品	样品阳性数/总数	毒素含量(μg/kg)	平均含毒量(μg/kg)
瑞士	玉米粗粉	34/55	0~790	260
	玉米原粉	2/7	0~110	85
南非	玉米粗粉	10/18	0~190	125
	玉米原粉	46/52	0~470	138
	玉米	6/6	2020~117520	53740
	玉米(正常)	12/12	20~7900	1600
	玉米(正常)	2/12	0~550	375
	玉米(霉变)	12/12	3450~46900	23900
	玉米(霉变)	11/11	450~18900	6520
美国	玉米粗粉	10/10	105~2545	601
	玉米原粉	10/17	200~15600	
	玉米原粉	15/16	0~2790	1048
	玉米	7/7	105~1915	635
	白玉米粉		3500~7450	
	黄玉米粉		500~4750	

续表

国家	产品	样品阳性数/总数	毒素含量(μg/kg)	平均含毒量(μg/kg)
	玉米粉圆饼		200~400	
	黄玉米粉		500~2500	
加拿大	玉米原粉	1/2	0~50	50
埃及	玉米原粉	2/2	1780~2980	2380
秘鲁	玉米原粉	1/2	0~660	660
博茨瓦纳	玉米	28/33	20~1270	247
肯尼亚	玉米	92/197	110~12000	670

摘自：Modern Food Microbiology. Sixth Edition J. M. Jay (2000)。

2.玉米赤霉烯酮

玉米赤霉烯酮(zearalenone,ZEN)是一种二羟基苯甲酸内酯类植物雌激素化合物,1962年首次从污染禾谷镰刀菌的发霉玉米中分离出的代谢产物,1966年定名为玉米赤霉烯酮,又称F-2毒素。研究发现,玉米赤霉烯酮是由镰刀菌属的若干菌种产生的有毒代谢产物,产毒菌主要有禾谷镰刀菌、砖红镰刀菌、燕麦镰刀菌、三线镰刀菌、黄色镰刀菌、囊球镰刀菌、半裸镰刀菌、木贼镰刀菌、尖孢镰刀菌、粉红镰刀菌等,其主要污染玉米、大麦、小麦、高粱、大米和小米,在啤酒、大豆及其制品也可检出,以玉米最普遍。镰刀菌在玉米上繁殖一般需要22%~25%的湿度。在湿度45%、温度24~27℃培养7天;或12~14℃培养4~6周,玉米赤霉烯酮的产量最高,可达到2909 mg/kg,通过对玉米的调查,玉米赤霉烯酮的检出率为100%,由此可见,玉米赤霉烯酮是饲料污染最严重的真菌毒素之一。

玉米赤霉烯酮(图5-6)为白色晶体,分子式为$C_{18}H_{22}O_5$,相对分子质量为318,熔点为164~165℃,不溶于水,可溶于碱性溶液、乙醚、苯及甲醇、乙醇等,其甲醇溶液在紫外线下呈明亮的绿蓝色荧光。玉米赤霉烯酮受热可失去活性,在125℃、pH 7.0时60 min有23%分解失活,在150℃时34%~68%失活,在175℃时有92%分解失活。当温度达到225℃时,30 min 内则全部分解失活。

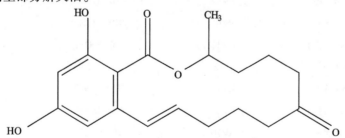

图5-6　玉米赤霉烯酮化学结构示意图

玉米赤霉烯酮中毒是指动物采食了被玉米赤霉烯酮污染的饲料而引起的以会阴部潮红和水肿等为特征的一种中毒性疾病。各种动物均可发生,主要见于猪,是人畜共患病。玉米赤霉烯酮是一种低毒性的毒素,对小鼠的LD_{50}为2~10 g/kg体重。玉米赤霉烯酮对动物的毒性因种类不同而有差异。例如饲料中含玉米赤霉烯酮 25 mg/kg,可引起猪和牛不孕症,32 mg/kg 导致母猪流产;含玉米赤霉烯酮面粉制成的各种面食,如毒素未被破坏,食入后可引起人的食物中毒。

玉米赤霉烯酮具有雌激素作用,主要作用于生殖系统,可使家畜、家禽和实验小鼠产生雌性激素亢进症。妊娠期的动物(包括人)食用含玉米赤霉烯酮的食物可引起流产、死胎和畸胎。食用含赤霉病麦面粉制作的各种面食也可引起中枢神经系统的中毒症状,如恶心、发冷、头痛、神智抑郁和共济失调等。

3.单端孢霉烯族化合物

单端孢霉烯族化合物(trichothecene)是一组主要由镰刀菌的某些菌种所产生的生物活性和化学结构相似的有毒代谢产物,具有蓓半萜环结构,已从真菌培养物和植物中分离到148 种,大多数是多种镰刀菌的代谢产物。单端孢霉烯族化合物为无色结晶,非常稳定,难溶于水,溶于极性溶剂,加热不会被破坏。天然污染谷物和饲料的单端孢霉烯族化合物主要是 T-2 毒素(T-2 toxin)、脱氧雪腐镰刀菌烯醇(deoxynivalenol,DON)、二醋酸藨草镰刀菌烯醇(diacetoxyscirpenol,DAS)和雪腐镰刀菌烯醇(nivalenol,NIV)等。

由于产生单端孢霉烯族化合物的镰刀菌在农作物中分布广泛,因此该类毒素是对人畜健康危害较大的重要真菌毒素。例如苏联西伯利亚阿穆尔地区发生的食物中毒性白细胞缺乏症(alimentavytoxic alewkia,ATA)就是镰刀菌引起的严重谷物中毒事件;我国长江流域经常流行的麦类赤霉病引起的人畜中毒等也是其引起的中毒事件。我国粮食和饲料中常见的单端孢霉烯族化合物是脱氧雪腐镰刀菌烯醇。表 5-5 为一些国家粮食中污染单端孢霉烯族化合物的情况。

表 5-5　一些国家粮食和饲料中单端孢霉烯族化合物的自然污染情况

单端孢霉烯族化合物	来源	国家	含量(μg/kg)
T-2 毒素	玉米	美国	3000
	大麦	加拿大	25000
	混合饲料	美国	75
脱氧雪腐镰刀菌烯醇	玉米	美国	3000
	玉米	美国	8000
	玉米	美国	8000
	大麦	日本	5000
	玉米	法国	100~600
	混合饲料	美国	1000
	玉米	美国	500~10000
	小麦	加拿大	20~13200

续表

单端孢霉烯族化合物	来源	国家	含量（μg/kg）
雪腐镰刀菌烯醇	玉米	法国	1000~4000
	小麦	日本	100~22900
	小麦粉	日本	4~84
二醋酸藨草镰刀菌烯醇	混合饲料	美国	400~500

T-2 毒素于 1968 年首次从三线镰刀菌的代谢产物中分离,已发现产生 T-2 毒素的镰刀菌有三线镰刀菌、拟枝孢镰刀菌、梨孢镰刀菌、黄色镰刀菌、粉红镰刀菌、木贼镰刀菌、茄病镰刀菌、禾谷镰刀菌、砖红镰刀菌等,其中以前三种为主要产毒菌。T-2 毒素主要污染大麦、小麦、燕麦、玉米和饲料。镰刀菌产生 T-2 毒素的能力与环境有关,如温度、湿度和 pH 对镰刀菌的产毒具有较大的影响,低温、高水分能促进其产生毒素,碱性环境、高温、低水分可以明显抑制毒素的产生。研究表明,T-2 毒素污染谷物和饲料的含量一般在 0.05~0.5 mg/kg。

T-2 毒素(图 5-7)为白色针状结晶,分子式为 $C_{24}H_{34}O_9$,相对分子质量为 466.22,熔点为 151~152℃,难溶于水,易溶于极性有机溶剂,性质稳定,加热不被破坏。

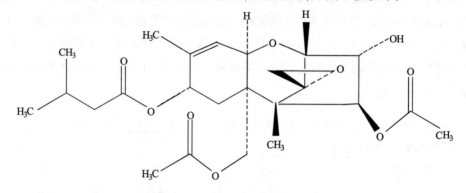

图 5-7　T-2 毒素化学结构示意图

T-2 毒素中毒是指动物食用了被 T-2 毒素污染的饲料而引起的以呕吐、腹泻、血便为特征的中毒性疾病,各种动物和人均可发生。T-2 毒素对动物的毒性与动物种类、年龄、毒素纯度、摄入途径和持续时间密切相关。例如 7 周龄的猪饲料中 T-2 毒素为 1.0 mg/kg 可引起其采食量减少、体重下降等,若为 2~3 mg/kg 时可导致猪红细胞、白细胞等降低,达到 16 mg/kg 时导致食欲废绝。

T-2 毒素进入肠道可以形成各种不同的代谢产物,主要是 HT-2 毒素,通常这两种毒素在真菌污染的谷物上同时存在,T-2 毒素主要损伤细胞分裂旺盛的组织器官,对心、肝、脾及外周血淋巴细胞均有一定的损伤,其次 T-2 毒素是免疫抑制剂,能影响动物免疫形态,降低机体的免疫应答能力,此外还具有一定的致畸和致癌性。T-2 毒素中毒主要发生于猪、家禽和牛等,主要症状表现为采食量减少,甚至拒食、呕吐、腹泻、皮肤坏死、口腔黏膜损伤、胃肠道出血和坏死等。目前无特效解毒药物。

脱氧雪腐镰刀菌烯醇又称呕吐毒素(vomitoxin),主要由禾谷镰刀菌、粉红镰刀菌、尖孢镰刀菌、串珠镰刀菌、拟枝孢镰刀菌、砖红镰刀菌、雪腐镰刀菌等产生。1970年首先从日本香川县感染赤霉病的大麦中分离到的。1973年从美国俄亥俄州西北部导致母猪拒食和呕吐的被禾谷镰刀菌污染的玉米中分离得到该毒素。脱氧雪腐镰刀菌烯醇是污染小麦、大麦、燕麦和玉米等粮食(饲料)及其制品的最广泛、最常见的真菌毒素,在谷物和饲料中污染含量为0.05~40 mg/kg,并且与雪腐镰刀菌烯醇、玉米赤霉烯酮存在联合污染。

脱氧雪腐镰刀菌烯醇为无色针状结晶(图5-8),分子式为$C_{15}H_{20}O_6$,相对分子质量为296,熔点为151~153℃,易溶于水、乙醇等溶剂中,性质稳定,具有较强的热抵抗力,加热110℃以上才能被破坏,121℃高压加热25 min仅有少量破坏。

脱氧雪腐镰刀菌烯醇中毒是动物采食被这种毒素污染的饲料而引起的以食欲废绝、呕吐为特征的中毒性疾病,各种动物均可发生,其中猪、狗、猫敏感,家禽、牛和羊具有一定的耐受性。脱氧雪腐镰刀菌烯醇的毒性与动物种类、年龄、性别、感染毒途径和持续时间有关,雄性动物比雌性动物敏感。例如猪对脱氧雪腐镰刀菌烯醇最敏感,饲料中含0.6~2 mg/kg可降低饲料消耗和增殖,3~6 mg/kg可引起食道上皮损伤,超过12 mg/kg可导致完全拒食;牛有较强的耐受性,牛饲料中12 mg/kg未发现中毒作用,14.5 mg/kg可导致奶牛腹泻。

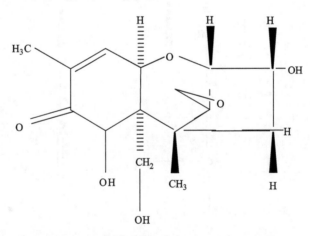

图5-8　脱氧雪腐镰刀菌烯醇化学结构示意图

脱氧雪腐镰刀菌烯醇进入消化道后能刺激黏膜,出现广泛性的炎症、坏死和溃烂,导致食欲下降、呕吐、腹泻,甚至引起肠黏膜出血;具有很强的细胞毒性,对原核细胞、真核细胞、肿瘤细胞等均有明显的毒性作用;既是免疫抑制剂,又是免疫促进剂,在体内可抑制对病原菌的免疫应答,同时又可诱发自身免疫反应,其作用与剂量有关;具有致突变、致畸、致癌作用。防止饲料和饲料原料发霉是预防的关键。

　　二醋酸藨草镰刀菌烯醇主要由藨草镰刀菌、木贼镰刀菌、三线镰刀菌和接骨木镰刀菌产生。在谷物和饲料中污染含量为 0.05～0.5 mg/kg。化学结构式为一种螺环氧化物,分子式为 $C_{19}H_{26}O_7$。

　　二醋酸藨草镰刀菌烯醇中毒是指动物采食了被其污染的饲料而引起的以黏膜和皮肤损伤为特征的中毒性疾病,主要临床特征是黏膜溃疡、皮肤坏死和消化道刺激症状。各种动物均可发生,主要见于家禽、牛、猪等。二醋酸藨草镰刀菌烯醇与 T-2 毒素属同类,但毒性比 T-2 毒素强,对大白鼠的 LD_{50} 为 7.3 mg/kg(经口)或 0.75 mg/kg(腹腔),对小鼠的 LD_{50} 为 23 mg/kg(腹腔)或 12 mg/kg(静脉)。

　　二醋酸藨草镰刀菌烯醇与 T-2 毒素的化学结构和生物活性非常相似(图 5-9)。体外研究表明,二醋酸藨草镰刀菌烯醇对培养的人和哺乳动物的各种细胞系具有很强的毒性,可抑制 DNA 和蛋白质的合成,对人和动物的毒性作用相同,主要包括呕吐、腹泻、低血压、骨髓抑制等。

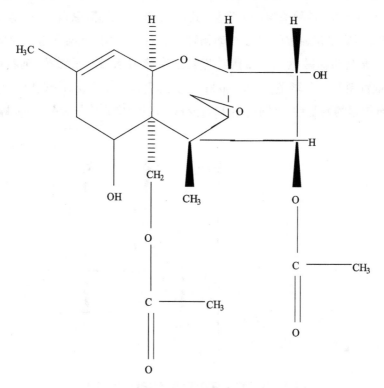

图 5-9　二醋酸藨草镰刀菌烯醇化学结构示意图

　　雪腐镰刀菌烯醇是一种全球性的谷物污染物,主要由镰刀孢霉属的雪腐镰刀菌、黄色镰刀菌、禾谷镰刀菌、梨孢镰刀菌、木贼镰刀菌等产生,也是小麦赤霉病的天然毒素之一。雪腐镰刀菌烯醇在谷物和饲料中污染含量为 0.05～40 mg/kg。

　　雪腐镰刀菌烯醇是一种倍半萜烯类结晶状化合物(图 5-10),相对分子质量为 312,熔点为 222～223℃,易溶于水、乙醇、甲醇、氯仿和二氯甲烷等溶剂,不溶于正己烷和正戊烷,性质较稳定,pH 1~10相对稳定,一般的烹煮加工和发酵方法无法破坏该毒素,但在220℃时加热10 min能被分解。

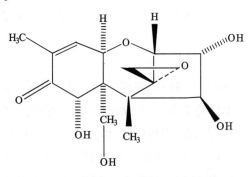

图5-10　雪腐镰刀菌烯醇化学结构示意图

雪腐镰刀菌烯醇中毒是由于动物采食了被该毒素污染的饲料而引起的以呕吐、腹泻、出血、神经机能紊乱和心脏功能障碍为特征的中毒性疾病,各种动物均可发生,主要见于猪和家禽。雪腐镰刀菌烯醇属剧毒或中等毒性,急性毒性较脱氧雪腐镰刀菌烯醇和T-2毒素强,一次大剂量给予大鼠60 mg/kg对消化道产生破坏作用,对小白鼠的LD_{50}为4.0 mg/kg(腹腔)。

雪腐镰刀菌烯醇的毒性是作用于增生迅速和处于分裂状态的细胞,所引起的损害类似于辐射损伤,对细胞的最低致损量为0.2 μg/mL,特别是对培养早期的软骨细胞具有致命的损伤。雪腐镰刀菌烯醇还具有免疫毒性,可引起胸腺细胞的凋亡。调查发现,在食品中雪腐镰刀菌烯醇毒素含量高的地区,发生食道癌的几率明显高于其他地区。另外,雪腐镰刀菌烯醇具有致癌和胚胎毒性,可能是一种潜在的致癌物质,可引起鼠的恶性肿瘤。

4.丁烯酸内酯

丁烯酸内酯(butenolide)是三线镰刀菌、木贼镰刀菌、雪腐镰刀菌、拟枝孢镰刀菌和梨孢镰刀菌等镰刀菌产生的真菌毒素。

丁烯酸内酯为无色液体,分子式为$C_4H_4O_2$,相对分子质量为84.07,沸点107~109℃,熔点5℃。易溶于水,微溶于二氯甲烷和氯仿,不溶于四氯化碳,在碱性水溶液中极易水解,水解的产物为顺式甲酰丙烯酸和乙酰胺。其化学结构见图5-11。

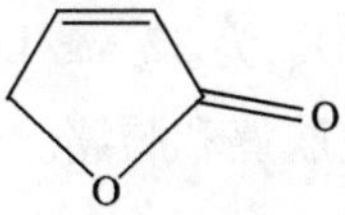

图5-11　丁烯酸内酯化学结构示意图

近年来,由于它可能与我国地方性大骨节病和克山病病因有关而引起了重视。丁烯酸内酯具有收缩末端血管的作用,因此牛饲喂含有丁烯酸内酯的牧草则会导致烂蹄病和引起耳尖和尾尖干性坏死,我国已有关于这种病的报道。丁烯酸内酯具有明显的细胞毒性,有研究表明丁烯酸内酯200 mg/kg以上剂量的时候能够抑制心肌细胞跨膜电活动,并对钙离子通道具有阻滞作用,对心肌细胞产生毒性损伤。丁烯酸内酯还是烟草烟雾复合物中的成分之一,某些食物中同样也存在丁烯酸内酯毒素,哈尔滨医科大学大骨节病研究室曾报道,在黑龙江和陕西的大骨节病区所产的玉米中发现有丁烯酸内酯存在。

5.3.5 杂色曲霉毒素

杂色曲霉毒素(sterigmatocystin,ST)主要由杂色曲霉、构巢曲霉、焦曲霉等产生的代谢产物,其中杂色曲霉产生的毒素量最高。自 1954 年由杂色曲霉培养物中首先分离得到,随后又分离出多种产毒霉菌,如黄曲霉、寄生曲霉、谢瓦曲霉、赤曲霉、焦曲霉、黄褐曲霉、四脊曲霉、变色曲霉和爪曲霉等。这些产毒霉菌广泛存在于土壤、农作物、食品和水果中,许多粮食作物如大麦、小麦、玉米、饼粕(如豆饼、花生饼等)和常见饲草、麦秸和稻草等均易被杂色曲霉污染,尤其对小麦、玉米、花生、饲草等污染严重,从粮食和饲料中的产毒量来看比黄曲霉毒素还高。

杂色曲霉毒素属于氧杂蒽酮化合物,是一种淡黄色的针状结晶,化学结构式为氧杂蒽酮连接两个并列的二氢呋喃环组成(图 5-12),分子式为 $C_{18}H_{12}O_6$,相对分子质量为 324,熔点为 247~248℃,与黄曲霉毒素的化学结构相似。目前已经确定的杂色曲霉毒素衍生物有14 种,采用 ^{14}C 示踪技术证实杂色曲霉毒素可转变成黄曲霉毒素 B_1。杂色曲霉毒素难溶于水,微溶于多数有机溶剂,易溶于氯仿、乙腈、吡啶和二甲基亚砜。在紫外线(365 nm)照射下呈现砖红色荧光。

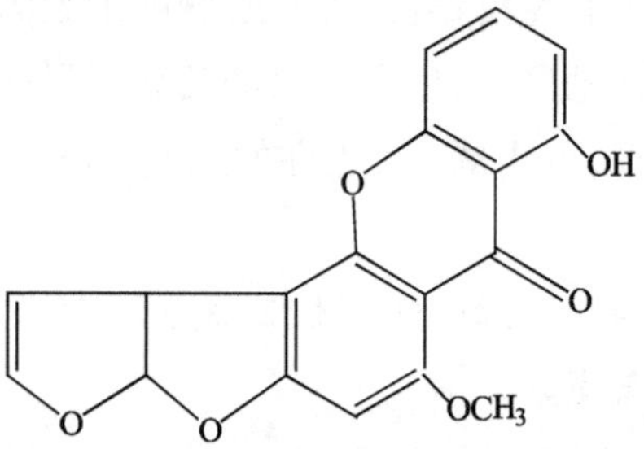

图 5-12 杂色曲霉毒素化学结构示意图

杂色曲霉毒素的毒性较大,大鼠经口 LD_{50} 雄性为 166 mg/kg、雌性为 120 mg/kg,小鼠为 800 mg/kg 以上,猴经腹腔注射的 LD_{50} 为 32 mg/kg。杂色曲霉毒素具有致癌性,仅次于黄曲霉毒素,会导致动物肝癌、肾癌、皮肤癌和肺癌。各种动物均会因食入被污染的饲料而发生急性中毒、慢性中毒、死亡。

5.3.6 赭曲霉毒素

赭曲霉毒素(ochratoxin)又称棕曲霉毒素,主要由赭曲霉(*Aspergillus ochraceus*)、洋葱曲霉(*A. alliaceus*)、纯绿青霉(*Penicillium viridicatum*)、圆弧青霉(*P. cyclopium*)、产黄青霉(*P. Chrysogonum*)和变幻青霉(*P. variable*)等霉菌产生的次级代谢产物。目前已经确定的赭曲

霉毒素主要有 7 种结构,赭曲霉毒素 A 是已知毒性最强的物质,赭曲霉毒素 B 是赭曲霉毒素 A 及赭曲霉毒素 C 脱氯后的产物,不会在自然界存在。

赭曲霉毒素 A 是一种无色结晶化合物(图 5-13),分子式为 $C_{20}H_{12}O_6NCl$,相对分子质量为 297,熔点为 94~96℃。赭曲霉毒素 A 是酸性化合物,易溶于碱性溶液(如稀碳酸氢钠溶液),溶于甲醇、氯仿等有机溶剂,微溶于水,不溶于己烷和石油醚,易受光和热的影响而分解。

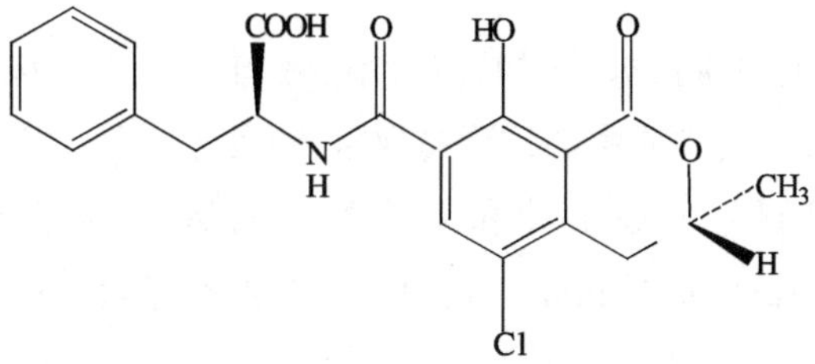

图 5-13　赭曲霉毒素 A 的化学结构示意图

1982 年首次报道了大规模的火鸡赭曲霉毒素中毒症,此后在美国、加拿大及欧洲各国的家禽和猪场也有报道。赭曲霉毒素产毒菌株主要在小麦、玉米、大麦、燕麦、黑麦、大米、花生、豆类等农作物上生长繁殖并产生毒素。研究表明,赭曲霉、圆弧青霉和纯绿青霉产生赭曲霉毒素 A 的最低水分活度分别为 0.83~0.87、0.87~0.9 和 0.83~0.86;产毒素温度分别为 12~37℃、4~31℃和 4~31℃。因此,赭曲霉毒素 A 的产生菌在湿热的南方一般以赭曲霉菌为主,侵害水分大于 16% 的粮食和饲料;而寒冷干燥的北方以青霉菌为主,有些青霉菌在 0℃左右仍能生长,给饲料贮藏带来极大困难。

赭曲霉毒素 A 具有较强的毒性,雏鸭口服的 LD_{50} 为 0.5 mg/kg 体重,与黄曲霉毒素相当,对大鼠口服的 LD_{50} 为 20 mg/kg 体重。该毒素主要侵害动物的肝脏与肾脏,也可能引起动物的肠黏膜炎症和坏死,动物试验还发现具有致畸作用。例如用含有赭曲霉毒素 A(含量为 40 mg/kg)的饲料饲养 9 只小鼠,当剂量达到 51.2 mg 时,发现 5 只小鼠患肝细胞瘤、2 只小鼠患肾囊腺瘤、2 只小鼠患肾细胞瘤。

5.3.7　展青霉毒素

展青霉毒素(patulin)又称棒曲霉毒素、珊瑚青霉毒素,主要由多种青霉、一些曲霉和丝衣霉(*Byssochlamys*)产生的。产生展青霉毒素的青霉包括:珊瑚形青霉(*Penicillium claviforme*)、扩展青霉(*P. expansum*)、细小青霉(*P. patulum*);产生展青霉毒素的曲霉包括:棒曲霉(*Aspergillus clavatus*)、土曲霉(*A. terreu*)和其他曲霉;产生展青霉毒素的丝衣霉包括:雪白丝衣霉(*Byssochlamys nivea*)、赤赭丝衣霉(*B. fulva*)。

展青霉毒素是一种非挥发性的内酯类化合物,纯品为白色菱形结晶(图 5-14),分子式为 $C_7H_6O_4$,相对分子质量为 154.12,熔点为 110℃,它对光较敏感,易溶于水、乙醇、丙酮、氯仿和乙酸乙酯等一般的极性有机溶剂,微溶于乙醚和苯,不溶于石油醚。在碱性条件中不稳定,易被破坏,而在酸性环境中稳定性增加。

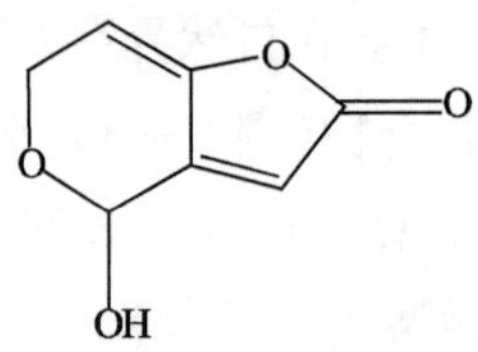

图 5-14 展青霉毒素的化学结构示意图

目前已从霉变的面包、香肠、水果(如香蕉、梨、桃和苹果等)中检测到展青霉毒素的存在,其中扩展青霉是苹果贮藏过程中的重要霉腐菌,可使苹果发生腐烂,导致苹果汁中含有展青霉毒素。例如水果制品的原果汁和果酱等半成品中,展青霉毒素的检出率达到76.9%,含量为 18~953 μg/kg;水果制品的成品中,展青霉毒素的检出率为 19.6%,含量为4~262 μg/kg。

产毒菌株产生展青霉毒素的最适水分活度在 0.81 以上,产生毒素的的温度一般低于最适生长温度,通常在 21℃左右,但在 2℃的低温下也能生长繁殖并产生毒素。通常利用N_2 或 CO_2 等气调贮藏水果可抑制霉菌产生毒素。

研究发现,展青霉毒素对实验动物有较强的毒性,小白鼠皮下注射的 LD_{50} 为 10 mg/kg体重,口服 LD_{50} 为 35 mg/kg 体重,鼠类的急性中毒症状主要表现为痉挛、肺出血及水肿、皮下组织水肿、无尿直至死亡。同时,展青霉毒素具有致畸、致癌和致突变作用,并且高剂量的毒素具有免疫抑制作用。

FAO/WHO 食品添加剂委员会(JECFA)规定:水果及加工产品中展青霉毒素的含量应低于 25 μg/kg。很多国家将果汁中的展青霉毒素残留量调整在 20~50 μg/kg。欧盟委员会规定:果汁特别是苹果汁及含苹果汁的酒精饮料中最大限量为 50 μg/kg,固体苹果产品中最大限量为 25 μg/kg,儿童用苹果汁和婴儿食品中最大限量为 10 μg/kg。

5.3.8 青霉酸

青霉酸(penicillic acid)是由圆弧青霉(*Penicillium cyclopium*)、软毛青霉(*P. puberulum*)和棕曲霉(*A. ochraceus*)等多种霉菌产生的有毒代谢产物。1931 年首次从侵染软毛青霉的玉米中分离出,目前已发现产生青霉酸的霉菌有曲霉属、青霉属和瓶梗青霉属的 28 种菌种,其中圆弧青霉是产生青霉酸能力最强的真菌之一。通常产毒菌可在高粱、燕麦、小麦、玉米和大米等中产生青霉酸,但不能在花生、大豆中产生。青霉酸在 20℃以下形成,所以低温贮藏食品霉变可能污染青霉酸。

青霉酸是一种无色针状结晶化合物(图 5-15),分子式为 $C_8H_{10}O_4$,相对分子质量为170.16,熔点为 83℃,极易溶于热水、乙醇、乙醚和氯仿,微溶于热石油醚,几乎不溶于戊烷和己烷。

现已证明,青霉酸对各种动物具有毒性,主要引起心脏、肝脏和肾脏等器官的损伤,并具有潜在致癌性。小鼠皮下注射的 LD_{50} 为 100 mg/kg 体重。试验表明，以 1.0 mg 青霉酸给大鼠皮下每周注射 2 次，64～67 周后发现在注射局部形成纤维瘤，对小鼠试验证明有致突变作用。另外，青霉酸对动物肠道有较强的刺激作用，对肺泡的巨噬细胞有明显的抑制作用。

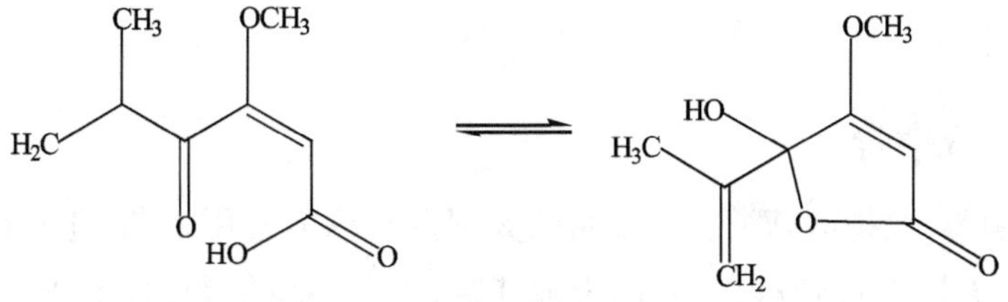

图 5-15　青霉酸的化学结构示意图

5.3.9　交链孢霉毒素

交链孢霉毒素（alternaria toxin）是由交链孢霉产生的真菌毒素。交链孢霉是粮食、果蔬中常见的霉菌之一，可引起多种果蔬发生腐败变质。该霉菌可以产生多种毒素，目前已发现 4 种毒素：交链孢霉酚（alternariol，AOH）、交链孢霉甲基醚（alternariol methyl ether，AME）、交链孢霉烯（altenuene，ALT）和细偶氮酸（tenuzoni acid，TeA），结构式见图 5-16。其中 AOH 和 AME 在交链孢霉代谢产物中含量最高，并且具有致畸和致突变作用。

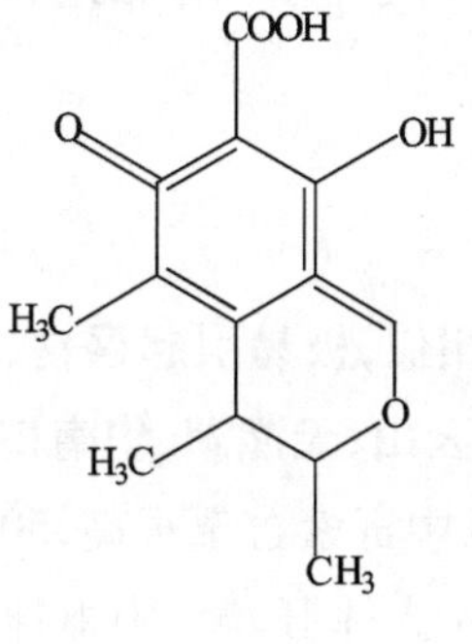

AOH

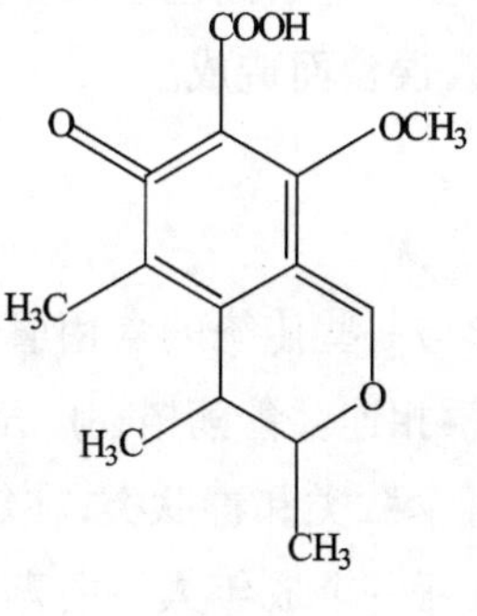

AEM

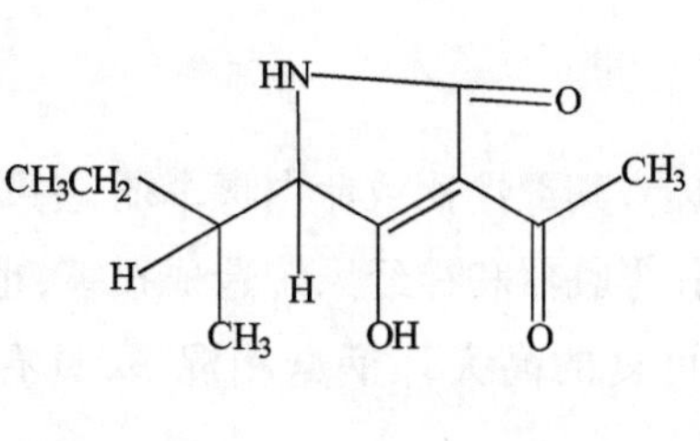

ALT

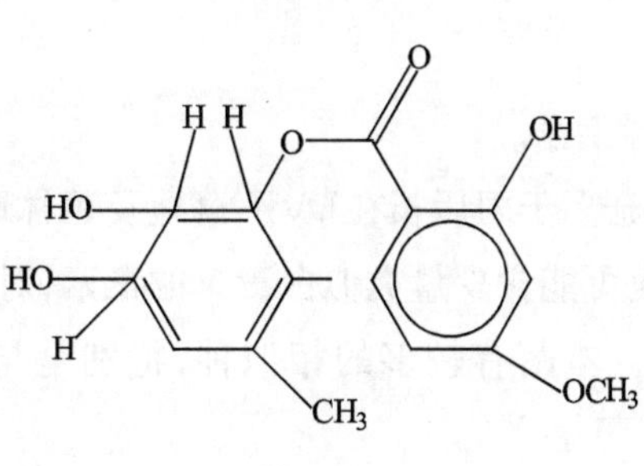

TeA

图 5-16　交链孢霉毒素的化学结构示意图

交链孢霉毒素在自然界中产生的数量较低，一般不会导致人或动物发生急性中毒，但长期食用会慢性中毒，例如小鼠口服 400 mg/kg 体重的 AOH（或 AME），才有中毒症状出现，若同时给小鼠口服 AME（或 AOH）100 mg/kg 体重可使 30% 小鼠死亡，说明 AOH 和 AME 具有协同作用；给小鼠或大鼠口服 50~398 mg/kg 体重的 TeA 钠盐，可导致其胃肠道出血死亡。

5.3.10 毒蕈中毒

蕈，即大型菌类，尤指蘑菇类。可食用的大型真菌称为食用蕈菌，通常也称"菇""菌""蕈""耳"等，营养丰富，味道鲜美，我国土地辽阔，生态环境复杂，野生和家生的食用菌种类多，分布广泛，资源十分丰富，目前已报道的食用菌有 720 多种，能进行人工栽培的近 50 种，其中已形成大规模商业栽培的有 15 种左右，例如双孢蘑菇（*Agaricus bisporus*）、香菇（*Lentinula edodes*）、平菇（*Pleurotus spp.*）、草菇（*Volvariella volvacea*）、金针菇（*Flammulina velutipes*）、银耳（*Tremella fuciformis*）、黑木耳（*Auricularia auricula*）、毛木耳（*A. polytricha*）、猴头菇（*Hericium erinaceus*）、骨菇（*Pholiota nameko*）、竹荪（*Dictyophora spp.*）等。

毒蕈，俗称毒蘑菇，是指食后可引起食物中毒的蕈类。毒蕈的特点：颜色美丽，长有疣状物，表面黏脆，蕈柄上有蕈环、蕈托；多生长在腐物或粪肥上，多数不生虫子；具有腥辣、苦、酸、臭味等；碰坏后易变色或流出乳状汁。毒蕈种类约有 100 种，含剧毒可致死的约有 10 种。毒蕈中含有的有毒成分很复杂，一种毒蕈可含几种毒素，而一种毒素又可存在于数种毒蕈中。毒蕈中毒多发生于高温多雨季节，往往由于个人采摘野生蘑菇，又缺乏识别有毒与无毒蘑菇的经验，误食而造成。

1.典型的毒蕈

（1）致命白毒伞。

致命白毒伞外形与一些传统的食用蘑菇较为相似，极易引起误食，喜欢在黧蒴树的树荫下群生，一般与树根相连。黧蒴树在广州地区白云山、天麓湖、华南植物园等山地均有分布。其毒素主要为毒伞肽类和毒肽类，在新鲜毒菇中毒素含量很高，50 g 左右的白毒伞菌体所含毒素便足以毒死一个成年人。白毒伞毒素对人体肝、肾、中枢神经系统等重要脏器造成的危害极为严重，中毒者死亡率高达 90% 以上，是历年广州地区毒菇致死事件的罪魁祸首。

（2）铅绿褶菇。

铅绿褶菇多于雨后长在草坪、草地及蕉林地上，其毒性比致命白毒伞弱，主要引起胃肠型症状，但也可能含少量类似白毒伞的毒素，对肝等脏器和神经系统造成损害，也有可能因误食而致命。本菌有较多的相似种，特别是与可食的高大环柄菇相混淆，具有很强的欺骗性。

（3）网孢牛肝菌。

牛肝菌属中的某些种类含有神经精神毒素，降低血压、减慢心率、引起呕吐和腹泻，还可致瞳孔缩小。另外,牛肝菌属中的某些种类含有致幻素,中毒后表现为幻觉、谵忘,特别是小人国幻觉为其特征,还可以有精神异常。

（4）大鹿花菌。

子实体较小至中等大,菌盖直径 8.9~15 cm,呈不明显的马鞍形,稍平坦,微皱,黄褐色。菌柄长 5~10 cm,粗 1~2.5 cm,圆柱形,较盖色浅,平坦或表面稍粗糙,中空。在针叶林中地上靠近腐木单生或群生。可能有毒,毒性因人而异,不可食用。

（5）赭红拟口蘑。

又称赭红口蘑。子实体中等或较大。菌盖有短绒毛组成的鳞片。浅砖红色或紫红色,甚至褐紫红色,往往中部浮色。菌盖直径 4~15 cm。菌褶带黄色,弯生或近直生,密,不等长,褶缘锯齿状。菌肉白色带黄,中部厚。菌柄细长或者粗壮,长 6~11 cm,粗 0.7~3 cm,上部黄色,下部稍暗具红褐色或紫红褐色小鳞片,内部松软后变空心,基部稍膨大。夏秋季生于针叶树腐木上或腐树桩上,群生或成丛生长。此菌有毒,误食此菌后,往往产生呕吐、腹痛、腹泻等胃肠炎病症。

（6）白毒鹅膏菌。

子实体中等大,纯白色。菌盖初期卵圆形,开伞后近平展,直径 7~12 cm,表面光滑。菌肉白色,菌褶离生,稍密,不等长。菌柄细长圆柱形,长 9~12 cm,粗 2~2.5 cm,基部膨大呈球形,内部实心或松软,菌托肥厚近苞状或浅杯状。夏秋季分散生长在林地上。此蘑菇极毒。毒素为毒肽和毒伞肽。中毒症状主要以肝损害型为主,死亡率很高。

（7）毒鹅膏菌。

又称绿帽菌、鬼笔鹅膏、蒜叶菌、高把菌、毒伞。子实体一般中等大。菌盖表面光滑,边缘无条纹,菌盖初期近卵圆形至钟形,开伞后近平展,表面灰褐绿色、烟灰褐色至暗绿灰色,往往有放射状内生条纹。菌肉白色。菌褶白色,离生,稍密,不等长。菌柄白色,细长,圆柱形,长 5~18 cm,粗 0.6~2 cm,表面光滑或稍有纤毛状鳞片及花纹,基部膨大成球形,内部松软至空心。菌托较大而厚,呈苞状,白色。菌环白色,生菌柄之上部。夏秋季在阔叶林中地上单生或群生。此菌极毒,菌体幼小的毒性更大。该菌含有毒肽和毒伞肽两大类毒素。中毒后潜伏期长约 24 h。中毒死亡率高达 50% 以上,甚至 100%。对此毒菌中毒,必须及时采取以解毒保肝为主的治疗措施。

（8）蛤蟆菌。

子实体较大,菌盖宽 6~20 cm,边缘有明显的短条棱,表面鲜红色或橘红色,并有白色或稍带黄色的颗粒状鳞片。菌褶纯白色,密,离生,不等长。菌肉白色,靠近盖表皮处红色。菌柄较长,直立,纯白,长 12~25 cm,粗 1~2.5 cm,表面常有细小鳞片,基部膨大呈球形,并有数圈白色絮状颗粒组成的菌托。菌柄上部具有白色腊质菌环。夏秋季在林中地上成群生长。此蘑菇因可以毒杀苍蝇而得名。其毒素有毒蝇碱、毒蝇母、基斯卡松以及豹斑毒伞素等。误食后约 6 h 以内发病,产生剧烈恶心、呕吐、腹痛、腹泻及精神错乱,出汗、发冷、肌肉抽搐、脉搏减慢、呼吸困难或牙关紧闭,头晕眼花,神志不清等症状。使用阿托品疗效良好。此菌还产生甜菜碱,胆碱和腐胺等生物碱。

2.毒蕈中毒类型

毒蕈种类繁多,其有毒成分和中毒症状各不相同。因此,根据所含有毒素成分的临床表现,可分为以下几个类型。

(1)胃肠炎型。

由误食毒粉褶菌(*Rhedophyllussinatus*)、毒红菇(*Russla emetica*)、虎斑口蘑(*Tricholomatigrinum*)、红网牛肝菌(*Boletus luridus*)及墨汁鬼伞(*Caprinus atramentarius*)等毒蕈所引起。潜伏期0.5~6 h,除消化道症状外,主要表现为剧烈恶心、呕吐、腹泻、腹痛、粪便常呈米汤样,由于水及电解质大量丧失,引起血压下降与休克、昏迷,甚至肾功能衰竭。引起此型中毒的毒素尚未明了,但经过适当的对症处理,中毒者可迅速康复,死亡率较低。

(2)神经精神型。

由误食毒蝇伞(*Amanita muscaria*)、豹斑毒伞(*A. pantherina*)等毒蕈所引起。其毒素为类似乙酰胆碱的毒蕈碱(muscarine)。潜伏期1~6 h,发病时临床表现除肠胃炎的症状外,尚有副交感神经兴奋症状,如多汗、流涎、流泪、脉搏缓慢、瞳孔缩小等。用阿托品类药物治疗效果甚佳。少数病情严重者可有谵妄、幻觉、呼吸抑制等表现,个别病例可因此而死亡。

由误食角鳞灰伞菌(*Amanita spissacea*)及臭黄菇(*Russula foetens*)等引起者除肠胃炎症状外,可有头晕、精神错乱、昏睡等症状,即使不治疗,1~2天亦可康复。死亡率甚低。

由误食牛肝蕈(*Boletus*)引起者,除肠胃炎等症状外,多有幻觉(矮小幻视)、谵妄等症状。部份病例有迫害妄想等类似精神分裂症的表现。经过适当治疗也可康复,死亡率亦低。

(3)溶血型。

因误食鹿花蕈(*Gyromitra escalenta*)等引起。其毒素为鹿花蕈素(gyromitra toxin)。潜伏期6~12 h,发病时除肠胃炎症状外,并有溶血表现。可引起贫血、肝脾肿大等体征。此型中毒对中枢神经系统亦常有影响,可有头痛等症状。给予肾上腺皮质激素及输血等治疗多可康复,死亡率不高。

(4)脏器损害型。

因误食毒伞(Amanita phalloides)、白毒伞(Amanita verna)、鳞柄毒伞(Amanitavirosa)等所引起。其所含毒素包括毒伞毒素(amatoxin)及鬼笔毒素(phallotoxin)两大类共11种。鬼笔毒素作用快,主要作用于肝脏。毒伞毒素作用较迟缓,但毒性较鬼笔毒素大20倍,能直接作用于细胞核,有可能抑制RNA聚合酶,并能显著减少肝糖元而导致肝细胞迅速坏死。发生中毒如不及时抢救死亡率很高,可达50%~60%。

此型中毒的临床经过可分为6期:

①潜伏期:食后15~30 h,一般无任何症状。

②肠胃炎期:可有吐泻,但多不严重,常在1天内自愈。

③假愈期:此时病人多无症状,或仅感轻微乏力、不思饮食等。实际上肝脏损害已经开始。轻度中毒病人肝损害不严重,可由此进入恢复期。

④内脏损害期:此期内肝、脑、心、肾等器官可有损害,但以肝脏的损害最为严重。可有黄疸、转氨酶升高、肝肿大、出血倾向等表现。死亡病例的肝脏多显著缩小,切面呈槟榔状,肝细胞大片坏死,肝细胞索支架塌陷,肝小叶结构破坏,肝窦扩张,星状细胞增生或有肝细胞脂肪性病变等。少数病例有心律紊乱、少尿、尿闭等表现。

⑤精神症状期:部分病人呈烦躁不安或淡漠嗜睡,甚至昏迷惊厥。可因呼吸、循环中枢抑制或肝昏迷而死亡。

⑥恢复期:经过积极治疗的病例一般在2~3周后进入恢复期,各项症状体征渐次消失而痊愈。

此外,有少数病例呈暴发型经过,潜伏期后1~2天突然死亡,可能为中毒性心肌炎或中毒性脑炎等所致。

(5)过敏性皮炎型。

因误食胶陀螺(猪嘴蘑)引起。中毒时身体裸露部位如颜面出现肿胀、疼痛,特别是嘴唇肿胀、外翻,形如猪嘴唇。还有指尖、指甲根部出血。

毒蕈中毒的临床表现虽各不相同,但起病时多有吐泻症状,如不注意询问食蕈史常易被误诊为肠胃炎、菌痢或一般食物中毒等。故当遇到此类症状之病人时、尤其在夏秋季节呈一户或数户同时发病时,应考虑到毒蕈中毒的可能性。如有食用野蕈史,结合临床症状,诊断不难确定。如能从现场觅得鲜蕈加以鉴定,或用以饲养动物证实其毒性,则诊断更臻完善。

5.4　食品介导的感染

当食品经营管理不当,特别是对原料的卫生检查不严格时,销售和食用了严重污染病原菌的畜禽肉类,或由于加工、贮藏、运输等卫生条件差,致使食品再次污染病原菌,可能造成人畜共患病大量流行。尤其多发生于畜禽肉类食品。人畜患病种类很多,现已发现的有百余种,下面重点介绍几种与食品传染有关的疾病。

5.4.1　细菌性痢疾

1.病原菌

痢疾杆菌属肠杆菌科志贺氏菌属,痢疾杆菌为革兰氏染色阴性的无鞭毛杆菌,按其抗原结构和生化反应之不同,本菌可分为4群和47个血清型,即痢疾志贺氏菌 *Shigella dysenteriae*(A群)、福氏志贺氏菌 *S. flexneri*(B群)、鲍氏志贺氏菌 *S. boydii*(C群)、宋内氏志贺氏菌 *S. sonnei*(D群)。各型痢疾杆菌均可产生内毒素导致全身毒血症状;痢疾志贺氏菌还产生外毒素,具有神经毒素、细胞毒素、肠毒素作用产生严重的临床表现。

2.传播途径

细菌性痢疾的主要传播途径有以下几种:

食物型传播：痢疾杆菌在蔬菜、瓜果、腌菜中能生存 1~2 周，并可繁殖，食用生冷食物及不洁瓜果可引起菌痢发生。带菌厨师和痢疾杆菌污染食品常可引起菌痢暴发。水型传播：痢疾杆菌污染水源可引起暴发流行。日常生活接触型传播：污染的手是非流行季节中散发病例的主要传播途径。桌椅、玩具、门把手、公共汽车扶手等均可被痢疾杆菌污染，若用手接触后马上抓食品，或小孩吸吮手指均会致病。苍蝇传播：苍蝇粪极易造成食物污染。

3.症状

细菌性痢疾是由痢疾杆菌引起的肠道传染病，好发于夏秋季。临床主要表现为发热、腹痛、腹泻、里急后重和黏液脓血便，严重者可发生感染性休克和（或）中毒性脑病。本病急性期一般数日即愈，少数病人病情迁延不愈，发展成为慢性菌痢，可以反复发作。痢疾杆菌在外界环境中生存力较强，在瓜果、蔬菜及污染物上可生存 1~2 周，但对理化因素的抵抗力较其他肠杆菌科细菌弱，对各种化学消毒剂均很敏感。

4.发病机制

痢疾杆菌经口进入消化道后，在抵抗力较强的健康人胃部可被胃酸大部分杀灭，即使有少量未被杀灭的病菌进入肠道，也可通过正常肠道菌群的拮抗作用将其排斥。此外，在有些过去曾受感染或隐性感染的患者，其肠黏膜表面有对抗痢疾杆菌的特异性抗体（多属分泌性 IgA），能排斥痢疾杆菌，使之不能吸附于肠黏膜表面，从而防止菌痢的发生。而当人体全身及局部抵抗力降低时，如一些慢性病、过度疲劳、暴饮暴食及消化道疾患等，即使感染少量病菌也容易发病。痢疾杆菌侵入肠黏膜上皮细胞后，先在上皮细胞内繁殖，然后通过基底膜侵入黏膜固有层，并在该处进一步繁殖，在其产生的毒素作用下，迅速引起炎症反应，其强度与固有层中的细菌数量成正比，肠上皮细胞坏死，形成溃疡。菌体内毒素吸收入血，引起全身毒血症。

中毒性菌痢的发病机制可能是特异性体质对细菌内毒素的超敏反应，产生儿茶酚胺等多种血管活性物质引起急性微循环障碍、感染性休克、DIC 等，导致重要脏器功能衰竭，以脑组织受累较重。

5.预防与治疗

根据病情的轻重缓急可分为：急性、慢性和中毒型菌痢 3 个类型。

（1）急性菌痢。

大多数急性菌痢在发病 1 周左右，症状缓解，约 2 周自愈。合理的病原治疗加快临床恢复过程，并因消灭结肠黏膜组织内的病原体而避免恢复期带菌者或演变为慢性菌痢。

一般治疗对急性菌痢病人应消化道隔离至临床症状消失，粪便培养 2 次阴性。对毒血症状严重者，采用适宜的对症治疗和抗菌治疗的同时，可酌情小剂量应用肾上腺皮质激素。保证每日足够的水分、电解质及维持酸碱平衡，如严重吐泻引起脱水、酸中毒及电解质紊乱者，则静脉或口服补充液体给予纠正。

病原治疗宜参照当前流行菌株的药物敏感情况选择用药，疗程通常 5~7 天。①氟喹诺酮类：有较强的杀菌作用，口服完全吸收，是目前治疗菌痢的较理想的药物。首选环丙沙星,其他喹诺酮类,如氧氟沙星、左旋氧氟沙星、莫西沙星等也可选用。此类药物因可能影响骨骼发育,故孕妇、儿童及哺乳期妇女不宜使用,而选用三代头孢菌素如头孢曲松、头孢噻肟。②复方磺胺甲噁唑:成人每次 2 片,一天 2 次,首剂加倍。儿童剂量酌减。对有过敏者、严重肾病及血白细胞明显减少者忌用。③其他:阿奇霉素对耐药的痢疾杆菌有强抑菌作用,阿奇霉素 500 mg 口服 1 次后,250 mg,一天 1 次,疗程 4 天。

（2）慢性菌痢。

慢性菌痢宜去除诱因,采用全身治疗,如适当锻炼、生活规律及避免过度劳累和紧张,同时积极治疗并存的慢性疾病。

病原治疗:对慢性菌痢宜联合应用两种对病原菌有良好抗菌活性的抗菌药物治疗,7~10 天为一疗程。停药后多次大便培养未能阴转,可改换药物进行第 2 个疗程。通常需要 1~3 个疗程。

灌肠疗法:对于肠黏膜病变经久不愈者可采用药物保留灌肠。用 0.5%卡那霉素或 0.3%黄连素或 5%大蒜素液,每次 100~200 mL,每晚 1 次,10~14 天为一疗程。灌肠液内加用小剂量肾上腺皮质激素,以增加其渗透作用而提高疗效。如有效可重复应用。除一般的对症治疗外,对慢性腹泻尤其是抗菌药物治疗后,易出现肠道菌群失调,可给予微生态制剂,如乳酸杆菌或双歧杆菌等制剂进行纠正。

（3）中毒型菌痢。

中毒型菌痢病情凶险,除有效的抗菌治疗外,宜针对危象及时采用综合措施抢救治疗。

一般治疗由于病情变化快,应密切观察意识状态、血压、脉搏、呼吸及瞳孔等变化,并作好护理工作,减少并发症的发生。

病原治疗应用有效的抗菌药物静脉滴注,如环丙沙星 0.2~0.4 g,静脉滴注,一天 2 次,或左氧氟沙星,每天 250~500 mg,静脉滴注。待病情明显好转后改口服。亦可应用头孢菌素如头孢噻肟,每天 4~6 g,静脉滴注。

对症治疗对病情中出现的危象及时抢救:①降温止惊:争取短时间内将体温降至 36~37℃,为此可将病人放置在 20℃以下的空调房间,辅以亚冬眠疗法,氯丙嗪及异丙嗪各 1~2 mg/kg,肌肉注射或静脉注射,每 4 h 注射 1 次,一般 3~4 次。②扩容纠酸,维持水及电解质平衡。③血管活性药物应用,疾病早期可用阿托品,儿童 0.03~0.05 mg/kg,成人 2~2.5 mg/kg,静脉注射。面色转红,四肢温暖时说明血管痉挛解除,可予以停药。如血压仍不回升则用升压药物,如多巴胺、阿拉明、酚妥拉明等治疗,用法参照抗休克治疗的。④防治脑水肿和 ARDS,应及时给予甘露醇脱水,降低颅内压以及采用吸氧和人工呼吸机治疗等。

5.4.2　伤寒和副伤寒

1.病原菌

伤寒、副伤寒是由伤寒、副伤寒杆菌引起的急性肠道传染病。

2.传播途径

通过水以及食物、手、苍蝇等经口传染给健康人。

3.症状

病菌侵入人体后经过3~42天,平均2周出现症状。起病多数缓慢。起病第1周体温逐日呈梯形上升,至1周末体温可达39~41℃,伴有畏寒、头痛、食欲减退、腹胀和便秘等症状,右下腹可有压痛。病后第2周起,高热持续不退,一般可持续10~14天,病人神志迟钝,表情淡漠,听觉减退,严重时讲胡话、抓空等无意识举动或昏睡,也可有黄疸、中毒性心肌炎和休克等。脉搏虽增快,但和体温升高不成比例,医学上称相对缓脉,是伤寒特征之一。约有2/3病人有脾肿大,1/3肝肿大,1/3出现皮疹。皮疹分布在胸腹部较多,呈玫瑰色,直径3~4 mm,稍高出皮肤,压之退色,常出现在起病后第7~10天。起病后第4周体温开始下降,逐渐恢复。如果治疗不及时,饮食护理不当,在起病后第2~4周出现肠出血和肠穿孔等严重并发症。此外,治疗不彻底或不及时则易形成慢性带菌,成为潜在隐患。

4.预防与治疗

加强饮食、饮水卫生和粪便管理,隔绝病原菌的传播途径。发现伤寒病人应及早隔离治疗,病人应卧床休息到完全恢复为止,严密观察体温、脉搏和血压等变化。注意口腔及皮肤清洁,防止褥疮。注意饮食,高热时给予米汤、藕粉和豆浆等流质饮食,以后随体温下降而适当调整,一般在起病后30天内均应给予易消化的少渣食物,特别是恢复期更应注意,否则容易发生肠出血、肠穿孔等并发症。高热时可物理降温,便秘不可用泻药,宜用生理盐水低压灌肠。根据药敏情况适当选用抗菌药物,全程和足量治疗。

副伤寒分副伤寒甲、乙、丙三种,与伤寒非常相似,较难区别,主要靠细菌学检查加以区分。所不同的是,副伤寒潜伏期较伤寒为短(6~8天),起病急,热程短,全身中毒症状较轻,并发症少。治疗预防方法与伤寒相同。

5.4.3 霍乱和副霍乱

弧菌属(Vibrio)有近40个种,其中霍乱弧菌(*Vibrio cholerae*)、副霍乱弧菌(*V. cholerae biotypeeltor*)、副溶血性弧菌(*V. parahaemolyticus*)等12个种与人类感染有关。霍乱弧菌根据菌体抗原(O抗原)又可分为155个血清群,其中O_1和O_{139}血清群是霍乱的病原菌。

1.生物学特性

细菌呈杆状或弧状,无荚膜。能发酵葡萄糖产酸不产气,不发酵乳糖。不产生水溶性色素。分布于淡水、海水、海鱼贝类体表或肠道、盐渍食品中。霍乱弧菌耐冰冻,于冰中存活4天,耐碱而不耐酸,不耐干燥,对庆大霉素有耐药性。

2.传播途径

病原菌经过水、苍蝇、食品等途径传播,传染源主要是病人和带菌者,尤其水体被污染后造成暴发性大流行。

3.症状

发病突然,潜伏期2~3天。典型临床症状先泻后吐,全身中毒症状不明显,多数病人无发热,也无明显腹痛、里急后重症状,排便次数常不太多(个别病人大便失禁,无法计数),但排泄量大,初为泥浆样或稀水样便,有粪质,而后很快呈米泔样或无色水样、洗肉水样便,无明显粪臭,病人很快出现脱水、电解质紊乱、酸中毒、循环衰竭。病人烦躁不安、口渴、声音嘶哑、耳鸣、呼吸增快、神志不清或表情淡漠、皮肤皱缩、眼窝凹陷、面颊深凹、四肢湿冷、尿量减少、尿闭等症状,也可出现肌肉痉挛、疼痛、肌张力减低、鼓肠、心律不齐等。非典型症状病人轻微不适,每日腹泻数次,大便稀薄,有粪质,偶有恶心、呕吐。一般48 h内腹泻即止。

4.预防与治疗

管好水、粪和饮食卫生、消灭苍蝇是预防、控制副霍乱和其他肠道传染病的根本措施。在流行季节,疫区及其邻接地区,应有专人负责,搞好饮用水消毒。因地制宜,采取修建无害化厕所、沼气池,封存发酵或高温堆肥等办法,搞好粪便的无害化处理。严防粪便污染水源。饮食服务行业,集体食堂和食品加工,收购、贮存、运输等单位,都要切实执行《中华人民共和国食品卫生管理条例》和食品卫生标准的规定。发动群众清除孳生地,采用药物和捕打等办法大力杀蛆灭蝇。

各地卫生部门要密切配合卫生检疫机构,严格执行卫生检疫条例的有关规定,加强疫情监测,严防疫病传入或传出。迅速、严格、全面地搞好疫点、疫区处理,是就地扑灭疫情的关键措施。应根据流行病学指征,划分疫点、疫区。在流行早期,病例数少的情况下,对疫点可实行封锁,疫点封锁要做到既有利于控制疫情,又尽可能减少对群众生产和生活的影响。对首发疫点疫区要本着"早、小、严、实"的精神,采取有力措施及时扑灭,控制扩散和流行。根据流行病学指征,对渔民、饮食服务人员、环卫人员、医务人员、交通运输人员、采购和贩运农副产品的人员等重点人群,进行检索。对可疑受污染的水产品,饮食物等,也应进行检索。

对疾病流行地区可通过人群的皮下接种霍乱菌苗(经加热或化学药物杀死)预防,能降低发病率。治疗主要为及时补充液体和电解质,以及应用链霉素、氯霉素、强力霉素等抗菌药物。

5.4.4　炭疽

炭疽杆菌是德国兽医 Davaine 在 1849 年首先发现的。Peur 在 1881 年发现了减毒的芽孢疫苗能预防炭疽,使炭疽成为第一个能用有效菌苗预防的传染病,Sterne 在 1939 年发现的动物疫苗,直至现在仍在使用。

1.病原菌

是炭疽芽孢杆菌 *Bacillus anthracis*,隶属于芽孢杆菌属 *Baxillus*。

2.生物学特性

炭疽杆菌为致病菌中最大的革兰氏阳性杆菌,$(1\sim3)\,\mu m\times(5\sim10)\,\mu m$,菌体两端平削,呈竹节状长链排列,无鞭毛。对营养要求不高,最适生长温度 37℃,最适 pH 为 7.2~7.6。在体外形成荚膜,在体外可形成芽孢,芽孢呈卵圆形,位于菌体中部。在血琼脂平板上形成较大而凸起的灰白色不透明菌落,边缘不规则,如毛发状,不溶血,在肉汤培养基中生长时呈絮状沉淀而不混浊。本菌繁殖体对日光、热和常用消毒剂都很敏感,其芽孢的抵抗力很强,在煮沸 10 min 后仍有部分存活,在干热 150℃可存活 30~60 min,在湿热 120℃ 、40 min 可被杀死。在 5% 的石炭酸中可存活 20~40 天。炭疽杆菌的芽孢可在动物、尸体及其污染的环境和泥土中存活多年,能在土壤中存活数十年之久。

3.传播途径

人感染本病多表现为局限型,分为皮肤炭疽、肺炭疽和肠炭疽。其主要传播途径有:①皮肤炭疽。屠宰工人破损的皮肤和外表黏膜接触了病畜或死畜而引起皮肤炭疽。②肺炭疽。皮革加工人员在处理病畜的皮张、鬃毛等时,吸入了含炭疽芽孢的尘埃而发生肺炭疽。③肠炭疽。人误食处理不当带有炭疽芽孢的病死畜肉或其加工制品,引起急性肠炭疽,表现为剧烈腹痛、呕吐、脓血便样,患者一旦形成败血症很容易死亡。此三型炭疽均可并发败血症和炭疽性脑膜炎,如不及时治疗很快死亡。自然情况下炭疽杆菌最易感染草食动物(牛、羊),所以牛羊肉上市一定要经兽医人员严格检查。

4.症状

皮肤炭疽:开始表现为类似蚊虫叮咬的小疱,但是 1 到 2 天之后则呈疱疹状,然后溃破成溃疡,直径通常为 1~3 cm 并且中间有黑色的坏死区域,周围也会出现淋巴结肿胀。在没有接受任何治疗的皮肤炭疽患者中,死亡率大约是 20%。如经及时诊治,几乎不会有死亡的情况发生。肺炭疽:主要的症状与感冒类似。出现病症几天后,病人出现严重的呼吸问题和中风。肺炭疽通常可以致人死亡。肠炭疽:主要是由于进食带菌肉类所致,以急性肠道感染为特征,其主要症状为恶心、厌食、呕吐和发热,重者腹痛、吐血并有严重的水样便。肠炭疽导致的死亡病例占患者 25%~60%。

5.预防与治疗

预防人类炭疽首先应防止家畜炭疽的发生。目前我国对各种家畜接种炭疽芽孢疫苗,获得免疫防治。在炭疽相对较易发生并且动物的预防接种水平较低的地区,人们应该尽量避免与牲畜和动物产品接触,也要少吃处理不当或烹饪不够火候的肉类。人们也可以接种人类用的炭疽疫苗,据称这种疫苗抵抗各种炭疽感染的有效性可达到 93%。

在发生炭疽的疫区,可用抗炭疽免疫血清治疗或紧急预防注射。对患该病的畜尸应彻底焚烧深埋,严格消毒污染场地,严禁尸体剖检诊断,与病畜或畜肉接触过的工作人员,必须受到卫生上的护理。使用抗菌素进行早期治疗是救治早期病人的有效方法。通常使用青霉素、强力青霉素治疗,青霉素是治疗炭疽的首选药物,根据不同的感染类型,治疗剂量也不同。皮肤炭疽每日注射青霉素总量为 100 万~200 万单位,同时加用链霉素、氯霉素等。对于肺炭疽及肠炭疽,每日青霉素总量应在 600 万单位以上;对于炭疽性脑膜炎及败血症,每日总剂量超过 1000 万单位。接种疫苗可以预防炭疽,但不建议广泛使用,只对特殊行业的人员接种。病人应隔离治疗,其分泌物和排泄物应消毒。

5.4.5　结核病

结核病是一种严重危害人类健康的慢性传染病,目前全球有约 20 亿人被感染,每年新出现结核病患者 800 万~1000 万,每年因结核病死亡人数为 200 万~300 万。目前我国结核病年发病人数约为 130 万,因结核病死亡人数每年达 13 万,超过其他传染病死亡人数的总和。我国是全球 22 个结核病流行严重的国家之一,同时也是全球 27 个耐多药结核病流行严重的国家之一。我国结核病患病人数居世界第二位,仅次于印度。结核病是我国重点控制的重大疾病之一。

1.病原菌

结核杆菌(*Mycobacierium tuberctosis*)是家畜、野生动物、禽类及人类结核病的病原体。结核分枝杆菌复合群包括结核分枝杆菌、牛分枝杆菌、非洲分枝杆菌和田鼠分枝杆菌,引起人类疾病的主要是结核分枝杆菌。

2.生物学特性

革兰氏阳性无芽孢,无荚膜,无鞭毛的分枝杆菌。结核分枝杆菌为细长略带弯曲的杆菌,大小(1~4)×0.4 μm,细小而略弯,两端略钝。分枝杆菌属的细菌细胞壁脂质含量较高,约占干重的 60%,分枝杆菌一般用齐尼(Ziehl-Neelsen)抗酸染色法,以 5%石炭酸复红加温染色后可以染上,用 3%盐酸乙醇不易脱色。若再加用美蓝复染,则分枝杆菌呈红色,而其他细菌和背景中的物质为蓝色。近年发现结核分枝杆菌在细胞壁外尚有一层荚膜。一般因制片时遭受破坏而不易看到。若在制备电镜标本固定前用明胶处理,可防止荚膜脱水收缩。在电镜下可看到菌体外有一层较厚的透明区,即荚膜,荚膜对结核分枝杆菌有一定的保护作用。结核分枝杆菌细胞壁中含有脂质,故对乙醇敏感,在 70%乙醇中 2 min 死亡。此外,脂质可防止菌体水分丢失,故对干燥的抵抗力特别强。黏附在尘埃上保持传染性 8~10 天,在干燥痰内可存活 6~8 个月。结核分枝杆菌对湿热敏感,在液体中加热 62~63℃、15 min 或煮沸即被杀死。结核分枝杆菌对紫外线敏感,直接日光照射数小时可被杀死,可用于结核患者衣服、书籍等的消毒。结核分枝杆菌对酸(3% HCl 或 6% H_2SO_4)或碱(4% NaOH)有抵抗力,15 min 不受影响。结核分枝杆菌在含氧 40%~50%并有 5%~10% CO_2 和温度为(36±5)℃,pH 为 6.8~7.2 的条件下生长旺盛,并且在一般的培养基上结核分枝杆菌是不生长的,它必须在含有血清、卵黄、马铃薯、甘油以及某些无机盐类的特殊培养基上才能生长。根据接种菌量多少,一般 2~4 周可见菌落生长。菌落呈颗粒、结节或花菜状,乳白色或米黄色,不透明。在液体培养基中可能由于接触营养面大,细菌生长较为迅速。一般 1~2 周即可生长。另外,结核分枝杆菌可发生形态、菌落、毒力、免疫原性和耐药性等变异。

3.症状

结核分枝杆菌不产生内、外毒素。其致病性可能与细菌在组织细胞内大量繁殖引起的炎症,菌体成分和代谢物质的毒性以及机体对菌体成分产生的免疫损伤有关。

肺结核的临床表现多样化,早期可以没有症状,部分病人症状轻微,易误认为是感冒而忽略。典型的肺结核起病缓慢,病程较长,可以有低热、倦怠、食欲不振、咳嗽及咯血。但是多数病灶轻微,可以无症状,在体检时偶被发现。少部分患者有突出的中毒症状,多见于粟粒性结核病或干酪性肺炎。老年肺结核患者的症状容易被长年的慢性支气管炎症状所掩盖。

4.食品传播途径及预防

牛对结核杆菌有较高的易感性,患有结核病的乳牛,其乳液中含有结核杆菌,人吃了消毒不彻底的这种乳,就会得结核病。要阻断这一传播途径,一方面必须搞好乳牛场的卫生管理,其中包括定期进行牛疫病检查;另一方面牛乳要彻底消毒,保证市场销售的消毒乳品卫生质量。

结核病人用的餐具、吃剩的食物上都可能污染了结核杆菌。与结核病人合用餐具或吃病人剩下的食物易食入结核杆菌,饮用未经消毒的牛奶或乳制品等也可感染牛型结核杆菌,接触病人用过的痰盂等物品后如不认真洗手也可能受到感染。注射疫苗预防结核病,卡介苗是活疫苗,苗内活菌数直接影响免疫效果,故目前已有冻干疫苗供应。

5.治疗

利福平、异烟肼、乙胺丁醇、链霉素为第一线药物。利福平与异烟肼合用可以减少耐药性的产生。对严重感染,可以吡嗪酰胺与利福平及异烟肼合用。

5.4.6　病毒性肝炎

病毒是一类专性活细胞寄生的非细胞型生物。虽然它们不能在食品中增殖,但食品可作为病毒传播的载体。由于食品为病毒提供了良好的保存条件,所以病毒可以在食品中存活较长时间,一旦被人们食用,即可在体内增殖,引起人体炎症。

病毒性肝炎(viralhepatitis)是由多种不同肝炎病毒引起的一组以肝脏损害为主的传染病,根据病原学诊断,肝炎病毒至少有5种,即甲、乙、丙、丁、戊型肝炎病毒,分别引起甲、乙、丙、丁、戊型病毒性肝炎,即甲型肝炎(hepatitis A)、乙型肝炎(hepatitis B)、丙型肝炎(hepatitis C)、丁型肝炎(hepatitis D)及戊型肝炎(hepatitis E)。下面主要就与食品污染传播较为密切的甲型肝炎和戊型肝炎作些介绍。

1.甲型肝炎

(1)病原体。

甲肝病毒(HAV),较一般肠道病毒抵抗力强。只有一个血清型。

(2)传染源。

急性期病人:传染期为感染后3~4周,并持续3~4周,排毒高峰为潜伏期末、临床症状初期及黄疸出现后1~2天。

亚临床感染者:临床型与亚临床感染者比例为1∶3.5~1∶20。

(3)传播途径。

经食物传播:主要经水产品,如蛤类、牡蛎、泥蚶、蟹等传播,1983 年、1998 年上海两起甲肝爆发流行是典型实例。

经水传播:主要由粪便污染水源引起。

日常生活接触传播:可经手、用具、食品、玩具、床上用品、衣物等传播。

其他:可经血液(凝血因子Ⅷ)传播;苍蝇、蟑螂等也可携带传播,但传播机会较少。

(4)预防措施与治疗。

特异性预防:减毒活疫苗(H2、L-A-1 减毒株),接种后抗体阳转率为 84.1%～100%,保护期至少 4 年;纯化灭活疫苗(美国默沙东、史克必公司生产)保护期至少 20 年;甲肝特异性抗体免疫球蛋白可用于被动免疫。

非特异性预防:在管理传染源方面,应从发病之日起隔离病人 3 周,密切接触者观察 45 天。在切断传播途径方面,应注意个人卫生,加强食品管理。

2.戊型肝炎

(1)病原体。

戊肝病毒(HEV),仅有一个血清型。

(2)传染源。

主要为急性期病人,潜伏期为 10～75 天,平均 40 天,排毒高峰为潜伏期末和急性期病人。

(3)传播途径。

经水传播:主要由粪便污染水源引起,是主要传播形式,有爆发流行和持续流行两种类型。

经食物传播:我国有报道,主要与聚餐有关。

日常生活接触传播:可经手、用具、食品、玩具、床上用品、衣物等传播。

其他:已证实可经血液传播,但传播机会较少,尚无母婴传播的直接证据。

(4)流行特征。

地区分布上呈世界性分布,但主要在发展中国家流行。我国 1986—1989 年新疆流行最为严重;时间分布上有明显季节性,多见于雨季及洪水后;年龄分布以青壮年高发,性别分布男性高于女性。该病以孕产妇发病率、病死率高为特征。

(5)预防措施。

同甲型肝炎。但本病无特异性预防方法,普通免疫球蛋白无预防作用。

5.4.7　脊髓灰质炎

脊髓灰质炎又名小儿麻痹症,是由脊髓灰质炎病毒引起的一种急性传染病。临床表现主要有发热、咽痛和肢体疼痛,部分病人可发生弛缓性麻痹。流行时以隐匿感染和无瘫痪病例为多,儿童发病较成人为高,普种疫苗前尤以婴幼儿患病为多,故又称小儿麻痹症。

1.病原体

脊髓灰质炎是脊髓灰质炎病毒所引起的小儿急性传染病,严重的可导致肢体瘫痪或死亡。它是一个没有包膜的病毒,由一条单股 RNA 和蛋白质外壳组成,直径约 25 nm,属于小核糖核酸病毒科肠道病毒属。除人外,猴也会受这种病毒感染。

2.传播途径

脊髓灰质炎病毒通过粪便和饮食以及通过接触感染。传染源是病人及带病毒者,病毒可随咽喉部分泌物排出体外,可随粪便排出体外,若污染了食品或空气,人们在饮食或呼吸时,就可以被感染。首先感染消化系统,在少数情况下通过血液传播到身体其他部分,卫生措施对感染途径的影响比较小。

3.症状

在大多数情况下脊髓灰质炎没有任何病症,有时它会造成流行性感冒似的症状。在少数情况下(约 1%)它会感染神经细胞,主要是对肌肉运动重要的脊髓中的细胞造成麻痹。

4.预防与治疗

(1)预防。

控制传染源:对病人和疑似病人,应及时隔离,并报告疫情。

切断传播途径:加强饮食、水源管理和环境卫生。病人的排泄物和呕吐物需加浓石灰水、漂白粉或 5%来苏儿消毒 2 h,再排入一般下水道。病人用过的食具、玩具、床单等应煮沸消毒 15 min,不能煮沸的物品可在阳光下暴晒 2 h。

接种疫苗:按计划普遍服用脊髓灰质炎减毒活疫苗,以提高人群的免疫力。

(2)治疗。

轻者对症治疗:有肌痛者,可使用退热镇痛剂、镇静剂等,以缓解全身肌肉痉挛不适和疼痛。还可使用湿热敷,每 2~4 h 一次,每次 15~30 min。此外,热水浴也有一定疗效,特别对年幼儿童,与镇痛药合用可有效缓解症状。

严重者药物治疗:促进神经传导功能的药物,如地巴唑;增进肌肉张力药物,如加兰他敏,一般在急性期后使用,可促进肌肉的张力恢复。上述药物的具体剂量应在医生指导下进行。

5.4.8 布鲁氏病

1.病原菌

布鲁氏杆菌隶属布鲁氏菌属(*Brucella*),是一种慢性引起人畜共患布鲁氏菌病的病原菌。布鲁氏杆菌分羊布鲁氏杆菌(*B. melitensis*),牛布鲁氏杆菌(*B. abortus*)和猪布鲁氏杆菌(*B. suis*)等几种,对人都有致病性。

2.生物学特性

本菌的生物学特性:革兰氏阴性的细小的球状杆菌,无鞭毛和芽孢,一般不形成荚膜。本菌对热敏感,经 60℃加热 5 min 即可杀死,煮沸立即死亡;对干燥抵抗力较强,干燥存放数日仍有活力;耐低温,在冷藏的奶液中能生存1~2个月。

3.传播途径

布鲁氏杆菌无外毒素,内毒素位于细胞壁的脂多糖中,其中羊布鲁氏杆菌的内毒素毒力最强,猪布鲁氏杆菌次之,牛布鲁氏杆菌毒力最弱。人对于羊布鲁氏杆菌最敏感。其传播途径是牛、羊、猪等。患病动物的排泄物,内脏器官,乳汁中都有此菌。人误食含有病原菌的乳、肉和其他被污染的食物而感染。人接触病畜或流产材料时,通过病原菌侵入完整皮肤或正常黏膜而引起接触性感染;或食入处理不当病畜的肉及内脏,饮用被病原菌污染的水,未经巴氏消毒或处理不当病畜的乳及乳制品等引起消化道感染。

4.症状

主要表现的症状全身关节疼痛,无力,严重者不能坚持日常工作,呈现波浪热。慢性病程可持续数年,反复发作。对家畜主要表现为流产。

5.预防与治疗

由于该病传染途径主要为非人类传播,患病的家畜是主要的传染源,故预防人的感染,依赖于对家畜布鲁氏病的防治和消灭。对家畜群定期彻底检查、消除病畜的基础上,每年定期接种疫苗,以控制该病的发生,切断对人的传染源。对人急性期布鲁氏病可采取四环素兼用链霉素或利福平强力霉素治疗;对慢性期布鲁氏病无特效药物,多用菌苗疗法或中医中药治疗。

本章小结

本章主要介绍微生物污染和食物中毒,包括细菌性食物中毒、霉菌食物中毒和蕈菌食物中毒。重点介绍了引起细菌性食物中毒的病原菌种类、中毒食品及原因、预防中毒的措施;霉菌引起食物中毒的病原菌种类、所产毒素及中毒原因;蕈菌引起食物中毒的毒蕈种类及中毒类型;食品介导的感染原因及治疗措施。

思考题

(1)细菌性食物中毒有哪些特点?

(2)沙门氏菌引起食物中毒的机理是什么? 如何预防?

(3)食品中单核细胞增生李斯特氏菌的来源有哪些?

(4)怎么预防致病性大肠埃希氏菌引起的食物中毒?

(5)葡萄球菌引起食物中毒的机制是什么? 能引起中毒的食物有哪些?

(6)肉毒梭菌引起的食物中毒是感染型还是毒素型的?

(7)能产生毒素的霉菌有哪些种类?

(8)黄曲霉毒素在什么条件下产生? 如何去除?

(9)镰刀菌主要产生哪些威胁人类健康的毒素？

(10)毒蕈种类很多,典型的毒蕈有哪些？

(11)细菌性痢疾如何传播？ 如何预防与治疗？

(12)霍乱弧菌如何感染人类？ 被霍乱弧菌感染后有什么症状？

主要参考书目

[1]周德庆.微生物学教程(第3版)[M].北京:高等教育出版社,2013.

[2]质量技术监督行业职业技能鉴定指导中心.食品微生物学检验(第二版)[M].北京:中国质量出版社,2013.

[3]杨洁彬.食品微生物学[M].北京:中国农业大学出版社,1995.

[4]沈萍.微生物学(第2版)[M].北京:高等教育出版社,2002.

[5]何国庆,丁立孝.食品微生物学(第3版)[M].北京:中国农业大学出版社,2016.

[6]贺稚非.食品微生物学[M].北京:中国质量出版社,2013.

[7]James M. Jay.现代食品微生物学(美)[M].北京:中国轻工业出版社,2002.

[8]李宗军.食品微生物学:原理与应用[M].北京:化学工业出版社,2014.

[9]吴祖芳.食品微生物学[M].杭州:浙江大学出版社,2013.

[10]郑晓冬.食品微生物学[M].杭州:浙江大学出版社,2001.

[11]Bibek Ray,Arun Bhunia编,江汉湖译.基础食品微生物学(第4版)[M].北京:中国轻工业出版社,2014.

[12]J. Nicklin.微生物学(美)[M].北京:科学出版社,2000.

第六章　微生物与食品保藏

本章导读：
- 深入了解食品保藏的方法及不同方法对食品中微生物的影响。
- 重点掌握食品的低温、高温、干燥、辐照及化学方法对食品物料的影响。
- 掌握不同保藏方法的原理及其抑菌杀菌的机制。

食品腐败变质的过程本质是食品中蛋白质、碳水化合物、脂肪等被污染微生物的分解代谢作用或自身组织酶进行的某些生化过程。例如新鲜的肉、鱼类的后熟，粮食、水果的呼吸等可以引起食品成分的分解、食品组织溃破和细胞膜破裂，为微生物的广泛侵入与作用提供条件，结果导致食品的腐败变质。因此，根据引起食品腐败变质的不同因素，必须采取不同的保藏技术，达到延长食品保藏期的目的。

食品保藏是指采用物理学、化学和生物学方法，杀灭或抑制微生物的生长繁殖，以及延缓食品自身组织酶的分解作用，使食品在较长的时间内保持其原有的营养价值、色、香、味等良好的感官性状。按照保藏原理可将食品保藏技术分为 4 类：维持食品最低生命活动的保藏方法、抑制食品生命活动的保藏方法、运用发酵原理的保藏方法和利用无菌原理的保藏方法。

6.1　食品低温保藏与嗜冷菌的特性

食品低温保藏是指采用低温技术，降低食品的温度，并维持食品的低温水平或冰冻状态，以延缓或阻止食品腐败变质，达到食品的运输和短期或长期贮藏目的的保藏方法。利用低温保藏食品的基本原理是：在低温区域，当温度高于冰点时，食品中微生物的生长速率降低，而在冰点以下时，一般微生物都停止生长。原因是所有微生物的新陈代谢反应需要酶的催化，而这种催化反应的速率依赖于温度，温度升高，反应速率加快。因此，低温保藏食品的基本机理就是低温对腐败微生物的作用。

6.1.1　嗜冷菌与食品低温保藏

嗜冷菌（*Psychrophile*）是指能够在低温环境中保持生长和繁殖的微生物，1902 年由 Schmidt Nielsen 首先提出，当时的定义是指在 0℃ 以下可以生长的微生物。20 世纪 60 年代，嗜冷菌被定义为可以在 5℃ 或更低温度下生长的微生物。现在的定义是在 0~20℃ 可以生长，最适生长温度为 10~15℃ 的微生物。但目前食品微生物专家普遍接受的概念是 0~7℃ 下能生长并在 7~10 天内产生菌落的微生物。嗜冷菌的分布范围非常广泛，在高山、极地地区、大洋深处均可以分离到嗜冷菌。通常认为在 0~5℃引起肉类、禽类和蔬菜腐败变质的微生物也是嗜冷菌。

根据嗜冷菌在 0~7℃的生长速度可以分为兼性嗜冷菌和专性嗜冷菌。典型的兼性嗜冷菌一般在 6~10 天形成可见的菌落,例如阴沟肠细菌、蜂房哈夫尼菌和小肠结肠炎耶尔森氏菌(*Yersinia enterocolitica*)不仅在 7℃下生长良好,在 43℃也能良好生长。典型的专性嗜冷菌通常在 5 天左右即可形成可见的菌落,例如嗜水气单胞菌(*Aeromonas hydrophila*)和莓实假单胞菌(*Pseudomonas fragi*)在 7℃下生长 3~5 天非常旺盛,而在 40℃以下不能生长。

嗜冷菌之所以可以在冰点下存活与繁殖,是因为它们有一种特殊的脂类细胞膜。这种细胞膜在化学上可以抵御由极寒带来的硬化,使其内蛋白质呈现出"抗冻能力",在冰点以下仍然能够保持其内环境为液态并且保护其 DNA 免受伤害。

食品的低温保藏划分为三个温度区域:

冷却温度:10~15℃,该温度区域适用于一些蔬菜,如黄瓜、西红柿等的贮藏。

冷藏温度:0~7℃,果蔬在这个温度下仍然有生命活动,贮藏时间较短。冷藏水果和蔬菜等植物性食品时,保藏期可达几个月;冷藏肉、禽、乳和水产等动物性食品时,保藏期一般为一星期左右。

冻藏温度:低于-18℃的温度区域。由于贮藏的温度相当低,食品中的脂肪氧化、蛋白质的分解和变性,酶和微生物的作用都会变得非常缓慢,因此冻藏的期限较长,一般贮藏半年至一年。

食品低温保藏一般可分为冷藏和冷冻两种方式。前者无冻结过程,新鲜果蔬类和短期贮藏的食品常用此法。后者要将保藏物降温到冰点以下,使水部分或全部呈冻结状态,动物性食品常用此法。

6.1.2　低温对微生物的影响

1.食品中常见的低温微生物

任何微生物具有正常的生长繁殖温度范围,温度越低,微生物的活动能力越弱。当温度降低到微生物的最低生长温度时,微生物停止生长。许多嗜温菌和嗜冷菌的最低生长温度低于 0℃。通常低于 7℃下生长的细菌大多数是革兰氏阴性菌,但也有少数革兰氏阳性菌。

革兰氏阴性菌主要包括:不动细菌属(*Acinebacter*)、气单胞菌属(*Aeromonas*)、产碱杆菌属(*Alcaligenes*)、交替单胞菌属(*Alteromonas*)、西地西菌属(*Cedecea*)、色杆菌属(*Chromobacterium*)、柠檬酸细菌属(*Citrobacter*)、肠杆菌属(*Enterobacter*)、欧氏杆菌属(*Erwinia*)、埃希氏杆菌属(*Escherichia*)、黄杆菌属(*Flavobacterium*)、盐杆菌属(*Halobacterium*)、哈夫尼菌属(*Hafnia*)、克雷伯氏杆菌属(*Klebsiella*)、摩氏杆菌属(*Morganella*)、发光杆菌属(*Photobacterium*)、泛菌属(*Pantoea*)、变形杆菌属(*Proteus*)、普罗威登斯菌属(*Providencia*)、假单胞菌属(*Pseudomonas*)、嗜冷杆菌属(*Psychrobacter*)、沙门氏

菌属（*Salmonella*）、沙雷氏菌属（*Serratia*）、希瓦氏菌属（*Shewanella*）、弧菌属（*Vibrio*）和耶尔森氏菌属（*Yersiniavan*）等。

革兰氏阳性菌主要包括：芽孢杆菌属（*Bacillus*）、短杆菌属（*Brevibacterium*）、环丝菌属（*Brochothrix*）、肉食杆菌属（*Carnobacterium*）、梭状芽孢杆菌属（*Clostridium*）、棒状杆菌属（*Corynebacterium*）、异常球菌属（*Deinococcus*）、肠球菌属（*Enterococcus*）、库特氏菌属（*Kurthia*）、乳酸杆菌属（*Lactobacillus*）、链球菌属（*Streptococcus*）、明串珠菌属（*Leuconostoc*）、李斯特菌属（*Listeria*）、微球菌属（*Micrococcus*）、片球菌属（*Pediococcus*）、丙酸杆菌属（*Propionibacterium*）和漫游球菌属（*Vagococcus*）等。

研究报道，在食品中微生物生长的最低温度为-34℃，如红色酵母。酵母菌和霉菌比细菌更易于在0℃以下生长，这与酵母菌和霉菌能在低 a_w 下生长的情况一致。表6-1列举了一些在7℃下污染食品微生物的最低生长温度。

表6-1　在7℃下的一些污染食品微生物的最低生长温度

微生物	最低生长温度（℃）
红酵母（*Rhodotorula*）	-34
弧菌属（*Vibrio*）	-5
小肠结肠炎耶尔森氏菌（*Yersinia enterocolitica*）	-2
热死环丝菌（*Brochothrix thermosphacta*）	-0.8
肠球菌属（*Enterococcus*）	0
嗜水气单胞菌（*Aeromonas hydrophila*）	-0.5
肉明串珠菌（*Leuconostoc carnosum*）	1.0
单核细胞增生李斯特菌（*Listeria monocytogenes*）	1.0
清酒乳酸杆菌（*Lactobacillus sake*）	2.0
肉毒梭状芽孢杆菌（*Clostridium botulinum*）	3.3
巴拿马沙门氏菌（*Salmonella panama*）	4.0
成团泛菌（*Pantoea agglomerans*）	4.0
副溶血性弧菌（*Vibrio Parahemolyticus*）	5.0
海德尔堡沙门氏菌（*Salmonella heidelberg*）	5.3
片球菌（*Pediococci*）	6.0
短乳杆菌（*Lactobacillus brevis*）	6.0
伤寒沙门氏菌（*Bacterium typhosum*）	6.2
金黄色葡萄球菌（*Staphylococcus aureus*）	6.7
肺炎杆菌（*Pneumobacillus*）	7.0
芽孢杆菌（*Bacillus*）	7.0
沙门氏菌（*Salmonella*）	7.0

2.低温和微生物的关系

当温度降低到微生物的最低生长温度时，微生物停止生长甚至死亡。其原因是温度下降后,导致微生物细胞内酶的活性也随之下降,引起新陈代谢中各种生化反应速率减慢,因而微生物的生长繁殖速度也随之减慢。

在正常情况下,微生物细胞内各种生化反应是相互协调一致的。但当温度下降时,生化反应按照各自的温度系数(Q_{10})减慢,从而破坏了微生物细胞内的新陈代谢。同时,当温度下降时,微生物细胞内原生质的黏度增加、胶状物质的吸水性降低、蛋白质的分散度改变且发生不可逆的凝固,因此低温能对微生物细胞造成严重的损害。当食品被冻结时,微生物细胞内形成的冰晶体引起原生质或胶状物质脱水,并且对微生物细胞造成机械性的破坏,而细胞内胶状物质浓度的增加可以促进蛋白质的变性。

食品冷藏的温度能减缓大部分微生物的生长繁殖,因此可以延长食品的贮藏期,而食品的冻结温度可抑制所有微生物的生长繁殖。

3.影响微生物低温致死的因素

(1)温度。

在冰点或冰点以上时,部分能适应低温环境条件的嗜冷菌会逐渐生长繁殖,最后也会导致食品腐败变质,而对低温不适应的微生物则逐渐死亡,这是冷藏的食品贮藏期较短的原因。表6-2列举了牡蛎在贮藏期过程中细菌数变化的情况。

表6-2　牡蛎在贮藏过程中的细菌数

贮藏期(d)	下列各贮藏温度下的细菌数(个/mL)		
	5℃	0℃	−5℃
0	1600	1600	1600
6	6600	3600	3400
17	66500	4100	2100
24	1660000	8900	1800

冻结温度对微生物的损伤较大,尤其是−5～−2℃的温度,但当温度降低至−25～−20℃时,微生物的死亡速率反而变得缓慢,这是因为微生物细胞内所有酶的生化反应几乎完全停止,并且还延缓了细胞内胶状物质的变性。表6-3列举了荧光假单胞菌在不同温度下冻结贮藏期中的死亡率。

表6-3　荧光假单胞菌在冻结贮藏期中死亡率

冻结温度(℃)	贮藏期(d)	占最初细菌数的百分比(%)		
		损伤菌	死亡菌	存活菌
−7	1	25	51	24
	7	17	82	1
	15	1.9	98	0.1
−18	1	41	51	8
	7	34	63	3
	15	12.8	87	0.2

续表

冻结温度(℃)	贮藏期(d)	占最初细菌数的百分比(%)		
		损伤菌	死亡菌	存活菌
-29	1	35	48	17
	7	39	54	7
	15	36	59	5

（2）降温速度。

食品在冻结前，降温越快，微生物的死亡率也越大。这是因为在迅速降温过程中，微生物细胞内新陈代谢所需要的各种生化反应的协调一致性被迅速破坏。而食品在冻结时会出现两种情况，缓冻时导致微生物大量死亡，速冻时则相反。这是因为缓冻时形成数量少且颗粒大的冰晶体，对细胞产生机械性的破坏作用，同时还能促进蛋白质的变性，而速冻时由于在 $-5\sim-2℃$ 的温度范围内停留时间较短，并且温度迅速降低至 $-18℃$ 以下，能及时终止微生物细胞内酶的生化反应和延缓胶状物质的变性，因此微生物的死亡率较低。一般来说，食品在速冻过程中，微生物的死亡率仅为原菌数的50%左右。

（3）结合水分和过冷状态。

若微生物细胞中含有大量的结合水分，在急速冷冻时，水分能迅速转化成过冷状态，成为固态玻璃质体而不形成冰晶体，有利于保持细胞内胶状物质的稳定性，不会引起微生物的死亡。例如细菌的芽孢和霉菌的孢子中水分含量较低，但结合水分含量较高，因此在速冻过程中不易死亡。

（4）介质。

对于高水分和低 pH 食品，低温会加速其中微生物的死亡，若食品中存在盐、糖、蛋白质、胶体和脂肪等，这些物质具有保护微生物的作用。

（5）贮藏期。

低温贮藏时，微生物的数量一般随着贮藏期的延长而有所减少，但贮藏温度越低，减少的量越少，有时甚至没有减少。表6-4列举了在不同温度和贮藏期的冻鱼中的细菌数。在贮藏初期，微生物减少的数量最大，其后死亡率逐渐下降。一般来说，贮藏1年后微生物的死亡数是原菌数的 $60\%\sim90\%$。

表6-4　不同温度和贮藏期的冻鱼中细菌含量

贮藏期(d)	各种温度中细菌残存率(%)		
	-18℃	-15℃	-10℃
115	50.7	16.8	6.1
178	61.0	10.4	3.6
192	57.4	3.9	2.1
206	55.0	10.0	2.1
220	53.2	8.2	2.5

6.1.3 食品冷藏

1.食品冷藏的概念

食品的冷藏是指将易腐食品先预冷,然后在略高于冰点的温度下贮藏食品的方法。广泛用于肉、禽、水产、乳、蛋、蔬菜和水果等易腐食品的生产、运输和贮藏。具有营养、方便、卫生、经济等特点;市场需求量大,在发达国家占有重要的地位,在发展中国家发展迅速。

食品冷藏的温度一般为-2~15℃,而4~8℃则为常用的冷藏温度。污染食品的微生物大多数是中温菌,最适生长温度为20~40℃。在10℃以下大多数微生物的生长繁殖速率降低,在-10℃以下仅有少数嗜冷菌还能存活,而在-18℃以下几乎所有的微生物都不能生长。与此同时,在10℃低温时食品内原有酶的活性也降低,因大多数酶的最适温度为30~40℃,随着食品温度的降低,酶的活性也随之受到抑制。因此,食品冷藏的温度一般在-1~10℃,在此温度范围内,酶的活性和微生物的生长都受到抑制,达到保藏食品的目的。但对于大多数食品来说,冷藏并不像热处理、脱水干制、发酵或冻藏能阻止食品的腐败变质,只是能减缓食品腐败变质的速度,因此冷藏是一种效果较弱的保藏技术。表6-5列举了一些食品在各种温度条件下的允许贮藏期。

表6-5 各种温度条件下一些食品的允许贮藏期

食品	各种温度中平均允许贮藏期(d)		
	0℃	22℃	37.8℃
肉类	6~100	1	
鱼类	2~7	1	
禽类	5~10	1	
干肉制品	>1000	>350	>100
水果	2~180	1~20	1~7
干果	>1000	>350	>100
叶菜	3~20	1~7	1~3
根菜	90~300	7~50	2~20

果蔬等植物性食品采摘后存在继续成熟的特点,仍保持着呼吸作用等生命活动,不断地产生热量,并伴随着水分的蒸发散失,从而引起新鲜度的降低。通过冷藏可以延缓继续成熟的过程,但如温度过低,则将引起果蔬的生理机能障碍而受到冷害(冻伤)。此外植物性食品组织较脆弱,易受机械损伤,含水量高,冷藏时易萎缩,营养丰富易被微生物利用。因此冷藏食品物料选择应特别注意物料的成熟度和新鲜度,确保物料无机械损伤、无病虫害,同一批冷藏的食品物料的成熟度、个体大小应尽量均匀一致。动物性食品物料一般应选择动物屠宰或捕获后的新鲜状态进行冷藏,冷藏温度越低越好。

2.冷藏食品的预处理

食品物料冷藏前的预处理对保证冷藏食品的质量非常重要。植物性食品的预处理包括挑选、去杂、分级、包装等,动物性食品物料在冷藏前需要清洗、去除血污以及其他一些在捕获或屠宰过程中带来的污染物,同时降低原料中初始微生物的数量,以延长贮藏期。同时也要注意食品原料不同,对贮藏的要求也不同,预处理要确保物料的一致性,并编号以便于管理,采用合适的包装以防止交叉感染。

食品的冷藏包括预冷和冷藏两步。

预冷是指在冷藏前,将食品物料的温度迅速降至预定的温度,及时抑制食品本身的生化反应和微生物的繁殖。预冷方式主要取决于产品的类型,即液体食品、固体食品或半固体食品。

固体食品的冷却方法有:

①空气冷却法:该法有分为自然通风冷却和强制通风冷却。自然通风冷却就是将食品物料置于阴凉处,使食品物料所带的田间热散去,但这种方法受地域的限制,主要在我国北方用于果蔬的贮藏。强制性通风冷却是指让冷空气流经包装食品或未包装食品物料的表面,使产品迅速冷却。温度、相对湿度和空气流速依食品种类而定,温度一般为5℃以下,降流速越快,降温越快,一般为 1 m/s 以上,相对湿度低会引起冷藏食品水分的散失,相对湿度一般为85%~95%。

②冷水冷却法:指用干净水的冷水或冷盐水浸泡或喷淋食品物料,是食品物料降温的一种冷却方式,冷却水的温度一般是 0℃,冷却水的降温可采用机械制冷或碎冰制冷。

③冰冷冷却法:采用冰来冷却食品,利用冰熔化时的吸热作用来降低食品物料的温度的方法。如在装有蔬菜、水果、鱼、畜肉等包装容器中直接放入冰块使产品降温。为了提高冷却效果,将大冰块细碎以增大其接触面积,并及时排出冰融水。冰冷法只适用于与冰接触后不会产生伤害的食品物料。

④真空冷冻法:将冷冻的食品物料置于可调节空气压力的真空状态下的容器中,使物料中的水分在真空负压下蒸发,带走大量的汽化热使食品物料冷却的方法。但该法会导致食品物料水分的散失,故应在温度达到冷却的要求温度后就停止冷却。这种冷却方法适用于面积较大的食品物料。如蔬菜中的叶菜类。

6.1.4　食品冻藏

1.食品冻藏的概念

食品冻藏就是采用慢速冷冻或快速冷冻(急冻)的方法先将食品冻结,而后再在能保持食品冻结状态的温度下贮藏的保藏方法。快速冷冻或急冻是指食品的温度在 30 min 内降至大约−20℃的过程。急冻可以通过制冷剂与食品间接接触或将食品直接浸于制冷剂中,并使用冷空气吹过被冷冻食品表面的方法加以实现。慢速冷冻是指食品在 3~72 h 内达到所要求温度的过程。从产品质量看,快速冷冻比慢速冷冻的效果更好。合理的冻结和贮藏的食品在大小、形状、质地、色泽和风味等方面一般不会发生明显的变化，而且还能保持原有的新鲜状态，因此冻藏是食品长期贮藏的重要保藏方法。

当食品处于冻结状态时，食品中微生物细胞内的游离水形成冰晶体，导致 a_w 降低，渗透压提高；细胞质因浓缩而增大黏性，引起 pH 和胶体状态的改变，微生物失去了可利用的水分，从而导致其生长受到抑制甚至死亡；同时，微生物细胞内形成的冰晶体对细胞本身也具有机械性损伤作用，也可引起部分微生物的裂解死亡。

食品在冻结过程中，不仅损伤微生物细胞，动植物食品的细胞也同样受到损伤，致使其品质下降。食品冻结后，其质量是否优良，受冻结时生成冰晶的形状、大小与分布状态的影响很大。一般情况下，缓冻趋于形成较大的、细胞间的冰晶体，而速冻趋于形成小的、细胞内的冰晶体。冻结速度越快，形成的晶核越多，冰晶越小，且均匀分布于细胞内，不致损伤细胞组织。冰晶体的生长是限制某些食品冷冻保藏期的主要因素之一，因为在冻结过程中，随着冰晶体的逐渐增大，动植物食品的细胞因细胞膜、细胞壁及内部组织的破坏而受到损伤，严重时会影响其解冻后食品的组织结构和风味。例如肉类在缓慢冻结中，在肌细胞之间形成较大冰晶体，同时损伤细胞膜，使细胞破裂，解冻时细胞质液外流而形成渗出液，导致肉类营养、水分和鲜味流失，口感降低。同时肌细胞的水分透过细胞膜形成冰晶，肌细胞脱水萎缩，解冻时细胞不可能完全恢复原状。果蔬等植物食品因含水分较高，结冰率更大，更易受物理损伤而使风味受到损失。

2.冻藏食品的预处理

冻藏食品的选择要考虑物料适宜于冻藏，并在成熟度高时采收并且采后尽快冻结，以避免酶和微生物活动引起的不良变化。由于冻藏食品中的水分形成冰晶，破坏细胞，使食品在解冻时产生汁液流失，因此在冻藏食品前必须对食品进行预处理。

冻结前，冻藏蔬菜的预处理包括挑选、分类、清洗、热烫和包装，任何可觉察的腐烂必须加以剔除。肉、家禽、水产品、蛋和其他食品要尽可能新鲜。

常用的预处理有：

①热烫处理：通过将食品浸于热水中或使用蒸汽完成。其作用是降低食品中微生物的数量，使在冷藏过程中可能导致不利变化的酶失活等。

②加糖处理：主要针对水果，将水果进行必要的切分后渗糖，糖分使水果中的游离水分降低，利于形成冰晶。

③加盐处理：主要针对水产品和肉类，类似于用盐腌。

④浓缩：液态食品不经过浓缩而进行结冻时，会产生大量的冰晶，使液体的浓度增大，导致蛋白质变性等不良后果。

3.冷冻食品的贮藏稳定性

研究表明，大多数的微生物可以在 0℃ 或以下的温度区域生长繁殖，其原因包括微生物自身因素、食品的营养成分、pH 及可利用的液态水等。当温度降至冰点以下时，食品的 a_w 会降低，在 0℃ 时水的 a_w 为 1.0，在 -20℃ 时约为 0.8，在 -50℃ 时为 0.62。因此，在冰点以下能生长的微生物必须能在降低的 a_w 水平下生长,除非食品的成分使 a_w 向有利于微生物生长的方向变化。例如浓缩果汁中糖的存在导致低温下果汁的 a_w 比在纯水下还高,使微生物可以在冰点以下生长。表6-6列举了一些食品的冰点。

表6-6　一些食品的冰点

食品	冰点(℃)	食品	冰点(℃)
莴笋	0	马铃薯	-2.2
卷心菜	0	牛肉	-2.8
花椰菜	-0.6	羊肉	-2.8
豌豆	-0.6	大蒜	-3.9
芦笋	-1.1	香蕉	-3.9
树莓	-1.1	椰子	-3.9
胡萝卜	-1.7	核桃	-6.7
鱼肉	-1.7	花生	-8.3

4.解冻

解冻是使冻结食品内冰晶体状态的水分转化为液态,同时恢复食品原有状态和特性的工艺过程。冻结食品需要外界提供热量才能解冻,因此解冻是冻结的逆过程。在解冻过程中,随着温度的升高,细胞内冻结点较低的冰晶体首先熔化,其后细胞间隙内冻结点较高的冰晶体才熔化。由于细胞外溶液浓度比细胞内低,因此随着冰晶体的熔化,水分逐渐向细胞内扩散和渗透,并且按照细胞亲水胶体的可逆性程度重新吸收。但由于各种原因,解冻后的食品并不一定能恢复到冻结前的状态,因此对不同的食品应采取不同的解冻方式。

通常是以流动的冷空气、水、盐水、水冰混合物等作为解冻媒体进行解冻,温度控制在0~10℃为好,可防止食品在过高温度下造成微生物和酶的活动,防止水分的蒸发。对于即食食品的解冻,可以用高温快速加热。用微波解冻是较好的解冻方法,能量在冻品内外同时发生,解冻时间短,渗出液少,可以保持解冻品的优良品质。

虽然在冻结时食品中所有微生物代谢活动都已停止,但冷冻食品在解冻后仍保持原有的质构和风味。冻结贮藏期是有限的,冷冻食品的贮藏期不取决于食品中微生物的特性,而是取决于解冻后的质构、风味、柔韧性、色泽和营养成分的保存等因素。

6.2　食品高温保藏与嗜热微生物的特性

6.2.1　嗜热菌

高温是指任何高于周围环境温度的温度,对食品保藏来说,通常使用的温度类别有两种类型:巴斯德杀菌和高温杀菌。因此,食品高温保藏的原理是基于高温对微生物的破坏作用,延长食品的贮藏期。

巴斯德杀菌是指通过加热达到杀灭所有致病菌以及降低食品中腐败微生物数量的一种杀菌方式,例如鲜奶的的杀菌。巴斯德杀菌主要是杀灭大多数耐热性的无芽孢的致病菌,如结核分枝杆菌(*Mycobacterium tuberculosis*)和贝氏柯克斯体(*Coxiella burnetti*),另外,鲜乳的巴斯德杀菌温度还可以杀灭所有的酵母菌、霉菌、革兰氏阴性菌和多数革兰氏阳性菌。但经过巴斯德杀菌后,在鲜乳还可能存在一些微生物,主要是耐热菌(*Thermodurics*)和嗜热菌(*Thermophiles*)。耐热菌是指在相对高温下可以生存但不能生长繁殖的微生物,如巴斯德杀菌的鲜乳中残存的某些链球菌属和乳杆菌属。嗜热菌是指可以在相对高温下残存并且能进行生长繁殖的微生物,食品工业中最重要的嗜热菌主要是芽孢杆菌属和梭状芽孢杆菌属。

高温灭菌是指以杀灭所有通过平板或其他计数方法可以测出的活菌为目的的一种杀菌方式。罐藏食品的杀菌有时被称为商业灭菌,即表示罐藏食品经过杀菌后残存的微生物数量很低,在贮藏期微生物的数量不会有明显的变化。

根据对温度的不同要求,嗜热菌可划分为以下3类:

①兼性嗜热菌:最高生长温度在40~50℃,但是最适生长温度仍在中温范围内,故又称为耐热菌。

②专性嗜热菌:最适生长温度在40℃以上,40℃以下则生长很差,甚至不能生长。

③极端嗜热菌:最适生长温度在65℃以上,最低生长温度在40℃以上。

随着对嗜热菌研究的广泛开展和进行,新的菌种不断被发现。在这些新发现的菌种中,从意大利一处海底火山口附近的硫磺矿区分离到的一种极端嗜热菌 Pyrodictium,是迄今所知嗜热性最强的细菌。生长的温度范围85~110℃,最适生长温度为105℃,pH 范围5.0~7.0,对盐分的适应范围很广,为1.2%~12%,最适盐度为1.5%,严格化能无机营养型,利用 H_2 和元素硫形成大量的 H_2S,严格厌氧,暴露在氧气下,数分钟后即失活。该菌在保持 H_2/CO_2 气相条件、并供给硫的人工合成海水中能够生存,在培养过程中,加入酵母浸出液和蛋白胨可刺激其生长。

嗜热菌种类很多,营养范围亦非常广泛,但多数种类为异养生活,自养生活的嗜热菌主要包括产甲烷细菌和硫化细菌,不过其中有一部分是混合营养型。

嗜热菌对 pH 的要求,有两个截然不同的范围,嗜酸嗜热的最适 pH 范围为1.5~4,而另一类群 pH 范围为5.8~8.5。极端嗜碱的嗜热菌至今尚未发现。

6.2.2 影响微生物耐热的因素

微生物营养细胞与芽孢的耐热性具有显著的差异,即使耐热性较强的细菌芽孢,其耐热性的变化幅度也较大。微生物的耐热性是复杂的化学性、生理性以及形态方面的性质综合表现的结果。微生物耐热性的大小与下列一些因素有关。

1.菌种

微生物种类不同,其耐热性也不同,即使同一菌种其耐热性也因菌株而异,这与微生物细胞结构特性和细胞组成的特性有关。表6-7列举了一些微生物的耐热性。从不同特性的细菌之间比较,嗜热菌的耐热性大于嗜温菌和嗜冷菌,芽孢菌大于非芽孢菌,球菌大于无芽孢杆菌,革兰氏阳性菌大于革兰氏阴性菌。霉菌的耐热性一般大于酵母菌。霉菌和酵母菌的孢子耐热性稍大于它们的菌丝体或营养细胞。霉菌菌核的耐热性特别大。

表6-7　一些微生物的耐热性

微生物	热致死条件	
	温度(℃)	时间(min)
绿针假单胞菌(*Pseudomonas choloeaphtis*)	60	10
荧光假单胞菌(*Pseudomonas fluorescens*)	53	25
沙雷氏菌(*Serratieae*)	30	30
海洋弧菌(*Vibrio marinopraesens*)	25	80
鼠伤寒沙门氏菌(*Salmonella typhimurium*)	55	10
伤寒沙门氏菌(*Salmonella typhi*)	60	5
桑夫顿堡沙门氏菌(*Salmonella senftenberg*)	60	6
金黄色葡萄球菌(*Staphyloccocus aureus*)	63	7
大肠埃希氏菌(*Escherichia coli*)	60	5~30
结核分枝杆菌(*Mycobacterium tuberculosis*)	61	30
产气肠杆菌(*Enterobacter aerogenes*)	47	60
玫瑰色醋杆菌(*Acetobacter roseum*)	50	5
纹膜醋酸杆菌(*Acetobacter aceti*)	60	10
许氏醋杆菌(*Acetobacter schutzenbachii*)	55	10
胶醋酸杆菌(*Acetobacter xylinum*)	55	10
嗜热链球菌(*Streptococcus thermophilus*)	70~75	30
德氏乳杆菌保加利亚亚种(*Lactobacillus delbrueckii* subsp. *bulgaricus*)	71	30
胚芽乳杆菌(*Lactobacillus plantarum*)	65~75	15
嗜热乳杆菌(*Lactobacterium thermophilum*)	71	30
啤酒足球菌(*Pediococcus beer*)	60	8
梭状芽孢杆菌(*Clostridium*)芽孢	100	5~800
酵母菌(*Yeast*)	50~60	10~15
产朊假丝酵母(*Candida utilis*)	55	10
脆壁克鲁维酵母(*Kluyveromyces fragilis*)	54	7
鲁氏酵母(*Saccharomyces rouxii*)	50	14
膜醭毕赤氏酵母(*Pichiamembranaefaciens*)	54	5
酿酒酵母(*Saccharomyces cerevisiae*)	50	9
黑曲霉(*Aspergillus niger*)孢子	50	4
短密青霉(*Penicillium brevicompactum*)孢子	60	2.5

2.菌龄

不同菌龄的微生物耐热性也不一样,处于稳定期的细菌细胞耐热性最强,而处于对数生长期的菌体细胞耐热性较弱。一般情况下,处于迟缓期初期的细胞耐热性较高,随着细胞进入对数生长期其耐热性降至最低。据报道,老龄细胞的芽孢耐热性比幼龄细胞的芽孢更大。

3.菌数

食品中的微生物密度与耐热性有明显关系。带菌量愈多,则耐热性愈强。表6-8列举了肉毒梭状芽孢杆菌芽孢数对热致死时间的影响。因为微生物聚集在一起时,受热时并不是在同一时间内全部死亡,而是分批死亡的,同时,菌体细胞能分泌对菌体有保护作用的蛋白类物质,故菌体细胞增多,这种保护性物质的量也就增加,这是耐热性增大的原因之一。

表6-8　肉毒梭状芽孢杆菌芽孢数对热致死时间的影响(100℃)

芽孢数	热致死时间(min)	芽孢数	热致死时间(min)
7.2×10^{10}	240	6.5×10^{5}	85
1.64×10^{9}	125	1.64×10^{4}	50
3.2×10^{7}	110	328	40

4.水

微生物的耐热性随其水分含量的降低而增强。对于同一微生物来说,其干细胞的耐热性比湿细胞的耐热性较强,这是因为在加热过程中,湿细胞中蛋白质变性的速率比干细胞快。因此,微生物热致死的机理是由于蛋白质的变性。至于水分能否促进蛋白质变性的机理目前还尚未完全清楚,但有些学者认为,在水分存在的条件下,加热蛋白质能形成游离的巯基,从而提高蛋白质的水合能力,导致肽键对热更加敏感。而对于干细胞来说,破坏肽键需要更多的热量。

5.食品的基质

食品基质中的脂肪、蛋白质、碳水化合物及其他胶体物质对微生物具有保护作用。表6-9列举了不同基质对微生物耐热性的影响。

表6-9　不同基质对微生物耐热性的影响

微生物	基质温度(℃)	基质名称	热致死时间(min)
大肠埃希氏菌	70	水	<5
		30%果糖	>30
肉毒梭状芽孢杆菌	100	水	330
		棉籽油	425
	120	水	3
		20%明胶	720
枯草芽孢杆菌	120	磷酸盐缓冲溶液	20 min 残留60%
		0.5%蛋白质	20 min 残留82%

（1）脂肪。

对于脂肪含量较多的食品来说，食品中污染的微生物具有较强的耐热性，见表6-10介质对大肠埃希氏菌热致死温度的影响。这可能是因为脂肪的存在对微生物具有热保护作用，并且脂肪通过影响微生物细胞的水分而提高了菌体的耐热性。研究表明，长链脂肪酸对肉毒梭状芽孢杆菌具有热保护作用，而且长链脂肪酸的保护作用比短链脂肪酸更强。

表6-10　介质对大肠埃希氏菌热致死温度的影响

介质	热致死温度（℃）	介质	热致死温度（℃）
奶油	73	乳清	63
鲜乳	69	肉汤	61
脱脂乳	65		

但是，金黄色葡萄球菌、莓实假单胞菌等在鲜乳中的耐热性不受乳脂肪含量的影响，嗜热链球菌、生孢梭状芽孢杆菌等在黄油中的致死率比在脱脂乳中的要高。

（2）碳水化合物。

碳水化合物的存在可以提高微生物的耐热性，浓度越高杀灭微生物芽孢所需的时间越长。例如大肠埃希氏菌、金黄色葡萄球菌、嗜热链球菌、藤黄八叠球菌、肉毒梭状芽孢杆菌、生孢梭状芽孢杆菌和嗜热耐酸芽孢杆菌（ *Bacillus thermoacidurans* ）等存在于高浓度可溶性碳水化合物的食品中时，由于具有保护作用从而增强了这些微生物对热的损伤作用。其原因可能是高浓度的糖降低了基质的 a_w，导致细胞内原生质脱水，影响了蛋白质的凝固速度，从而增强了细胞的耐热性。例如在浓度为14%以下的蔗糖溶液中脱脂乳中金黄色葡萄球菌在60℃时的热致死时间为5.34 min，而在57%的蔗糖溶液中热致死时间为42.53 min。研究表明，不同种类的糖对微生物耐热性的影响差异很大，通常蔗糖的影响最大，葡萄糖和果糖次之。但糖的浓度增加到一定程度时，由于造成了高渗透压的环境，又具有抑制微生物生长的作用。

（3）蛋白质。

食品中的蛋白质对微生物具有热保护作用，但保护作用的机制尚不十分清楚。通常认为蛋白质分子之间或蛋白质与氨基酸之间相互结合导致微生物蛋白质产生了稳定性。因此，蛋白质含量高的食品加热程度必须高于蛋白质含量低食品，例如豌豆酱的杀菌时间比营养肉汤要长。有试验表明，蛋白胨和牛肉膏对产气荚膜梭状芽孢杆菌的芽孢具有保护作用，葡萄球菌和链球菌在全脂乳或脱脂乳中的耐热性大于在生理盐水中的耐热性，蛋白胨、牛肉膏和酵母膏对大肠埃希氏菌具有保护作用，氨基酸、蛋白胨和大部分蛋白质对鸭沙门氏菌也具有保护作用，但半胱氨酸和酪蛋白却具有相反的作用，其原因尚不清楚。

（4）无机盐。

盐对微生物耐热性的作用是多方面的，主要取决于盐的种类、浓度及其他因素。有些盐可以增强微生物的耐热性，其机理可能是这些盐降低了基质中的 a_w，但有些盐能增加基

质的 a_w,如 Ca^{2+} 和 Mg^{2+},从而减弱了微生物的耐热性。例如在巨大芽孢杆菌的培养基中加入 $CaCl_2$,可提高孢子的耐热性,若加入 L-半乳糖、L-脯氨酸或增加磷酸盐的含量,则会降低芽孢的耐热性。

（5）pH。

微生物一般在最适生长 pH（通常为 7.0 左右）下具有最大的耐热性,表 6-11 列举了几种微生物耐热性最强时的 pH。当高于或低于最适生长 pH 时,都会降低微生物的耐热性,特别当 pH 偏向酸性时,微生物耐热性明显减弱。表 6-12 列举了枯草芽孢杆菌芽孢的耐热性与 pH 的关系。例如高酸性食品可以采用低强度的热处理来达到灭菌效果。微生物耐热性减弱的程度因酸的种类而异,一般认为乳酸对微生物的抑制作用最强,苹果酸次之,柠檬酸稍弱。罐藏食品中常使用的酸是柠檬酸。

表 6-11   几种微生物耐热性最强时的 pH

微生物	pH	微生物	pH
粪链球菌	6.8	肺炎克雷伯氏菌	6.5
金黄色葡萄球菌	6.5	鼠伤寒沙门氏菌	6.0
枯草芽孢杆菌	7.0~7.5	巨大芽孢杆菌	7.0
多粘芽孢杆菌	7.0	生孢梭状芽孢杆菌	6.6~7.5
肉毒梭状芽孢杆菌	6.7~7.0		

表 6-12   枯草芽孢杆菌芽孢的耐热性与 pH 的关系

pH	4.4	5.6	6.8	7.6	8.4
芽孢生存时间(min)	2	7	11	11	9

6.时间和温度

随着温度的升高,热力杀菌效果越强,其原因是温度的提高加速了蛋白质的凝固,从而降低了微生物的耐热性。表 6-13 列举了温度对芽孢热致死时间的影响。当温度升高时,取得同样杀菌效果的时间就能减少。

表 6-13   温度对芽孢热致死时间的影响

加热温度(℃)	肉毒梭状芽孢杆菌热致死时间(min) (pH 7.0 的缓冲溶液中芽孢数为 $6×10^{10}$)	嗜热菌热致死时间(min) ($1.5×10^5$ 个芽孢/mL,玉米汁,pH 6.1)
100	360	1140
105	120	600
110	36	180
115	12	60
120	5	17

6.2.3　微生物的热致死作用

1.热力致死时间

热力致死时间(thermal death time,TDT)是指在特定的温度下,杀死一定数量的微生物所需要的时间。通常在温度保持恒定的情况下,可以确定杀死所有微生物所需要的时间。热致死温度是指在固定的时间(一般为 10 min)内,杀死一定数量的微生物所需要的杀菌温度。热力致死时间因致死温度而异,它表示了不同热致死温度时微生物的相对耐热性。

确定 TDT 的方法主要有:试管法、罐头法、烧瓶法、耐热性测定仪法、开放型试管法和毛细管法等。

2.D 值

D 值也称为指数递减时间,指杀灭 90%微生物所需要的时间(min)。D 值在数值上等于细菌加热致死率曲线横穿一个对数周期所需的时间,见图 6-1。通常是表示某种微生物死亡速率的一种方法。121.1℃下的 D 值通常表示为 Dr。D 值反映了微生物在特定温度下的耐热性。例如最耐热的肉毒梭状芽孢杆菌 A 型和 B 型菌株的 Dr 值为 0.21 min;最耐热的嗜热芽孢的 Dr 值为 4.0~5.0 min;金黄色葡萄球菌在 47.8℃下的 D 值为 0.20~2.20 min;凝结芽孢杆菌在 95℃下的 D 值为 13.7 min;嗜热脂肪芽孢杆菌的 Dr 值为 4.0~4.5 min;肉毒梭状芽孢杆菌的 Dr 值为 0.1~0.2 min。表 6-14 列举了几种嗜热菌和室温腐败菌的耐热性。

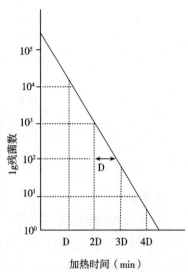

图 6-1　加热致死率曲线

表 6-14　几种嗜热菌和嗜温腐败菌的耐热性比较

微生物	Dr	微生物	Dr
嗜热脂肪芽孢杆菌	4.0~5.0	肉毒梭状芽孢杆菌	0.1~2.0
嗜热解糖梭状芽孢杆菌	3.0~4.0	生孢梭状芽孢杆菌	0.1~1.5
致黑梭状芽孢杆菌	2.0~3.0	凝结芽孢杆菌	0.01~0.07

D 值反映了细菌死亡的速度,D 值越大,细菌死亡速率越慢,即耐热性越强。因此,D 值的大小和细菌耐热性的强度成正比。但是 D 值与热处理温度、菌种、细菌或芽孢悬浮液的性质及其他因素有关,所以 D 值只能在这些因素固定的条件下才能稳定不变。

3.Z 值

Z 值是指缩短 90%热致死时间(或减少一个对数周期)所需要升高的温度,数值上等于热力致死曲线斜率的倒数,见图 6-2。Z 值越大,杀菌效果越弱,不同种类微生物的 Z 值不同。通常 Z 值反映微生物在不同致死温度下的相对耐热性。例如 60℃下 3.5 min 对某个微生物是合适的热处理条件,且 Z 值为 8.0,而 64.1℃下 0.35 min 和 55.6℃下 35 min 的热处理效果是等同的。

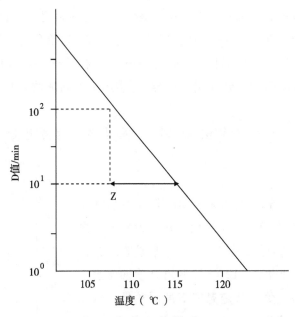

图 6-2   热力致死时间曲线

4.F 值

F 值为杀菌致死值,表示在一定温度下杀死一定浓度细菌(或芽孢)所需要的时间。通常是表示标准温度为 121.1℃或 100℃时的致死时间。而非标准温度时的 F 值,则必须在 F 的右下角注明温度,如 $F_{116} = 3.96$ min,即表示温度为 116℃时的 F 值为 3.96 min。F 值可用于比较 Z 值相同的细菌的耐热性,但对 Z 值不同的细菌不适用。

5.12D 概念

12D 概念是罐头工业热力杀菌过程中的致死率要求,通常是指将最耐热的肉毒梭状芽孢杆菌的芽孢存活概率降至 10^{-12} 所需要的最低热处理强度。因为肉毒梭状芽孢杆菌的芽孢在 pH 4.6 以下不能萌发和产生毒素,这个概念通常只适用于 pH 4.6 以上的食品。例如肉毒梭状芽孢杆菌的 12D 为 2.52 min,表示在 121.1℃加热 2.52 min,芽孢数可以减少到最初污染数的 10^{-12}。如果考虑某些平酸菌芽孢的 Dr 值在 4.0 左右,某些罐藏食品的 F 值设定在 6.0~8.0 更为安全。

6.2.4   嗜热菌的耐热机制

由于嗜热菌的最低生长温度为 45℃左右,最适生长温度为 50~60℃,最高生长温度为 70℃或 70℃以上。因此根据这个温度界定,嗜热菌主要存在于蓝绿藻、原始细菌、放线菌、厌氧光合细菌、硫细菌、海藻、真菌、芽孢杆菌属、梭状芽孢杆菌属、乳酸菌和其他属中。在食品中最重要的嗜热菌主要存在于芽孢杆菌属、梭状芽孢杆菌属和嗜热厌氧菌属中。

嗜热菌生长过程中,生长迟缓期很短,有时甚至难以测出,而其孢子的萌发及生长较迅速,对数生长期持续时间很短,在高温时某些嗜热菌的生长代时只有 10 min。嗜热菌的死亡速率也很高,通常低于嗜热菌生长温度范围会失活。

嗜热菌能在较高温度中生长,其原因与食品保藏方面有关,但更与嗜热菌的生物学特性有着密切联系。

1.嗜热菌的细胞膜组分

嗜热菌细胞膜的磷脂双分子层中具有很多结构特殊的复合类脂,主要是甘油脂肪酰二酯。随着温度的升高,复合类脂中烷基链彼此间隔扩大,而极性部分作为膜的双层结构则保持整齐状态——液晶态。嗜热菌的细胞膜通常通过调节磷脂组分而维持膜的液晶态,以获得更高的熔点。嗜热菌的细胞膜中含有异型脂肪酸、稳定型脂肪酸和环烷型脂肪酸,而无不稳定的不饱和脂肪酸。增加磷脂酰烷基链的长度,增加异构化支链的比率,或增加脂肪酸饱和度都可维持膜的液晶态,从而使嗜热菌的细胞膜耐受高温。

2.嗜热菌蛋白质和嗜热酶

决定嗜热菌耐热性的主要机制是蛋白质的热稳定性,在80℃以上环境中能发挥功能的酶称为嗜热酶。嗜热酶对不可逆的变性有抗性,并且在高温下(60~120℃)具有最佳活性,有的酶甚至在超过140℃时也能稳定 1 h 以上,嗜热酶在工业生产中有很大的利用价值。

嗜热菌分泌的酶可以分为以下 3 种类型:

①在作用温度下稳定的酶:例如苹果酸脱氢酶、三磷酸腺苷酶、焦磷酸酶、醛缩酶和一些肽酶。

②在作用温度下易失活的酶:这类酶因缺少某些特定的底物导致失活,例如天冬酰胺脱氨酶、过氧化氢酶、丙酮酸氧化酶、异柠檬酸裂合酶和一些膜结合酶等。

③高耐热性的酶和蛋白质:例如 α-淀粉酶、一些蛋白酶、甘油醛-3-磷酸脱氢酶、一些氨基酸活化酶、鞭毛蛋白质、酯酶和嗜热菌蛋白酶等。

一般来说,嗜热菌在高温环境下生长分泌产生的酶的耐热性比嗜温菌产生的酶较强,表 6-15 列举了嗜热菌和嗜温菌分泌的酶及其热稳定性。例如嗜热脂肪芽孢杆菌分泌产生的 α-淀粉酶在70℃加热 24 h 仍然具有活性,在其最适 pH 6.9 时,该淀粉酶的最适作用温度为82℃,但这种酶需要 Ca^{2+} 参与才能维持其热稳定性。

表 6-15　嗜热菌和嗜温菌分泌的酶及其热稳定性比较

微生物	分泌的酶	热处理条件	热稳定性(%)
枯草芽孢杆菌(*Bacillus subtilis*)	枯草芽孢杆菌蛋白酶	50℃、30 min	45
枯草芽孢杆菌(*Bacillus subtilis*)	中性蛋白酶	60℃、15 min	50
铜绿假单胞菌(*Pseudomonas aeruginosa*)	碱性蛋白酶	60℃、10 min	80

续表

微生物	分泌的酶	热处理条件	热稳定性（%）
铜绿假单胞菌（*Pseudomonas aeruginosa*）	胰肽酶	75℃、10 min	86
链球菌属（*Streptococcus*）	链球菌蛋白酶	70℃、30 min	0
溶组织梭状芽孢杆菌（*Clostridium histolyticum*）	胶原蛋白水解酶	50℃、20 min	1.5
灰色链霉菌（*Streptomyces griseus*）	碳色链孢菌蛋白酶	60℃、10 min	60
嗜热解朊芽孢杆菌（*Bacillus thermoproteolyticus*）	嗜热菌蛋白酶	60℃、120 min	95
枯草芽孢杆菌（*Bacillus subtilis*）	α-淀粉酶	65℃、20 min	55
嗜热脂肪芽孢杆菌（*Bacillus stearothermophilus*）	α-淀粉酶	70℃、24 h	100

嗜热菌的蛋白质和嗜热酶高温环境中保持其稳定性的原因主要与以下几种因素有关。

（1）动态平衡学说。

有些学者认为嗜热菌的许多酶在高温下分解—合成的循环速度非常快，如果酶在循环的过程中具有活性，则微生物细胞内存在的酶就能保持一定的活性，即动态平衡学说。例如喜热嗜油芽孢杆菌（*Bacillus thermoleovorans*）中的儿茶酚 2,3-双加氧酶是热不稳定的，但该菌能不断地分泌这种酶以维持较高的活性，从而维持了该菌的耐热性。

（2）蛋白质的一级结构。

研究表明，蛋白质的一级结构中，若个别氨基酸的改变会引起离子键、氢键和疏水作用的变化，从而增加了蛋白质的热稳定性，这就是氨基酸的突变适应。研究表明，嗜热菌蛋白质中异亮氨酸、脯氨酸、谷氨酸和精氨酸的含量均高于嗜温菌，而半胱氨酸、丝氨酸、苏氨酸、天冬酰胺和天冬氨酸的含量显著低于嗜温菌。这是因为脯氨酸的结构熵较小更易折叠，且一经折叠则需要很高的能量才能解开。因此，不影响蛋白质其他结构的前提下，脯氨酸的替代可以提高蛋白质的热稳定性；精氨酸和谷氨酸分别比带同样电荷的氨基酸有更大的侧链，侧链所提供的疏水作用及离子间相互作用能提高蛋白质的热稳定性。另外，嗜热酶基因在嗜温菌细胞中表达时，通常会保留酶的耐热性，这说明嗜热菌的耐热性具有遗传性。

（3）蛋白质天然构象的热稳定性。

与嗜温菌蛋白质相比，嗜热菌蛋白质的大小、亚基结构、螺旋程度、极性大小和活性中心等与其极为相似，但构成蛋白质高级结构的非共价力、结构域的包装、亚基与辅基的聚集以及糖基化作用、磷酸化作用等却不尽相同，通常蛋白对高温的适应决定于这些微妙的空间相互作用。但有同样活性中心的嗜热蛋白在常温下会由于过于"僵硬"而不能发挥作用。例如激烈火球菌（*Pyrococcus furiosus*）在118℃条件下稳定的红素氧还蛋白和铁氧还蛋白，其蛋白中的环状结构很小但 α-螺旋很长，并且在氨基酸的氨基端和羧基端均有特殊的离子相互作用，而这些相互作用在温度升高时能阻止末端区域的解链。海栖热袍菌（*Thermotoga maritima*）中的 3-磷酸甘油醛脱氢酶，证实大量极端嗜热菌的蛋白具有带电残基的盐键网络结构，该结构中辅酶的结合和结构域的偶联都能增加该菌的热稳定性。研究表明,温度耐受性与氢键和 α-螺旋、β-折叠的数目无关,而与离子键(盐桥)有关,通常嗜热蛋白比嗜温蛋白约多 14 个盐桥即可获得热稳定性。

(4)其他促进酶热稳定性的因素。

化学修饰、多聚物吸附及酶分子内的交联也是提高蛋白质热稳定性的重要途径。嗜热蛋白酶离子结合位点上所结合的金属离子(如 Ca^{2+}、Mg^{2+}、Zn^{2+} 等)可能起到类似于二硫键的桥连作用,促进其热稳定性的提高。

3.嗜热菌遗传物质热稳定性

(1)DNA 的稳定性。

目前已知 DNA 双螺旋结构的稳定性是由配对碱基之间的氢键以及同一单链中相邻碱基的堆积力维持的。研究表明,芽孢杆菌属中嗜温菌和嗜热菌的 DNA 组成中,生长上限温度和(G+C)%之间存在正相关的关系,但是很多嗜热菌的(G+C)%与其对应的嗜温菌相差并不大,某些嗜热菌甚至比嗜温菌还要低。嗜热栖热菌(*Thermus thermophilus*)DNA 的(G+C)%高达 60%~70%,其 DNA 的构型为 A 型的 DNA-RNA 杂合分子,A 构型的 DNA 相邻碱基重叠偏差大,有利于维持较多的氢键。此外,组蛋白和核小体在高温下均有聚合成四聚体甚至八聚体的趋势,这也能保护裸露的 DNA 避免受到高温的降解。

(2)RNA 的稳定性。

tRNA 也是对热比较稳定的核酸分子。例如栖热菌属的 tRNA 的(G+C)%明显高于大肠埃希氏菌。最近发现极端嗜热菌 tRNA 的热稳定性与其转录后的修饰有关,修饰后的核苷酸有助于茎环上碱基之间的相互作用、D-环的堆积和新的氢键及离子对的产生。

4.核糖体

一般来说嗜热菌核糖体的热稳定性是其最高生长温度的决定性因子,见表 6-16。目前已有报道耐热的核糖体,但不是 DNA。例如在嗜热栖热菌 HB8 核糖体基因的插入灭活试验中,发现 S17 基因若被 kat 基因取代,会形成温度敏感突变型;若此时加入 S17 蛋白,则会恢复其嗜热性,这说明 rRNA 的热稳定性依赖于 rRNA 与核糖体之间的相互作用。此外,多胺在嗜热菌核糖体的稳定性上起着独特的作用,在嗜热脂肪芽孢杆菌的核糖体或 rRNA 中加入多胺(如腐胺)会提高耐热性。嗜热菌的转录遵循 Szybalski 规则,这导致了 mRNA 链上嘌呤碱基的富集。

表 6-16 一些微生物的最高生长温度和核糖体的融点

微生物	最高生长温度(℃)	核糖体融点(℃)
海产弧菌 15381(*Vibrio marinus* 15381)	18	69
海产弧菌 15382(*Vibrio marinus* 15382)	30	71
脱硫弧菌(*Desulfovibrio desulfuricans*)	40	73
大肠埃希氏菌 Q13(*Escherichia coli* Q13)	45	72
巨大芽孢杆菌(*Bacillus megaterium*)	45	75

续表

微生物	最高生长温度（℃）	核糖体融点（℃）
枯草芽孢杆菌（*Bacillus subtilis*）	50	74
凝结芽孢杆菌（*Bacillus coagulans*）	60	74
嗜热脂肪芽孢杆菌（*Bacillus stearothermophilus*）	73	78

6.3 食品干燥保藏与微生物的特性

6.3.1 微生物和 a_w 的关系

对食品中有关微生物需要的 a_w 进行的大量研究表明,各种微生物都有自己最适生长的 a_w。当 a_w 下降时微生物的生长速率降低,最终 a_w 下降到微生物停止生长的水平。表 6-17 列举了一些微生物生长必需的最低 a_w。

表 6-17 一些微生物生长必需的最低 a_w

最低 a_w	细菌	酵母菌	霉菌
0.96	假单胞菌属（*Pseudomonas*）		
0.95	沙门氏菌属（*Salmonella*）		
0.95	埃希氏菌属（*Escherichia*）		
0.95	芽孢杆菌属（*Bacillus*）		
0.94	乳杆菌属（*Lactobacillus*）		
0.93			根霉属（*Rhizopus*）
0.92	微球菌属（*Micrococcus*）	红酵母属（*Rhodotorula*）	芽枝霉属（*Blastocladia*）
0.88		假丝酵母属（*Candida*）	
0.87		德巴利酵母属（*Debaryomyces*）	
0.86	葡萄球菌属（*Staphylococcus*）		
0.85			青霉属（*Penicillium*）
0.75	嗜盐菌属（*Halobacterium*）		
0.65			曲霉属（*Aspergillus*）
0.62		鲁氏接合酵母属（*Zygosaccharomyces rouxii*）	
0.60			耐干霉（*Xeromyces*）

大多数最重要的食品腐败菌所需的最低 a_w 都在 0.90 以上,但是肉毒梭状芽孢杆菌在 a_w 低于 0.95 时不能生长。芽孢的形成和发芽需要更高的 a_w。对于金黄色葡萄球菌来说, a_w 在 0.86 以上时虽然能生存,若降低 a_w 则能抑制其产生肠毒素的能力,但在缺氧条件下,当 a_w 为 0.90 时就能抑制其生长繁殖,而在有氧条件下,其适宜生长的 a_w 又降低至 0.8。某些嗜盐菌在 a_w 降低至 0.75 时尚能生长。大多数酵母菌在 a_w 低于 0.87 时仍能生长,耐

渗透酵母在 a_w 为 0.75 时尚能生长。霉菌在 a_w 为 0.80 时生长良好,但 a_w 低于 0.65 时霉菌的生长完全受到抑制。必须注意:微生物对水分的需要经常受到温度、pH、营养成分、O_2、抑制剂等各种因素的影响,这可能导致微生物能在更低的 a_w 时生长,或在更高的 a_w 时生长。

大多数新鲜食品的 a_w 都在 0.99 以上,这适宜于各种微生物的生长繁殖,但是最初引起鲜乳、蛋类、鱼类和肉类等食品腐败变质的微生物都是细菌,这类食品属于易腐食品。由于各种微生物要求的最低 a_w 是不同的,一般细菌要求的最低 a_w 较高,为 0.94~0.99;酵母菌要求的最低 a_w 为 0.88~0.94;霉菌要求的最低 a_w 为 0.73~0.94。因为大多数细菌生长的 a_w 要求在 0.90 以上,所以细菌不可能引起干制食品的腐败变质。当食品的 a_w 下降至 0.90 左右时,酵母菌和霉菌仍能旺盛低生长繁殖,因而 a_w 虽降低至 0.80~0.85 时,几乎所有的食品还能在 1~2 周内迅速腐败变质,此时霉菌称为常见的腐败菌。只有当 a_w 降低到 0.75 时,食品腐败变质的速度才能显著地减慢,引起食品腐败变质的微生物变得较少,甚至在较长时间内不发生变质;若将 a_w 降到 0.65 时,能生长的微生物极少,因而食品贮藏期可长达 1~2 年。一般认为,如在室温下贮藏食品,a_w 应降低至 0.70。在此条件下,霉菌如灰绿曲霉(*Aspergillus glaucus*)等仍会缓慢生长。因此,干制食品容易长霉,而霉菌成为干制食品中最常见的腐败菌。在 a_w 低而含糖量较高的食品中,也常会存在耐渗透酵母菌。酵母菌和霉菌发芽和生长的最低 a_w 见表 6-18。

表 6-18　引起食品变质的酵母菌和霉菌发芽和生长的最低 a_w

微生物	最低 a_w	微生物	最低 a_w
产朊假丝酵母(*Candida utili*)	0.94	涎沫假丝酵母(*Candida zeylanoides*)	0.90
灰色葡萄孢霉(*Botrytis cinerea*)	0.93	柑桔交链孢霉(*Alternaria spp*)	0.84
葡枝根霉(*Rhizopus stolonifer*)	0.93	灰绿曲霉(*Aspergillus glaucus*)	0.70
斯考氏假丝酵母(*Candida scottii*)	0.92	刺孢曲霉(*Aspergillus aculeatus*)	0.64
苗芽丝孢酵母(*Trichospiron pullulans*)	0.91	鲁氏接合酵母(*Zygosaccharomyces rouxii*)	0.62

干制食品的贮藏期与食品的种类、贮藏条件以及贮藏要求等因素有密切关系。例如在温带凉爽地区贮藏干制食品时,若 a_w 为 0.75 时大多数干制食品能贮藏数月而不变质,但在热带地区,即使将 a_w 下降至 0.70 时仍难于长期贮藏。因此,a_w 的选定必须根据具体情况而进行调整。

6.3.2　食品干燥保藏的概念

食品干燥保藏是指在自然条件或人工控制条件下降低食品中的水分,从而抑制微生物的活动、酶的活性以及各种生化反应,从而达到长期保藏食品的目的。其基本机理是降低食品水分至某一水平,抑制引起食品腐败变质微生物的生长繁殖。

一般将含水量在 25% 以下或 a_w 在 0.60 以下的食品称为干燥食品(脱水食品、低水分含量食品),这些是传统的干燥食品;另一类是水分含量在 15%~50%,a_w 在 0.60~0.85 且具有一定贮藏期,这类食品称为半干食品。

最早采用的食品干燥方法是将新鲜食品曝晒于阳光中直至干燥。通过这种方法可以较好地保存某些食品。例如葡萄、李子、无花果、杏仁等,但这种方法需要较大的场地。由于食品的干燥过程涉及复杂的化学、物理和生物学的变化,并且对产品品质和卫生标准要求较高,有些干制食品还要求具有良好的复水性,因此要根据食品物料的性质(如黏附性、分散性和热敏性等)和生产工艺要求,并考虑投资费用、操作费用等经济因素,正确合理选用不同的干燥方法和相应的干燥设备。目前,工业化生产中最常使用的干燥方法有对流干燥、接触干燥、冷冻干燥和辐照干燥等。

6.3.3 干燥对微生物的影响

食品在干燥过程中,食品和所污染的微生物均同时脱水,并且能杀灭部分微生物,但并不能对微生物产生致命的杀灭。干制食品中微生物能长期地处于休眠状态,但一旦环境条件适宜,干制食品又重新吸收水分恢复微生物的活动。因此,干制食品贮藏在温暖潮湿的环境中就会发生腐败变质。

干制食品贮藏稳定性的指标之一是警戒水分含量,是指避免霉菌生长的最高水分含量。表 6-19 列举了某些食品的警戒水分含量。

表 6-19 某些食品的警戒水分含量

食品	水分含量(%)	食品	水分含量(%)
全脂乳粉	8	脱脂肉干	15
脱水全蛋	10~11	豆类	15
小麦粉	13~15	脱水蔬菜	14~20
大米	13~15	淀粉	18
脱脂乳粉	15	脱水水果	18~25

注:相对湿度为70%、温度为20℃。

如果干制食品污染了病原菌就有可能对人体健康造成威胁,因此对一般肠道杆菌和引起食物中毒的病原菌要严格控制。若食品中存在引起人体疾病的寄生虫如猪肉旋毛虫,就应该在干制前将其杀灭。

虽然微生物能存在于干制食品中,但在干制食品贮藏过程中,微生物的数量仍然会稳步地缓慢下降。干制食品复水后,只有残留的微生物才能再次生长繁殖。

微生物耐干燥的能力常因菌种及其不同生长期而异。例如葡萄球菌、肠道杆菌、结核杆菌在干燥状态下能保存几周至几个月的活力;乳酸菌能保存几个月或 1 年以上的活力;干酵母可保存 2 年以上的活力;干燥状态的细菌芽孢、菌核、厚垣孢子、分生孢子可存活 1 年以上;黑曲霉孢子可存活 6~10 年。

6.3.4　半干食品

半干食品的特点是水分含量在15%~50%，a_w在0.60~0.85。该类食品在室温下保质期不同。传统的半干食品生产已有许多年的历史，表6-20列出了一些传统半干食品及其a_w。

表6-20　传统半干食品的a_w

半干食品	a_w	半干食品	a_w
脱水水果	0.60~0.75	某些谷物	0.65~0.75
糕点	0.60~0.90	蜂蜜	0.75
冷冻食品	0.60~0.90	浓缩果汁	0.79~0.84
糖浆	0.60~0.75	果酱	0.80~0.91
糖果	0.60~0.65	甜炼乳	0.83

半干食品的低a_w主要通过解吸、吸附作用去除水分或添加一些食品添加剂如盐、糖等获得。另外，还使用一些保湿剂和真菌抑制剂，保湿剂主要有甘油、乙二醇、山梨醇和蔗糖等；真菌抑制剂主要有山梨酸盐和苯甲酸盐等。

因为金黄色葡萄球菌是唯一能在a_w为0.86左右生长的细菌，因此生产半干食品时水分含量要控制在15%~50%，并通过使用保湿剂控制食品的a_w低于0.86，同时加入一些真菌抑制剂，抑制a_w在0.70以上可以生长的霉菌和酵母菌。

通常在半干食品的a_w范围内，革兰氏阴性菌不能生长繁殖，革兰氏阳性菌中除了一些球菌、生芽孢菌和乳酸菌外也不能生长。半干食品的低a_w对微生物具有抑制作用外，在半干食品生产过程中，具有抑制微生物生长的因素还包括：pH、防腐剂、保湿剂、较低的贮存温度、巴氏杀菌和其他热处理等。

6.4　食品辐照保藏与微生物的特性

6.4.1　食品辐照保藏的概述

1.食品辐照保藏的发展

食品辐照技术是20世纪发展起来的一种灭菌保鲜技术。它是以辐照加工技术为基础，运用X射线、γ射线或高能电子束等电离辐照产生的高能射线对食品进行加工处理，在能量的传递和转移过程中，产生强大的理化效应和生物效应，从而达到杀虫、杀菌、抑制生理过程，提高食品卫生质量，保持营养品质及风味和延长货架期的目的。

1929年辐照保藏食品技术获得专利，但直到20世纪50年代才受到重视。尽管食品辐照保藏技术深入应用较缓慢，但该技术的广泛应用引起食品微生物学家的兴趣。1976年，联合国粮农组织(FAO)、国际原子能机构(IAEA)、世界卫生组织(WHO)联合宣布经适宜剂量辐照的马铃薯、小麦、肌肉、番木瓜和草莓对人体是无条件安全的,辐照稻米、洋葱和鱼可作为商品供一般食用。由于食品辐照以其减少农产品和食品损失,提高食品质量,控制食源性疾病等的独特技术优势,越来越受到世界各国的重视。食品辐照加工技术已成为21世纪保证食品安全的有效措施之一。

辐照线主要包括紫外线、α射线、β射线、γ射线和X射线等。其中紫外线穿透力不强,杀菌作用仅限于物体表层;α射线在照射时易被空气吸收,几乎达不到目的物,不能用于食品的杀菌;β射线穿透力较弱,主要用于食品的表面杀菌;而γ射线和X射线是高能电磁波,具有较强的穿透力,可用于食品内部的杀菌。同时,这些射线照射的物品不会引起温度的升高,通常被称为冷杀菌。

射线辐照微生物时,若射线剂量增加通常引起微生物活菌的残存率下降。杀灭食品中活菌的90%(即减少一个对数周期)所需要的射线剂量称为D值,其单位为戈(Gy),即1 kg被辐照物质吸收1 J的能量为1 Gy,常用千戈(kGy)表示,因此,Gy是一个吸收辐照剂量单位。例如,按罐藏食品的杀菌要求,必须完全杀灭肉毒梭状芽孢杆菌A、B型菌的芽孢,多数研究者认为需要的剂量为40~60 kGy,破坏肉毒杆菌E型芽孢的D值为21 kGy。

2.食品辐照类型

在食品辐照保藏中,1964年国际微生物学专家小组建议,按照所要达到的目的,将食品辐照分为三种类型:辐照阿氏杀菌(Radappertization)、辐照巴氏杀菌(Radicidation)和辐照耐贮杀菌(Radurization)。

辐照阿氏灭菌:也称为"商业灭菌",辐照剂量可以使食品中的微生物数量减少接近零。辐照处理的食品可在任何条件下贮藏,但要防止微生物的再次污染。辐照剂量范围为10~50 kGy。

辐照巴氏灭菌:类似于巴斯德灭菌,指以降低活的特定的无芽孢病原菌的数量为目的的灭菌,辐照剂量范围为5~10 kGy。

辐照耐贮灭菌:也类似于巴斯德灭菌,是指通过辐照灭菌降低活的特殊腐败菌的数量,以达到延长食品保质期。辐照剂量范围为5 kGy以下。

表6-21列举了各种应用所需的辐照剂量范围。

表6-21 食品辐照各种应用所需剂量范围

处理目的	剂量(kGy)	食品
高剂量辐照(10~50 kGy)		
商业性杀菌	30~50	肉类、禽类、海产品、加工食品等
某些食品添加剂	10~50	调味品、酶制剂、天然胶等
中剂量辐照(1~10 kGy)		
延长货架期	1.0~3.0	鲜鱼、草莓等

续表

处理目的	剂量(kGy)	食品
抑制腐败菌和致病菌	1.0~7.0	新鲜或冷藏水产品、未加工的或冷冻的禽类或肉类等
改良食品的工艺品质	2.0~7.0	葡萄(提高出汁率)、脱水蔬菜(减少烹调时间)等
低剂量辐照(1 kGy 以下)		
抑制发芽	0.05~0.15	马铃薯、洋葱、大蒜、生姜等
杀虫和寄生虫	0.15~0.50	谷物、水果、干果、鱼干和猪肉等
延迟生理过程	0.5~1.0	新鲜水果和蔬菜等

6.4.2　辐照对微生物的作用

1.微生物的耐辐照性

辐照对微生物的作用是由于 DNA 分子本身受到损伤而导致微生物细胞死亡。研究表明,DNA 受射线照射后,构成 DNA 分子的碱基发生分解或氢键断裂,但主要还是糖和磷酸结合的主链断裂,致使酶受到破坏,或细胞内的胶体状态发生变化,称为辐照的直接作用机制。同时,射线还照射 DNA 以外的细胞内各种物质,尤其是细胞内外大量存在的水分子所生成的游离基等引起的死亡机制,称为间接作用学说。水分子在辐照的作用下产生氢基、羟基、过氧化物基和过氧化氢等,不仅对食品成分有影响,而且对食品微生物也有很多的影响。表 6-22 列举了一些微生物的耐辐照性。

表 6-22　一些微生物的耐辐照性

微生物	降至 10^{-6} 所需要的剂量(kGy)
产气肠杆菌(Enterobacter aerogenes)	<0.5~1.5
阴沟肠杆菌(Enterobacter cloacae)	1.5~2
大肠埃希氏菌(Enterobacter coli)	<0.5~3
变形杆菌(Proteusbacillus vulgaris)	<0.5~1.5
豚霍乱沙门氏菌(Salmonella choleraesuis)	3~5
肠炎沙门氏菌(Salmonella enteritidis)	3~5
鸡沙门氏菌(Salmonella gallinarum)	3~5
甲型副伤寒沙门氏菌(Salmonella paratyphi A)	3~5
乙型副伤寒沙门氏菌(Salmonella paratyphi B)	5~7
鸡白痢沙门氏菌(Salmonella pullorum)	2~3
伤寒沙门氏菌(Salmonella typhi)	<0.5~5
鼠伤寒沙门氏菌(Salmonella typhimurium)	3~5
维契塔沙门氏菌(Salmonella wichita)	3~5
粘质沙雷氏菌(Serratia marcescens)	<0.5
痢疾志贺氏菌(Shigella dysenteriae)	2~3
副痢疾志贺氏菌(Shigella paradysenteriae)	1.5~2

续表

微生物	降至 10^{-6} 所需要的剂量（kGy）
宋内氏志贺氏菌（*Shigella sonnei*）	1.5~2
副溶血弧菌（*Vibrio parahaemolyticus*）	<0.5~1
脆弱类杆菌卵形亚种（*Bacteroides fragilis* subsp. *ovatus*）	0.5
脆弱类杆菌普通亚种（*Bacteroides fragilis* subsp. *vulgatus*）	0.5
某种微球菌（*Micrococus* sp.）	3~5
凝聚微球菌（*Micrococcus conglomeratus*）	2~3
藤黄微球菌（*Micrococcus luteus*）	3~5
耐放射微球菌（*Micrococcus radiodurans*）	>30
玫瑰色微球菌（*Micrococcus roseus*）	>30
痤疮丙酸杆菌（*Propionibacterium acnes*）	1~1.5
金黄色葡萄球菌（*Staphylococcus aureus*）	10~20
粪链球菌（*Streptococcus faecalis*）	3~7.5
热杀索丝菌（*Brochothrix thermosphacta*）	2~3
结核分枝杆菌（*Mycobacterium tuberculosis*）	1~1.5
费希尔曲霉（*Aspergillus fischeri*）	2~3
黄曲霉（*Aspergillus flarus*）	2~3
烟曲霉（*Aspergillus fumigatus*）	1.5~2
黑曲霉（*Aspergillus niger*）	3~5
米曲霉（*Aspergillus oryzae*）	1.5~2
土曲霉（*Aspergillus terreus*）	2~3
杂色曲霉（*Aspergillus versicolor*）	2~3
某种不动杆菌（*Acinetobacter* sp.）	0.5~1
产氨产碱菌（*Alcaligenes ammoniagenes*）	1~1.5
粘性产碱杆菌（*Alcaligenes viscosus*）	0.5~1
流产布鲁杆菌（*Brucella abortus*）	2~3
莫拉菌属（*Moraxella*）	5~7.5
铜绿假单胞菌（*Pseudomonas aeruginosa*）	<0.5~2
荧光假单胞菌（*Pseudomonas fluorescens*）	0.5~1
弯曲假单胞菌（*Pseudomonas geniculata*）	<0.5
芽孢杆菌属（*Bacillus*）（营养体）	2~3
蜡样芽孢杆菌（*Bacillus cereus*）芽孢	20~30
凝结芽孢杆菌（*Bacillus coagulans*）芽孢	5~20
短小芽孢杆菌（*Bacillus pumilus*）芽孢	1~30
嗜热脂肪芽孢杆菌（*Bacillus stearothermophilus*）芽孢	10~20
枯草芽孢杆菌（*Bacillus subtilis*）芽孢	10~20
肉毒梭状芽孢杆菌 A 型（*Clostridium botulinum* A）	20~30

续表

微生物	降至 10^{-6} 所需要的剂量（kGy）
肉毒梭状芽孢杆菌 E 型（*Clostridium botulinum* E）	10~20
产气荚膜梭状芽孢杆菌（*Clostridium perfringens*）	20~30
乳酸杆菌属（*Lactobacillus*）（异型乳酸发酵）	2~3
乳酸杆菌属（*Lactobacillus*）（同型乳酸发酵）	5~7.5
明串珠菌（*Leuconostoc* sp.）	2~3
葡聚糖明串珠菌（*Leuconostoc dextranicum*）	0.5~1
肠膜明串珠菌（*Leuconostoc mesenteroides*）	0.5~1
沙门柏干酪青霉（*Penicillium camemberti*）	0.5~1
特异青霉（*Penicillium notatum*）	1.5~2
某种假丝酵母（*Candida* sp.）	3~5
白假丝酵母（*Candida albicans*）	7.5~10
克鲁氏假丝酵母（*Candida krusei*）	10~20
副克鲁氏假丝酵母（*Candida parakrusei*）	10~20
新型隐球酵母（*Cryptococcus neoformans*）	7.5~10
克勒克巴氏酵母（*Debaryomyces Kloeckeri*）	5~7.5
酿酒酵母（*Saccharomyces cerevisiae*）	7.5~10
葡萄酒酵母（*Saccharomyces ellisoideus*）	5~7.5
八孢裂殖酵母（*Schizosaccharomyces octosporus*）	3~5
乳脂酵母（*Torula cremoris*）	3~5
溶组织酵母菌（*Torula histolytica*）	7.5~10

2.食品中微生物的耐辐照性

食品中不同微生物对射线的抵抗性不同,表 6-23 列出了食品中不同微生物对射线的敏感性。一般耐热性大的细菌,对射线的抵抗力较大,但也有例外,例如引起罐藏食品平酸变质的嗜热脂肪芽孢杆菌,具有较强的耐热性但对射线极为敏感;对射线有较大抵抗力的耐射线微球菌,其耐热性却较弱。酵母菌与霉菌相比,酵母菌对射线的抵抗力要大于霉菌,但两者都比革兰氏阳性菌弱。但某些假丝酵母菌株对射线的抵抗力类似于某些细菌的芽孢。另外,食品的状态、营养成分、环境温度、氧气存在与否、微生物的种类、数量等都影响着辐照杀菌的效果。此外,照射剂量影响微生物的存活,通常微生物随着被照射剂量的增加,其活菌的残存率逐渐下降。

表 6-23 食品中不同微生物对射线的敏感性

菌种	基质	D 值（kGy）
肉毒梭状芽孢杆菌 A 型	食品	4.0
肉毒梭状芽孢杆菌 B 型	缓冲液	3.3
短小芽孢杆菌	缓冲液、厌氧	3.0

续表

菌种	基质	D 值(kGy)
耐辐照小球菌	牛肉	2.5
生孢梭状芽孢杆菌	缓冲液	2.1
产气荚膜杆菌	肉	2.1~2.4
肉毒梭状芽孢杆菌 E 型	肉汤	2.0
枯草芽孢杆菌	缓冲液	2.0~2.5
啤酒酵母	缓冲液	2.0~2.5
短小芽孢杆菌	缓冲液、有氧	1.7
嗜热脂肪芽孢杆菌	缓冲液	1.0
鼠伤寒沙门氏菌	冰冻蛋	0.7
粪链球菌	肉汁	0.5
米曲霉	缓冲液	0.43
产黄青霉	缓冲液	0.4
鼠伤寒沙门氏菌	缓冲液、有氧	0.2
大肠杆菌	肉汤	0.2
假单胞菌	缓冲液、有氧	0.04

3.微生物耐辐照的机制

目前已知的无芽孢菌中耐辐照性最强的微生物有异常球菌属(Deinococcus)的 4 种菌,例如耐放射异常球菌(Deinococcus radiodurans)、嗜放射异常球菌(Deinococcus radiophilus)、解蛋白异常球菌(Deinococcus proteolyticus)和抗放射异常球菌(Deinococcus radiopugnans);有异常杆菌属(Deinobacter)、红色杆菌属(Rubrobacter)和不动杆菌属(Acinetobacter)中各 1 种菌,例如大异常杆菌(Deinobacter grandis)、耐辐照红色杆菌(Rubrobacter radiotolerans)和抗辐照不动杆菌(Acinetobacter radioresistens)。

异常球菌是革兰氏阳性菌,通常以成对或四聚体形式存在,含有红色水溶性色素,最适生长温度为30℃,细胞壁含有碱性的 L-鸟氨酸,(G+C)%在 62%~70%。不含胞壁酸,最不寻常的特点是还有细胞外膜。此外,异常球菌的菌体中含有棕榈酸酯,占细胞膜脂肪酸的 60%,为细胞脂肪酸总量的 25%。其质膜上主要的异戊间二烯醌是甲基萘醌类化合物,甲基萘醌类是由两个萘醌基团组成,主要参与电子传递、氧化磷酸化,也可能参与营养物质的主动运送。C_3 异戊二烯端链的长度是 1~14 个异戊二烯单位。另外,异常球菌还含有MK-8,这与某些微球菌、游动球菌、葡萄球菌和肠球菌是一样的,磷脂中的主要成分是磷酸糖酯,而不是磷乙酰甘油或二磷乙醛甘油酯。

异常杆菌是革兰氏阴性菌,其他特征与异常球菌类似;耐辐照红色杆菌也是革兰氏阳性菌,性状与异常球菌相似,但细胞壁含有碱性的 L-赖氨酸;抗辐照不动杆菌是革兰氏阴性菌,与异常球菌基本类似,不同点是(G+C)%在 44.1%~44.8%,主要的异戊二烯醌是 Q-9,而不是 MK-8。

目前,这些菌种的耐辐照性的机理尚不清楚,但异常球菌具有较强的抗脱水能力,可能与耐辐照性有关,其他有些因素可能也与耐辐照性有一定的关系,例如复杂的细胞膜构成、色素形成能力、含有巯基基团等。

6.4.3　辐照在食品保藏中的应用

1980 年 11 月世界卫生组织(WHO)、联合国粮农组织(FAO)和国际原子能机构(IAEA)三个国际组织的联合专家委员会,经过对 10 年的研究结果和各国进行辐照食品安全性的数据的审查,得出"任何总体平均剂量低于 10 kGy 的食品,没有毒理学危险,用此剂量辐照的食品不再要求做毒理学实验,同时在营养和微生物学上也是安全的"的结论。目前全世界已有 42 个国家和地区批准辐照农产品和食品 240 多种,主要用于肉类及其制品、果蔬类和粮食及其制品等食品的杀菌保藏,每年辐照食品市场销售的总量达 $2×10^5$ t,辐照食品种类也逐年增加。

我国于 1998 年 2 月,在已批准的 18 种辐照食品的基础上,又一次批准了包括熟畜禽肉类和冷冻分割禽肉类在内的 7 个类别的辐照食品的卫生标准。目前,我国辐照食品种类已达七大类 56 个品种,主要有:①谷物、豆类及其制品辐照杀虫;②干果、果脯类辐照杀虫杀菌;③熟畜禽肉类食品辐照保鲜;④冷冻包装畜禽肉类辐照保鲜;⑤脱水蔬菜、调味品、香辛料类和茶的辐照杀菌;⑥水果、蔬菜类辐照保鲜;⑦鱼、贝类水产品类辐照杀菌等。同时,相继颁布和制定了辐照食品卫生管理办法等一系列标准和法规。表 6-24 列出了我国部分食品辐照的目的和类别。

表 6-24　我国部分食品辐照的目的和类别

品种	目的	吸收剂量(kGy)
豆类、谷类及其制品:大米、面粉、玉米渣、小米、绿豆、红豆	控制生虫	0.2(豆类) 0.4 或 0.6(谷类)
干果果脯:空心莲、桂圆、核桃、大枣、小枣	控制生虫	0.4
熟畜禽类:扒鸡、烧鸡、咸水鸭、熟兔肉、六合脯	灭菌、延长保质期	8.0
冷冻分割肉类:猪、牛、羊、鸡	杀沙门氏菌及腐败菌	2.5
干香料:五香粉、八角、花椒	杀菌、防霉、延长保质期	10
方便面固体汤料	杀菌、防霉、延长保质期	8
新鲜水果蔬菜:土豆、洋葱、大蒜、生姜、番茄、荔枝	防止发芽、延缓后熟	0.1~0.2

辐照技术在其他方面的应用包括:①病人食品、航天食品、野营食品等,必须做到干净无菌,有些国家对其实施射线辐照;②包装容器也用射线来杀菌;③饲料也可以用射线杀菌。目前,欧洲发达国家几乎都在对动物饲料进行辐照杀菌处理。

经过近半个世纪的研究与实践,食品辐照加工技术在解决食品不受损失或减少损失、减少能耗和化学处理所造成的食品中药物残留及环境污染,并提高食品卫生质量与延长贮存和供应方面,具有独特的作用。辐照可杀死寄生在产品表面的病原微生物和寄生虫,也可杀死内部的病原微生物和害虫,并抑制其生理活动,从根本上消除了产品霉烂变质的根源,达到保证产品质量和食品安全的目的。食品辐照技术成为减少产后损失,减少食源性疾病和解决食品安全中有关问题的一种有效方法。

6.4.4 辐照食品的卫生安全性

辐照处理作为保藏食品的一种手段,人们最为关心的问题是辐照食品的卫生安全性,例如辐照处理过的食品有无放射性危险,食品经辐照处理后有无诱发放射性,食品在辐照过程中能否产生有毒、致癌、致畸、致突变的物质等。从 20 世纪 50 年代,许多学者开展了毒理学、营养学、诱发变异性物质、诱发放射线、诱发致癌物以及残留细菌性疾病等方面的研究,至今许多问题已经澄清,但对辐照食品的安全性还需继续研究。

1.辐照食品与放射性

辐照食品与放射性食品有严格区别。放射性食品是指在食品生产加工过程中受到放射性物质污染的食品。在食品辐照过程中,作为辐照源的放射性物质密封于钢管内,射线只是透过钢管壁照射到食品上,并且食品辐照都是在原包装的情况下进行,并没有和放射源直接接触。因此,食品经过辐照后不存在放射性污染问题。

国际食品法典委员会的《国际食品辐照通用标准》中规定了照射辐照食品的射线能量,其中机械源产生的加速电子能量在 10 MeV 或小于 10 MeV,X 射线和 γ 射线小于5 MeV。在上述能量范围内,即使使用高辐照剂量,产生的感生放射性的核素的寿命也很短,是食品中的天然放射性的 15 万至 20 万分之一。目前食品辐照使用的 ^{60}Co 的 γ 射线的能量为 1. 32 Mev 和 1. 17 Mev,^{137}Cs 的射线能量仅有 0. 66 MeV,低能量电子束辐照的能量也在 10 MeV 以下。由于这些辐照源产生辐照的能量水平均低于诱发食品中元素产生显著放射性所需的能量水平,辐照食品不可能产生感生放射性问题。

2.辐照食品的微生物学安全性

辐照食品微生物学安全性是指食品辐照后能够抑制或消灭致病或致腐微生物,保证食品的安全,同时不产生新的食品安全问题。

食品灭菌的要求随灭菌处理类别而异。对于消毒产品,使用的剂量必须能够破坏所有腐败微生物或使其失活。高水分、低盐、低酸食品易使肉毒杆菌芽孢萌发,必须有足够的剂量使孢子数量减少到 10^{-12}。对于应用低于消毒剂量的辐照来控制微生物腐败的食品,则存在另外一些微生物学上的考虑。辐照能消除或抑制食品中常见微生物的正常过分生长,同时可能导致另一种不同微生物的过分生长和腐败类型。因此必须鉴定这一新的类型,并确定它能否对食品消费者产生健康危害。食品中出现正常过分生长类型的一个原因,是具有过分生长类型特征的细菌对辐照的敏感性往往高于其他微生物,它们在一定剂量辐照后,不管其他细菌存在与否都可能失活,在随后的生长中那些辐照后存活下来的细菌就会成为优势微生物。在一些特定食品(如鲜肉)中已经观察到这种受到改变的过分生长的机理。改变食品中微生物过分生长类型的另一种机理可能是辐照诱发细菌的突变,产生具有较大的辐照抗性的微生物类型,但食品中的细菌污染物由于辐照诱变改变其正常特性而导致消费者受到健康危害的事至今尚未观察到。

3.辐照食品的营养安全

辐照食品的营养价值可根据辐照后食品中维生素稳定性和生理有效性,脂肪含量、质量与基本脂肪酸的组成,蛋白质质量,食品中脂肪、糖类和蛋白质组分的消化特性及其潜在生物能的有效性,是否存在抗代谢物,食品感官品质变化等方面进行评估。根据国内外辐照食品的营养价值的大量研究结果,辐照食品保持了其宏观营养成分(蛋白质、脂类和糖类)的正常营养价值。在某些辐照食品应用中可能发生维生素损失,然而这种损失很少,而且同其他普通食品加工过程类似。动物喂养和人体食用实验证明,辐照对食品营养价值的影响很小。同时,由于辐照食品在食物中占的比例很小,对食物的吸收和利用几乎没有影响。因此辐照食品具有可接受的营养价值。FAO/WHO/IAEA 联合专家委员会根据对大量有关辐照食品的营养和其他内容的研究报告的综合评估,于 1980 年提出食品辐照不会导致任何营养上的特殊问题。在 1997 年,FAO/WHO/IAEA 联合专家组在瑞士日内瓦举行的会议上,专家组讨论了高剂量辐照对食品营养和其他方面的影响,并得出高于 10 kGy 的辐照剂量"将不会使营养损失达到对个人或群体的营养状态产生任何危害影响的程度"。

4.辐照食品的毒理学评估

辐照食品的安全性从食品辐照技术的开始就成为人们关注的问题。人们采用动物喂养实验,研究辐照食品对动物生长、食品摄入、存活、血液学、临床化学、毒性、尿分析、生殖、致畸与致突变、整体和组织病理学等方面的影响,以评估辐照食品对动物的生物学、营养学和遗传学效应。多年来通过大量的毒理试验,均未发现辐照食品对动物和人体有不良影响。适宜剂量照射的食品供人类食用是安全的。辐照农产品及其制品,在进行动物实验中均未发现有异常现象,就是发生一些变化,也都不至于产生危害和损伤,也没有观察到发生致癌、致畸、致突变以及遗传性的改变。

6.5 食品化学保藏与微生物的特性

食品化学保藏是在食品生产、贮藏和运输过程中使用化学或生物制品(食品添加剂)来提高食品的耐藏性和尽可能的保持食品原有的风味和品质的措施。食品化学保藏与其他食品的保藏方法相比,具有方便、经济、影响品质小等特点。过去化学保藏仅用于防止或延缓由于微生物引起的食品腐败变质。现在的化学保藏还包括防止或延缓因氧化作用、酶作用引起的食品变质。

使用化学防腐剂时首先考虑的是安全,因为化学防腐剂对人体或多或少的存在一定的副作用。而且化学防腐剂对食品本身的品质也有一定的影响,它们只能延缓食品变质的作用,当食品变质已经开始时,不能再添加防腐剂将开始变质的食品改变为优质的食品。表 6-25 列出一些公认为安全的食品防腐剂。

目前,食品防腐剂的种类很多,主要成分为化学合成的防腐剂和生物防腐剂两大类。

表 6-25 一些公认为安全(GRAS)的食品防腐剂

防腐剂	最大允许量	抑制的微生物	应用
丙酸/丙酸盐	0.32%	霉菌	面包、蛋糕、一些奶酪、面包面团黏丝病抑制剂
山梨酸/山梨酸盐	0.2%	霉菌	硬奶酪、无花果、糖浆、沙拉调味料、果冻、蛋糕
苯甲酸/苯甲酸钠	0.1%	酵母菌、霉菌	人造奶油、泡菜、苹果酒、软饮料、番茄酱、沙拉调味品
对羟基苯甲酸酯	0.1%	酵母菌、霉菌	焙烤制品、软饮料、泡菜、沙拉调味料
SO_2/亚硝酸盐	200~300 mg/kg	昆虫、微生物	糖蜜、干果、白酒、柠檬汁
环氧乙烷/1,2-环氧丙烷	700 mg/kg	酵母菌、霉菌、寄生虫	香料和坚果的抗真菌剂
双乙酸钠	0.32%	霉菌	面包
乳酸菌素	1%	乳酸菌、梭状芽孢杆菌	巴斯德杀菌奶酪的涂布
脱氢醋酸	65 mg/kg	昆虫	草莓、南瓜的杀虫剂
亚硝酸钠	120 mg/kg	梭状芽孢杆菌	腊肉制作
辛酸		霉菌	奶酪
甲酸乙酯	15~200 mg/kg	酵母菌、霉菌	干果、坚果

6.5.1 天然防腐剂

1.食盐和糖

盐制是指采用食盐对肉或蔬菜等食品原料进行处理,糖制是指采用糖对水果等原料进行处理,食品的盐制和糖制统称为腌渍。因此,食品腌渍的基本原理是食盐或糖能降低食品的 a_w,提高渗透压,从而有选择地抑制微生物的生长繁殖,防止食品的腐败变质,保持食品的品质。

食盐自古以来即被作为食品防腐剂,早期使用食盐的目的是为了保藏肉类。各种微生物具有耐受不同盐浓度的能力。一般来说,当食盐浓度为 0.85%~0.90% 时,微生物的生长活动不会受到影响;当食盐浓度为 1%~3% 时,大多数微生物的生长就会受到暂时性抑制,但有些微生物能在 2% 左右或更高的盐浓度中生长,这类微生物通常被称为耐盐微生物。多数杆菌在超过 10% 盐浓度时就不能生长,而有些杆菌在低于 10% 盐浓度时即停止生长,例如大肠埃希氏菌、沙门氏菌、肉毒梭状芽孢杆菌(Clostridium botulinum)等在 6%~8% 的盐浓度时生长就受到抑制。15% 的盐浓度可以抑制球菌生物生长,20%~25% 的盐浓度可以抑制霉菌的生长。当盐浓度达到 20%~25% 时,几乎所有的微生物都停止生长,因此这一浓度基本上达到阻止微生物生长的目的。食盐浓度越高,保藏和脱水作用越大,在还具备冷冻条件时,通过盐腌也许是保藏鱼类和肉类最有效的方法。需要注意的是,虽然在一定的盐浓度下多少有微生物的生长受到抑制,但经短时间生存后,再次遇到适宜环境时有些仍能恢复生长。

在腌制食品所用的食盐中有时会存在一些嗜盐菌,这些嗜盐菌可以在较高的盐浓度中生长,细菌中常见的耐盐菌有微球菌、海洋细菌、假单胞菌、黄杆菌和八叠球菌等,球菌的耐盐性一般较杆菌强,非病原菌耐盐性通常比较强。一般霉菌对食盐都有较强的耐受性,如某些青霉菌株在 25%的食盐浓度中尚能生长。

糖溶液的浓度对微生物的生长具有不同的影响,1%~10%糖液浓度会促进某些微生物的生长,50%糖液浓度可以阻止大多数微生物的生长,通常糖液浓度达到 65%~85%时才能抑制细菌和霉菌的生长。相同浓度的糖液和盐溶液,由于所产生的渗透压不同,因此对微生物的抑制作用也不同。例如要达到与食盐相同的抑制微生物的效果,蔗糖的使用量是食盐的 6 倍。蔗糖广泛用于水果蜜饯、糖果、炼乳等产品的保藏中,由于高浓度糖的作用,使某些馅饼、糕点等产品的货架期较长。

不同种类的糖对微生物的作用也不一样,相对分子质量越小的糖液,含有分子数越多,其渗透压就越大,从而对微生物的抑制作用也越大。在相同浓度下,葡萄糖和果糖对微生物的抑制作用比蔗糖和乳糖较大。例如 35%~40%的葡萄糖溶液可以抑制金黄色葡萄球菌的生长,而蔗糖要达到抑制作用需要的浓度为 50%~60%,杀灭金黄色葡萄球菌葡萄糖溶液浓度为 40%~50%,而蔗糖溶液的浓度需要 60%~70%。

在高浓度的糖液中,霉菌和酵母菌的生存能力较细菌强。例如蜂蜜中常因耐糖酵母菌的存在而引起变质。因此,采用糖渍方法保藏食品时,主要应防止霉菌和酵母菌对食品的影响。此外,鲁氏接合毛霉(*Zygosaccharomyces rouxii*)可以在极端高浓度的糖液中生长。

2.乳酸链球菌素

乳酸链球菌素(Ninhibifory Sabatance,nisin),又称乳酸链球菌肽,是从乳酸链球菌发酵产物中提取的一种多肽物质,由 34 个氨基酸残基组成,分子式为 $C_{143}H_{228}N_{42}O_{37}S_7$,相对分子质量为 3500,在分子组成中含有羊硫氨酸(lanthlonine)、β-甲基羊硫氨酸(β-methy-llanthionine)、脱氢丙氨酸(dehydroalanine)和 β-甲基脱氢丙氨酸(β-metlyldehydroa-lanine)四种不常见的氨基酸残基。Nisin 作为食品防腐剂具有一些理想的特性:无毒;由乳酸链球菌自然产生;具有热稳定性和较好的贮存稳定性;可以被消化分解;没有异常风味和气味;抗菌活性范围窄等。

食用后在人体的生理 pH 条件和 α-胰凝乳蛋白酶作用下很快水解成氨基酸,不会改变人体肠道内正常菌群,不会产生其他抗菌素所出现的抗药性,更不会与其他抗菌素出现交叉抗性。因此,Nisin 是一种高效、无毒、安全、无副作用的天然食品防腐剂。FAO 和 WHO 已于 1969 年给予认可,是目前唯一允许作为防腐剂在食品中食用的细菌素。

乳酸链球菌素的抑菌机制是作用于细菌的细胞膜,抑制细菌细胞壁中肽聚糖的生物合成,使细胞膜和磷脂化合物的合成受阻,从而导致细胞内物质外泄,甚至引起细胞的裂解。但有些学者认为 Nisin 是一个疏水带正电荷的小肽,能与细胞膜结合形成管道结构,使小分子和离子通过管道流失,导致细胞膜渗透。

乳酸链球菌素仅对大多数革兰氏阳性菌具有抑制作用,如金黄色葡萄球菌(*Staphyloccocus aureus*)、链球菌(*Streptococcus*)、乳酸杆菌(*Lacticacid bacteria*)、微球菌

（*Micrococcaceae*）、单核细胞增生李斯特菌（*Listeria monocytogenes*）和丁酸梭菌（*Clostridium butyricum*）等,特别是对芽孢杆菌属、梭状芽孢杆菌属孢子萌发的抑制作用比对营养细胞的作用更大,但对革兰氏阴性菌、酵母菌和霉菌没有抑制作用。研究报道,在一定条件下,若乳酸链球菌素与冷冻、加热、低 pH 和螯合剂 EDTA 联合使用可抑制一些革兰氏阴性菌,例如沙门氏菌（*salmonella*）、志贺氏菌（*Shigella*）、克雷伯氏菌（*Klebsiella*）和大肠埃希氏菌（*Escherichia coli*）等。

乳酸链球菌素是一种浅棕色固体粉末,在中性或碱性条件下溶解度较小,且在不同 pH 下溶解度不同。如在蒸馏水（pH 为 5.9）中溶解度为 50.0 mg/mL,在饮用水（pH 为 7.0）中溶解度为 49.0 mg/mL,在 0.02 N 盐酸中溶解度为 118.0 mg/mL,在碱性条件下几乎不溶解。因此,乳酸链球菌素适用于酸性食品的防腐。此外,乳酸链球菌素的稳定性也与溶液的 pH 有关。当溶于 pH 为 6.5 的脱脂牛奶中,经 85℃ 巴氏灭菌 15 min 后,活性仅损失 15%,当溶于 pH 为 3.0 的稀盐酸中,经 121℃ 15 min 高压灭菌仍保持 100% 的活性,其耐酸耐热性能优良。

乳酸链球菌素加入食品中可降低食品的灭菌温度、缩短食品的灭菌事件,使食品保持原有的营养成分、风味、色泽等,因此,可广泛应用于肉制品、乳制品、植物蛋白食品、罐藏食品、果汁饮料及经热处理密封包装食品的防腐保鲜,同时也可应用于化妆品和医疗保健品等领域。表 6-26 列出了乳酸链球菌素在一些国家的应用情况。

表 6-26 乳酸链球菌素在一些国家的应用情况

国家	允许加入 nisin 的食品	国家	允许加入 nisin 的食品
英国	乳酪、食品罐头、冰激凌	芬兰	精制乳酪
澳大利亚	乳酪、水果罐头、番茄罐头	法国	精制乳酪
西班牙	乳酪、米酒、奶油、快餐	葡萄牙	精制乳酪
意大利	乳酪、蔬菜罐头、冰激凌	印度	硬乳酪、精制乳酪
比利时	乳酪	新加坡	食品罐头
丹麦	精制乳酪	瑞典	乳酪、浓缩牛奶

3.溶菌酶

溶菌酶（Lysozyme）广泛存在于人体多种组织、鸟类和家禽的蛋清、哺乳动物的唾液和乳汁、植物和微生物中。目前研究最多的是鸡蛋清溶菌酶。从鸡蛋清中提取分离的溶菌酶是由 129 个氨基酸残基构成的单一肽链,具有 4 对二硫键,是一种碱性蛋白质,相对分子质量为 14000。溶菌酶是呈白色或微白色的冻干粉,溶于水,不溶于乙醚和丙酮,pI 为 11.0~11.35,最适 pH 为 6.5。在酸性介质中可稳定存在,碱性介质中易失活,pH 为 3 条件下,96℃ 加热 15 min 能保持 87% 的活力。

溶菌酶能有效地水解细菌细胞壁的肽聚糖,其水解位点是 N-乙酰胞壁酸的 C_1 和 N-乙酰葡萄糖胺的 C_4 之间的 β-1,4 糖苷键,使细胞壁不溶性黏多糖分解成可溶性糖肽,导致细胞壁破裂内容物逸出而使细菌溶解。因此,溶菌酶破坏革兰氏阳性细菌的细胞壁的能力较革兰氏阴性细菌强。溶菌酶可分解枯草芽孢杆菌（*Bacillus subtilis*）、耐辐照微球菌（*Deinococcus radiodurans*）、溶壁微球菌（*Micrococcus lysodeikticus*）、巨大芽孢杆菌（*Bacillus megaterium*）、黄色八叠球菌（*Sarcina flava*）等革兰氏阳性菌,对大肠埃希氏菌（*Escherichia coli*）、普通变形菌（*Proteus vulgaris*）和副溶血性弧菌（*Vibrio Parahemolyticus*）等革兰氏阴性菌也有一定程度溶解作用,其最有效浓度为 0.05%,但对酵母菌和霉菌几乎无效。溶菌酶还可与带负电荷的病毒蛋白直接结合,与 DNA、RNA、脱辅基蛋白形成复盐,使病毒失活。因此,该酶具有抗菌、消炎、抗病毒等作用。

　　由于溶菌酶是一种天然蛋白质,对人体安全无毒、无副作用,且具有多种营养与药理作用。1992 年,FAO/WTO 的食品添加剂协会已经认定溶菌酶在食品中应用是安全的。因此,溶菌酶可用作天然的食品防腐剂,例如应用于水产品、肉类、蛋糕、清酒、料酒及饮料的防腐,还可以添入乳粉中,以抑制肠道中腐败微生物的生存,同时直接或间接地促进肠道中双歧杆菌的增殖。另外与植酸、聚合磷酸盐、甘氨酸等配合使用,可提高其防腐效果。

4.聚赖氨酸

　　聚赖氨酸（Polylysine）是由白色链霉菌（*Strepomyces albulus*）代谢的产物,由 25~30 个赖氨酸残基聚合而成的直链状聚合物,外观呈淡黄色粉末,吸湿性强,略有苦味,不受 pH 影响,相对分子质量在 3600~4300 的聚赖氨酸抑菌活性最好,当相对分子质量低于 1300 时失去抑菌活性。对革兰氏阳性菌、革兰氏阴性菌、酵母菌和霉菌具有明显的抑制作用,对其他天然防腐剂不易抑制的代谢埃希氏菌和沙门氏菌抑菌效果非常好,而且对耐热性芽孢杆菌和一些病毒也有抑制作用,是一种可被广泛使用的安全的生物食品防腐剂。

　　聚赖氨酸作为食品防腐剂具有如下特点:

　　(1)抑菌谱广。

　　对于酵母属的尖锐假丝酵母菌、红法夫酵母菌（*Phaffia rhodozyma*）、膜醭毕赤氏酵母（*Pichia membranae faciens*）、玫瑰掷孢酵母（*Sporobolomycetaceae roseus*）;革兰氏阳性菌中的嗜热脂肪芽孢杆菌、凝结芽孢杆菌（*Bacillus coagulans*）、枯草芽孢杆菌（*Bacillus subtilis*）;革兰氏阴性菌中的大肠埃希氏菌（*Escherichia coli*）等都有明显的抑制和杀灭作用。

　　(2)安全性高。

　　食用后可降解为人体必需 8 种氨基酸之一——L-赖氨酸,也是世界各国允许在食品中强化的氨基酸。2003 年通过了 FDA 的许可,被称为"营养型防腐剂"。

　　(3)热稳定性好。

　　聚赖氨酸在高温条件下很稳定,80℃加热 60 min 或 120℃加热 20 min 均能保持其抑菌能力,因此可随食品一起进行灭菌处理。

　　(4)作用的 pH 范围合适。

　　聚赖氨酸的抑菌活性受 pH 影响较小,pH 3.0~9.0 对大肠埃希氏菌的抑菌活性影响较小,最适 pH 为 5.0~8.0,正是其他常见食品防腐剂不起作用的范围,也是多数食品的 pH

范围。

（5）水溶性极强。

聚赖氨酸水溶性好,有利于在食品中的添加使用。

聚赖氨酸是一种具有抑菌功效的多肽,在 20 世纪 80 年代首次应用于食品防腐剂,2003 年 10 月被 FDA 批准为食品防腐剂,广泛应用于食品防腐。在食品应用中,与酒精、柠檬酸、苹果酸、甘氨酸和高级脂肪甘油酯等配合使用可提高聚赖氨酸的防腐保鲜效果,但遇酸性多糖类、盐酸盐类、磷酸盐类、铜离子等可能因结合而使活性降低。聚赖氨酸主要用于米饭、糕点、面点、酱类、饮料、酒类、乳制品、海产品、肉制品、罐藏食品等防腐保鲜。另外,通过美拉德反应可使聚赖氨酸成为具有乳化和防腐双功能的食品添加剂。

5.纳他霉素

纳他霉素(Natamycin)是由纳他链霉菌(*Streptomyces natalensis*)产生的次级代谢产物,是一种多烯烃大环内酯类抗真菌剂,对几乎所有的酵母菌和霉菌都有抗菌活性,还能防止真菌毒素的产生,也是目前国际上唯一获得批准的一种高效、广谱、安全的抗真菌生物食品防腐剂。

纳他霉素是一种具有活性的环状四烯化合物,含 3 个以上的结晶水,其外观为白色(或奶油色),为无色、无味的结晶粉末,分子式为 $C_{33}H_{47}NO_{13}$,分子量为 665.73。微溶于水,在乙醇中溶解度稍大,可溶于稀酸、冰醋酸及二甲苯甲酰胺,难溶于大部分有机溶剂。室温下在水中的溶解度为 30~100 mg/L,在 pH 高于 9.0 或低于 3.0 时,其溶解度会有所提高,但活性有所降低,因此,纳他霉素在大多数食品的 pH 范围内非常稳定。纳他霉素具有一定的抗热处理能力,在干燥状态下相对稳定,能耐受短暂高温(100℃);但由于它具有环状化学结构、对紫外线较为敏感,故不宜与阳光接触。纳他霉素活性的稳定性受 pH、温度、光照强度和氧化剂及重金属的影响,所以应该避免与氧化物及硫氢化合物等接触。

由于纳他霉素对人体无毒,而且无致突变、致癌、致畸和致敏作用,并且很难被哺乳动物消化道吸收,未见霉菌和酵母菌对纳他霉素有异常的耐药性,因此目前已有 40 多个国家批准应用,广泛应用于乳酪、肉制品、糕点、果汁、果酱、果冻、腌泡制品等。我国于 1996 年批准纳他霉素作为食品防腐剂,主要用于乳酪、肉制品、月饼、果酱、果冻、腌泡制品、糕点、果汁原浆、易发霉食品和加工器皿表面等,纳他霉素也被批准添加到发酵酒、酸奶和色拉酱中,残留量不得超过 10 mg/kg。纳他霉素和乳链球菌素配合使用可以弥补对细菌的抑制作用。

6.壳聚糖

壳聚糖(Chitosan)是由自然界广泛存在的几丁质(chitin)经过脱乙酰作用得到的,属于黏多糖之一,是一种白色或灰白色半透明的片状或粉状固体,无味、无臭、无毒性,纯壳聚糖略带珍珠光泽,不溶于水,溶于盐酸、醋酸。

壳聚糖及其衍生物有较好的抗菌活性,能抑制一些真菌、细菌、病毒的生长繁殖。目前认为其可能的机制是由于壳聚糖分子的正电荷和细菌细胞膜上负电荷的相互作用,使细胞内的蛋白酶和其他成分泄漏，从而达到抗菌、杀菌作用。例如 0.12 mg/mL 的壳聚糖乳酸盐对大肠肝菌的繁殖具有较好的抑制作用，而壳聚糖谷氨酸盐对酵母菌如酿酒酵母的繁殖也具有较好的抑制效果，并且 1 mg/mL 的壳聚糖乳酸盐会使酵母菌在 17 min 内完全失去活性。壳聚糖乳酸盐和壳聚糖谷氨酸盐对革兰氏阳性菌和革兰氏阴性菌都有较高的抗菌作用。另外，目前大多数调味品中使用的防腐剂是苯甲酸及其钠盐，而在相同的贮藏条件下，壳聚糖抑菌效果更佳，用量少，口感好，且无任何毒副作用，是一种理想的调味品防腐剂。如将 0.1%壳聚糖添加到酱油中，对引起酱油变质的酵母群有明显的抑制作用，在夏季敞开条件下可存放 30 天，而不会变质，且不影响口感、颜色、香味与成分。

壳聚糖也可用作果蔬保鲜剂。用壳聚糖进行涂膜保鲜，其膜层具有通透性、阻水性，可以对各种气体分子增加穿透阻力，形成了一种微气调环境，使果蔬组织内的 CO_2 含量增加，氧气含量降低，抑制了果蔬的呼吸代谢和水分散失，减缓果蔬组织和结构衰老，从而有效地延长果蔬的采后寿命。例如采用壳聚糖水溶液保鲜的猕猴桃，贮藏寿命可以达到 70~80 天，而对照处理只有 10~13 天。

7.海藻糖

海藻糖(Trehalose)是一种安全、可靠的天然糖类，在自然界中许多可食用动植物及微生物体内都广泛存在。如人们日常生活中食用的蘑菇类、海藻类、豆类、虾、面包、啤酒及酵母发酵食品中都有含量较高的海藻糖。

海藻糖对生物体具有神奇的保护作用，因为海藻糖在高温、高寒、高渗透压及干燥失水等恶劣环境条件下在细胞表面能形成独特的保护膜，有效地保护蛋白质分子不变性失活，从而维持生命体的生命过程和生物特征。而自然界中如蔗糖、葡萄糖等其他糖类均不具备这一功能。这一独特的功能特性，使海藻糖除可以作为蛋白质药物、酶、疫苗和其他生物制品的优良活性保护剂以外，还是保持细胞活性、保湿类化妆品的重要成分，更可作为防止食品劣化、保持食品新鲜风味、提升食品品质的独特食品配料，大幅拓展了海藻糖作为天然食用甜味糖的功能。

与其他糖类一样，海藻糖可广泛应用于食品工业中，包括烘烤制品类、糖果类、巧克力糖果类、水果类、速冻食品和海产品等。

8.甘露聚糖

甘露聚糖是高度分支的多聚体，以 $\alpha-1,6$-甘露糖为骨架链，大部分甚至全部的残基具有 $\alpha-1,2$ 或 $\alpha-1,3$ 连接的含有 2~5 个甘露糖残基的侧链。甘露聚糖是一种既经济又高效的天然食品防腐剂，其无色、无毒、无异味，能有效地防止食品腐败变质、发霉和遭受虫害。

甘露聚糖可用于水果、蔬菜、豆制品、蛋类以及鱼类等食品的保鲜贮藏。例如，将新鲜的草莓放入 0.05%的甘露聚糖水溶液中浸渍 10 s，捞出自然风干，存放 3 周，其表皮稍失去光泽未发霉，而未经处理的新鲜草莓仅放 2 天表皮就失去光泽，存放 3 天便开始发霉。此外，甘露聚糖还可用于豆类、鱼类和鸡蛋的保存。在豆腐加压成形之前，按豆制品重量添加 1%的甘露聚糖，豆制品在梅雨季节室温下放置 4 天无任何变化，而未添加甘露聚糖的仅放

2天就霉变发臭。将新鲜鸡蛋洗净擦干，浸渍于0.3%甘露聚糖溶液中片刻，然后捞出自然风干，置于27℃相对湿度70%的环境中，存放21天新鲜如初，存放30天以上仍能食用，而未经处理的新鲜鸡蛋在相同条件下12天就变黑发臭。把新鲜沙丁鱼放入0.05%甘露聚糖水溶液中浸渍数秒钟，取出自然风干，在梅雨季节里放置9天，沙丁鱼新鲜如初，而未经处理的沙丁鱼放置3天即发生腐败变质。

6.5.2 化学合成防腐剂

1.苯甲酸和对羟基苯甲酯

苯甲酸又名安息香酸，由于在水中溶解度较小，多使用苯甲酸钠。苯甲酸钠是白色结晶，易溶于水和酒精。苯甲酸能抑制微生物细胞呼吸酶的活性，特别是对乙酰辅酶缩合反应具有较强的抑制作用。

苯甲酸钠是第一种FDA允许在食品中使用的化学防腐剂，目前仍广泛应用在许多食品中。一些已经被确定的衍生物结构式如下（图6-3）：

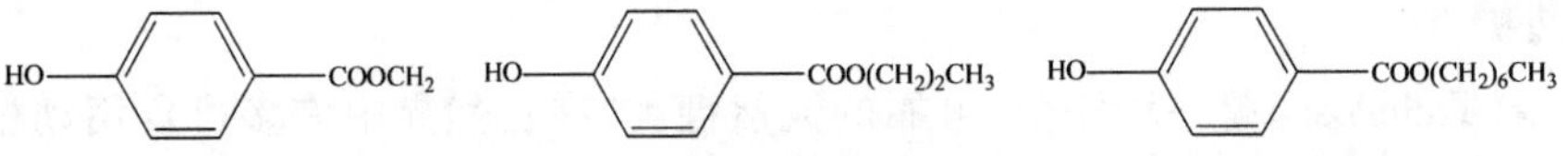

HO—⟨benzene⟩—COOCH₂   HO—⟨benzene⟩—COO(CH₂)₂CH₃   HO—⟨benzene⟩—COO(CH₂)₆CH₃

对羟基苯甲酸甲酯   对羟基苯甲酸丙酯   对羟基苯甲酸庚酯

图6-3 一些对羟基苯甲酯的结构式

苯甲酸盐的抗菌活性与pH有关，在低pH下可达到最大的抑菌效果。因为其未解离的分子具有抗菌活性，苯甲酸盐的pK为4.2，在pH为4.0时，60%的化合物处于未解离状态，而在pH为6.0时，只有1.5%处于未解离状态，苯甲酸抑制各类微生物的最小浓度见表6-27。因此，苯甲酸及苯甲酸钠只能适用于高酸性食品，例如苹果汁、软饮料、番茄酱和沙拉调味料等。在这些食品中，高酸性能抑制细菌的生长繁殖，但对某些酵母菌和霉菌的抑制作用较弱。所以，在高酸性食品中添加苯甲酸盐的作用通常是抑制酵母菌和霉菌的生长繁殖，在pH为5.0~6.0时，抑制酵母菌的浓度为100~500 mg/kg，抑制霉菌的浓度为30~300 mg/kg。

表6-27 苯甲酸抑制各类微生物的最小浓度(%)

微生物	pH 3.0	pH 4.5	pH 5.5	pH 6.0	pH 6.5
黑曲霉(*Aspergillus niger*)	0.013	0.1	<0.2	<0.2	
娄地青霉(*Penicillium roqueforti*)	0.006	0.1	<0.2	<0.2	
黑根霉(*Rhizopus nigricans*)	0.013	0.05	<0.2	<0.2	
啤酒酵母(*Saccharomyces cerevisiae*)	0.013	0.05	0.2	<0.2	<0.2
膜醭毕赤氏酵母(*Pichia membranaefaciens*)	0.025	0.05	0.1	<0.2	
异常汉逊酵母(*hansenula anomala*)	0.013	0.05	<0.2	<0.2	
纹膜醋酸杆菌(*Acetobacter aceti*)		0.2	0.2	<0.2	
乳酸链球菌(*Streptococcus lactis*)		0.025	0.2	<0.2	

续表

微生物	pH 3.0	pH 4.5	pH 5.5	pH 6.0	pH 6.5
嗜酸乳杆菌(*Lactobacillus acidophilus*)		0.2	0.2	<0.2	
肠膜明串珠菌(*Leuconostoc mesenteroides*)		0.05	0.4	0.4	<0.4
枯草芽孢杆菌(*Bacillus subtilis*)			0.05	0.1	0.4
凝结芽孢杆菌(*Bacillus coagulans*)			0.1	0.2	<0.4
巨大芽孢杆菌(*Bacillus megaterium*)			0.05	0.1	0.2
浅黄色微球菌(*Micrococcus flavus*)				0.1	0.2
薛基尔假单胞菌(*Pseudomonas shuylkilliensis*)				0.2	0.2
普通变形杆菌(*Proteus vulgaris*)			0.05	0.2	<0.2
生孢梭状芽孢杆菌(*Clostridium sporogenes*)				<0.2	
丁酸梭状芽孢杆菌(*Clostridium butyricum*)				0.2	<0.2

　　苯甲酸对人产生的毒害作用较小,我国允许在酱油、酱菜、果汁、果酱、琼脂软糖、汽水、蜜饯和面酱等食品中使用。根据食品的种类不同,最大允许量为 0.2~1.0 g/kg。当超过此浓度时,食品会产生不愉快的味道,如胡椒味或麻辣味。

　　对羟基苯甲酸酯是白色结晶状粉末,易溶于酒精,其抑菌机理与苯甲酸相同,但抗菌活性对 pH 敏感性较低。美国允许在食品中使用对羟基苯甲酸甲酯、对羟基苯甲酸丙酯和对羟基苯甲酸庚酯,其他某些国家允许使用对羟基苯甲酸丁酯和对羟基苯甲酸乙酯。对羟基苯甲酸酯对细菌、霉菌和酵母菌均有广泛的抑菌作用,但是革兰氏阳性菌的敏感性远高于革兰氏阴性菌。例如对羟基苯甲酸丙酯抑制细菌的浓度为 1000 mg/kg,而对羟基苯甲酸甲酯抑制细菌的浓度为 1000~4000 mg/kg,对羟基苯甲酸庚酯的抑菌效果最强,10~100 mg/kg 可完全抑制一些革兰氏阳性菌和革兰氏阴性菌。

　　对羟基苯甲酸酯对霉菌的抑制作用高于酵母菌,对羟基苯甲酸丙酯浓度为 100 mg/kg 或更低时可抑制一些酵母菌和霉菌,而对羟基苯甲酸庚酯和对羟基苯甲酸甲酯浓度分别为 50~200 mg/kg 和 500~1000 mg/kg。对羟基苯甲酸甲酯和对羟基苯甲酸丙酯在食品中的使用量不能超过 0.1%,对-羟基苯甲酸庚酯在啤酒中使用量允许达到 12 mg/kg,而在果汁和饮料中允许达到 20 mg/kg。

2.山梨酸

　　山梨酸为无色针状结晶或白色粉末状结晶,无臭或稍带刺激性气味,耐光、耐热,但在空气中长期放置易被氧化变色而降低防腐效果。微溶于水,溶于有机溶剂。山梨酸作为食品防腐剂通常以钙盐、钠盐或钾盐形式出现。山梨酸能与微生物细胞酶系统中的巯基结合,从而破坏许多重要的酶系,达到抑制微生物生长繁殖的目的。

　　与苯甲酸钠一样,山梨酸在酸性食品中的抑菌作用比中性食品效果较好,最佳 pH 为 6.0 以下,通常 pH 大于 6.5 时没有抑菌作用。在 pH 4.0~6.0 时,山梨酸比苯甲酸钠效果更好,pH 小于 3.0 时抑菌作用与苯甲酸钠相同。山梨酸盐的 pK 为 4.8,在 pH 为 4.0 时

86%处于非解离状态,但 pH 为 6.0 时只有 6%处于非解离状态。山梨酸抑制各类微生物的最小浓度见表6-28。

表6-28　山梨酸抑制各类微生物的最小浓度(%)

微生物	pH 3.0	pH 4.5	pH 5.5	pH 6.0	pH 6.5
黑曲霉(*Aspergillus niger*)	0.025	0.05	0.2	<0.2	
娄地青霉(*Penicillium roqueforti*)	0.013	0.05		<0.2	
黑根霉(*Rhizopus nigricans*)	0.006	0.025	0.1	0.1	0.2
啤酒酵母(*Saccharomyces cerevisiae*)	0.013	0.025	0.05	0.2	<0.2
汉逊德巴利酵母(*Debaryomyces hansenii*)	0.025	0.05	0.2	0.2	<0.2
异常汉逊酵母(*hansenula anomala*)	0.006	0.025	0.05	0.2	0.1
膜醭毕赤氏酵母(*Pichia membranaefaciens*)	0.013	0.025	0.05	0.2	0.2
纹膜醋酸杆菌(*Acetobacter aceti*)		0.2	0.2	<0.2	
乳酸链球菌(*Streptococcus lactis*)		0.1	0.2	0.2	<0.2
嗜酸乳杆菌(*Lactobacillus acidophilus*)		<0.2	<0.2	<0.2	
枯草芽孢杆菌(*Bacillus subtilis*)			0.1	0.1	0.2
蜡样芽孢杆菌(*Bacillus cereus*)			0.05	0.1	0.2
凝结芽孢杆菌(*Bacillus coagulans*)			0.1	0.2	0.2
巨大芽孢杆菌(*Bacillus megaterium*)			0.05	0.1	0.2
金黄色葡萄球菌(*Staphyloccocus aureus*)			0.1		
普通变形杆菌(*Proteus vulgaris*)			0.1	0.2	<0.2
丁酸梭状芽孢杆菌(*Clostridium butyricum*)			<0.2		

山梨酸盐主要对霉菌和酵母菌具有抑制作用,对许多细菌也有抑制作用,通常过氧化氢酶阳性球菌的敏感性高于过氧化氢酶阴性菌,而需氧菌的敏感性高于厌氧菌。例如山梨酸盐对金黄色葡萄球菌(*Staphyloccocus aureus*)、沙门氏菌(*salmonella*)、肠杆菌(*Enterobacteriaceae*)、假单胞菌(*Pseudomonadaceae*)和副溶血性弧菌(*Vibrio Parahemolyticus*)具有抑制作用,当浓度为 30 mg/kg 时对副溶血性弧菌即有抑制作用。在新鲜家禽肉、真空包装家禽制品、新鲜鱼和水果中使用山梨酸盐都可以延长货架期。但是,乳酸菌(*Lactobacillus*)对山梨酸盐具有抵抗性,特别是在 pH 大于 4.5 时,可以作为乳酸发酵产品生产过程中的抗真菌生长剂。

山梨酸是一种不饱和脂肪酸,通常与存在食品中的脂肪酸代谢是一致的,在人体内代谢产生 CO_2 和 H_2O,是目前各国普遍使用的一种较安全的防腐剂,其使用范围比苯甲酸较广泛,在食品中最大允许使用量为 0.2~1.0 g/kg。

3.丙酸盐

丙酸是一种三碳有机酸,丙酸盐主要是指丙酸钙或丙酸钠,丙酸盐多为白色颗粒或粉末,无臭味,溶于水。丙酸能在微生物细胞外形成高渗透压,导致微生物细胞脱水,还可穿透微生物细胞壁,抑制细胞内酶的活性,从而抑制微生物的生长繁殖。

丙酸盐的抑菌机理与苯甲酸盐和山梨酸盐一样。其 pK 是 4.84,在 pH 为 4.0 时有 88%处于未解离状态,而在 pH 为 6.0 时只有 6.7%未解离。丙酸盐通常用于低酸性食品中,pH 越小抑菌效果越好,一般要求 pH 应在 5.5 以下。

丙酸盐主要作为霉菌抑制剂,对细菌也有抑菌作用,对酵母菌无抑菌作用。在美国,丙酸盐被认为是安全的食品防腐剂,主要用于面包、蛋糕和奶酪等食品中;在我国广泛用于糕点、饼干、面包等,防止食品表面长霉。

4.SO$_2$ 和硫酸盐

SO$_2$ 对微生物的作用与双硫键的还原、羰基化合物的形成、酮基团的反应和呼吸作用的抑制等有关。SO$_2$ 对霉菌及好气性菌的抑制作用较为强烈,0.01%的 SO$_2$ 溶液就可以抑制大肠杆菌的生长,0.1%~0.2%可以显示出防腐剂的保藏作用,但对酵母菌的作用稍差一些,浓度达到 0.3%,酵母菌才受到抑制。

硫是微生物生长所必须的营养元素之一,少量的硫酸盐是有益于微生物生长的,甚至在某些情况下,还需要补充一定量的含硫化合物作为微生物生长的硫源。当厌氧系统中含有适量的硫酸盐时,硫酸盐还原菌能够更有效地利用氢来还原硫酸盐,从而加快产氢产乙酸的速率。在几大类厌氧菌种中,产甲烷菌对硫化物的抑制最为敏感,而其他厌氧细菌如发酵性细菌、产氢产乙酸菌以及硫酸盐还原菌本身的敏感程度较差。

5.硝酸盐和亚硝酸盐

亚硝酸盐是一类无机化合物的总称,主要指亚硝酸钠。亚硝酸钠为白色至淡黄色粉末或颗粒状,味微咸,易溶于水,外观及滋味都与食盐相似,肉类制品中也允许作为发色剂限量使用。由亚硝酸盐引起食物中毒的机率较高。食入 0.3~0.5 g 的亚硝酸盐即可引起中毒甚至死亡。

硝酸盐和亚硝酸盐主要是作为肉的发色剂而被使用。亚硝酸与血红素反应,形成亚硝基肌红蛋白,使肉呈现鲜艳的红色。另外硝酸盐和亚硝酸盐也有延缓微生物生长作用,尤其是对耐热性的肉毒梭状芽孢杆菌芽孢的发芽有良好的抑制作用。硝酸盐和亚硝酸盐主要是通过提高氧化还原电位抑制微生物的生长。亚硝酸盐的有效浓度为 0.02%,而硝酸盐由于要转化为亚硝酸盐才能起作用,其有效浓度为 0.2%。

食品中残留过量的硝酸盐和亚硝酸盐,会对机体产生危害作用,其主要原因是亚硝酸在肌肉中能转化为亚硝胺,具有致癌作用。因此,在肉品加工中应严格限制其使用量,目前还未找到完全替代物。表 6-29 列出了部分食品亚硝酸盐的限量标准。

表 6-29 部分食品中亚硝酸盐的限量标准(以 NaNO$_2$ 计)

食品	限量标准(mg/kg)	食品	限量标准(mg/kg)
食盐、乳粉	≤2	香肠、酱菜、腊肉	≤20
鲜肉类、鲜鱼类、粮食	≤3	肉制品、火腿肠、灌肠类	≤30

续表

食品	限量标准（mg/kg）	食品	限量标准（mg/kg）
蔬菜	≤4	其他肉类罐头、其他腌制罐头	≤50
婴儿配方乳粉、鲜蛋类	≤5	烟熏火腿及罐头、西式火腿罐头	≤70

6.双乙酸钠

双乙酸钠（SDA）是乙酸钠和乙酸的分子化合物,外观为白色晶体粉末,具有吸湿性及略有乙酸气味,易溶于水和乙醇,毒性很低。小鼠口服 LD_{50} 为 3.31 g/kg,大鼠口服 LD_{50} 为 4.96 g/kg,每人每天允许摄入量（ADI）为 0~15 mg/kg。双乙酸钠在生物体内的最终代谢产物为水和 CO_2,不会残留在人体内,对人畜、生态环境没有破坏作用或副作用。由于它安全、无毒、无残留、无致癌、无致畸变,联合国粮农组织（FAO）和世界卫生组织（WHO）批准为食品、谷物、饲料的防霉、防腐保鲜剂。

双乙酸钠用于粮食谷物、食品和饲料防霉具有高效抑霉效果,尤其对黄曲霉毒素有较强的抑制作用,它通过渗透于微生物细胞壁,干扰细胞内各种酶体系的生长,可以高效抑制常见的黄曲霉、黑曲霉、绳状青霉、灰绿曲霉、白曲霉等 10 余种产毒素霉菌和大肠埃希氏菌、李斯特菌、革兰氏阴性菌等细菌发生、滋长和蔓延,其抑霉效果优于防霉剂丙酸钙。国外已大量用于粮食谷物、食品和饲料的防霉保鲜,国内尚处于起步阶段。在我国双乙酸钠是一种新型的多功能绿色食品添加剂,主要用于粮食、食品的防霉、防腐、保鲜、调味和改善营养价值,此外还广泛用于烘烤食品、调味品、酱菜、雪菜、榨菜、肉食品、果汁饮料等加工食品之中,是目前替代山梨酸/山梨酸钾、苯甲酸/苯甲酸钠、丙酸钙、丙酸钠、对羟基苯甲酸丁酯、富马酸二甲酯等防腐剂的理想产品。

7.联苯

联苯为无色或淡黄色、片状晶体,略带甜嗅味,不溶于水,溶于乙醇、乙醚等。主要用于葡萄、柚、橙、柠檬等柑橘类新鲜水果的防霉剂,尤其对指状青霉和意大利青霉的防治效果较好。一般不直接使用于果皮,而是将该药浸透于纸中,再将浸有此药液的纸放置于贮藏和运输的包装容器中,让其慢慢挥发（25℃下蒸气压为1.3 Pa）,待果皮吸附后,即可产生防腐效果。允许的残留量不能高于 0.07 g/kg 果实。

6.5.3 间接抗菌剂

1.抗氧化剂

抗氧化剂是指能防止或延缓食品氧化和延长贮存期的一类食品添加剂。按来源可分为人工合成抗氧化剂（如 BHA、BHT、PG 等）和天然抗氧化剂（如植酸、茶多酚等）。BHA 由 2-BHA 和 3-BHA 两种异构体组成,广泛应用于食品和医药行业,具有良好的抗氧化作用。除此之外,BHA 还有较强的抗菌能力,可抑制黄曲霉菌生长。植酸是维生素 B 族的一种肌醇六磷酸酯,易溶于水、甲醇、乙醇、丙酮等极性溶剂。在食品和医药行业中使用植酸作为抗氧剂,不但可以延长产品的保质期,而且可以抑制微生物的生长。

2.风味剂

风味剂主要有香味剂、甜味剂、鲜味剂,具有加强食品风味的作用,一些风味剂还可有效抑制食品中微生物的生长,从而对食品起到防腐保鲜作用。如茴香精油对霉菌有显著的抑制作用,同时也可抑制酵母菌和大肠杆菌的生长,将茴香精油微胶囊稳态化处理后添加于番茄沙司中,不仅赋予产品特殊风味,还有一定的防腐效果。另外,天然调味料对蟹、鱿鱼腐败菌具有抑菌作用。

3.香料和香精油

香料是一种能被嗅觉嗅出香气或味觉尝出香味的物质,具有令人愉快的芳香气味。香料的主要用途是用于调配香精,植物性香料通常用于炖肉等的添加,可使食物香味浓郁。食品中香料大部分都具有杀菌的作用。花椒含有的辛辣成分具有抗菌作用。大蒜所含有的蒜素成分可以杀菌。姜是最常用的佐料,所含的姜辣素可以促进血液循环、帮助排汗、促进胃肠蠕动还具有抗酸化、杀菌、软化蛋白质酶的作用。胡椒具有很强的杀菌作用而且可以增进食欲、促进血液循环、抗酸化。辣椒素可以刺激中枢神经,促进肾上腺素的分泌提高血液运行速率帮助排汗。维生素 A 和维生素 C 的杀菌作用也很强大。作为芥末的主要成分的烯丙基芥子油杀菌作用极强,此外还有助消化吸收、预防血栓、增进食欲和抗癌作用等。

香精油是天然植物香料最主要的商品形态之一,是以香料植物的花卉、根、叶、茎、枝、木、皮、籽或分泌物为原料,经蒸馏、干馏、萃取、压榨等工艺提取的具有香味的精油物质。

精油普遍存在于植物的各个部位,对植物的生长扮演重要的角色:它具备调节温度和预防疾病的保护功能;它能保护植物免受细菌及其他病菌的侵害。精油大部分都是高浓度的,比重轻于水,状态相似于水和酒精,不油腻。有些精油呈黏滞状,有些精油在低温下呈半凝固的状态。尽管精油不溶于水,但只要把水温调高些便可溶解精油,以作沐浴、洁肤和洗发之用。由于各种精油提炼来自各种不同的植物,所以功效也不同。因为浓度很大,所以使用多以"滴"来计算,并且必须稀释后才可搽在皮肤上。精油不仅抑制对细菌和真菌的生长,而且对病毒的生长也具有一定抵抗能力。

4.中链脂肪酸和酯

脂肪酸根据碳链长度分为短链、中链和长链,一般把含有 6~12 个碳原子组成碳链的脂肪酸称为中链脂肪酸,中链脂肪酸被甘油酯化而生成中链脂肪酸甘油三酯。中链脂肪酸甘油三酯除可以降低脂肪沉积、改善胰岛素敏感性、调节能量代谢外,还具有抑菌效果。另外,甘油—月桂酸酯对革兰氏阳性菌及酵母菌也有显著抑制作用。

6.5.4 乙酸和乳酸

1.乙酸

乙酸,也叫醋酸、冰醋酸,在常温下是一种有强烈刺激性酸味的无色液体。纯的乙酸在低于熔点时会冻结成冰状晶体,冰醋酸可以用作消毒防腐剂,可通过杀死细菌或使其失去生长繁殖能力来保证物料在使用过程中不产生腐败变质。

2.乳酸

乳酸是一种羧酸,同时含有羟基。纯品为无色液体,工业品为无色到浅黄色液体。无气味,具有吸湿性。能与水、乙醇、甘油混溶,不溶于氯仿、二硫化碳和石油醚。

乳酸有很强的防腐保鲜功效,可用在果酒、饮料、肉类、食品、糕点制作、蔬菜(橄榄、小黄瓜、珍珠洋葱)腌制以及罐头加工、粮食加工、水果的贮藏,具有调节 pH、抑菌、延长保质期、调味、保持食品色泽、提高产品质量等作用。

6.5.5　水果的抗真菌剂

研究发现,椰壳的提取物对十余种常见的皮肤致病性真菌有抗菌作用,可与抗真菌药咪康唑相媲美。以椰壳水煎液外洗,可治湿疹、皮肤瘙痒;新鲜椰肉涂擦患处可治疥癣、汗斑等。用又酸又甜的李子捣烂水煎后外洗,可治湿疹和皮肤瘙痒。抑菌实验表明,25%和50%的橘皮液对常见的皮肤真菌有抑制作用。另外,香蕉中也有一种抗真菌的物质。

6.6　栅栏理论与技术

栅栏技术(Hurdle technology,HT)又称障碍技术或屏障技术,1976 年由德国 Kulmbach 肉类研究中心的 Leistner 首先提出的一套系统科学地控制食品保质期的理论。该技术是根据食品内不同栅栏因子的协同作用或交互效应使食品的微生物达到稳定性的食品防腐保鲜技术。

栅栏技术是多种技术的科学结合,这些技术协同作用可以阻止食品品质的劣变,将食品的危害性以及在加工和商业销售过程中品质的恶化降低到最小程度,有利于保持食品的安全、稳定、营养和风味,它在食品中的应用日渐突出,可以用于传统产品的改进和新产品的开发。

6.6.1　栅栏技术的基本原理

在食品防腐保藏中的一个重点就是控制微生物的内平衡(Homeostasis),内平衡是微生物维持一个稳定平衡内部环境的固有趋势。具有防腐功能的栅栏因子扰乱了一个或更多的内平衡机制,因而阻止了微生物的繁殖,导致其失去活性甚至死亡。

几乎所有的食品保藏都是几种保藏方法的结合,例如加热、冷却、干燥、腌渍或熏制、蜜饯、酸化、除氧、发酵、加防腐剂等等,这些方法及其内在原理已经被人们以经验为依据广泛应用了许多年。栅栏技术囊括了这些方法,并从其作用机理上予以研究,而这些方法即所谓栅栏因子。栅栏因子控制微生物稳定性所发挥的栅栏作用不仅与栅栏因子种类、强度有关,而且受其作用次序影响,两个或两个以上因子的作用强于这些因子单独作用的累加。某种栅栏因子的组合应用还可大大降低另一种栅栏因子的使用强度或不采用另一种栅栏因子而达到同样的保存作用，即所谓的"魔方"原理。

6.6.2　栅栏因子

食品防腐上最常用的栅栏因子，都是通过加工工艺或添加方式设置的。栅栏因子(Hurdle factor)主要有：温度、pH、水分活度(a_w)、氧化还原值(Eh)、压力、辐照、竞争性菌群、防腐剂以及微波杀菌、高压电场脉冲等物理杀菌。不同的栅栏因子有效针对微生物细胞的不同目标，如针对细胞膜、DNA、酶系统、pH、a_w 或 Eh，破坏食品微生物的内平衡使微生物失去生长繁殖能力，处于停滞期，甚至死亡，从而提高食品的卫生安全性。这些栅栏因子的交互效应不仅能保证食品的微生物稳定性，还与食品的总质量密切相关。

栅栏效应(HE)，所谓栅栏效应就是通过栅栏因子单独或相互作用，形成特有的防止食品腐败变质的栅栏，决定着食品的微生物稳定性。栅栏效应较常见的模式有以下6种：①理论化 HE 模式，即假设食品中共含有几个同等强度的栅栏因子，微生物每越过一个栅栏，数量就会减少，最终使残留的微生物未能越过最后一个栅栏。因此该食品是可贮存、安全可靠的。②较为实际的 HE 模式，食品起主要作用的栅栏因子是水分活度、食盐含量和防腐剂，这些栅栏因子强度较大，使微生物无法逾越。③初始菌数低的 HE 模式，如无菌生产包装的鲜肉，这种模式只需少数几个栅栏因子便可有效抑菌防菌。④初始菌数高的 HE 模式，这种模式中微生物具有较强的生长势能，必须增强现有因子的强度或增加新的栅栏因子，才能达到抑菌作用。⑤经加热而杀菌不完全的 HE 模式，细菌芽孢未受到致死性损害，但已失活，只需较少作用强度较低的栅栏因子，就能抑制其生长。⑥栅栏协同作用模式，食品中各栅栏因子具有协同作用性，两个或两个以上因子相互作用强于这些因子单独作用累加。

6.7　食品生产的质量管理体系

6.7.1　GMP 管理体系

良好操作规范(Good manufacturing practice, GMP)，由美国食品与药品管理局(FDA)在1969 年最先发布。GMP 标准由食品生产企业与卫生部门共同制定，规定了在加工、贮藏和食品分配等各个工序中所要求的操作和管理规范。它要求食品生产企业应具备合理的生产工艺过程、良好的生产设备、正确的生产知识、严格的操作规范以及食品质量管理体系。其主要内容涵盖选址、设计、厂房建筑、设备、工艺过程、检测手段、人员组成、个人卫生、管理职责、卫生监督程序、满意程度等，并提出了卫生学评价的标准和规范。

GMP 标准用文件形式提供管理的可能性，目的是为各种食品的制造、加工、包装、贮藏等有关方面制定出一个统一的指导原则和卫生规范。不同的食品制造业各有其特点和要求,因而在这个框架的基础上,对各专门的食品制造业还需要制定详细的附加条件,使每一种食品加工行为都能按确定的管理和技术标准受到控制。

6.7.2 危害分析与关键控制点(HACCP)

危害分析与关键控制点(Hazard analysis critical control point, HACCP)是一套科学的卫生质量监控系统,经过多年的发展与完善,已被公认为确保食品安全的最佳管理方案,它可以确保食品加工和制造遵循 GMP 规范,目前已为全世界接受的 ISO 质量认证体系也将HACCP 纳入其中。HACCP 系统的最大特点是:充分利用检验手段,对生产流程中各个环节进行抽样检测和有效分析,预测食品污染的原因,从而提出危害关键控制点及危害等级,再根据危害关键控制点提出控制项目(这些因素通常指温度、时间、湿度、水分活度、pH、可滴定酸、氯浓度、黏度等)、控制标准(管理关键限值)、检测方法、监控方法以及纠正的措施。通过采取这些相应的措施预防危害的发生,同时也能将正确的措施及时反馈到工艺流程中,如此循环反馈、改进、不断提高。这样能对每一个关键控制点的操作进行日常监测,并记录所有检测结果,建立准确可靠的档案资料系统和检查 HACCP 体系工作状况的程序,出现问题有据可查。

HACCP 管理体系的核心是将食品质量的管理贯穿于食品从原料到成品的整个生产过程当中,侧重于预防性监控,不依赖于对最终产品进行检验,打破了传统检验结果滞后的缺点,从而将危害消除或降低到最低限度。HACCP 系统在发达国家已广泛应用。我国目前也正将此管理体系尝试性应用于生产当中。HACCP 管理体系是我国今后食品企业管理的发展方向,也是防止食品腐败变质,延长货架期的主要管理模式。

6.8 预报微生物学理论与技术

6.8.1 预报微生物学的理论与技术

预报微生物学(Predictive Microbiology)是一门在微生物学、数学、统计学和应用计算机科学基础上建立起来的新兴学科。它是依据各种食品微生物在不同加工、贮藏和流通条件下的特征信息库,通过计算机的配套软件,快速、真实地判断食品内主要病原菌和腐败菌生长或残存的动态变化,从而对食品的质量和安全性做出快速评估的预测方法。自 20 世纪80 年代早期到现在,使用微生物预报技术系统地收集食品有害微生物增殖、残存、死亡与特定环境条件的关系数据及生存临界数据,进行整理分类,建立了食品微生物特性数据库,在此基础上完善符合应用的预报模型。

美国农业部首次将预报微生物学模型系统的分为一级、二级和三级。一级模型,即基本生长模型,是描述了微生物数量与时间变化之间的关系。典型代表是对数模型,其数学表达式为:$\log N = A + C/\{1 + \exp[-B(t-M)]\}$,其中:$N$ 为与培养时间相对应的菌数;A 为初菌数对数值;C 表示当时间趋向于无穷时内菌数的增加值;M 表示与最大绝对生长率对应的时间;B 表示在时间内的比生长率。二级模型,即环境因素模型,是在基本生长模型的基础上,用数学模型表达复杂的环境因子如何影响微生物生长特征参数。涉及的最大生长特征速度、延迟期、细菌最大浓度等微生物生长特征参数与各环境因素的关系,表述微生物生长特征参数如何随各环境因素(温度、水分活度、pH 和防腐剂的浓度)的变化而变化。三级模型是一种功能强大,操作简便的微生物预测工具,可应用于食品工业和研究领域。三级模型也称专家系统,它要求使用者具备一定专业知识,清楚系统的使用范围和条件,能对预测结果进行正确的解读。三级模型的主要功能有:根据环境因子的改变预报微生物生长的变化;比较不同环境因子对微生物生长的影响程度;相同环境因子下,比较不同微生物之间生长的差别等。

6.8.2　预报微生物学的应用

随着预报微生物学的发展,微生物预报模型成为一种研究工具,在食品安全管理和产品流通领域中起着重要的辅助作用。然而,仅依靠模型来决定食品安全和产品质量问题是不可行的。因此,不少研究学者试着将预报微生物学与风险评估结合起来,通过时间与微生物生长、残存、死亡的关系模型,适当地设定流通条件,估计特定食品经过一定的温度—时间贮藏后是否存在风险。即使不对最终产品进行检验,也能保证食品的安全和较高的品质。

要预知微生物在食品中的生长情况和数量,必须具备微生物数据库和相应的数学模型,这就需要将预报微生物学理论转变成一项适用的技术。目前已经建立了微生物数据库,它存储了不同微生物在不同的生长介质中的 pH、a_w 值、培养温度及有氧、无氧条件下的关系数据。数学模型主要有经验型和机理型,一个有效的模型往往不是单一类型的模型,而是两种类型的混合体。人们首先把注意力集中在对食品稳定性最重要的因素,如贮藏温度、时间、pH、a_w 等方面,针对某些种类的致病菌,一些适于亚硝酸盐、氮气、醋酸、乳酸、二氧化碳等诸多元素的模型已研制成功。近年来,美国、英国和澳大利亚等国家已尝试应用预报微生物技术来控制食品中李斯特氏菌的污染以及食品的乳酸发酵。

本章小结

本章介绍了食品保藏的方法,要求学生了解不同方法对食品中微生物的影响,掌握食品的低温、高温、干燥、辐照及化学方法对食品物料的影响,重点掌握不同保藏方法的原理及其抑菌杀菌的机制等内容。

思考题

(1)冷杀菌和热杀菌方法的对微生物影响的差异是什么?

(2)嗜热菌为什么能耐热?

(3)辐照杀菌的原理是什么?

(4)化学杀菌剂有哪些,其杀菌原理是什么?

(5)生物杀菌剂有哪些,其杀菌机制是什么?

(6)食品化学保藏会对微生物的特性产生什么样的影响?

(7)如何理解食品高温保藏与嗜热微生物特性之间的关系?

(8)利用 HACCP 防止食品腐败变质的措施有哪些?

(9)怎样应用预报微生物学技术解决食品安全领域问题?

主要参考书目

[1]李宗军. 食品微生物学[M]. 北京:化学工业出版社,2014.

[2]马迪根. 微生物生物学[M]. 北京:科学出版社,2001.

[3]董明盛,贾英民. 食品微生物学[M]. 北京:中国轻工业出版社. 2006.

[4]沈萍. 微生物学(第 2 版)[M]. 北京:高等教育出版社,2002.

[5]郑晓冬. 食品微生物学[M]. 浙江:浙江大学出版社,2001.

[6]诸葛健. 微生物学[M]. 北京:科学出版社,2004.

[7]James M. Jay, Martin J. Loessner, Davi. 现代食品微生物学(美)[M]. 北京:中国农业大学出版社. 2008.

[8]何国庆,丁立孝. 食品微生物学(第 3 版)[M]. 北京:中国农业大学出版社,2016.

[9]殷文政,樊明涛. 食品微生物学[M]. 北京:科学出版社,2015.

第七章 食品工业中微生物的利用

本章导读：

·了解食品工业中微生物利用的类型。

·掌握常见的与食品工业相关的微生物种类及食品工业中细菌、酵母菌、霉菌的利用、熟悉食品工业中的微生物酶制剂，了解微生物多糖在食品工业的利用。

·掌握常见的食物中微生物的种类和作用，熟悉微生物特点和应用，了解微生物在食品工业利用的发展现状。

微生物用于食品制造是人们利用微生物最早、最重要的一个方面，人们在生活实践中和食品科学研究中已经积累了很多丰富的经验。在食品工业中，微生物不仅能制造多种具有丰富营养价值、美味可口的食品，而且拓宽了食品的资源，已经成为食品科学领域内一门重要的分支学科。随着食品工业的兴起以及微生物研究技术的发展，微生物在食品工业中发挥着越来越重要的作用。

7.1 食品工业中细菌的利用

在食品工业中，人们可以利用细菌制造许多种食品，例如发酵乳制品、发酵蔬菜制品、调味品和味精等。与食品工业相关的细菌主要包括乳杆菌属（*Lactobacillus*）、链球菌属（*Streptococcus*）、乳球菌属（*Lactococcus*）、明串珠菌属（*Leuconostoc*）、片球菌属（*Pediococcus*）、双歧杆菌属（*Bifidobacterium*）、醋杆菌属（*Acetobacter*）、葡糖醋杆菌属（*Gluconacetobacter*）、棒状杆菌属（*Corynebacterium*）、短杆菌属（*Brevibacterium*）、微杆菌属（*Microbacterium*）和节杆菌属（*Arthrobacter*）等。

7.1.1 发酵乳制品

发酵乳制品是指利用良好的原料乳，经杀菌后接种特定的微生物进行发酵，产生具有特殊风味、较高营养价值和一定保健功能的乳制品。常见的发酵乳制品主要包括酸乳、干酪、酸奶油、乳酒等。

应用于发酵乳制品生产的微生物主要有乳酸菌、霉菌、酵母菌等。乳酸菌是一群能从可发酵性碳水化合物产生大量乳酸的革兰氏阳性细菌的通称，主要包括乳酸乳球菌（*Lactococcus lactis*），包含乳酸乳球菌乳酸亚种（*Lactococcus lactis* subsp. *lactis*）、乳酸乳球菌乳脂亚种（*Lactococcus lactis* subsp. *cremoris*）和乳酸乳球菌双乙酰亚种（*Lactococcus lactis* subsp. *diacetylactis*）3 个亚种；乳杆菌属（*Lactobacillus*）包括嗜酸乳杆菌（*Lactobacillus acidophilus*)、干酪乳杆菌(*Lactobacillus casei*)、卷曲乳杆菌(*Lactobacillus crispatus*)、德氏乳杆菌保加利亚亚种(*Lactobacillus delbrueckii* subsp. *bulgaricus*)、德氏乳杆菌乳亚种(*Lactobacillus delbrueckii* subsp. *lactis*)、发酵乳杆菌(*Lactobacillus fermentium*)、格氏乳杆菌(*Lactobacillus gasseri*)、瑞士乳杆菌(*Lactobacillus helveticus*)、约氏乳杆菌(*Lactobacillus johnsonii*)、副干酪乳杆菌(*Lactobacillus paracasei*)、植物乳杆菌(*Lactobacillus plantarum*)、罗伊氏乳杆菌(*Lactobacillus reuteri*)、鼠李糖乳杆菌(*Lactobacillus rhamnosus*)和唾液乳杆菌(*Lactobacillus salivarius*)等;嗜热链球菌(*Streptococcus thermophilus*)和肠膜明串珠菌乳脂亚种(*Leuconostoc mesenteroides* subsp. *cremoris*)等,这些乳酸菌对发酵乳制品风味有决定性的影响。

1.酸乳

酸乳是在优质鲜乳中加入乳酸菌进行乳酸发酵而制成的凝乳状产品,成品中必须含有大量的、相应的活性微生物。酸乳发酵用的菌种有多种,例如德氏乳杆菌保加利亚亚种(*Lactobacillus delbrueckii* subsp. *bulgaricus*)、嗜热链球菌(*Streptococcus thermophilus*)、嗜酸乳杆菌(*Lactobacillus acidophilus*)和乳酸乳球菌(*Lactococcus lactis*)等。一般采用德氏乳杆菌保加利亚亚种(*Lactobacillus delbrueckii* subsp. *bulgaricus*)和嗜热链球菌(*Streptococcus thermophilus*)的混合菌种,两种菌株的混合比例对酸乳的风味和质地具有重要的作用,杆菌和球菌的比例通常是1:1或1:2。在一定的温度下,一般经过12~48 h发酵乳液可形成均匀凝乳状产品,酸度可达1%左右。

根据酸乳的组织状态,可分为凝固型酸乳和搅拌型酸乳两类。酸乳具有其独特的营养价值,酸乳中的蛋白质更易被机体合成细胞时所利用,具有更好的生化可利用性;含有更多的易于吸收的钙质和丰富的维生素;同时,酸乳可减轻"乳糖不耐受症"、调节人体肠道中的微生物菌群平衡、有效降低胆固醇水平以及预防白内障的形成等。

2.酸奶油

酸奶油是以合格的鲜乳为原料,离心分离出稀奶油,经标准化调制、加碱中和、杀菌、冷却后加入发酵剂,通过乳酸菌的发酵作用,使乳糖转化为乳酸,柠檬酸转化为羟丁酮,羟丁酮进一步氧化成丁二酮,同时生成发酵中间产物如甘油、脂肪酸等赋予特殊的风味,再经过物理成熟、排出酪乳、加盐压炼、包装等工艺制成乳脂肪含量不小于80%,具有芳香浓郁的发酵乳制品。

目前酸奶油多采用混合乳酸菌发酵剂生产。发酵剂菌种分为两大类:一类是产酸菌种,主要是乳酸乳球菌乳酸亚种(*Lactococcus lactis* subsp. *lactis*)和乳酸乳球菌乳脂亚种(*Lactococcus lactis* subsp. *cremoris*)等,主要作用是利用产生的乳酸,在某种程度上起到抑制腐败菌繁殖的作用,从而提高奶油的稳定性;另一类是产香菌种,主要是噬柠檬酸链球菌(*Streptococcus citrovorus*)、副噬柠檬酸链球菌(*Streptococcus paracitrovorus*)和乳酸链球菌双乙酰亚种(*Lactococcus lactis* subsp. *diacetylactis*)等,可将柠檬酸转化为羟丁酮,再进一步氧化成丁二酮,赋予酸奶油特殊的香味。但实际制备发酵剂时一般是乳酸乳球菌乳酸亚种

(*Lactococcus lactis* subsp. *lactis*)、乳酸乳球菌乳脂亚种(*Lactococcus lactis* subsp. *cremoris*)和乳酸链球菌双乙酰亚种(*Lactococcus lactis* subsp. *diacetylactis*)3种菌的混合菌种,或者是以上4种菌的混合菌种。所以专门发酵剂中还含有产生香味的噬柠檬酸链球菌(*Streptococcus citrovorus*)和乳酸链球菌双乙酰亚种(*Lactococcus lactis* subsp. *diacetylactis*),这也是发酵法生产的酸奶油比甜奶油具有更浓芳香味的原因。

酸奶油的变质经常从奶油的表面开始,例如假单胞菌属(*Pseudomonas*)和黄杆菌属(*Flavobacterium*)中的某些菌种常引起酸奶油中的脂肪和蛋白质分解,从而产生腐败臭味;某些假丝酵母菌(*Candida albicans*)、毕赤氏酵母(*Pichia*)和红酵母(*Rhodotorula*)等也能引起酸奶油腐败;少数细菌如黑色假单胞菌(*Pseudomonas nigrifaciens*)能在酸奶油上产生黑色,许多霉菌和某些酵母可以在酸奶油表面生长繁殖并产生各种色斑。

3.干酪

干酪,又名奶酪、乳酪、芝士等,主要成分是酪蛋白和脂肪,是一种比较容易消化、营养价值较高的食品。干酪是由优质的鲜乳经过消毒后加入凝乳酶或微生物菌种,使得乳液凝块脱去乳清,压制块状,再在微生物的发酵作用下逐渐成熟而制成。乳源包括家奶牛、水牛、山羊或绵羊等。目前世界上已出现了几百种不同的干酪,人们很难按其实际意义进行分类。许多干酪是根据其出产的国家、地区或城市而命名。尽管它们名称不同,但可能会具有十分相近的风味特性;另外,也可能有几种完全不同的干酪却拥有相同的名称。

按照目前最普遍的分类方法,干酪被分为天然干酪和融化干酪。天然干酪是由牛奶直接制成,也有少部分是由乳清或乳清和牛奶混合制成。融化干酪是将一种或多种天然干酪经过搅拌加热而制成。按照质地特征又可将干酪分为软性干酪、半硬性干酪和硬性干酪等,其中普通硬性干酪最受人们欢迎,其产量占干酪总产量的90%以上。这种按照含水量的分类也可以分为软、中软、中硬或硬三种。

干酪成熟是一个缓慢的过程,它涉及一系列微生物学、生物化学和化学反应,例如糖酵解、脂解和蛋白质水解。干酪内微生物产生的酶促进了这些反应,因此干酪内微生物在干酪发酵和成熟过程中起着至关重要的作用。干酪内微生物分为两类:发酵剂菌种和非发酵剂菌种。

在干酪制作过程中,发酵剂菌种主要产酸并对干酪的成熟产生作用,干酪发酵剂菌种的来源方式有两种:一是人为加入的,二是牛奶里自然存在的,第一种情况大部分发生在人工制作干酪中。发酵剂菌种主要来源于乳酸乳球菌(*Lactococcus lactis*)、明串珠菌属(*Leuconostoc*)中的中温菌,以及嗜热链球菌(*Streptococcus thermophilus*)、德氏乳杆菌(*Lactobacillus delbrueckii*)、瑞士乳杆菌(*Lactobacillus helveticus*)中的嗜热菌种。发酵剂前期的产酸具有十分重要的作用,它不但为来自菌株的酶和凝乳酶发挥作用创造一个适合的环境,而且还为非发酵剂菌种提供了重要的代谢前体物和适宜的生长环境(适宜的氧化还原电位、pH 和水分活度等)。

非发酵剂菌种在干酪制作过程中不产酸或产酸很少,但对干酪的成熟具有重要作用。

主要包括非发酵乳酸菌、丙酸杆菌（*Propionibacterium*）、黏细菌（*Myxcobacteria*）、霉菌和酵母菌。常见的乳酸杆菌主要有干酪乳杆菌（*Lactobacillus casei*）、副干酪乳杆菌（*Lactobacillus paracasei*）、植物乳杆菌（*Lactobacillus plantarum*）、戊糖乳杆菌（*Lactobacillus pentosus*）、弯曲乳杆菌（*Lactobacillus curvatus*）、香肠乳杆菌（*Lactobacillus farciminis*）等专性同型发酵菌种；鼠李糖乳杆菌（*Lactobacillus rhamnosus*）兼性异型发酵菌种；发酵乳杆菌（*Lactobacillus fermentum*）、布氏乳杆菌（*Lactobacillus buchneri*）和短乳杆菌（*Lactobacillus brevis*）等专性异型发酵菌种。非发酵剂乳酸菌中的非乳酸杆菌主要有乳酸片球菌（*Pediococcus acidilactici*）、戊糖片球菌（*Pediococcus pentosaceus*）、坚韧肠球菌（*Enterococcus durans*）、粪肠球菌（*Enterococcus faecalis*）、屎肠球菌（*Enterococcus faecium*）和明串珠菌属（*Leuconostocs*）。

丙酸杆菌（*Propionibacterium*）是瑞士干酪中常见的菌群，能代谢乳酸盐为丙酸盐，并产生 CO_2 和水。发酵产生的丙酸和乙酸促进干酪形成独特的风味，而产生的 CO_2 是干酪形成空穴的原因。干酪内黏细菌（*Myxcobacteria*）的来源分为两种，一种是把老的干酪涂抹到嫩的干酪表面，另一种是往未成熟干酪上接种亚麻短杆菌（*Brevibacterium linens*）、白地霉（*Geotrichum candidum*）或汉逊德巴利酵母（*Debaryomyces hansenii*）等，这些菌与干酪内氨基酸、脂肪酸等重要风味物质的形成有关。干酪成熟中另一重要的微生物是霉菌，娄地青霉（*Penicillium roqueforti*）是一种能在干酪内部生长并使干酪形成蓝色纹理结构，而沙门柏干酪青霉（*Penicillium camemberti*）是一种生长在干酪表面并使干酪表面有层白膜的菌。酵母菌在很多干酪里都能发现，这是因为在干酪成熟时低的 pH、低的水分含量、低温和高的含盐量有利于酵母菌的生长。商业上干酪内酵母菌主要是乳酸克鲁维酵母（*Kluyveromyces lactis*）、汉逊德巴利酵母（*Debaryomyces hansenii*）、产朊假丝酵母（*Candida utilis*）和白地霉（*Geotrichum candidum*）。

干酪表面因有霉菌、酵母菌和某些蛋白质分解菌生长繁殖，可促使干酪软化、退色并产生臭味。干酪表面的发黏主要是由假单胞菌属（*Pseudomonas*）、产碱杆菌属（*Alcaligenes*）和变形杆菌属（*Proteus*）等某些菌种所引起，而一些蛋白质分解菌，例如液化链球菌（*Streptococcus liquefaciens*）使干酪具有苦味，霉菌和一些球菌在干酪表面生长可形成各种色斑。

4.双歧杆菌酸乳

近年来，随着对双歧杆菌（*Bifidobacterium*）在营养保健方面的研究，人们将其引入酸奶的生产。目前已知双歧杆菌共有 24 种，其中 9 种存在于人体肠道内，而应用于发酵乳制品生产的主要有青春双歧杆菌（*Bifidobacterium adolescentis*）、乳双歧杆菌（*Bifidobacterium lactis*）、两岐双歧杆菌（*Bifidobacterium bifidum*）、短双歧杆菌（*Bifidobacterium brevvis*）、婴儿双歧杆菌（*Bifidobacterium angulatum*）和长双歧杆菌（*Bifidobacterium longum*）6 种。

双歧杆菌与人体，除了在酸奶中起到和其他乳酸菌一样的对乳营养成分的"预消化"作用，使鲜乳中的乳糖、蛋白质水解成为更易为人体吸收利用的小分子以外，主要产生双歧杆菌素。其对肠道中的致病菌如沙门氏菌、金黄色葡萄球菌、志贺氏菌等具有明显的杀灭效果。乳中的双歧杆菌还能分解积存于肠胃中的致癌物 N-亚硝基胺,防止肠道癌变,并能通过诱导作用产生细胞干扰素和促细胞分裂剂,活化 NK 细胞,促进免疫球蛋白的产生、活化巨噬细胞的功能,提高人体的免疫力,增强人体对癌症的抵抗和免疫能力。

现仅简要介绍双歧杆菌酸乳的生产工艺。双歧杆菌酸乳的生产有两种不同的工艺。一种是两歧双歧杆菌(*Bifidobacterium bifidum*)与嗜热链球菌(*Streptococcus thermophilus*)、德氏乳杆菌保加利亚亚种(*Lactobacillus delbrueckii* subsp. *bulgaricus*)等共同发酵的生产工艺,称共同发酵法。另一种是将两歧双歧杆菌(*Bifidobacterium bifidum*)与兼性厌氧的酵母菌同时在脱脂牛乳中混合培养,利用酵母在生长过程中的呼吸作用,以生物法耗氧,创造一个适于双歧杆菌生长繁殖、产酸代谢的厌氧环境,称为共生发酵法。

5.马奶酒

马奶酒作为一种古老乳饮料,一直为俄罗斯、蒙古国、中亚一些国家以及我国的内蒙古、新疆等高加索地区人们所重视和喜爱。究其原因,主要是由于马奶酒中乳酸菌和酵母菌的相互作用,产生了一系列代谢产物,对人体具有营养、保健、医疗等功用和提供独特的风味,还有诸如对某些病原微生物的抑制作用、降血脂、降胆固醇、控制内毒素、促进新陈代谢、延缓机体衰老等。

马奶酒中的微生物分布也非常复杂,除了含有较多乳酸菌中的乳杆菌、乳球菌外,还有酵母菌。而乳杆菌中主要含有干酪乳杆菌(*Lactobacillus casei*)、消化乳杆菌(*Lactobacillus alimentar*)、詹氏乳杆菌(*Lactobacillus jensenii*)、嗜酸乳杆菌(*Lactobacillus acidophilus*)、戊糖乳杆菌(*Lactobacillus pentosus*)、德氏乳杆菌保加利亚亚种(*Lactobacillus delbrueckii* subsp. *bulgaricus*)、植物乳杆菌(*Lactobacillus plantarum*)和玉米乳杆菌(*Lactobacillus zeae*)8 个种,某些地区马奶酒中还含有米酒乳杆菌(*Lactobacillus sake*)和麦芽香乳杆菌(*Lactobacillus mataromicus*);乳球菌有粪肠球菌(*Enterococcus faecalis*),嗜热链球菌(*Streptococcus thermophilus*)、芒特肠球菌(*Enterococcus mundtii*)、异肠球菌(*Enterococcus dispar*)、假鸟肠球菌(*Enterococcus pseudoavium*)、坚忍肠球菌(*Enterococcus durans*)、鸡肠球菌(*Enterococcus gallinarum*)、黄色肠球菌(*Enterococcus casseliflavus*)、棉子糖肠球菌(*Enterococcus raffinosus*)、肠膜明串珠菌肠膜亚种(*Leuconostoc mesenteroides* subsp. *mesenteroides*),其中很多菌是一些潜在的益生菌,值得去开发利用。

7.1.2 发酵蔬菜制品

发酵蔬菜制品是以各种蔬菜为原料,利用有益微生物的活动及控制其一定的生长条件对蔬菜进行加工而制成的蔬菜制品,发酵加工主要蔬菜产品有泡菜、酸菜、酱菜和腌菜等。蔬菜发酵体系是一种微生态环境,其中含有乳酸菌、酵母菌和醋酸菌等多种微生物。蔬菜发酵加工是一种冷加工方式,能进一步改善蔬菜风味,提高其营养与保健价值。蔬菜经过发酵后的风味与新鲜蔬菜本身的风味、微生物代谢活动及发酵条件等因素密切相关。

1.发酵蔬菜中的主要微生物菌群

(1)乳酸菌。

蔬菜发酵中的乳酸菌分别属于粪链菌属(*Streptococus*)、明串球菌属(*Leuconostoc*)、片球菌属(*Pedrococcus*)和乳杆菌属(*Lactobacillus*)。在蔬菜初始发酵阶段和主发酵阶段起主要作用的乳酸菌主要为粪链球菌(*Streptococcus facealis*)、肠膜明串珠菌(*Leuconostoc mesenteroides*)和短乳杆菌(*Lactobacillus brevis*)。乳酸菌利用蔬菜中的糖发酵产生大量有机酸如乳酸、乙酸、丙酸等,这些有机酸对其他微生物如肠道菌属(*Enterobacter*)、棒杆菌属(*Corynebacterium*)和克雷伯氏菌属(*Klebsiella*)具有一定的抑制作用。此外,在发酵过程中还产生多种抑菌物质,如过氧化氢、乙醇、细菌素等。由于蔬菜的发酵体系是厌氧环境,一些好氧微生物包括腐败菌(如霉菌)在其中难以生长,因此高盐、高酸、抑菌物质和厌氧环境决定了蔬菜发酵的微生物主要是厌氧的乳酸菌。

(2)酵母菌。

蔬菜发酵中常见的酵母菌主要是啤酒酵母(*Saccharomyces cerevisiae*)、膜醭毕赤酵母(*Pichia membranaefaciens*)和鲁氏接合酵母(*Zygosaccharomyces rouxii*)等。发酵过程中生成的乙醇对发酵制品在后成熟阶段发生酯化反应和生成芳香物质至关重要,其他的醇类对风味也有一定的影响。酵母菌产生的乙醇也可作为醋酸菌进行醋酸发酵的基质。只有当发酵性碳水化合物全部被消耗之后,酵母菌才停止生长繁殖。但长期的酵母菌酒精发酵对蔬菜制品的风味与品质有一定的不良影响,原因是酒精大量增加,使蔬菜制品酒精度高,酒味太浓,正常风味受损;另外,过量的酒精发酵使糖类物质被大量地消耗,影响蔬菜制品营养价值。此外,膜醭毕赤酵母(*Pichia membranaefaciens*)的大量繁殖会使蔬菜制品表面产生白膜,释放出令人不愉快的酸臭味,最后导致蔬菜制品变质。因此,在蔬菜发酵过程中应控制酵母菌发酵,使蔬菜发酵过程正常进行。

(3)醋酸菌。

在蔬菜正常的发酵过程中,会有少量醋酸菌生长繁殖,如纹膜醋酸杆菌(*Acetobacter aceti*)、黑醋杆菌(*Acetobacter melanogenum*)和玫瑰色醋杆菌(*Acetobacter roseum*)等,它们在好氧条件下对醇类进行不完全氧化,导致酸类的积累。醋酸菌对酸性环境有较高的耐受力,大多数菌能在 pH 5.0 以下环境中生长。在蔬菜发酵过程中有少量醋酸菌对产品风味形成有益,它们产生的醋酸除本身具有独特风味外,还可与乙醇形成乙酸乙酯,给蔬菜制品增加芳香气味。但是与酒精发酵一样,过量会产生不良影响。所以,在蔬菜发酵过程中营造厌氧环境,控制醋酸菌的生长繁殖,是保证蔬菜制品风味正常的关键技术。

2.发酵过程

根据乳酸菌的活动情况,可将发酵过程分为 3 个阶段,即初始发酵阶段、发酵中期和发酵后期。

(1)初始发酵阶段。

以异型乳酸发酵为主,发酵温度为 18～45℃,参与发酵的微生物主要有双歧杆菌

（*Bifidobacterium*）、明串球菌（*Leuconstoc*）和部分乳杆菌,如短乳杆菌（*Lactobacillus brevis*）和发酵乳杆菌（*Lactobacillus fermentum*）。异型乳酸菌产酸量少,随乳酸的积累,异型乳酸菌的活动受到抑制。异型乳酸发酵有多种代谢产物,如乳酸、醋酸、乙醇和 CO_2。

（2）发酵中期。

以同型乳酸发酵为主并积累乳酸,通常在40℃或较高温度下生长。蔬菜发酵中常见的同型乳酸发酵的微生物有德氏乳杆菌乳亚种（*Lactobacillus delbrueckii* subsp. *lactis*）、植物乳杆菌（*Lactobacillus plantarum*）和乳酸乳球菌（*Lactococcus lactis*）,这些微生物所进行的同型乳酸发酵是蔬菜发酵的主要形式,乳酸菌进行的同型乳酸发酵几乎可以将80%以上葡萄糖转化为乳酸。

（3）发酵后期。

发酵后期是乙二酰和乙偶姻风味物质的形成期。乙二酰是乳酸制品中的生香物质,由丙酮酸在乙偶姻脱氢酶作用下形成。通过乳酸菌的发酵作用,不仅可以产生以乳酸为主的各种有机酸和低级脂肪酸,而且能生成乙二酰、乙偶姻、醋酸、乙醇、短肽和氨基酸等成分,产生令人愉悦的香味。发酵产生的酸和醇,在发酵制品的后熟阶段发生酯化反应,生成的芳香物质对蔬菜风味的影响也非常大。

7.1.3　食醋

食醋是我国劳动人民在长期生产实践中制造出来的一种酸性调味品,全国各地生产食醋品种较多,其中山西陈醋、镇江香醋、四川麸醋、东北白醋、江浙玫瑰米醋、福建红曲醋等是食醋的主要代表品种。按制醋工艺流程可分为酿造醋和人工合成醋,尤其以酿造米醋为最佳。酿造醋是采用淀粉质（如碎米、玉米、甘薯、甘薯干、马铃薯、马铃薯干等）为原料,经微生物制曲、糖化、酒精发酵、醋酸发酵等阶段酿制而成。其主要成分是3%~5%的醋酸,还含有各种氨基酸、有机酸、糖类、维生素、醇和酯等营养成分和风味物质,具有独特的色、香、味。食醋不仅是调味佳品,长期食用也有利于身体健康。

传统工艺制醋是利用存在于自然界中的微生物进行制曲和发酵,所涉及的微生物种类较多。目前制醋所采用的微生物是经过人工选育的纯培养菌株进行制曲、酒精发酵和醋酸发酵,具有发酵周期短、原料利用率高的特点。酿造醋的过程中需要以下3类微生物。

（1）淀粉的液化和糖化微生物。

这类微生物主要能够产生淀粉酶和糖化酶,能够把淀粉质原料转化为可发酵性糖类,通常使用曲霉作为淀粉液化和糖化的微生物。常用的曲霉有:AS 3.324 甘薯曲霉、东酒一号、AS 3.4309 黑曲霉、AS 3.758 宇佐美曲霉、沪酿 3.040 米曲霉、沪酿 3.042 米曲霉、AS 3.863 米曲霉和 AS 3.800 黄曲霉等。

（2）酒精发酵微生物。

生产上一般采用子囊菌亚门酵母属中的酵母,但不同的酵母菌株,其发酵能力不同,产生的滋味和香气也不同。北方地区常用 1300 酵母,上海香醋选用工农 501 黄酒酵母。K

字酵母适用于以高粱、大米、甘薯等为原料而酿制普通食醋。AS 2.109、AS 2.399 适用于淀粉质原料,而 AS 2.1189、AS 2.1190 适用于糖蜜原料。

(3)醋酸发酵微生物。

醋酸菌是食醋工业生产中一类重要的生产菌株,醋杆菌属(*Acetobacter*)和葡糖醋杆菌属(*Gluconacetobacter*)的醋酸菌具有较高的醋酸耐受性,这是其作为工业生产主要菌种的原因之一,其主要功能是氧化糖和乙醇,可将乙醇氧化为高浓度的醋酸,同时还能生成大量的有机酸。目前国内外在生产上常用的醋酸菌有:醋化醋杆菌(*Acetobacter aceti*)及其亚种奥尔兰醋杆菌(*Acetobacter orleanense*)、许氏醋杆菌(*Acetobacter schutzenbachii*)、恶臭醋杆菌(*Acetobacter rancens*)的亚种 AS 1.41 醋杆菌、巴氏醋杆菌(*Acetobacter pasteurianus*)的巴氏亚种沪酿 1.01 醋杆菌。

7.1.4 氨基酸

所有的微生物在培养过程中都能产生氨基酸,主要用于合成微生物细胞生长所必需的蛋白质。但是对于野生型微生物来说,微生物的细胞具有代谢自动调节系统,使氨基酸不能过量积累。如果要在培养基中大量积累氨基酸,就必须解除或突破微生物的代谢调节机制。1950 年发现了大肠肝菌能分泌少量的丙氨酸、谷氨酸、天冬氨酸和苯丙氨酸,以及加入过量的铵盐可增加氨基酸积累量的现象。1957 年日本科学家 Kinoshita 发现在培养谷氨酸棒状杆菌(*Corynebacterium glutamicum*)时会产生谷氨酸的积累,从此揭开了微生物法生产氨基酸的历史新篇章。至今,几乎所有的氨基酸都能采用发酵法生产。谷氨酸是第一种应用发酵法进行工业化生产,也是目前产量最大的氨基酸,全世界年产量超过 50 万 t,中国已经成为世界上最大的谷氨酸生产和消费国。

赖氨酸是人和动物的必需氨基酸之一,虽然植物蛋白中含有少量的赖氨酸,但不能满足人和动物生长的需要。研究表明某些微生物中存在赖氨酸和苏氨酸的协同反馈抑制,1961 年从谷氨酸棒状杆菌中分离到一株高丝氨酸营养缺陷型菌株,1969 年分离到一株苏氨酸和甲硫氨酸双重营养缺陷型黄色短杆菌(*Brevibacterium flavum*)。这两个菌株细胞内的苏氨酸合成受到了阻遏,促进了赖氨酸的积累,使赖氨酸的工业化生产成为可能。目前,微生物发酵法是唯一的赖氨酸工业化生产方法。

自 20 世纪 70 年代以来,几乎所有氨基酸发酵法生产都进行了研究和开发,已经获得工业化生产的氨基酸主要包括:谷氨酸、赖氨酸、精氨酸、谷氨酰胺、亮氨酸、异亮氨酸、脯氨酸、丝氨酸、苏氨酸和缬氨酸等。

目前,谷氨酸的生产菌可以从自然界中筛选得到,例如谷氨酸棒状杆菌(*Corynebacterium glutamicum*)和黄色短杆菌(*Brevibacterium flavum*),但是最初筛选得到的菌种积累谷氨酸的能力较弱,一般不超过 30 g/L,通过不断的诱变育种,现在产生谷氨酸的能力已经超过 100 g/L。然而要从自然界筛选其他氨基酸的生产菌就比较困难了,这是这些氨基酸在微生物细胞的代谢机理决定的。至今从自然界中筛选的微生物只有能积累

DL-丙氨酸的嗜氨微杆菌(*Microbacterium ammoniaphilum*)以及产生 L-缬氨酸的乳酸发酵短杆菌(*Brevibacterium lactofermentum*),但产量都较低。其他氨基酸的生产菌几乎都是从短杆菌属(*Brevibacterium*)和棒状杆菌属(*Corynebacterium*)通过诱变育种或基因工程技术获得。此外,噬菌体是氨基酸生产的不利因素,因此通常选育抗噬菌体的氨基酸生产菌种。

根据微生物中氨基酸生物合成的代谢途径和调控机制,微生物发酵法生产氨基酸的菌种选育主要有选育营养缺陷型菌株、选育调节突变型菌株以及基因工程方法获得高产菌株3 种方法。

(1)从营养缺陷型突变株选育氨基酸生产菌。

利用营养缺陷型突变株发酵生产氨基酸的关键是限制某种反馈抑制物或阻遏物的量,以解除代谢调节机制而有利于代谢中间体或最终产物的过量积累。因此,不同氨基酸缺陷型生长在含有限量的所要求氨基酸的培养基中,往往能产生和积累大量某种氨基酸。表 7-1 列出了部分氨基酸生产菌种及其遗传标记。例如 L-赖氨酸的生产菌株多采用高丝氨酸缺陷型突变株,而精氨酸缺陷型突变株往往产生鸟氨酸或瓜氨酸等。

表 7-1　采用营养缺陷型菌株生产的氨基酸

氨基酸	微生物菌株	遗传标记	产率(g/L)
L-天冬氨酸	黄色短杆菌(*Brevibacterium flavum*)	Citrate synthase⁻	10.6
L-瓜氨酸	枯草芽孢杆菌 K(*Bacillus subtilis* K)	Arg⁻	16.5
	谷氨酸棒状杆菌(*Corynebacterium glutamicum*)	Arg⁻	10.7
L-亮氨酸	谷氨酸棒状杆菌(*Corynebacterium glutamicum*)	Phe⁻、His⁻、Ile⁻	16.0
L-赖氨酸	谷氨酸棒状杆菌(*Corynebacterium glutamicum*)	Homoser⁻	13.0
	黄色短杆菌(*Brevibacterium flavum*)	Thr⁻、Met⁻	34.0
	乳酸发酵短杆菌(*Brevibacterium lactofermentum*)	Homoser⁻	20.2
L-鸟氨酸	谷氨酸棒状杆菌(*Corynebacterium glutamicum*)	Cit⁻	26.0
	碳氢棒状杆菌(*Corynebacterium hydrocarbonlactum*)	Cit⁻	9.0
	乳酸发酵短杆菌(*Brevibacterium lactofermentum*)	Cit⁻	40.0
	石蜡节杆菌(*Arthrobacter paraffineus*)	Cit⁻	8.0
L-脯氨酸	某种短杆菌(*Brevibacterium* sp.)	His⁻	23.0
	谷氨酸棒状杆菌(*Corynebacterium glutamicum*)	Ile⁻	14.8
	黄色短杆菌(*Brevibacterium flavum*)	Ile⁻、SGʳ	35.0
L-苏氨酸	石蜡节杆菌(*Arthrobacter paraffineus*)	Ile⁻	9.0
	大肠埃希氏菌(*Escherichia coli*)	DAP⁻、Met⁻、Ile⁻回复突变	13.0
	季也蒙假丝酵母(*Candida guillermondii*)	Ile⁻、Met⁻、Trp⁻	4.0
	大肠埃希氏菌(*Escherichia coli*)	Met⁻、Leu⁻	10.5
L-缬氨酸	谷氨酸棒状杆菌(*Corynebacterium glutamicum*)	Ile⁻、Leu⁻	30.0
	石蜡节杆菌(*Arthrobacter paraffineus*)	Ile⁻	9.0

（2）选育生产氨基酸的代谢调节突变菌株。

营养缺陷型突变菌株不能用于生产非分支代谢途径中末端产物氨基酸,只有选育代谢调节突变株才能生产这类氨基酸。代谢调节突变株中微生物的某些生物合成的调节机制已经缺失,强化了氨基酸的积累。选育的方法是分离对氨基酸类似物具有抗性的突变株,或从营养缺陷型菌株得到某种酶缺失的回复突变株。

一般情况下,与天然氨基酸结构类似的化合物对于某些微生物的生长具有抑制作用,这种氨基酸类似物称为"同形物"。同形物对微生物生长的抑制作用可以通过加入相应的氨基酸而解除。若在氨基酸合成的过程中加入同形物,则就会称为相应酶的共阻遏剂或共反馈抑制剂,同时又能抑制氨基酸合成蛋白质的反应。研究表明,营养缺陷型和调节突变型结合的菌株可以提高菌株积累氨基酸的能力,目前这种方法广泛地应用于氨基酸高产菌株的选育。表7-2列出了通过选育调节突变型和营养缺陷—调节突变型突变株、菌株的氨基酸积累水平。

表7-2　通过调节突变和营养缺陷-调节突变获得的氨基酸生产菌株

氨基酸	微生物菌株	遗传标记	产率(g/L)
L-精氨酸	枯草芽孢杆菌(*Bacillus subtilis*)	ArgHX^r、6AU^r	28.0
	谷氨酸棒状杆菌(*Corynebacterium glutamicum*)	D-Ser^r、D-Arg^r、ArgHX^r、2TA^r	25.0
	黄色短杆菌(*Brevibacterium flavum*)	2TA^r、guanine$^-$	34.8
	粘质沙雷氏菌(*Serratia marcescens*)	Arg(Fr)、Arg(Rr)、Arg(D)	35.0
	枯草芽孢杆菌(*Bacillus subtilis*)	ArgHX^r、5HUR^r、TRA^r、6FT^r、6AU^r	17.0
L-瓜氨酸	枯草芽孢杆菌(*Bacillus subtilis*)	ArgHX^r、6AU^r、Arg$^-$	26.2
L-组氨酸	谷氨酸棒状杆菌(*Corynebacterium glutamicum*)	TRA^r	7.0
	谷氨酸棒状杆菌(*Corynebacterium glutamicum*)	TRA^r、Leu$^-$	11.0
	谷氨酸棒状杆菌(*Corynebacterium glutamicum*)	TRA^r、6MG^r、8AG^r、4TU^r、6MP^r	15.0
	粘质沙雷氏菌(*Serratia marcescens*)	Histidase$^-$、TRA^r、2MH^r	13.0
	天蓝色链霉菌(*Streptomyces coelicolor*)	His-回复突变	3.5
L-异亮氨酸	粘质沙雷氏菌(*Serratia marcescens*)	IleHX^r、ABA^r	12.0
	黄色短杆菌(*Brevibacterium flavum*)	AHV$^-$、OMT^r	14.5
	谷氨酸棒状杆菌(*Corynebacterium glutamicum*)	Met$^-$、AHV$^-$、TIL^r、AEC^r、ETH^r、AZL^r、ABA^r	8.7
	谷氨酸棒状杆菌(*Corynebacterium glutamicum*)	AHV^r、AEC^r、ETH^r	37.5
	谷氨酸棒状杆菌(*Corynebacterium glutamicum*)	AHV^r、AEC^r、ETH^r、α-AB^r、IleHX^r	30.0
L-亮氨酸	粘质沙雷氏菌(*Serratia marcescens*)	ABA^r、Ile-回复突变	13.5
	黄色短杆菌(*Brevibacterium flavum*)	TA^r、Met$^-$、Ile$^-$	28.0

续表

氨基酸	微生物菌株	遗传标记	产率(g/L)
L-赖氨酸	黄色短杆菌(*Brevibacterium flavum*)	Thr^s、Met^s	25.0
	黄色短杆菌(*Brevibacterium flavum*)	AEC^r	32.0
	黄色短杆菌(*Brevibacterium flavum*)	AEC^r、Ala$^-$、CCL^r、ML^r	60.0
	黄色短杆菌(*Brevibacterium flavum*)	AEC^r、AHV^r	29.0
	菌膜假丝酵母(*Candida pelliculosa*)	AEC^r	3.2
	谷氨酸棒状杆菌(*Corynebacterium glutamicum*)	AEC^r、Homoser$^-$、Leu$^-$、Pant	42.0
L-蛋氨酸	谷氨酸棒状杆菌(*Corynebacterium glutamicum*)	Thr$^-$、ETH^r、SEM^r、MetHX^r	2.0
L-苯丙氨酸	黄色短杆菌(*Brevibacterium flavum*)	MFP^r	2.2
	枯草芽孢杆菌(*Bacillus subtilis*)	5FP^r	6.0
	谷氨酸棒状杆菌(*Corynebacterium glutamicum*)	PFP^r、PAP^r	9.5
	乳酸发酵短杆菌(*Brevibacterium lactofermentum*)	5MT^r、PFP^r、Dec^s、Tyr$^-$、Met$^-$	24.8
L-丝氨酸	谷氨酸棒状杆菌(*Corynebacterium glutamicum*)	OMS^r、MSE^r、ISE^r	3.8
L-苏氨酸	大肠埃希氏菌(*Escherichia coli*)	AHV^r、Met$^-$、Ile$^-$	6.1
	黄色短杆菌(*Brevibacterium flavum*)	AHV^r、Met$^-$	18.0
	谷氨酸棒状杆菌(*Corynebacterium glutamicum*)	AHV^r、Met$^-$、AEC^r	14.0
	黄色短杆菌(*Brevibacterium flavum*)	AEC^r、AHV^r	14.8
	粘质沙雷氏菌(*Serratia marcescens*)	Ile$^-$、DAP$^-$、AHV^r	12.7
	粘质沙雷氏菌(*Serratia marcescens*)	Ile$^-$、DAP$^-$、AHV^r、AEC^r	25.0
L-色氨酸	黄色短杆菌(*Brevibacterium flavum*)	5FT^r、MFP^r、Phe$^-$	6.2
	黄色短杆菌(*Brevibacterium flavum*)	5FT^r、AZS^r、PFP^r、Tyr$^-$	10.5
	谷氨酸棒状杆菌(*Corynebacterium glutamicum*)	5MT^r、4MT^r、6FT^r、TRPHX^r、PFP^r、PAP^r、TyrHX^r、Phe$^-$、PheHX^r、Tyr$^-$	12.0
L-酪氨酸	黄色短杆菌(*Brevibacterium flavum*)	MFP^r	1.9
	谷氨酸棒状杆菌(*Corynebacterium glutamicum*)	3AT^r、PAP^r、PFP^r、TyrHX^r、Phe$^-$	17.6
L-缬氨酸	黄色短杆菌(*Brevibacterium flavum*)	TA^r	31.0

注：ABA-α-氨基丁酸；AEC-S-(β氨乙酰基)胱氨酸；AZ-氮鸟嘌呤；AHV-α-氨基-β-羟基戊酸；AT-氨基-酪氨酸；AU-氮尿嘧啶；AZL-氮亮氨酸；AZS-氮丝氨酸；CCL-α-氯代己内酰胺；Dec-德夸霉素；DAP-α,ε-二氨基庚二酸；ETH-乙硫氨酸；FT-氟代色氨酸；HUR-羟基尿苷；HX-氧肟酸；ISE-异丝氨酸；MFP-m-氟代苯丙氨酸；MG-巯基鸟嘌呤；MH-甲基组氨酸；ML-γ-甲基赖氨酸；MP-巯基嘌呤；MSE-γ-甲基丝氨酸；MT-甲基色氨酸；OMS-o-甲基丝氨酸；OMT-o-甲基苏氨酸；PAP-p-甲基苯丙氨酸；PFP-p-氟代苯丙氨酸；SEM-硒蛋氨酸；TA-噻唑丙氨酸；TIL-硫代异亮氨酸；TRA-1,2,4-三叠氮丙氨酸；TU-硫代尿嘧啶；Arg(Fr)-缺失精氨酸反馈抑制；Arg(Rr)-缺失精氨酸操纵子的遏制；Arg(D)-缺失精氨酸降解酶。

（3）利用基因重组技术获得氨基酸生产菌株。

20世纪80年代开始研究应用基因重组技术获得生产氨基酸的基因工程菌株。1982年将L-色氨酸操纵子缺失的突变株和携带L-色氨酸操纵子的质粒结合,成功地构建了酸性L-色氨酸的基因工程大肠埃希氏菌。该质粒的邻氨基苯甲酸合成酶和磷酸核糖氨基苯甲酸转移酶对反馈抑制不敏感,而作为宿主细胞的大肠埃希氏菌则是L-色氨酸阻遏缺陷和L-色氨酸酶缺陷型的突变株。

7.2　食品工业中酵母菌的利用

酵母菌与人们的生活有着十分密切的关系,几千年来劳动人民利用酵母菌制作出许多营养丰富、味美的食品和饮料。目前,酵母菌在食品工业中占有极其重要的地位。利用酵母菌生产的食品种类很多,下面仅介绍几种主要产品。

与食品有关的酵母菌主要有产朊假丝酵母(*Candida utilis*)、热带假丝酵母(*Candida tropicalis*)、黄酒酵母、啤酒酵母(*Saccharomyces cerevisiae*)、葡萄酒酵母、酒精酵母、细红酵母、油球拟酵母、斯达油脂酵母、面包酵母、清酒酵母、威士忌酵母、白兰地酵母、酱油酵母等。

7.2.1　面包

面包是产小麦国家的主食,几乎世界各国都有生产。它是以面粉为主要原料,以酵母菌、糖、油脂和鸡蛋为辅料生产的发酵食品,其营养丰富,组织蓬松,易于消化吸收,食用方便,深受消费者喜爱。

酵母是生产面包必不可少的生物松软剂。面包酵母是一种单细胞生物,属真菌类,学名为啤酒酵母。面包酵母有圆形、椭圆形等多种形态,以椭圆形的用于生产较好。酵母为兼性厌氧型微生物,在有氧及无氧条件下都可以进行发酵。

面团发酵就是在适宜条件下,酵母菌利用面团中的营养物质进行繁殖和新陈代谢,产生 CO_2 气体,使面团蓬松,并使面团中的营养物质分解为人体易于吸收的物质。生产上应用于面包的酵母主要有鲜酵母、活性干酵母及即发干酵母几种形式。鲜酵母是酵母菌种在培养基中扩大培养、分离、压榨而制成的。鲜酵母发酵力较低,发酵速度慢,不易贮存运输,0~5℃可保存两个月,使用受到一定限制。活性干酵母是鲜酵母经低温干燥而制成的颗粒酵母,发酵活力及发酵速度都比较快,且易于贮存运输,使用较为普遍。即发干酵母又称速效干酵母,是活性干酵母的换代用品,使用方便,一般无须活化处理,可直接用于生产。

7.2.2　啤酒

啤酒是以优质大麦芽为主要原料,大米、酒花等为辅料,经过制麦、糖化、啤酒酵母发酵等工序酿制而成的一种含有 CO_2、低酒精浓度和多种营养成分的饮料酒。它是世界上产量最大的酒种之一。

啤酒酵母是一些特定的适用于啤酒发酵的酿酒酵母。根据酵母菌在啤酒发酵液中的性状,可将它们分成两大类:上面啤酒酵母和下面啤酒酵母。上面啤酒酵母在发酵时,酵母菌细胞随 CO_2 浮在发酵液面上,发酵终了形成酵母泡盖,即使长时间放置,酵母菌也很少下沉。下面啤酒酵母在发酵时,酵母菌悬浮在发酵液内,在发酵终了时酵母菌细胞很快凝聚成块并沉积在发酵罐底。按照凝聚力大小,把发酵终了细胞迅速凝聚的酵母菌,称为凝聚性酵母,而细胞不易凝聚的下面啤酒酵母,称为粉末性酵母。国内啤酒厂一般都使用下面啤酒酵母生产啤酒。

用于生产的啤酒酵母种类繁多,不同的菌株在形态和生理特性上不一样,在形成双乙酰高峰值和双乙酰还原速度上都有明显差别,造成啤酒风味各异。

啤酒发酵过程中啤酒酵母主要起降糖作用,产生乙醇和 CO_2。在啤酒发酵过程中,酵母菌在厌氧环境中经过糖酵解途径将葡萄糖降解成丙酮酸,然后脱羧生成乙醛,后者在乙醇脱氢酶催化下还原成乙醇。在整个啤酒发酵过程中,酵母菌利用葡萄糖除了产生乙醇和 CO_2 外,还生成乳酸、醋酸、柠檬酸、苹果酸和琥珀酸等有机酸,同时有机酸和和低级醇进一步聚合成酯类物质;经过麦芽中所含的蛋白质降解酶将蛋白质降解成肽后,酵母菌自身含有的氧化还原酶继续将低含氮化合物进一步转化成氨基酸和其他低分子物质。这些复杂的发酵产物决定了啤酒的风味、持泡性、色泽以及稳定性等各项指标,使啤酒具有独特的风格。

7.2.3　葡萄酒

葡萄酒是以葡萄为原料酿造的一种果酒。葡萄或葡萄汁能转化为葡萄酒主要是靠酵母的作用。酵母菌可以将葡萄浆果中的糖分解为乙醇、二氧化碳和其他副产物,这一过程称为酒精发酵。95%的糖被分解为酒精和二氧化碳,5%的以其他支路被转化,生成其他副产物(甘油、乙醛、醋酸、琥珀酸、乳酸、高级醇),对葡萄酒质量具有重要作用。

7.2.4　酵母菌用于 SCP 的生产

单细胞蛋白(signal cell protion,SCP)为以细胞形式存在的蛋白质,主要是指酵母菌、细菌等微生物蛋白。利用酵母菌可生产 SCP,目前 SCP 是公认的最具有应用前景的蛋白质新资源之一,对于解决世界蛋白质资源不足问题将会发挥重要作用。

一般工业生产 SCP 的微生物是酵母菌,主要是酿酒酵母菌,产朊假丝酵母、脆壁克鲁维酵母菌(乳清酵母)。此外,解脂假丝酵母和热带假丝酵母也得到了有效的应用。

7.3　食品工业中霉菌的利用

霉菌在食品工业中用途非常广泛,例如酱类、酱油、腐乳、柠檬酸、苹果酸等都需要霉菌的参与才能生产。大多数霉菌能把淀粉质原料、含蛋白质原料进行转化,从而制造成多种多样的食品、调味品和食品添加剂等。霉菌产生的淀粉酶能对淀粉进行糖化,而蛋白酶则能水解蛋白质。但是在利用霉菌制造食品的过程中,通常还需要细菌和酵母菌的共同作用。

在食品工业中常用的霉菌主要包括:根霉属(*Rhizopus*)中的日本根霉(*Rhizopus japonicus*)、米根霉(*Rhizopus oryzae*)和华根霉(*Rhizopus Chinensis*)等;曲霉属(*Aspergillus*)中

的黑曲霉(*Aspergillus niger*)、宇佐美曲霉(*Aspergillus usamil*)、米曲霉(*Aspergillus oryzae*)和泡盛曲霉(*Aspergillus awamori*)等；毛霉属(*Mucor*)中的鲁氏毛霉(*Mucor roxianus*)；红曲霉属(*Monascus*)中的紫红红曲霉(*Monascus purpureus*)、安卡红曲霉(*Monascus anka*)、锈色红曲霉(*Monascus rubiginosus*)和变红红曲霉(*Monascus serorubescens*)等。

7.3.1 酱类

酱类包括大豆酱、蚕豆酱、面酱、豆瓣酱、豆豉及其加工制品，都是由一些粮食或油料作物(如小麦或豆类)为主要原料，经微生物发酵酿制的半固体黏稠的调味品。主要有豆酱(黄酱)和面酱(甜面酱)两种，并可以这两种酱为基料调制出各种特色衍生酱品，酱油是酱的衍生品种。酱类发酵制品营养丰富，易于消化吸收，既可作小菜，又是调味品，具有特有的色、香、味，价格便宜，是一种受欢迎的大众化调味品。

我国制酱技术起源甚早，可以追溯到公元前千余年。目前，制酱技术得到了较大的提高，许多关键性问题得到了突破，例如将原来利用野生霉菌制曲改为纯粹培养制曲；创造因地制宜的简易通风制曲法；将日晒夜露天然发酵制酱改为人工保温发酵制酱等。

制曲是酱类酿造的关键环节，优良的菌种是生产优质产品的重要保证。酱类生产所用的菌种一般为霉菌，例如米曲霉(*Aspergillus oryzae*)、黑曲霉(*Apergillus niger*)、酱油曲霉(*Apergillus sojae*)和高大毛霉(*Mucor mucedo*)等。目前大多数厂家选用米曲霉和黑曲霉，这类菌种适合固态制曲工艺，产生的中性蛋白酶活力较高，菌种具有生长繁殖快、原料利用率较稳定等特点。但单一菌种制曲产生的酶系不全，酸性蛋白酶活力、淀粉酶和谷氨酰胺酶活力较低，而以多菌种混合制曲可以提高酱类的质量，例如沪酿3.042米曲霉和AS 3.758黑曲霉混合制曲，可以明显提高豆酱质量，氨基酸含量高，产品风味较好；沪酿3.042米曲霉和绿色木霉1号菌混合制曲能提高原料的利用率；沪酿3.042米曲霉、AS 3.350黑曲霉及AS 3.324甘薯曲霉3菌株混合制曲、混合发酵可显著提高产量和风味质量；利用AS 3.951、沪酿3.042米曲霉、AS 3.350黑曲霉、D110谷氨酸菌、产酯酵母等多菌种协同作用制曲，与单一菌种相比，显著提高了原料利用率和产品质量。

在酱类发酵前期，霉菌分泌的蛋白酶、淀粉酶促使原料中的蛋白质和淀粉分解为多肽、氨基酸和糖类，而在厌氧、高盐的环境中，促进了酵母菌的生长繁殖，例如鲁氏酵母(*Saccharomyces rouxii*)具有一定的酒精发酵力，同时也促进了酱醪成熟，赋予了酱类良好的风味。另外，细菌代谢产物进一步改善了酱类的风味，例如乳酸菌在发酵过程中，可与霉菌和酵母菌共同作用，产生乳酸乙酯等代谢产物，这是酱风味的有效成分。此外，乳酸菌能把葡萄糖分解成乳酸，与酵母菌产生的醇类化合成酯类，形成酱的特殊酯香味。

7.3.2 酱油

酱油俗称豉油，主要是利用蛋白质原料(如豆饼、豆粕等)和淀粉质原料(如麸皮、面粉、小麦等)，利用曲霉及其他微生物的共同发酵作用酿制而成的。酱油的成分比较复杂，除食盐的成分外,还有多种氨基酸、糖类、有机酸、色素及香料等成分。酱油是人们常用的一种食品调味料,营养丰富,味道鲜美,以咸味为主,也有鲜味、香味等,能增加和改善菜肴的口味,还能增添或改变菜肴的色泽。我国人民在数千年前就已经掌握酿制工艺。

参与酱油发酵的微生物主要包括米曲霉、酵母菌、乳酸菌及其他种类的细菌。酱油在前期发酵过程中主要起作用的是霉菌,经分离得到的霉菌经鉴定主要为米曲霉(*Aspergillus oryzae*)、酱油曲霉(*Aspergillus sojae*)、高大毛霉(*Mucor mucedo*)、黑曲霉(*Aspergillus niger*)等。米曲霉分泌的蛋白降解酶、肽酶、谷氨酰胺酶和淀粉酶系等,将原料中的蛋白质水解生成各种氨基酸而产生鲜味,形成酱油的独特滋味,米曲霉还分泌果胶酶、半纤维素酶和酯酶等。我国酱油厂制曲大多是使用米曲霉,其中使用最广泛的是由上海酿造科学研究所生产的沪酿 3.042 号米曲霉(即中科 AS 3.951 米曲霉)。

在后醇过程中与酱油风味密切相关的微生物主要是乳酸菌和酵母菌。酵母菌在酱油酿造中,与酒精发酵作用、酸类发酵作用及酯化作用等有直接或间接的关系,对酱油的香气影响最大,例如鲁氏酵母(*Saccharomyces rouxii*)、易变球拟酵母(*Torulopsis versatilis*)和埃契氏球拟酵母(*Torulopsis etchellsii*)。酱油乳酸菌是指在高盐稀态发酵的酱醪中生长并参与酱醪发酵的耐盐性乳酸菌。从酱醪中分离出的乳酸菌有 6 个属 18 个种,代表性菌种包括酱油片球菌(*Pediococcus sojae*)及酱油四联球菌(*Tetrcoccus sojae*),它们是形成酱油良好风味的主要因素。在酱油发酵过程中,采用多菌种发酵,合理协调不同微生物的作用,对提高和改善酱油风味具有重要意义。

7.3.3 腐乳

腐乳是一种二次加工的豆制食品,是我国著名的民族特色发酵调味品,具有 1000 多年的制造历史。腐乳具有营养丰富、味道鲜美、风味独特、价格便宜,深受人们喜爱的佐餐调味品。目前,我国各地都有腐乳的生产,品种繁多,但制作原理基本相同。首先将大豆制成豆腐,然后压坯划成小块,摆在木盒中即可接上蛋白酶活力很强的根霉或毛霉菌的菌种,其次便进入发酵和腌坯期。最后根据不同品种的要求加以红曲霉、酵母菌、米曲霉等进行密封贮藏。腐乳的独特风味就是在发酵贮藏过程中所形成。在这期间微生物分泌出各种酶,促使豆腐坯中的蛋白质分解成营养价值高的氨基酸和一些风味物质。有些氨基酸本身就有一定的鲜味,腐乳在发酵过程中也促使豆腐坯中的淀粉转化成酒精和有机酸,同时还有辅料中的酒及香料也参与作用,共同生成了带有香味的酯类及其他一些风味成分,从而构成了腐乳所特有的风味。腐乳在制作过程中发酵,蛋白酶和附着在菌皮上的细菌慢慢地渗入豆腐坯的内部,逐渐将蛋白质分解,经过 3~6 个月即成腐乳。随着人民生活水平的提高和国民经济的发展,人们对腐乳的质量要求越来越高。腐乳正在向低盐化、营养化、方便化、系列化等精加工方面发展。

腐乳最初采用自然发酵方法生产,但生产周期长,受季节影响且易污染。目前采用人工纯种培养生产,大幅缩短了生产周期,不易污染,常年都可生产。

在我国用于酿造腐乳的菌种主要是毛霉,其次是根霉,利用细菌发酵的很少。毛霉是我国腐乳生产使用量最大、覆盖面最广的生产菌种,占腐乳菌种的90%~95%。用于腐乳生产的毛霉主要有五通桥毛霉(*Mucor wutungkiao*)、腐乳毛霉(*Mucor sufu*)、总状毛霉(*Mucor racemosus*)、雅致放射毛霉(*Actinomucor elegans*)、高大毛霉(*Mucor mucedo*)、海会寺毛霉、布氏毛霉(*Mucor prainii*)、冻土毛霉(*Mucor hielmalis*)等。其中前4种为我国腐乳培菌最常用的毛霉菌种,五通桥毛霉是20世纪40年代我国著名微生物学家方心芳从四川五通桥德昌酱园腐乳坯上分离出来的,腐乳毛霉是从浙江绍兴等地的腐乳中分离而得的,总状毛霉是从四川牛华溪等地的腐乳中分离出来的,雅致放射毛霉是由北京王致和食品厂的腐乳中分离。

根霉型腐乳是用耐高温根霉来生产的腐乳,主要有米根霉(*Rhizopus oryzae*)、华根霉(*Rhizopus chinensis*)和无根根霉(*Rhizopus arrhizus*)等,南京腐乳即采用根霉菌种进行发酵。

细菌型腐乳可分为微球菌腐乳和枯草杆菌腐乳,国内腐乳生产很少使用细菌进行前期培菌。微球菌腐乳多采用藤黄微球菌(*Micrococcus luteus*)作为发酵菌种,其中以黑龙江克东腐乳最为著名,其腐乳特点是前后酿造两次需要180天,味道醇厚,后味绵长,营养丰富。枯草杆菌菌种多使用枯草芽孢杆菌(*Bacillus subtilis*),是武汉一些腐乳厂家的生产菌种。

除这三大类菌种外,鲁氏毛霉(*Mucor Rouxianus*)也可以作为腐乳发酵菌种。

7.3.4 柠檬酸

柠檬酸又名枸橼酸,外观为白色颗粒状或白色结晶粉末,无臭,具有令人愉快的强烈的酸味,易溶于水、酒精,不溶于醚、酯、氯仿等有机溶剂。商品柠檬酸主要是无水柠檬酸和一水柠檬酸。柠檬酸在工业、食品业、化妆业等具有极多的用途。天然的柠檬酸存在于植物(如柠檬、柑橘、菠萝等)果实中,早期的柠檬酸生产是以柠檬、柑橘等为原料提取加工。1784年,瑞典化学家Scheel最早从柠檬汁中提取出柠檬酸。

发酵法制取柠檬酸始于19世纪末。1893年德国微生物学家Wehmer发现青霉能积累柠檬酸。1913年Zahorski报道黑曲霉能生成柠檬酸。1916年美国科学家Thom和Currie以曲霉属菌进行试验,证实大多数曲霉菌如泡盛曲霉、米曲霉、温氏曲霉、绿色木霉和黑曲霉都具有产柠檬酸的能力,而黑曲霉的产酸能力更强。1917年美国科学家Currie使用黑曲霉浅盘发酵生产柠檬酸。1923年美国Pfizer公司建造了第一家以黑曲霉浅盘发酵法生产柠檬酸的工厂。1938年Perquin和1942年Karrow进行了柠檬酸的深层发酵研究。1952年美国Miles公司首先以淀粉质为原料,经水解后深层发酵大规模生产柠檬酸。

1968年我国柠檬酸深层发酵法研究成功,并进入工业化生产;20世纪70年代中期,柠檬酸工业已初步形成了生产体系;1970年我国开始研究以石油正烷烃为原料、解脂假丝酵母为菌种,发酵柠檬酸;1977年上海市工业微生物研究所以薯渣为主原料,以黑曲霉为菌种,固体发酵法生产柠檬酸钙的研究,中试成功并投入生产;20世纪70~90年代,我国致力于柠檬酸生产菌种的改进;至此,我国的发酵技术及生产水平,特别是菌种及发酵工艺均为世界领先水平,形成了以薯干粉、淀粉、木薯粉、葡萄糖母液等直接深层发酵的独有技术。

柠檬酸发酵是好气性发酵。通过采用不同碳源和不同发酵方式(固态或液态)来选育柠檬酸产生菌。很多微生物都能产生柠檬酸,例如黑曲霉(*Aspergillus niger*)、泡盛曲霉(*Aspergillus awamori*)、温特曲霉(*Aspergillus wentii*)、宇佐美曲霉(*Aspergillus usamil*)、海枣曲霉(*Aspergillus phoenicis*)、炭黑曲霉(*Aspergillus carbonarius*)、棒曲霉(*Aspergillus clavatus*)和斋藤曲霉(*Aspergillus saitoi*),目前用于工业化生产的几乎都是黑曲霉。以石油、乙酸、乙醇为原料都是酵母作为生产菌种,例如解脂假丝酵母(*Candida lipolytica*)、热带假丝酵母(*Candida tropicalis*)、季世蒙假丝酵母(*Candida guilliermondii*)等,以及毕赤氏酵母属(*Pichia*)、汉逊氏酵母属(*Hansenula*)和红酵母属(*Rhodotorula*)菌种能发酵正烷烃生产柠檬酸,伴随着相当数量的异柠檬酸。

关于柠檬酸发酵的机制虽有多种理论,但目前大多数学者认为它与三羧酸循环有密切的关系。糖经糖酵解途径(EMP 途径),形成丙酮酸,丙酮酸羧化形成 C_4 化合物,丙酮酸脱羧形成 C_2 化合物,两者缩合形成柠檬酸。

工业上发酵生产柠檬酸的方法有三种:表面发酵、固态发酵和液态深层发酵。前两种方法是利用气相中的氧,后者利用溶解氧。目前用的最多的方法是液态深层发酵。

7.3.5　苹果酸

L-苹果酸广泛存在于生物体中,是生物体三羧酸循环的成员。许多微生物都能产生苹果酸,但能在培养液中积累苹果酸并适于工业生产的,目前仅限于少数几种,大致有:用于一步发酵法的黄曲霉、米曲霉、寄生曲霉;用于两步发酵法的华根霉、无根根霉、短乳杆菌;用于酶转化法的短乳杆菌、大肠杆菌、产氨短杆菌、黄色短杆菌。

7.4　食品工业中的微生物酶制剂

7.4.1　微生物酶制剂

酶是由生物活细胞所产生的、具有高效和专一催化功能的生物大分子,其本质是生物催化剂。与化学催化剂相比,酶催化反应条件温和,对底物专一性强,产物纯度高、质量好、得率高、副产物少,对设备要求(如耐酸碱、耐蚀等)低等优点,广泛应用于工业、医药、农业、化学分析、环境保护、能源开发和生命科学理论研究等方面。在食品工业中,酶主要用于淀粉、酿造、果汁、饮料、调味品、油脂加工等领域。

酶普遍存在于动物、植物和微生物中,通过采取适当的理化方法,可以将酶从生物组织或细胞以及发酵液中提取出来,加工成一定纯度标准的生化制品,称为酶制剂。目前,世界上已经发现 2000 多种酶,食品工业中广泛应用的工业化生产的酶制剂约 20 多种,主要有60%的蛋白酶、30%的淀粉酶、3%的脂肪酶和7%的特殊酶,其中 80%以上为水解酶类。

食品工业用酶的来源包括动物、植物和微生物。来源于动物的酶主要从动物的胃黏膜、胰脏和肝脏中提取得到，例如从动物的胃中可以提取胃蛋白酶和凝乳酶，从胰脏中可以提取胰蛋白酶和胰凝乳蛋白酶等。能够提供食品工业用酶的植物品种较多，包括大麦芽、菠萝、木瓜、无花果和大豆粉等，例如从大麦芽中提取的 α-淀粉酶和 β-淀粉酶可以用在淀粉工业中；从菠萝茎、木瓜汁和无花果汁中提取的菠萝蛋白酶、木瓜蛋白酶及无花果蛋白酶可以用来生产蛋白水解物，用于防止啤酒冷沉淀和嫩化肉类等。应用于食品工业的酶制剂虽然来源较多，但利用微生物生产酶制剂要比从动植物中提取更容易，因为动植物来源有限，且受季节、气候和地域等因素的限制，而以微生物来源的酶制剂种类最多，其数量大、价格低、制备易且用途广，充分显示了微生物生产酶制剂的优越性，现在除了少数几种酶制剂从动植物中提取外，绝大部分酶制剂都由微生物生产。据统计，目前从微生物中至少已发现 2500 多种不同的酶类，其中绝大部分用于食品工业。食品工业中微生物来源的主要酶制剂及其用途见表 7-3。

表 7-3　食品工业中应用的主要微生物酶制剂及其用途

酶名	产酶主要微生物	主要用途
α-淀粉酶	枯草芽孢杆菌（Bacillus subtilis）、巨大芽孢杆菌（Bacillus megaterium）、嗜热脂肪芽孢杆菌（Bacillus stearothermophilus）、米曲霉（Aspergillus oryzae）	广泛应用于酒精、啤酒、味精、淀粉糖、发酵工业的液化
β-淀粉酶	米曲霉（Aspergillus oryzae）、黑曲霉（Aspergillus niger）	广泛应用于啤酒，饴糖，高麦芽糖浆，结晶麦芽糖醇等以麦芽糖为产物的制糖及发酵工业
葡萄糖淀粉酶	德氏根霉（Rhizopus delemar）、黑曲霉（Aspergillus niger）	广泛用于酒精、酿酒以及食品发酵工业
普鲁兰酶	产气克雷伯氏菌（Klebsiella aerogenes）、普鲁兰杆菌（Bacillus acidopullalyticus）	广泛用于糖、蜂蜜、谷物、淀粉和饮料加工中除杂水解
纤维素酶	黑曲霉（Aspergillus niger）、里氏木霉（Trichoderma reesei）	用于大豆蛋白加工，淀粉加工，啤酒加工行业，食品行业；用于植物类药材中皂苷、生物碱、苯丙素、挥发油类化合物的提取
半纤维素酶	长枝木霉（Trichoderma longibrahiatum）	用于谷类和蔬菜加工，与果胶酶合用可使柑橘类果汁澄清；用于处理咖啡豆可使咖啡的抽提率增加；处理大豆可提高其可消化性
蔗糖转化酶	黑曲霉（Aspergillus niger）、淡紫青霉（Penicillum lilacinum）	蔗糖转化为葡萄糖和果糖，用于冰激凌、液体巧克力、蜜饯、各种水果、果酱等中；也用于生产人造蜂蜜及从食品中除去蔗糖
葡聚糖酶	地衣芽孢杆菌（Bacillus licheniformis）	用于制糖工业中降低由变质甘蔗导致葡聚糖含量提高的甘蔗汁的黏度
α-D-半乳糖苷酶	葡酒色被孢霉变种（Mortierella vinaceae var. raffinoseutilizer）	制糖
柚苷酶	黑曲霉（Aspergillus niger）、米曲霉（Aspergillus oryzae）、青霉（Penicillum sp.）	主要用于柚子和苦味橘子的果汁、果肉和果皮等的脱苦

续表

酶名	产酶主要微生物	主要用途
橙皮苷酶	黑曲霉（*Aspergillus niger*）、青霉（*Penicillum* sp.）	主要用于橘子罐头生产，以防止从果肉中溶出的橙皮柑而造成白色浑浊和果肉上出现白色斑点
花色苷酶	黑曲霉（*Aspergillus niger*）、米曲霉（*Aspergillus oryzae*）	主要用作花色色素的色素去除剂
果胶酶	黑曲霉（*Aspergillus niger*）、根霉（*Phizopus* sp.）	用于果蔬汁饮料及果酒的榨汁及澄清，对分解果胶具有良好的作用
β-半乳糖苷酶	脆壁克鲁维酵母（*Kluyveromyces fragilis*）、乳酸克鲁维酵母（*Kluyveromyces lactis*）、黑曲霉（*Aspergillus niger*）、米曲霉（*Aspergillus oryzae*）、环状芽孢杆菌（*Bacillus circulans*）、青霉（*Penicillum* sp.）	加工乳品，制备面包，生产低聚半乳糖
蛋白酶	地衣芽孢杆菌（*Baclicus lincheniformis*）、米曲霉（*Aspergillus oryzae*）、黑曲霉（*Aspergillus niger*）、蜂蜜曲霉（*Aspergillus melleus*）、灰色链霉菌（*Streptomyces griseus*）	制备点心、面包、乳品、调味料，加工植物蛋白，酿造黄酒、酱，软化肉类，加工水产等
乳糖酶	乳酸克鲁维酵母（*Kluyveromyces lactis*）、黑曲霉（*Aspergillus niger*）、米曲霉（*Aspergillus oryzae*）、脆壁克鲁维酵母（*Kluyveromyces fragilis*）、嗜热乳酸杆菌（*Lactobacillus thermophilus*）	主要用于乳品工业，可使低甜度和低溶解度的乳糖转变为较甜的、溶解度较大的单糖（葡萄糖和半乳糖）；可使冰激凌、浓缩乳、炼乳中乳糖结晶析出的可能性降低，同时增加甜度。在发酵和焙烤工业中，可使不能被一般酵母分解的乳糖水解为葡萄糖而得到利用
凝乳酶	米黑根毛霉（*Rhizomucor miehei*）、微小毛霉（*Mucor pusillus*）	广泛应用于干酪制造，也用于酶凝干酪素及凝乳布丁的制造。
过氧化氢酶	黑曲霉（*Aspergillus niger*）、溶壁微球菌（*Micrococcus lysodeikticus*）	用于在食品加工过程中使用过氧化氢作为漂白剂、氧化剂、淀粉变性剂、防腐剂的食品除氧，以及用于消除牛奶、蛋制品、干酪等生产中因紫外线照射产生过氧化氢而造成的特异臭味；也可用作烘焙食品的膨松剂
葡萄糖氧化酶	特异青霉（*Penicillium notatum*）、尼崎青霉（*Penicillium amagasakiense*）	食品脱氧，防止面包、果汁褐变
脂肪酶	黑曲霉（*Aspergillus niger*）、米黑根毛霉（*Rhizomucor miehei*）、日本根霉（*Rhizopus japomicus*）、德氏根霉（*Rhizopus delemar*）、涎沫假丝酵母（*Candida zeylanoides*）、假单胞菌（*Pseudomonas* sp.）	可应用于食品改良，酒类酿造，保健食品，乳品增香，油脂精制，食品生产脱脂，化妆品，饲料添加剂等领域。
核酸酶	橘青霉（*Penicillumcitrinum*）、埃及交替单胞菌（*Alteromonas espejiana*）	制备调味料
木糖异构酶	黄微绿链霉菌（*Streptomyces flavovirens*）、白色链霉菌（*Streptomyces albus*）、凝结芽孢杆菌（*Bacillus coagulans*）	异构化糖
环糊精葡萄糖基转移酶	浸麻芽孢杆菌（*Bacillus macerans*）、嗜热脂肪芽孢杆菌（*Bacillus stearothermophilus*）环状芽孢杆菌（*Bacillus cirulans*）、巨大芽孢杆菌（*Bacillus megaterium*）	用于淀粉加工制品的生产和制备酶改性甘草提取物等

酶名	产酶主要微生物	主要用途
鞣酸酶	黑曲霉（*Aspergillus niger*）、米曲霉（*Aspergillus oryzae*）、灰绿青霉（*Penicillium glaucum*）	主要用于生产速溶茶时分解其中的鞣质，以提高成品的冷溶性和避免热溶后在冷却时产生浑浊；也用于其他含有单宁或单宁与绿原酸的结合物的除涩作用
脱氨基酶	蜂蜜曲霉（*Aspergillus melleus*）、茂原轮链丝菌（*Streptoverticillium mobaraense*）、枯草芽孢杆菌（*Bacillus subtilis*）	制造肌苷

7.4.2　淀粉酶

淀粉酶是水解淀粉物质的一类酶的总称，广泛存在于动植物和微生物中。它是最早实现工业化生产并且迄今为止应用最广、产量最大的一类酶制剂。按照水解淀粉方式不同可分为 4 大类：α-淀粉酶、β-淀粉酶、糖化酶（葡萄糖淀粉酶）和异淀粉酶（分枝酶）。

1.淀粉酶的种类

（1）α-淀粉酶。

作用于淀粉时，可从底物分子内部不规则地切开 α-1,4-糖苷键，但不能水解 α-1,6-糖苷键，也不能水解靠近分支点的 α-1,6-糖苷键附近的 α-1,4-糖苷键，水解产物为麦芽糖、少量葡萄糖以及一系列分子量不等的低聚糖和糊精。

（2）β-淀粉酶。

作用于淀粉的 α-1,4-糖苷键，其水解作用由非还原性末端开始，按麦芽糖单位依次水解，由于该酶不能水解 α-1,6-糖苷键，故遇到分支点即停止作用，并在分支点残留 1~2 个葡萄糖基，也不能跨越分支点水解内部的 α-1,4-糖苷键，水解产物是麦芽糖和 β-极限糊精。

（3）葡萄糖淀粉酶。

底物专一性较低，它不仅能从淀粉分子的非还原性末端切开 α-1,4-糖苷键，也能缓慢切开 α-1,6-糖苷键和 α-1,3-糖苷键。因此，它能很快地把直链淀粉从非还原性末端依次切下葡萄糖单位，在遇到 α-1,6-糖苷键时先将其水解，再将 α-1,4-糖苷键水解，从而使支链淀粉水解，水解产物是葡萄糖。

（4）异淀粉酶。

只对支链淀粉、糖原等分支点具有专一性。根据来源不同有两种分类方法：一种是把水解支链淀粉和糖原的的酶称为异淀粉酶，主要包括异淀粉酶和普鲁兰酶（苗霉多糖酶）；另一种分类根据来源不同，分为酵母异淀粉酶、高等植物异淀粉酶（R-酶）和细菌异淀粉酶。

2.淀粉酶的微生物来源

（1）α-淀粉酶的微生物来源。

α-淀粉酶的来源非常广泛,包括动物、植物和微生物,其中微生物来源的淀粉酶具有来源丰富、性能多样和易于工业化生产的特点,在食品工业中的应用最为广泛。虽然多种微生物可以产生 α-淀粉酶,包括丝状真菌、细菌、酵母菌和放线菌等,但是目前能够满足工业应用需求的 α-淀粉酶主要来源于细菌和丝状真菌。

细菌来源的 α-淀粉酶主要包括:枯草芽孢杆菌 JD-32(*Bacillus subtilis* JD-32)、枯草芽孢杆菌 BF-7658(*Bacillus subtilis* BF-7658)、解淀粉芽孢杆菌(*Bacillus amyloliquefaciens*)、嗜热脂肪芽孢杆菌(*Bacillus stearothermophilus*)、嗜热糖化芽孢杆菌(*Bacillus thermodiastaticus*)、多粘芽孢杆菌(*Bacillus polymyxa*)、解碱假单胞菌(*Pseudomonas alkanolytica*)和地衣芽孢杆菌(*Bacillus licheniformis*)等。枯草芽孢杆菌 BF-7658(*Bacillus subtilis* BF-7658)所产的的淀粉酶是我国产量最大、用途最广的一种 α-淀粉酶,其最适 pH 6.5 左右,pH 低于 6.0 或高于 10.0 时,酶活显著降低;最适温度为 65℃,60℃以下稳定。在淀粉浆中酶的最适温度是 80~85℃,在 90℃保温 15 min 酶活保留 87%。

真菌来源的 α-淀粉酶有很多种,主要包括曲霉属、青霉属、木霉属、根霉属和酵母属等,例如黑曲霉(*Aspergillus niger*)、米曲霉(*Aspergillus oryzae*)、泡盛曲霉(*Aspergillus awamori*)、臭曲霉(*Aspergillus foetidus*)、宇佐美曲霉(*Aspergillus usamii*)、烟曲霉(*Aspergillus fumigatus*)、河内白曲霉(*Aspergillus kawachii*)、扩展青霉(*Penicillium expansum*)、微小根毛霉(*Rhizomucor pusillus*)、绿色木霉(*Trichoderma viride*)、*Schwanniomyces alluvius* 和隐球菌(*Cryptococcus* sp.)等。

几种微生物 α-淀粉酶的性质见表 7-4。

表 7-4　几种微生物 α-淀粉酶的性质

酶来源	主要水解产物	耐热性(℃)(15 min)	pH 稳定性(30℃、24 h)	适宜 pH	Ca^{2+} 保护作用
枯草杆菌(液化型)	糊精、麦芽糖(30%)、葡萄糖(6%)	65~80	4.8~10.6	5.4~6.0	+
枯草杆菌(糖化型)	葡萄糖(41%)、麦芽糖(58%)、麦芽三糖、糊精	55~70	4.0~9.0	4.6~5.2	-
枯草杆菌(耐热型)	糊精、麦芽糖、葡萄糖	75~90	5.0		+
米曲霉	麦芽糖(50%)	55~70	4.7~9.5	4.9~5.2	+
黑曲霉	麦芽糖(50%)	55~70	4.7~9.5	4.9~5.2	+
黑曲霉(耐酸)	麦芽糖(50%)	55~70	1.8~6.5	4.0	+
根霉	麦芽糖(50%)	50~60	5.4~7.0	3.6	-

根据作用温度的不同,α-淀粉酶可分为低温、中温和耐高温 3 种类型,其中耐高温 α-淀粉酶最适温度为 90~95℃,热稳定性大于 90℃,但也有学者认为,耐高温 α-淀粉酶应为最适温度在 60℃以上。作为一种重要的酶制剂,耐高温 α-淀粉酶由于具有热稳定性好、节约能源、降低成本、保存条件范围宽、易于贮存和运输等优点,而被广泛应用于味精、啤酒、有机酸、酒精等食品发酵以及纺织印染等行业。

能产生耐高温 α-淀粉酶的微生物主要是芽孢杆菌属,例如凝结芽孢杆菌(*Bacillus*

coagulans)、枯草芽孢杆菌(*Bacillus subtilis*)、嗜热脂肪芽孢杆菌(*Bacillus stearothermophilus*)和地衣芽孢杆菌(*Bacillus licheniformis*)等。此外,还包括一些强烈火球菌(*Pyrococcus furiosus*)、乌兹炽热球菌(*Pyrococcus woesei*)和 *Thermococcus profundus* 等古生菌以及链霉菌,如 *Streptomyces erumpens*。目前工业生产上常采用地衣芽孢杆菌及其突变菌株。

(2)β-淀粉酶的微生物来源。

β-淀粉酶广泛存在于大麦、小麦、甘薯、豆类等植物和一些微生物中,一般单独存在或与α-淀粉酶共存。β-淀粉酶含量因植物不同而异,其中麦芽粉含量最高,大麦、小麦、大豆、麸皮也存在大量的β-淀粉酶,甘薯含量稍低。啤酒酿造可直接利用麦芽中的β-淀粉酶糖化,但许多高含量的麦芽糖产品,如高麦芽糖浆、结晶麦芽糖及麦芽糖醇等的生产需较纯净、活力高的β-淀粉酶。相比而言,麦芽是进一步提取β-淀粉酶的最好原料。

许多微生物通过发酵也能生产β-淀粉酶,例如多粘芽孢杆菌(*Bacillus polymyxa*)、巨大芽孢杆菌(*Bacillus megaterium*)、蜡样芽孢杆菌(*Bacillus Cereus*)、环状芽孢杆菌(*Bacillus circulans*)、热硫梭状芽孢杆菌(*Clostridium thermosulfurogenes*)、日本根霉(*Rhizopus japonicus*)、红发夫酵母(*Xanthophyllomyces dendrorhous*)、链霉菌(*Streptomyces* sp.)和假单胞菌(*Pseudomonas* sp.)等。微生物发酵法生产的β-淀粉酶活力低,成本高。而来源于植物的β-淀粉酶活力高,因此在饴糖、啤酒等工业中几乎都使用植物中获得的β-淀粉酶。

(3)葡萄糖淀粉酶的微生物来源。

葡萄糖淀粉酶只存在于微生物中,许多霉菌都可以生产葡萄糖淀粉酶。工业生产所用的菌种是根霉、曲霉以及拟内孢霉等,例如雪白根霉(*Rhizopus niveus*)、德氏根霉(*Rhizopus delemar*)、台湾根霉(*Rhizopus formosensis*)、爪哇根霉(*Rhizopus javanicus*)、河内根霉(*Rhizopus tritici*)、日本根霉(*Rhizopus japonicus*)、黑曲霉(*Aspergillus niger*)、米曲霉(*Aspergillus oryzae*)、泡盛曲霉(*Aspergillus awamori*)、海枣曲霉(*Aspergillus phoenicis*)、臭曲霉(*Aspergillus foetidus*)、红曲霉(*Monascus purpureus*)、宇佐美曲霉(*Aspergillus usamil*)和肋状拟内孢霉(*Endomycopsis fibuliger*)等,其中黑曲霉是最重要的生产菌株。1977 年我国选育出的黑曲霉变异株 UV-11 已被广泛应用于葡萄糖淀粉酶的生产。

(4)异淀粉酶的微生物来源。

异淀粉酶广泛存在于自然界,在植物中如大米、蚕豆、马铃薯、麦芽和甜玉米等均发现有异淀粉酶的存在;在高等动物的肝脏、肌肉中亦有类似于异淀粉酶的分解 α-1,6-糖苷键的酶存在。微生物中能够产生异淀粉酶的菌种很多,除最初在酵母中发现异淀粉酶外,后来发现不少细菌和某些放线菌均能产生异淀粉酶,不同来源的异淀粉酶对于底物作用的专一性有所不同。

可产异淀粉酶生产菌有酵母、产气杆菌、假单胞菌、放线菌、埃希氏杆菌、诺卡氏菌、乳酸杆菌、小球菌等。我国异淀粉酶生产多产用产气杆菌 10016。

7.4.3　蛋白酶

蛋白酶是水解蛋白质肽链的一类酶的总称。按其降解多肽的方式可分为内肽酶和端肽酶两类。内肽酶能把大分子的多肽链从中间切断,形成分子量较小的朊或胨;端肽酶可分为羧肽酶和氨肽酶,它们分别从多肽的游离羧基末端或游离氨基末端逐一将肽链水解成氨基酸。由于每种酶都有其作用的最适 pH,因此,蛋白酶的分类多以产生菌的最适 pH 为标准,通常分为中性蛋白酶、碱性蛋白酶和酸性蛋白酶。蛋白酶是一种重要的工业化应用的酶制剂,占酶制剂市场的 65% 以上,广泛用于洗涤剂、制革、银回收、医药、食品加工、饲料、化学工业、废物处理等行业。

(1)酸性蛋白酶的生产菌。

酸性蛋白酶是一类最适作用 pH 为 2.5~5.0 的天冬氨酸蛋白酶,主要来源于动物的脏器(胃蛋白酶等)和微生物分泌物,包括胃蛋白酶、凝乳酶和一些微生物蛋白酶。根据其产生菌的不同,微生物酸性蛋白酶可分为霉菌酸性蛋白酶、酵母菌酸性蛋白酶和担子菌酸性蛋白酶。根据作用方式可分为两类:一类是与胃蛋白酶相似,主要产酶微生物是曲霉、青霉和根霉等;另一类是与凝乳酶相似,主要产酶微生物是毛霉和栗疫霉等。细菌中尚未发现产酸性蛋白酶的菌株。由于酸性蛋白酶具有较好的耐酸性,因此被广泛地应用于食品、医药、轻工、皮革工艺以及饲料加工工业中。

目前酸性蛋白酶大都来源于微生物,动物和植物中也有不少。产酸性蛋白酶菌株主要包括:黑曲霉(*Aspergillus niger*)、米曲霉(*Aspergillus oryzae*)、泡盛曲霉(*Aspergillus awamori*)、方斋藤曲霉(*Aspergillnsaitoi*)、宇佐美曲霉(*Aspergillus usamil*)、栖土曲霉(*Aspergillus terricola*)、乾氏曲霉(*Aspergillus inuii*)、白曲霉(*Aspergillus albicans*)、沙门柏干酪青霉(*Penicillium camemberti*)、微紫青霉(*Penicillium janthinellum*)、娄地青霉(*Penicillium roqueforti*)、拟青霉(*Paecilomyces varioti*)、米黑毛霉(*Mucor miehei*)、微小毛霉(*Mucor pusillus*)、德氏根霉(*Rhizopus delemar*)、华根霉(*Rhizopus Chinensis*)、少孢根霉(*Rhizopus oligosporus*)、栗疫霉(*Phytophthora cambivora*)、小孢根霉(*Rhizopus microsporus*)、血红栓菌(*Trametes sanguinea*)、乳白耙菌(*Irpex lacteus*)、啤酒酵母(*Saccharomyces cerevisiae*)、黏红酵母(*Rhodotorula glutinis*)和白假丝酵母(*Candida albicans*)等。

商品化的酸性蛋白酶生产菌主要是黑曲霉、宇佐美曲霉和米曲霉等为数不多的菌株,与动物蛋白酶和植物蛋白酶相比,微生物酸性蛋白酶的一个显著特点是具有多样性和复杂性,通常一株菌株可以分泌一种或多种酸性蛋白酶。我国生产酸性蛋白酶的菌株主要是黑曲霉 A.S 3.301 和黑曲霉 A.S 3.305 等。

(2)中性蛋白酶的生产菌。

中性蛋白酶是最早用于工业化生产的蛋白酶,大多数微生物中性蛋白酶属于金属酶。中性蛋白酶作用的最适 pH 为 6.8~7.0,是微生物蛋白酶中最不稳定的酶,很容易自溶,即使在低温冷冻干燥也会造成分子量的明显减少。目前用于生产中性蛋白酶的微生物菌株主要包括:枯草芽孢杆菌(*Bacillus subtilis*)、巨大芽孢杆菌(*Bacillus megaterium*)、地曲霉(*Aspergillus kawachii*)、酱油曲霉(*Aspergillus soiae*)、米曲霉(*Aspergillus oryzae*)和灰色链霉菌(*Streptomyces griseus*)等。

(3)碱性蛋白酶的生产菌。

碱性蛋白酶是一类作用最适 pH 为 9.0~11.0 的蛋白酶,因其活性中心含有丝氨酸,所以又称为丝氨酸蛋白酶。碱性蛋白酶是商品蛋白酶中产量最大的一类蛋白酶,占蛋白酶总量的 70% 左右,主要应用于制造加酶洗涤剂。我国最早生产的碱性蛋白酶是地衣芽孢杆菌 2709 碱性蛋白酶,也是产量最大的一类蛋白酶,其产量占商品酶制剂总量的 20% 以上,此酶主要用于制造加酶洗涤剂。

碱性蛋白酶主要存在于细菌,放线菌和真菌中。目前商业中应用的碱性蛋白酶主要来源于芽孢杆菌(*Bacillus subtilis*),如丹麦酶制剂生产商 Novo Nordisk 使用的生产菌株就包括地衣芽孢杆菌(*Bacillus licheniformis*),缓慢芽孢杆菌(*Bacillus lentus*),其他的碱性蛋白酶商业生产菌株还包括嗜碱性芽孢杆菌(*Bacillus alcalophilus*)和枯草芽孢杆菌(*Bacillus subtilis*)等。一些革兰氏阴性菌及真菌等也产生碱性蛋白酶。目前碱性蛋白酶生产菌株主要是地衣芽孢杆菌(*Bacillus licheniformis*)、莫海威芽孢杆菌(*Bacillus mojavensis*)、棒曲霉(*Aspergillus clavatus*)、嗜麦芽黄单胞菌(*Xanthomonas maltophila*)、河流弧菌(*Vibrio fluvialis*)、麦奇尼科夫氏弧菌(*Vibrio metschnikovii*)、解淀粉芽孢杆菌(*Bacillus amyloliquefaciens*)、短小芽孢杆菌(*Bacillus pumilus*)、嗜碱芽孢杆菌(*Bacillus alcalophilus*)、灰色链霉菌(*Streptomyces griseus*)和费氏链霉菌(*Streptomyces fradiae*)等。

7.4.4 脂肪酶

脂肪酶,又称三酰甘油酰基水解酶,可催化甘油三酯分解成甘油二酯、甘油单酯、甘油和脂肪酸,是一类特殊的酯键水解酶。脂肪酶最早被发现可追溯至 1901 年。随着非水酶学的发展,研究者发现脂肪酶在非水相中能够催化酯化、酯交换以及转酯化反应,并且具有高度的选择性和专一性,已广泛应用于食品、医药、洗涤剂等行业。特别是在食品行业中得到了广泛的应用,现已广泛应用于焙烤食品、油脂工业、乳制品以及食品添加剂工业中,逐渐成为食品领域中应用最为广泛的酶类之一。

脂肪酶广泛存在动植物和微生物中。动物体内含脂肪酶较多的是高等动物的胰脏和脂肪组织等,而植物中含脂肪酶较多的是油料作物的种子。脂肪酶在微生物界分布很广,已知大约有 2% 的微生物产脂肪酶,至少包括 65 个属的微生物,其中细菌有 28 个属、放线菌 4 个属、酵母菌 10 个属、其他真菌 23 个属,且不同微生物来源的脂肪酶其组成成分、理化特性各不相同。由于微生物脂肪酶种类最多,且具有比动植物脂肪酶更广的 pH、温度适应性,易大规模生产,因此是脂肪酶的重要来源。目前,已经商品化的脂肪酶种类,据不完全统计约 36 种,其中植物性来源的不超过 5 种,其余均来源于微生物。

细菌在微生物脂肪酶的工业化生产中具有重要的作用,例如无色杆菌属

（*Achromobacter*）、产碱杆菌属（*Alcaligenes*）、节细菌属（*Arthrobacter*）、芽孢杆菌属（*Bacillus*）、伯克霍尔德菌属（*Burkholderia*）、色杆菌属（*Chromobacterium*）和假单胞菌属（*Pseudomonas*）等的紫色色杆菌（*Chromobacterium violacellm*）、门多萨假单胞菌（*Pseudomonas mendocina*）、产碱假单胞菌（*Pseudomonas alcaligenes*）、洋葱假单胞菌（*Pseudomonas cepacia*）、短小芽孢杆菌（*Bacillus pumilus*）和荧光假单胞菌（*Pseudomonas fluorescens*）等，尤其是假单胞菌属的细菌脂肪酶应用最为广泛。

真菌脂肪酶直到 1950 年才开始进行研究，由于真菌脂肪酶具有温度和 pH 稳定性、底物特异性以及在有机溶剂中具有高活性，且提取成本比较低等优点，因而发展迅速。目前商业化的真菌脂肪酶主要包括：黑曲霉（*Aspergillus niger*）、疏棉状嗜热丝孢菌（*Thermomyces lanuginosus*）、高温毛壳霉（*Humicola lanuginosa*）、米黑毛霉（*Mucor miehei*）、少根根霉（*Rhizopus arrhizus*）、德氏根霉（*Rhizopus delemar*）、日本根霉（*Rhizopus japonicus*）、雪白根霉（*Rhizopus niveus*）、米根霉（*Rhizopus oryzae*）、皱褶假丝酵母（*Candida rugosa*）、南极假丝酵母（*Candida antarctica*）、柱状假丝酵母（*Candida cylindracea*）、解脂耶氏酵母（*Yarrowia lipolytica*）和白地霉（*Geotrichum candidum*）等。

近 20 年来，微生物脂肪酶发酵研究主要集中在高产菌株的筛选、常规诱变育种、基因工程菌的构建、发酵工艺条件优化、发酵工艺放大和酶的分离纯化等方面，其中脂肪酶工程化技术的研究是其能否实现工业化生产的关键。

7.4.5　果胶酶

果胶质广泛存在于高等植物中，是植物细胞间质和初生细胞壁的重要组分，在植物细胞组织中起着"黏合"作用。果胶质主要是由 D-半乳糖醛酸以 α-1,4-糖苷键连接形成的直链状的聚合物。

果胶酶是一类分解果胶质的酶的总称，含有多种组分的复合酶。果胶酶广泛分布于高等植物和微生物中，在某些原生动物和昆虫中也有发现。在微生物中，细菌、放线菌、酵母和霉菌都能代谢合成果胶酶。果胶酶在工业生产领域中是一种重要的新兴酶类。据报道，果胶酶在全世界食品酶制剂的销售额中占 25%。

（1）果胶酶的分类。

通常情况下，可根据以下标准对果胶酶进行分类：果胶、果胶酸、原果胶是否为其优先底物；底物是被反式消去作用还是水解；切割方式是随意的（内切酶）还是发生在末端方向的（外切酶）。根据以上标准，果胶酶一般可分为以下三大类。

①原果胶酶：能够促使原果胶溶解的酶命名为原果胶酶（Protopectinases，PPase）。根据原果胶酶的作用机理，分为两种类型：A 型原果胶酶与 B 型原果胶酶。前者主要作用于原果胶的内部——多聚半乳糖醛酸的区域。而后者主要作用于外部——连接聚半乳糖醛酸链和细胞壁组分的多糖链。

②果胶酯酶：随机切割甲酯化果胶分子中的甲氧基的酶称为果胶酯酶（Pectinesterase，

PE),产生甲醇和游离羧基。

③解聚酶:催化果胶质解聚的酶称为解聚酶(Depolymerizing enzymes),通常分为水解酶和裂解酶两类。

水解组成果胶酸的 D-半乳糖醛酸 α-1,4-糖苷键的酶称为水解酶,聚半乳糖醛酸酶(Polygalacturonases,PG)应用最为广泛,根据水解作用机理的不同,可以分为内切聚半乳糖醛酸酶(Endo-PG)和外切聚半乳糖醛酸酶(Exo-PG)。以酯含量高的果胶酯酸为底物的类型的酶称为聚甲基半乳糖醛酸酶(Polymethylgalacturonase,PMG),可分为内切聚甲基半乳糖醛酸酶(Endo-PMG)与外切聚甲基半乳糖醛酸酶(Exo-PMG)。

裂解酶(Pectin lyases,PL)是通过反式消去作用裂解果胶聚合体的一种果胶酶,裂解酶在 C-4 位置上断开糖苷键,同时从 C-5 处消去一个 H 原子从而产生一个不饱和产物。根据其作用机理以及作用底物的不同,裂解酶可以分为两类:一类是聚甲基半乳糖醛酸裂解酶(Polymethylgalacturonate lyase,PMGL),俗称果胶裂解酶,可分为内切聚甲基半乳糖醛酸裂解酶(Endo-PMGL)和外切聚甲基半乳糖醛酸裂解酶(Exo-PMGL)。另一类是聚半乳糖醛酸裂解酶(Polygalacturonase lyase,PGL),又称果胶酸裂解酶,可分为内切聚半乳糖醛酸裂解酶(Endo-PGL)、外切聚半乳糖醛酸裂解酶(Exo-PGL)。

(2)产果胶酶的微生物。

天然来源的果胶酶广泛存在于动植物和微生物中,但动植物来源的果胶酶产量低且难以大规模提取制备,微生物因具有生长速度快、生长条件简单、代谢过程特殊和分布广等特点而成为果胶酶的重要来源,故微生物是生产果胶酶的优良生物资源。Lund 在研究果蔬腐坏病过程中发现了微生物果胶酶,此后研究者对微生物果胶酶进行了较为全面的研究并获得了快速发展。

目前,微生物果胶酶的产生菌很多,来源极其广泛,国内外研究和应用较多的果胶酶产生菌是细菌和霉菌,也有少数的酵母菌和链霉菌产生果胶酶。例如黄单胞菌属(*Xanthornonas*)、节杆菌属(*Arthrobacter*)、芽孢杆菌属(*Bacillus*)、梭状芽孢杆菌属(*Clostridium*)、假单胞菌属(*Pseudomonas*)、欧文氏菌属(*Erwinia*)、无枝酸菌属(*Amycolata*)、酵母属(*Saccharomyces*)、假丝酵母属(*Candida*)、毕赤氏酵母属(*Pichia*)、隐球酵母属(*Cryptococcus*)、克鲁维酵母属(*Kluyveromyces*)、红酵母属(*Rhodotorula*)、接合酵母属(*Zygosaccharomyces*)、丝孢酵母属(*Trichosporon*)、根霉属(*Rhizopus*)、青霉属(*Penicillum*)、木霉属(*Trichoderma*)、曲霉属(*Aspergillus*)、地霉属(*Geotrichum*)、毛霉属(*Mucor*)、短梗霉属(*Aureobasidium*)、链孢霉属(*Neurospora*)、盾壳霉属(*Coniothyrium*)、螺孢菌属(*Spirillospora*)、核盘菌属(*Sclerotinia*)、腐皮壳属(*Diaporthe*)、刺盘孢属(*Colletotrichum*)、密螺旋体菌属(*Treponema*)、多子菌属(*Polyporus*)、镰刀菌属(*Fusarium*)、克雷伯氏菌属(*Klebsiella*)、轮枝菌属(*Verticillium*)、侧孢霉属(*Sporotrichum*)、黑星菌属(*Venturia*)、香菇属(*Lentinus*)、灰霉菌属(*Botrytis*)和玉圆斑菌属(*Cochliobolus*)等。

目前,黑曲霉、根霉和盾壳霉作为产果胶酶的菌株已经商品化。国内外对霉菌发酵产果胶酶的研究主要集中在曲霉属,而曲霉属中研究最多的是黑曲霉。其原因是果胶酶被广泛应用于食品工业中,如用于果汁、果酒及中药营养液的深加工等,使产品质量和外观得以改善,而生产食品酶制剂的菌株必须是安全菌株。黑曲霉分泌的胞外酶系较全,不仅可以产生大量果胶酶,而且黑曲霉属于安全菌株。另外,黑曲霉产生的果胶酶最适 pH 在酸性范围内,这也是其被应用于食品工业中的原因之一。

A 型原果胶酶主要来源于酵母及酵母状真菌的发酵液中,例如脆壁克鲁维酵母(*Kluyveromyces fragilis*)、里氏半乳糖酵母(*Galactomyces reesei*)和帚状丝孢酵母菌(*Trichosporon penicillatum*),另外从 *Bacillus subtilis* IFO12113, *B. subtilis* IFO3134 和 *Trametes* sp. 菌株中分离出了 B 型原果胶酶,

内切聚半乳糖醛酸酶广泛分布于真菌和细菌中,据报道在许多微生物的菌体中发现了这种内切酶,例如苗芽短梗霉(*Aureobasidium pullulans*)、立枯丝核菌(*Rhizoctonia solani Kuhn*)、串珠镰刀菌(*Fusarium moniliforme*)、粗糙脉孢菌(*Neurospora crassa*)、匍枝根霉(*Rhizopus stolonifer*)、一种黑曲霉(*Aspergillus* sp.)、疏棉状嗜热丝孢菌(*Thermomyces lanuginosus*)和棒孢拟青霉(*Paecilomyces clavisporus*)等,但产生外切聚半乳糖醛酸酶的微生物较少,已经报道的微生物有胡萝卜软腐欧文氏菌(*Erwinia carotovora*)、根癌农杆菌(*Agrobacterium tumefaciens*)、多形拟杆菌(*Bacteroides thetaiotamicron*)、菊欧氏杆菌(*Erwinia chrysanthemi*)、苹果黑斑病菌(*Alternaria mali*)、尖孢镰刀菌(*Fusarium oxysporum*)、茄科雷尔氏菌(*Ralstonia solanacearum*)和一种芽孢杆菌(*Bacillus* sp.)等。

聚半乳糖醛酸裂解酶可以由多种细菌和一些致病性的真菌产生,内切聚半乳糖醛酸裂解酶比外切聚半乳糖醛酸裂解酶要丰富。可以从腐烂食物中的细菌和真菌中分离到PGLs。据报道,从菜豆炭疽菌(*Colletotrichum lindemuthionum*)、多形拟杆菌(*Bacteroides thetaiotamicron*)、胡萝卜软腐欧文氏菌(*Erwinia carotovora*)、丁香假单胞杆菌大豆致病变种(*Pseudomonas syringae*pv. *Glycinea*)、菊欧氏杆菌(*Erwinia chrysanthemi*)、某种芽孢杆菌(*Bacillus* sp.)、荔枝炭疽菌(*Colletotrichum gloeosporioides*)等菌株中可以分离到此种酶。

相比之下关于聚甲基半乳糖醛酸裂解酶(PMGLs)的产品却鲜于报道,仅有少数报道指出我们可以从日本曲霉(*Aspergillus japonicus*)、蕈青霉(*Penicillium paxilli*)、某种青霉(*Penicillium* sp.)、华丽腐霉(*Pythium splendens*)、松毕赤酵母(*Pichia pinus*)、某种曲霉(*Aspergillus* sp.)和金黄色嗜热子囊菌(*Thermoascus auratniacus*)中分离到此种酶。

虽然生产果胶酶的微生物较多,表7-5列出了各种微生物生产的果胶酶,但在工业生产中主要采用真菌。

表 7-5　各种微生物产生的果胶酶种类

微生物	PE	PG	PGL	PMGL
某些芽孢杆菌(*Bacillaceae* spp.)	+		+	
某些梭状芽孢杆菌(*Clostridium* spp.)			+	

续表

微生物	PE	PG	PGL	PMGL
甘蓝黑腐病黄单胞菌(*Xanthomonas campestris*)			+	
某些欧氏杆菌(*Erwinia* spp.)	+		+	
某些假单胞菌(*Pseudomonas* spp.)			+	
某些链霉菌(*streptomyces* spp.)				+
某些镰刀菌(*Fusarium* spp.)	+	+		+
某些青霉(*Penicillium* spp.)	+	+		+
某些轮枝孢霉(*Verticillium* spp.)	+	+		+
葱鳞葡萄孢菌(*Botrytis squamosa*)		+		
三叶草刺盘孢(*Colletotrichum trifolii*)		+		
马铃薯立枯丝核菌(*Rhizoctonia solani*)		+		
苹果褐腐病核盘霉(*Sclertinia fructigena*)		+		
某些曲霉(*Aspergillus* spp.)		+		
脆壁克鲁维酵母(*Kluyveromyces fragilis*)		+		

7.4.6 纤维素酶

纤维素酶是降解纤维素生成葡萄糖的一组酶的总称,是起协同作用的多组分酶系。纤维素酶的组成较为复杂,根据其作用可分为 3 类:①纤维二糖水解酶,对纤维素具有最高的亲和力,也能降解结晶的纤维素;②β-1,4-葡聚糖酶,包括外切和内切两种酶,外切 β-1,4-葡聚糖酶从纤维素链的非还原末端逐个地将葡萄糖水解下来,内切 β-1,4-葡聚糖酶以随机的方式从纤维素链的内部进行水解;③β-葡萄糖苷酶,水解纤维二糖和短链的纤维寡糖生成葡萄糖,作用于小分子量底物时表现出最高的活性。

纤维素酶来源非常广泛,昆虫、微生物都能产纤维素酶,微生物发酵方法是大规模制备纤维素酶的有效途径。自然界中大量而广泛地存在着能降解纤维素的微生物,据不完全统计,国内外共记录了产纤维素酶的菌株约有 53 个属的几千个菌株,包括细菌、真菌和放线菌等。其中,真菌是研究最多的纤维素降解类群,主要包括黑曲霉(*Aspergillus niger*)、血红栓菌(*Trametes sanguinea*)、卧孔属(*Poria*)、疣孢漆斑菌(*Myrothecium Verrucaria*)、绳状青霉(*Penicillium funiculosum*)、变幻青霉(*Penicillium variabile*)、变色多孔霉(*Poliporus versicolor*)、乳齿耙菌(*Irpex lacteus*)、腐皮镰刀菌(*Fusarium solani*)、绿色木霉(*Trichoderma viride*)、里氏木霉(*Trichoderma reesei*)、康氏木霉(*Trichoderma koningi*)、嗜热毛壳菌(*Chaetomium thermophilum*)和嗜热子囊菌(*Thermoascus aurantiacus*)等,其产生的纤维素酶一般在酸性或中性偏酸性条件下水解纤维素,故常用于饲用纤维素酶的生产。但研究最多且最清楚的是里氏木霉,一般我国利用里氏木霉 QM9414 作为其他酶活力的比较菌株。

细菌所产生的纤维素酶一般最适 pH 为中性至偏碱性,并且对天然纤维素的水解作用较弱,这类细菌常见于腐植土中,好氧性细菌纤维弧菌属(*Cellvibrio*)、纤维单胞菌属(*Cellulomonas*)和噬胞菌属(*Cytophaga*)等也能分解纤维素,例如红黄纤维弧菌(*Cellvibrio fulvus*)、普通纤维弧菌(*Cellvibrio vulgaris*)、产黄纤维素单胞菌(*Cellulomonas flavigena*)等;而在厌氧条件下,芽孢梭菌属(*Clostridium*)能分解纤维素,如嗜热纤维梭状芽孢杆菌(*Clostridium thermocellum*)。在草食动物的消化道,特别是反刍动物的瘤胃中,也存在一些这类细菌,例如产琥珀酸拟杆菌(*Bacteroides succinogenes*)、牛黄瘤胃球菌(*Ruminococcus flavefaciens*)、白色瘤胃球菌(*Ruminococcus albus*)、溶纤维丁酸弧菌(*Butyrivibrio fibrisolvens*)等。另外,还有一些可降解纤维素细菌,例如荧光假单胞菌(*Pseudomonas fluorescens*)、丙酮丁醇梭菌(*Clostridium acetobutylicum*)、热介纤维素梭菌(*Clostridium thermocellulaseum*)、耐热梭状芽孢杆菌(*Clostridium stercorarium*)、褐黄纤维弧菌(*Cellvibrio gilvus*)等。放线菌有链霉属(*Streptomyces*)和高温放线菌属(*Thermoactinomycete*)等。

7.5 微生物多糖

多糖是多个单糖或其衍生物聚合而成的大分子物质,微生物多糖是由细菌、真菌、蓝藻等微生物在代谢过程中产生的,主要有3种不同类型:胞外多糖、胞壁多糖和胞内多糖。由于胞外多糖易于菌体分离、可通过深层发酵大量生产,具有较大的工业应有价值,细菌胞外多糖的研究越来越引起人们的关注。目前,许多微生物多糖已作为胶凝剂、成膜剂、保鲜剂、乳化剂等,广泛应用于食品、制药、石油和化工等多个领域。

据统计,已经发现49个属76种微生物产生胞外多糖,其中具有应用价值并已经进行中试或工业生产的有十几种,表7-6列举了几种微生物胞外多糖。

表7-6 几种微生物胞外多糖

种类	结构	主要组分	生产菌种	应用
黄原胶	β-(1,4)-连接的重复杂聚物	葡萄糖,甘露糖和葡糖醛酸	黄单胞杆菌属(*Xanthomonas*)	食品添加剂
葡聚糖	α-(1,2)/α-(1,3)/α-(1,4)分支 α-(1,6)连接的同聚物	葡萄糖	明串珠菌属(*Leuconostoc*)链球菌属(*Streptococcus*)	代血浆和色谱材料
凝结多糖	β-(1,3)-连接的同聚物	葡萄糖	土壤杆菌属(*Agrobacterium*)根瘤菌属(*Rhizobium*)纤维单胞菌属(*Cellulomonas*)	食品添加剂
结冷胶	β-(1,3)-连接的重复杂聚物	葡萄糖,鼠李糖和葡萄糖酸	鞘脂单胞菌属(*Sphingomonas*)	培养基添加物,食品添加剂
短梗霉多糖	α-(1,6)-连接的重复单位同聚物	葡萄糖	出芽短梗霉(*Aureobasidium pullulans*)	食品添加剂等
透明质酸	β-(1,4)-连接的重复单位杂聚物	葡糖醛酸和 N-乙酰基葡萄糖酸	链球菌属(*Streptococcus*)多杀巴斯德菌(*Pasteurella multocida*)	化妆品、保健食品

未来微生物多糖产品的开发、市场拓展以及应用领域扩大，有赖于微生物多糖产生菌菌种选育、对多糖结构性能和多糖代谢途径的认识以及发酵工艺的优化。尽管一些微生物多糖如黄原胶已有工业生产并获得了广泛的应用，但继续拓展工业应用范围，优化黄原胶产生菌的代谢性能，通过基因工程手段提高其产率与质量，仍然是目前的研究热点。目前，国内外诸多专家学者对微生物发酵生产多糖的研究主要集中在菌种选育、培养基、发酵条件、基因工程、酶工程等诸多方面。其中以筛选优质多糖产生菌并利用现代生物技术构建具有多种优异性能的基因工程菌与细胞工程菌为主要的研究发展方向。随着研究的不断扩大和深入，微生物多糖的生产率将会大幅提高，并且可以为发酵生产微生物多糖提供新的生产途径。

7.5.1　黄原胶

黄原胶(xanthan gum)是 20 世纪 50 年代美国农业部的北方研究室发现的从野油菜黄单胞菌(*Xanthomonas campestris*)NRRL B-1459 中分泌的中性水溶性多糖，又称为汉生胶、黄胶或黄单胞多糖。基本构成为 D-葡萄糖、D-甘露糖、D-葡萄糖醛酸、乙酸和丙酮酸，一级结构由 β-1,4-糖苷键连接的 D-葡萄糖基主链与由 D-甘露糖和 D-葡萄糖醛酸交替连接而成的侧链组成，侧链末端含有丙酮酸，其含量对黄原胶的性能具有较大的影响。

由于黄原胶具有增黏协效性、低浓度高黏性、假塑性、抗高温、耐酸性、良好的分散性和乳化稳定性等性能，因此是食品、饮料行业中理想的增稠剂、乳化剂和成型剂，其性能比明胶、羟甲基纤维素(CMC)、海藻等现有的食品添加剂更具优越性，可广泛应用于烘烤食品、冷冻食品、乳品饮料、浓缩果汁、调味剂、火腿制品、糖饯蜜饯等。1983 年世界卫生组织(WHO)和联合国粮农组织(FAO)提出将黄原胶作为食品添加剂在世界范围内使用，至此黄原胶在食品行业得到了广泛的应用。我国南开大学于 1987 年研究通过了食品级黄原胶和生产菌株的毒理学安全试验，1988 年 8 月由国家卫生部批准，黄原胶列入了食品添加剂的使用名单。

黄原胶是由甘蓝黑腐病黄单胞菌(*Xanthomonas campestris*)以碳水化合物为主要原料，经通风发酵、分离提纯后得到的微生物胞外杂多糖。生产黄原胶的微生物主要来自于黄单胞菌属(*Xanthomonas*)。目前，国内外生产黄原胶的菌种大多数是从甘蓝黑腐病病株上分离的甘蓝黑腐病黄单胞菌(*Xanthomonas campestris*)，也称为野油菜黄单胞菌。另外菜豆黄单胞菌(*Xanthomonas phaseoli*)、锦葵黄单胞菌(*Xanthomonas malvacearum*)和胡萝卜黄单胞菌(*Xanthomonas carotae*)等也能生产黄原胶。黄原胶生产菌的选育除常规方法外，还可通过诱变处理，改变菌株的特性，可获得选择培养基，简化后处理过程，改善产物性能，提高生产能力等效果。

7.5.2　结冷胶类多糖

结冷胶(Gellan gum)是美国 Kelco 公司 20 世纪 80 年代开发的一种微生物食用胶。继黄原胶之后 Kelco 公司开发的又一新型微生物胞外多糖,其凝胶性能比黄原胶更为优越。它是由假单胞杆菌伊乐藻属(*Pseudomonas eloden*)在中性条件下,以葡萄糖为碳源,硝酸铵为氮源及一些无机盐所制成的培养基中,经有氧发酵而产生的细胞外多糖胶质,是一种新型的全透明的凝胶剂。结冷胶是由四个糖分子依次为 D-葡萄糖、D-葡萄糖醛酸、D-葡萄糖、L-鼠李糖通过糖苷键连接而成的高分子糖类化合物,其中第一个葡萄糖分子以 β-1,4糖苷键连接。

结冷胶(Gellan gum)也称结凝胶,20 世纪 80 年代由美国 Kelco 发现并成功地推向了市场。在随后的研究中,又陆续发现了一些与结冷胶类似的胞外多糖,因为这些多糖与结冷胶在组成和结构上类似,所以人们将这些多糖通称为结冷胶类多糖(Gellan-related Polysaccharides),是近年来最具有开发前景的微生物多糖之一。

结冷胶类多糖是结冷胶成功商业化后,研究者又陆续发现的一些与结冷胶在组成和结构上类似的胞外多糖。除了结冷胶(S-60)外,人们较为熟知的几种结冷胶类多糖为鼠李胶(S-194)、沃仑胶(S-130)、迪特胶(S-657)、NW-11、S-88、S-198 和 S-7。这些多糖主链上的四糖重复单位均为:-3) -β-D-Glc-(1→4) -β-D-GlcA-(1→4) -β-D-Glc-(1→4) -α-LRha 或 Man-(1-。结冷胶类多糖与结冷胶相比,主要区别在主链四糖重复单位上某一单糖成分的改变或者带有不同的侧链集团,与结冷胶相似,大多数结冷胶类多糖都为半交错的双螺旋结构,但因为四糖重复单位上单糖成分的改变或者侧链的不同,它们的理化性质则会完全不同。

结冷胶的主链是由 4 个单糖分子通过糖苷键连接而成的重复糖单元构成的阴离子型线性多糖,4 个单糖依次分别为 D-葡萄糖、D-葡萄糖醛、D-葡萄糖及 L-鼠李糖,第 1 个葡萄糖是以 β-1,4 糖苷键相连接的,分子量高达 100 万左右,具有平行排列半交错的双螺旋结构。天然的结冷胶第 1 个葡萄糖残基的 C_2 处于被 L-甘油酸酯化,C_6 处于被乙酸酯化。

1992 年美国食品药物管理局(FDA) 批准许可结冷胶用于食品饮料,1994 年欧共体将其正式列入食品安全代码(E-418),我国在 1996 年批准其作为食品增稠剂、稳定剂使用。目前,结冷胶的应用非常广泛。因为结冷胶类多糖不同的结构和功能特性,对于结冷胶类多糖的应用,无论是现存的还是潜在的,都是多种多样的。

结冷胶的生产菌是少动鞘脂单胞菌(*Sphingomonas paucimobilis*),原称为伊乐假单胞菌(*Pseudomonas elodea* ATCC 31461)发酵生产所得,最早是从植物体水百合中分离所得。沃仑胶(S-130) 是 *Sphingomonas* sp. ATCC 31555,原称为产碱杆菌(*Alcaligens* sp. ATCC 31555) 产生的。*Sphingomonas* sp. ATCC 31961,原称 *Alcaligens* sp. ATCC 31961 合成的迪特胶,未命名的 3 种鞘多糖 S-88、S-198、S-7 则分别由 *Sphingomonas* sp. ATCC 31554 (原 *Pseudomonas* sp. ATCC 31554)、*Sphingomonas* sp. ATCC 31853(原 *Alcaligens* sp. ATCC 31853)和 *S. yanoikuyae* ATCC 21423 (原 *Beijerinckia* sp. ATCC 21423) 合成。

许多结冷胶类多糖的生产菌株都是从土壤、池水等湿润的地方分离获得的,在 1990 年前未统一命名。随着结冷胶类多糖结构被确认和产胞外多糖细菌的进一步精确分类,1990

年 Yabuchi 等基于 16S rRNA、胞内脂质含有特殊鞘脂糖的特征及辅酶 Q 的主要类型,首次将产结冷胶、结冷胶类多糖及有其他相同特征的细菌归为一类新的细菌属——鞘氨醇单胞菌属(*Sphingomonas*),因此也将结冷胶及结冷胶类多糖通称为"鞘多糖"或"鞘氨醇胶"。随着研究的不断进行,相信会发现更多的鞘氨醇单胞菌,鞘多糖的队伍也会不断扩大。

本章小结

本章主要介绍食品工业中微生物的利用,包括食品工业中细菌的利用、食品工业中酵母菌的利用、食品工业中霉菌的利用、食品工业中的微生物酶制剂和食品工业中的微生物多糖。重点介绍了细菌应用于食品工业中的种类及应用特点;微生物酶制剂应用于食品工业中的种类及应用特点;酵母菌应用于食品工业中的种类及应用特点;霉菌应用于食品工业中的种类及应用特点。

思考题

(1)食品工业中微生物的利用有哪些?
(2)微生物发酵法生产氨基酸的菌种选育的方法?具体生产菌株的种类?
(3)食品工业中常用的微生物酶制剂有哪些?
(4)淀粉酶的种类及特点?
(5)酿造醋的过程中需要的微生物有哪几类?
(6)简述啤酒酵母在啤酒发酵中的作用。

主要参考书目

[1]桑亚新,李秀婷.食品微生物学(第 1 版)[M].北京:中国轻工业出版社,2017.
[2]周德庆.微生物学教程(第 3 版)[M].北京:高等教育出版社,2013.
[3]杨洁彬.食品微生物学[M].北京:中国农业大学出版社,1995.
[4]沈萍.微生物学(第 2 版)[M].北京:高等教育出版社,2002.
[5]何国庆,丁立孝.食品微生物学(第 3 版)[M].北京:中国农业大学出版社,2016.
[6]贺稚非.食品微生物学[M].北京:中国质量出版社,2013.
[7]Kim T. W. ,Lee J. H. ,et al. Analysis of bacterial and fungal communities in Japanese and Chinese fermented soybean paste using nested PCR-DGGE[J]. Current Microbiology,2010, 60:315-320.
[8]李宗军.食品微生物学:原理与应用[M].北京:化学工业出版社,2014.
[9]吴祖芳.食品微生物学[M].杭州:浙江大学出版社,2013.

［10］郑晓冬. 食品微生物学［M］. 杭州：浙江大学出版社，2001.

［11］Hathout A. S. , Aly S. E. Biological detoxication of mycotoxins：a review［J］. Annals of Microbiology，2014：1-15.

［12］Bibek Ray，Arun Bhunia 编，江汉湖译. 基础食品微生物学(第 4 版)［M］.北京：中国轻工业出版社，2014.

［13］J. Nicklin. 微生物学(美)［M］. 北京：科学出版社，2000.

［14］James M. Jay. 现代食品微生物学(美)［M］. 北京：中国轻工业出版社，2002.

第八章　食品卫生与食品卫生微生物学

本章导读：

· 掌握食品中大肠菌群 MPN 计数法和平板菌落计数法。

· 明确食品卫生要求和标准。

· 了解大肠菌群在食品卫生学检验中的意义。

· 理解食品卫生微生物学检验程序。

8.1　食品卫生

人类生存的环境中存在着数量庞大、种类繁多的微生物。因此，食品存在于这种环境中而易被各种微生物所污染。在食品生产、加工、贮藏、销售等各个环节中，微生物都可能对食品产生污染。食品卫生的任务主要包含两个方面的内容：一方面研究环境中的有害物质污染食品的途径，以采取有效的预防措施，保障食品的安全，保护消费者的健康；另一方面通过对食品的安全性评价，制定一定的食品卫生标准，以保障人体健康。

食品卫生是为防止食品污染和有害因素危害人体健康而采取的综合措施。世界卫生组织对食品卫生的定义是："在食品的培育、生产、制造直至被人摄食为止的各个阶段中，为保证其安全性、有益性和完好性而采取的全部措施"。食品卫生是公共卫生的组成部分，也是食品科学的内容之一。因食品的营养素不足或过量以及因消化吸收关系而引起人体的健康障碍等，属于食品营养的问题，一般来说，不属于食品卫生研究的范畴。

8.1.1　食品卫生要求和标准

1.食品的卫生要求

我国《食品卫生法》第六条明确规定"食品应当无毒、无害，符合应有的营养要求，具有相应的色、香、味等感官性状"。其意义如下：

首先是食品的安全性，即"食品应当无毒、无害"。"无毒无害"是指正常人在正常食用情况下摄入可食状态的食品，不会造成对人体的危害。无毒无害不是绝对的，允许食品中含有少量的有毒有害物质，但是不得超过国家食品卫生标准规定的有毒有害物质的限量。在判定食品是否无毒无害时，应排除某些过敏体质的人食用某种食品或其他原因产生的毒副作用。

其次是"符合应当有的营养要求"。营养要求不但应包括人体代谢所需的蛋白质、脂肪、碳水化合物、维生素、矿物质等营养素的含量，还应包括该食品的消化吸收率和对人体维持正常生理功能应发挥的作用。

最后是"具有相应的色、香、味等感官性状"。相应的色、香、味是指食品固有的和加工后应有的色、香、味,还应包括各种食品的澄清、混浊,组织状态上的软、硬、松、紧、弹性、韧性、黏、滑、干燥、湿润及其他一切凭人体感觉器官所能判定的性质和状态。

当然,食品要符合上述卫生要求,就必须在食品从原料经加工到消费的各个过程严加注意,层层把关。要针对各个不同环节采取相应措施,尽量消除或降低食物中毒物含量,防止寄生虫存在,避免微生物污染,控制有害物质的侵入。

2.食品的卫生标准

食品卫生标准(indicator of food hygiene quality)是规定食品卫生质量水平的规范性文件。是指为保护人体健康,对食品中具有卫生学意义的特性所作的统一规定,它属于强制性标准。食品质量的好坏有一定标准。而食品的卫生标准是检验食品卫生状况的依据。它规定了食品中有可能带入的有毒物质的限量。在生产实践中,只要我们按照规定的检验方法对某种食品逐项加以检测,然后与食品卫生标准进行对比,就可判断该种食品卫生状况的好坏程度。

目前我国制定的食品卫生标准一般包括 3 个方面的内容,即感官指标、理化指标和微生物指标。

(1)感官指标。

指通过目视、鼻闻、手摸和品尝检查各种食品外观的指标,可初步判断食品卫生状况,了解该食品是否发生腐败变质以及腐败变质的程度。

感官指标一般包括色泽、气味、滋味和组织状态等。食品感官指标的变化由多种因素引起,其中之一是微生物生长繁殖。如有些微生物产生色素或由于其某种代谢产物的作用能够使某些食品的色泽发生变化(假单胞菌属的菌株能够产生荧光素),所以食品如果污染了这些微生物,很容易发生色变。有些微生物污染食品,可以改变食品原有的气味,一般情况下,如果闻到难闻的臭味则表明食品已经发生腐败变质。这是由于这些食品在腐败变质过程中产生了氨、硫化氢、胺类、乙硫醇等具有臭味的物质。另外,食品产生霉味和酸味也易察觉出来。但值得注意的是,并非所有气味的改变都是产生难闻的气味。如有些水果在变坏时,会产生特有的芳香味,故在评定食品气味时,不能以难闻气味与芳香味来划分,而应按照正常气味和异常气味来评定。如果通过感官检查已发现某种食品有明显的腐败变质和霉变等现象,就可以考虑不必再进行其他理化指标或微生物指标检验。

(2)理化指标。

是指食品原料及其生产加工、贮运、销售等各环节中污染的或污染后产生的各种有毒、有害物质的检测标准。如动植物性食品的农药残留和激素残留量、抗生素等兽药残留量以及标志其新鲜状态的挥发性盐基氮、组胺的含量;油的酸值和过氧化值;食品和食品原料中砷、铜、铅、镉、汞等的限量;致癌物质如 3,4-苯并芘的限量;食品添加剂的限量;各种生物毒素的含量;食品中放射性污染限量等。不同的食品根据其生长、生产、贮藏等各个环节及食品本身特性的不同而检验不同的理化指标。

（3）微生物学指标。

在我国规定的食品卫生标准中,食品微生物学指标包括:①菌落总数;②大肠菌群;③致病菌3项。目前实际应用的指标菌可以分为3种:①一般卫生状况指标菌,包括细菌菌落总数、霉菌和酵母菌菌落总数;②粪便污染指标菌,包括大肠菌群、粪大肠菌群、大肠杆菌、肠球菌、产气荚膜梭菌、霍乱弧菌等。③致病菌,包括金黄色葡萄球菌、链球菌、沙门氏菌、志贺氏菌、铜绿假单胞菌等。要注意的是,在特定条件下要结合食品本身的特性来选择微生物指标,而不能生搬硬套。致病菌是食品卫生质量中最重要的指标。食品卫生标准中规定所有食品均不得检出致病菌。致病菌种类繁多,具体检验方法国家标准都做了统一规定。另外,微生物毒素检测也是很重要的一个方面,因为许多食品出厂时都要经过杀菌处理,杀死致病菌,但其产生的毒素不一定被完全破坏。

8.1.2 食品卫生学的微生物学标准

食品卫生学是研究食品中可能存在的、威胁人体健康的有害因素及其预防措施,提高食品卫生质量,从而保护消费者的安全的一门学科。食品微生物学标准是根据食品卫生的要求,从微生物学的角度对不同食品提出的具体指标要求。在我国国家食品标准中,规定食品微生物学指标主要包括菌落总数、大肠菌群和致病菌,有些食品对霉菌和酵母菌也提出了具体要求。

1.菌落总数

菌落总数是指食品检样经过处理,在一定条件下培养后所得1 g或1 mL食品样品中所含细菌菌落的总数。国家标准GB 4789.2—2016(2016年12月23日颁布,2017年6月23日实施)检验程序为:25 g或25 mL样品稀释到250 mL,然后10倍梯度稀释,在普通营养琼脂培养基,(36±1)℃温箱中倒置培养(48±2) h,水产品(30±1)℃培养(72±3) h,然后进行菌落计数。

菌落计数时应注意以下几点:①若以稀释度平板上菌落数均大于300 CFU,则对稀释度最高的平板进行计数,其他平板可记录为多不可计,结果按平均菌落数乘以最高稀释倍数计算;②若所有稀释度的平板菌落数均小于30 CFU,则应按稀释度最低的平均菌落数乘以稀释倍数计算;③若所有稀释度(包括液体样品原液)平板均无菌落生长,则以小于1乘以最低稀释倍数计算;④若所有稀释度的平板菌落数均不在30~300 CFU,其中一部分小于30 CFU或大于300 CFU时,则以最接近30 CFU或300 CFU的平均菌落数乘以稀释倍数计算;⑤菌落总数报告为CFU/g或CFU/mL。

自然界中微生物的种类很多,各种微生物的生理特性和生活条件也不完全相同。如果要检验样品中所有种类的微生物,则必须采用不同的培养基、不同的培养条件,极大地增加了工作量。研究表明,异养、中温、好氧细菌基本上代表了造成食品污染的主要细菌种类。因此严格地讲,用这种方法所得到的结果,主要是一些能在营养琼脂上生长的好氧性嗜温细菌的菌落总数。

检测食品中的菌落总数的卫生学意义在于：一是可以作为食品被微生物污染程度的标志。研究表明，食品中菌落总数能够反映食品的新鲜程度、是否变质以及生产过程的卫生状况等。通常情况下，食品中菌落总数越多，表明该食品被污染的程度越重，腐败变质的可能性越大，对人体健康威胁越大。二是可以用来预测食品可存放的期限。食品中细菌总数较多，将加速食品的腐败变质，甚至引起食用者的不良反应。因此，菌落总数是判断食品卫生质量的重要依据之一。

2.大肠菌群

大肠菌群是指在一定培养条件下能发酵乳糖、产酸产气的需氧和兼性厌氧革兰氏阴性无芽孢杆菌，通常在(36±1)℃培养(48±2) h 能产酸产气。通常包括大肠杆菌和产气杆菌的一些中间类型的细菌。

(1)国家标准(GB 4789.3—2016)规定了大肠菌群检验程序。

大肠菌群 MPN 计数的检验程序见图 8-1。主要步骤如下：

①样品的稀释。

a. 固体和半固体样品：称取 25 g 样品，放入盛有 225 mL 磷酸盐缓冲液或生理盐水的无菌均质杯内，8000~10000 r/min 均质 1~2 min，或放入盛有 225 mL 磷酸盐缓冲液或生理盐水的无菌均质袋中，用拍击式均质器拍打 1~2 min，制成 1∶10 的样品匀液。

b. 液体样品：以无菌吸管吸取 25 mL 样品置盛有 225 mL 磷酸盐缓冲液或生理盐水的无菌锥形瓶(瓶内预置适当数量的无菌玻璃珠)中，充分混匀，制成 1∶10 的样品匀液。

c. 样品匀液的 pH 应在 6.5~7.5，必要时分别用 1 mol/L NaOH 或 1 mol/L HCl 调节。

d. 用 1 mL 无菌吸管或微量移液器吸取 1∶10 样品匀液 1 mL，沿管壁缓缓注入 9 mL 磷酸盐缓冲液或生理盐水的无菌试管中(注意吸管或吸头尖端不要触及稀释液面)，振摇试管或换用 1 支 1 mL 无菌吸管反复吹打，使其混合均匀，制成 1∶100 的样品匀液。

e. 根据对样品污染状况的估计，按上述操作，依次制成 10 倍递增系列稀释样品匀液。每递增稀释 1 次，换用 1 支 1 mL 无菌吸管或吸头。从制备样品溶液至样品接种完毕，全过程不得超过 15 min。

②初发酵试验。

每个样品，选择 3 个适宜的连续稀释度的样品溶液(液体样品可以选择原液)，每个稀释度接种 3 管月桂基硫酸盐胰蛋白胨(Layryl Sulfate Tryptose，LST)肉汤，每管接种 1 mL(如接种量超过 1 mL，则用双料 LST 肉汤)，(36±1)℃培养(24±2) h，观察倒管内是否有气泡产生，(24±2) h 产气者进行复发酵试验，如未产气则继续培养至(48±2) h，产气者进行复发酵试验。未产气者为大肠菌群阴性。

③复发酵试验。

用接种环从产气的 LST 肉汤管中分别取培养物 1 环，移种于煌绿乳糖胆盐肉汤(Brilliant Green Lactose Bile，BGLB)管中，(36±1)℃培养(48±2) h，观察产气情况。产气者，计为大肠菌群阳性管。

④大肠菌群最可能数(MPN)的报告。

按复发酵试验确证的大肠菌群 LST 阳性管数,检索 MPN 表,报告每 g(mL)样品中大肠菌群的 MPN 值,如图 8-1 所示。

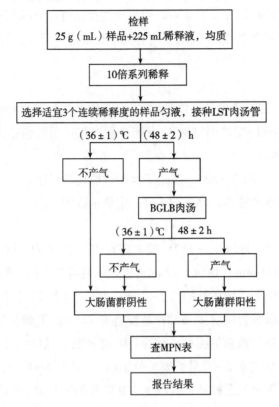

图 8-1　大肠菌群 MPN 计数法检验程序

(2)大肠菌群平板计数法。

大肠菌群平板计数法的检验程序见图 8-2。主要步骤如下:

①样品的稀释。

按大肠菌群 MPN 计数法样品的稀释进行。

②平板计数。

a. 选取 2～3 个适宜的连续稀释度,每个稀释度接种 2 个无菌平皿,每皿 1 mL。同时取 1 mL 生理盐水加入无菌平皿作空白对照。

b. 及时将 15～20 mL 冷至约 46℃ 的结晶紫中性红胆盐琼脂(Violet Red Bile Agar, VRBA)倾注于每个平皿中。小心旋转平皿,将培养基与样液充分混匀,待琼脂凝固后,再加 3～4 mLVRBA 覆盖平板表层。翻转平板,置于(36±1)℃培养 18～24 h。

③平板菌落数的选择。

选取菌落数在 15～150 CFU 之间的平板,分别计数平板上出现的典型和可疑大肠菌群菌落。典型菌落为紫红色,菌落周围有红色的胆盐沉淀环,菌落直径为 0.5 mm 或更大。

④证实试验。

从 VRBA 平板上挑取 10 个不同类型的典型和可疑菌落,分别移种于 BGLB 肉汤管内,(36±1)℃培养 24~48 h,观察产气情况。凡 BGLB 肉汤管产气,即可报告为大肠菌群阳性。

⑤大肠菌群平板计数的报告。

经最后证实为大肠菌群阳性的试管比例乘以③中计数的平板菌落数,再乘以稀释倍数,即为每 g(mL)样品中大肠菌群数。例如:10^{-4} 样品稀释液 1 mL,在 VRBA 平板上有 100 个典型和可疑菌落,挑取其中 10 个接种 BGLB 肉汤管,证实有 6 个阳性管,则该样品的大肠菌群数为:$100×6/10×10^4/g(mL) = 6.0×10^5$ CFU/g(mL)。

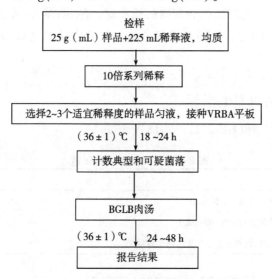

图 8-2　大肠菌群平板计数法检验程序

一般认为,大肠菌群直接或间接来自人和温血动物的粪便,来自粪便以外的极为罕见。食品中若检出大肠菌群,表示食品受到粪便污染,其中大肠杆菌为粪便近期污染的标志,其他菌属则为粪便陈旧污染的标志。

大肠菌群作为粪便污染食品的卫生指标来评价食品的质量具有广泛的意义:大肠菌群在粪便中的数量最大,可以作为污染食品的指标菌;大肠菌群在外界存活期与肠道致病菌存活期大致相同,可作为肠道致病菌污染食品的指标菌。

若食品中大肠菌群超过规定的限量,则表明该食品存在被粪便污染的可能性,粪便若来自肠道致病菌携带者或者腹泻患者,则表示该食品有可能被肠道致病菌污染。因此,凡是大肠菌群超过规定限量的食品,即可确定其卫生学不合格,食用该食品是不安全的。

3.致病菌

致病菌是指能引起人和动物各种疾病的细菌,如肠道致病菌、致病性球菌和沙门氏菌等。食品中不允许有致病菌存在,这是食品卫生质量指标中绝对不能缺少的指标之一。

由于食品种类繁多,加工贮藏条件各异,而且致病菌种类也繁多,因此不能用少数几种方法将多种致病菌全部检出,而且在绝大多数情况下,污染食品的致病菌数量不多,所以在食品中致病菌的检验,不可能将所有致病菌都作为重点检验。如何检验食品中的致病菌,只能根据不同食品的特点,选定某个种类或某些种类致病菌作为检验的重点对象。例如蛋类、禽类、肉类食品必须做沙门氏菌检验;酸度不高的罐藏制品必须作肉毒梭菌及其毒素的检验,牛乳必须做结核杆菌和布氏杆菌的检验。当发生食物中毒时必须根据当地传染病的流行情况,对食品进行有关致病菌的检验,如沙门氏菌、志贺氏菌、变形杆菌、副溶血性弧菌、金黄色葡萄球菌等,请参考国家标准(GB 4789—2016)相关部分。

4.酵母菌和霉菌

目前,我国没有制订酵母菌和霉菌的具体指标。但很多霉菌能产生毒素,引起疾病。因此,必须对产毒霉菌进行检验,如曲霉属的黄曲霉、寄生曲霉等;青霉属的橘青霉、岛青霉等;镰刀霉属的串珠镰刀霉、禾谷镰刀霉等。具体检验方法参考国家标准(GB 4789.15—2016)。

8.1.3 部分食品的卫生指标

(1)酱油的微生物指标(GB 2717—2018)(表8-1)。

表8-1 酱油的微生物限量

项目	指标
细菌总数(CFU/mL)	≤30000
大肠菌群(MPN/100 mL)	≤30
致病菌(沙门氏菌、志贺氏菌、金黄色葡萄球菌)	不得检出

(2)食醋的微生物指标(GB 2719—2018)(表8-2)。

表8-2 食醋的微生物限量

项目	指标
细菌总数(CFU/mL)	≤10000
大肠菌群(MPN/100 mL)	≤3
致病菌(沙门氏菌、志贺氏菌、金黄色葡萄球菌)	不得检出

(3)发酵酒的微生物指标(GB 2758—2012)(表8-3)。

表8-3 发酵酒的微生物限量

项目	指标			
	鲜啤酒	生啤酒熟啤酒	黄酒	葡萄酒果酒
细菌总数(CFU/mL)	—	≤50	≤50	≤50
大肠菌群(MPN/100 mL)	≤3	≤3	≤3	≤3
致病菌(沙门氏菌、志贺氏菌、金黄色葡萄球菌)	不得检出			

（4）乳粉的微生物指标（GB 19644—2010）（表 8-4）。

表 8-4 乳粉的微生物限量

项目	采样方案[a] 及限量（若非指定，均以 CFU/g 表示）				检验方法
	n	c	m	M	
菌落总数[b]	5	2	50000	200000	GB 4789.2
大肠菌群	5	1	10	100	GB 4789.3 平板计数法
金黄色葡萄球菌	5	2	10	100	GB 4789.10 平板计数法
沙门氏菌	5	0	0/25 g	—	GB 4789.4

a 样品的分析级处理按 GB 4789.1 和 GB 4789.18 执行。
b 不适用于添加活性菌种（好氧和兼性厌氧益生菌）的产品。

（5）熟肉制品微生物指标（GB 2726—2016）（表 8-5）。

表 8-5 熟肉制品的微生物限量

项目	指标
	菌落总数（CFU/g）
烧烤肉、肴肉、肉灌肠	50000
酱卤肉	80000
熏煮火腿、其他熟肉制品	30000
肉松、油酥肉松、肉松粉	30000
肉干、肉脯、肉糜脯、其他熟肉干制品	10000
	大肠菌群（MPN/100 g）
肉灌肠	30
烧烤肉、熏煮火腿、其他熟肉制品	90
肴肉、酱卤肉	150
肉松、油酥肉松、肉松粉	40
肉干、肉脯、肉糜脯、其他熟肉干制品	30
致病菌（沙门氏菌、金黄色葡萄球菌、志贺氏菌）	不得检出

（6）糖果的微生物指标（GB 17399—2016）（表 8-6）。

表 8-6 糖果的微生物限量

项目	指标	
	菌落总数（CFU/g）	大肠菌群（MPN/100g）
硬质糖果、抛光糖果	750	30
焦香糖果、充气糖果	20000	440
夹心糖果	2500	90
凝胶糖果	1000	90
致病菌（沙门氏菌、金黄色葡萄球菌、志贺氏菌）		不得检出

8.2 食品卫生微生物学检验总则

食品卫生微生物学是应用微生物学的理论和实验方法，根据卫生学的观点，研究食品中微生物的有无、种类、性质、活动规律以及对人类生产和健康的影响,通过检验可以基本判断食品的微生物质量。

食品卫生微生物学检验一般包括检验前的准备、样品的采集、送检、处理、检验、结果报告等6个步骤。

1.检验前的准备

(1)准备好所需实验仪器,如冰箱、恒温培养箱、恒温水浴锅、显微镜、高压蒸汽灭菌锅、干热灭菌箱、均质机、旋涡振荡器、菌落计算器、超净工作台、电子天平等。

(2)准备好所需玻璃仪器,如吸管、培养皿、广口瓶、试管、三角瓶等均需刷洗干净,包扎,湿热法(0.1 MPa,121℃,20 min)或干热法(160~170℃,2 h)灭菌,冷却后送无菌室备用。

(3)准备好所需试剂、药品,做好平板计数琼脂(PCA)培养基或其他选择性培养基,根据需要分装试管或灭菌后倾注平板,或于46℃的水浴中待用或于4℃的冰箱备用。

(4)无菌室灭菌如用紫外灯法灭菌,时间不少于45 min,关灯30 min后方可进入工作;如用超净工作台,需提前开机,用紫外灯杀菌30 min。必要时进行无菌室的空气检验,将PCA培养基暴露于空气中15 min,培养后每个平板上不得超过15个菌落。

(5)检验人员的工作衣、帽、鞋、口罩等灭菌后备用。工作人员进入无菌室后,在实验未完成前不得随意出入无菌室。

2.样品的采集(采样)

样品的采集是通过食品卫生质量鉴定来说明食品是否受到污染以及污染的来源、途径、种类和危害,也是进行食品卫生的指导、监督、管理和科学研究的重要依据和手段。故在食品检验中,采样是至关重要的,所采样品要求必须具有代表性。食品因原料来源、加工方法、运输贮藏条件、销售中各个环节以及人们的责任心和卫生认识水平等因素,都影响食品的卫生质量,故采样时必须予以周密考虑。

采样是从待鉴定的一大批食品中抽取小部分用于检验的过程。采样应及时、准确、具有代表性。样品不同所采用的方法各异。食品样品的采集在 GB 4789.1《食品安全国家标准 食品微生物学检验 总则》中作出了详细规定,主要内容如下:

(1)固体样品。

①肉及肉制品:a. 生肉及脏器:如系屠宰后的畜肉,可于开腔后,用无菌刀割取两腿内侧肌肉或背最长肌50 g;如系冷藏或市售肉,可用于无菌刀割取腿肉或其他部位肉50 g;如取内脏,可用无菌刀根据需要割取适于检验的脏器。所采样品,及时放入无菌容器内。b. 熟肉及灌肠类肉制品:用无菌刀割取不同部位的样品,置于无菌容器内。②乳和乳制品:如是散装或大型包装,用无菌刀、勺取样,采取不同部位具有代表性的样品;如是小包装,取原包装品。③蛋及蛋制品:a. 鲜蛋:用无菌方法取完整的鲜蛋;b. 全蛋粉、巴氏消毒鸡全蛋粉、鸡蛋黄粉、鸡蛋白片:在包装铁箱开口处用75%酒精消毒,然后用无菌的取样探子斜角插入箱底,使样品填满取样器后提出箱外,再用无菌小匙自上、中、下部位采样100~200 g,装入

无菌广口瓶中;c.鸡全蛋、巴氏消毒的冰鸡全蛋、冰蛋黄、冰蛋白:先将铁听开口处的外部用75%酒精消毒,而后将盖开启,用无菌的电钻由顶到底斜角插入。取出电钻,从电钻中取样,置于无菌瓶中。

(2)液体样品。

①原包装瓶样品取整瓶,散装样品可用无菌吸管或匙采样。如是冷冻食品,采取原包装,放入隔热容器内。②罐头根据厂别、商标、品种来源、生产时间分类进行采取,数量可视具体情况而定,采取原包装样品。

样品采集时应注意:①采样时,首先要了解采样食品的来源、加工、贮藏、包装、运输等情况。②采样的器械和容器必须灭菌后才可使用,采样时严格进行无菌操作。③采集的样品不得加防腐剂。④液体样品需搅拌均匀后采取,固体样品要在不同部位采取,使样品尽量具有代表性。

3.样品的送检

(1)采集好的样品应及时送到食品微生物检验室,越快越好。如果路途遥远,可将不需冷冻的样品保持在1~5℃的环境中,勿使其冻结,以免微生物遭受破坏;如需保持冷冻状态,则需保存在泡沫塑料隔热箱内(箱内有干冰时可维持在0℃以下),应防止反复冰冻和溶解。

(2)样品送检时,必须认真填写申请单,以供检验人员参考。

(3)检验人员接到送检申请单后,应立即登记,填写实验序号,并按检验要求立即将样品放在冰箱或冰盒中,积极准备条件进行检验。

(4)食品微生物检验室必须备有专用冰箱保存样品,一般阳性样品发出报告后3天(特殊情况可延长)方能处理样品;进口食品的阳性样品,需保存6个月方能处理;阴性样品可及时处理。对检出致病菌的样品要经过无害化处理。

4.样品的处理

(1)固体样品。

用无菌刀、剪或镊子称取不同部位样品25 g,剪碎,放入无菌容器内,加定量无菌生理盐水(如不易剪碎者,可加海沙研磨)置旋涡振荡器混匀,或放入无菌均质袋中,用拍击式均质器拍打1~2 min,制成1:10样品溶液。处理蛋制品时,加入约30个玻璃球,以便振荡均匀。生肉及内脏,先进行表面消毒,再剪去表面样品,采取深层样品。

(2)液体样品。

①原包装样品:用点燃的酒精棉球消毒瓶口,再用经石炭酸或来苏尔消毒过的纱布将瓶口盖上,而后用经火焰消毒的开罐器开启。摇匀后,用无菌吸管直接吸取。②含有二氧化碳的液体样品:可按上述方法开启瓶盖后,将样品倒入无菌磨口瓶内,盖上一块消毒纱布。将瓶盖开一缝,轻轻摇动,使气体逸出后进行检验。③冷冻食品:将冷冻食品放入无菌容器内,待融化后检验。

5.样品的检验

样品的检验应按照有关的食品卫生标准和食品检验方法来检测样品的感官指标、理化指标和微生物指标。每种检验项目(指标)都有一种或几种检验方法,在 GB 4789.1—2016 中规定,对同一检验项目有两个以上检验方法时,应以第一种方法为基准方法。检验方法是执行现行的国家食品微生物学检验标准 GB 4789.1—2016。此外,国内尚有行业标准(如出口食品微生物检验方法)、地方标准和企业标准。国外尚有国际标准(如 FAO 标准、WHO 标准等)和各个食品进出口国家的标准(如美国 FDA 标准、日本厚生省标准、欧盟标准等)。总之,应根据食品的消费去向选择相应的检验方法。

样品检验完后,要按规定处理样品。一般阳性样品发出报告后 3 天(特殊情况可适当延长)方能处理样品;进口食品的阳性样品,需保存 6 个月方能处理;阴性样品可及时处理。通常微生物检验不进行复检。

6.结果报告

检验过程中应及时、准确地记录观察到的现象、结果和数据等信息。检验完毕后,检验人员应按照检验方法中规定的要求,准确、客观地报告每一项检验结果,填写报告单,报告单要详细记录样品名称、采样日期、采样地点及各项检验结果等,检验人员、记录人员及审核人员必须签名,签名后送主管人核实签字,加盖单位印章,以示生效,并立即交食品卫生监督人员处理。另外,原始记录应齐全,并应妥善保存,以备查核。

本章小结

本章主要介绍了食品中大肠菌群 MPN 计数法和平板菌落计数法;要求学生了解食品卫生要求和标准;大肠菌群在食品卫生学检验中的意义以及食品卫生微生物学检验程序等内容。

思考题

(1)食品微生物学检验程序一般包括哪些内容?

(2)食品卫生的具体要求有哪些?

(3)如何进行样品的采集?

(4)食品微生物学指标包括哪几项?

(5)菌落总数在食品卫生质量评定中有何意义?说明其表示方法和检验方法。

(6)何谓大肠菌群?大肠菌群成员包括哪些属?食品检测微生物的数量和大肠菌群有何意义?怎样进行检测?试述实验的原理。某食品厂的产品经检验大肠菌群数超标,说明什么问题?

(7)列举一下你周围常见的污染源,简述其可能对食品产生的污染途径有哪些?

主要参考书目

[1] 刘慧. 现代食品微生物学(第二版)[M]. 北京:中国轻工业出版社,2013.

[2] 吕嘉枥. 食品微生物学[M]. 北京:化学工业出版社,2007.

[3] 董明盛,贾英民. 食品微生物学[M]. 北京:中国轻工业出版社,2006.

[4] 何国庆,贾英民. 食品微生物学[M]. 北京:中国农业大学出版社,2002.

[5] 江汉湖. 食品微生物学[M]. 北京:中国农业大学出版社,2002.

[6] 郑晓冬. 食品微生物学[M]. 浙江:浙江大学出版社,2001.

[7] 贾英民. 食品微生物学[M]. 北京:中国轻工业出版社,2001.

[8] 李志明. 食品卫生微生物检验学[M]. 北京:化学工业出版社,2009.

[9] Lynne M. 食品微生物学实验指导[M]. 北京:中国轻工业出版社,2007.

[10] 柳增善. 食品病原微生物学[M]. 北京:中国轻工业出版社,2007.

[11] 胡希荣. 食品微生物学[M]. 北京:农业出版社,1993.

[12] 杨洁彬. 食品微生物学[M]. 北京:北京农业大学出版社,1989.

[13] 李婉宜,王雅静. 新编病原生物学实验教程[M]. 四川:四川大学出版社,2010.

[14] 刘慧. 现代食品微生物学实验技术[M]. 北京:中国轻工业出版社,2006.

[15] 杨欣. 链格孢霉毒素研究进展[M]. 国外医学卫生学分册,2000,27(3):182-186.

[16] Chen Bing Qing,Liu Zhi-Chen. Modern Food Hygiene[M]. 2001:231-235.

[17] 叶明. 微生物学[M]. 北京:化学工业出版社,2010.